面向新工科普通高等教育系列教材

物联网概论

第3版

韩毅刚　肖纯贤　编著

机 械 工 业 出 版 社

本书以物联网中的数据流动为主线，介绍了物联网的基本概念和体系结构，包括从物品信息编码到自动识别、从传感器到传感器网络、从局部网络到互联网、从终端设备到数据中心、从嵌入式系统到服务器集群、从数据融合到云计算，以及从设计思想到物联网标准，以广度为主，阐述了组建物联网的各种集成技术和所涉及的概念。

本书提供教学视频、电子课件、教学大纲、教学建议、习题参考答案、3套试卷（附评分标准）。

本书可作为高等院校各专业物联网课程的入门教材，重点面向物联网工程、计算机、通信工程及电子信息专业的本科生和相关专业技术人员，也可作为其他专业了解物联网整体概况和具体技术实现的参考书。

本书配有授课电子课件，需要的教师可登录 www.cmpedu.com 免费注册，审核通过后下载，或联系编辑索取。微信：13146070618。电话：010-88379739。

图书在版编目（CIP）数据

物联网概论 / 韩毅刚，肖纯贤编著．—3 版．—北京：机械工业出版社，2024.2（2024.11 重印）

面向新工科普通高等教育系列教材

ISBN 978-7-111-74509-9

Ⅰ．①物… Ⅱ．①韩… ②肖… Ⅲ．①物联网-高等学校-教材 Ⅳ．①TP393.4 ②TP18

中国国家版本馆 CIP 数据核字（2023）第 243408 号

机械工业出版社（北京市百万庄大街 22 号 邮政编码 100037）

策划编辑：郝建伟　　责任编辑：郝建伟

责任校对：梁　静　　责任印制：任维东

北京中科印刷有限公司印刷

2024 年 11 月第 3 版第 2 次印刷

184mm×260mm・21 印张・521 千字

标准书号：ISBN 978-7-111-74509-9

定价：79.90 元

电话服务

客服电话：010-88361066

010-88379833

010-68326294

网络服务

机　工　官　网：www.cmpbook.com

机　工　官　博：weibo.com/cmp1952

金　　书　　网：www.golden-book.com

机工教育服务网：www.cmpedu.com

前　言

物联网（Internet of Things，IoT）是一个连接众多独立寻址物品的网络，通过信息交换与传递，实现联网物品的智能识别与管理。

物联网技术融合了通信、互联网、感知等多个领域的新技术，带来了信息科技产业的第三次革命。物联网的应用已经在工业、农业、交通、医疗、家居、教育、国防等领域如火如荼开展，还在人工智能、边缘计算、机器人、自动驾驶等领域发挥着越来越重要的作用。

物联网的发展和实践是科学技术发展的必然，为了方便物联网相关内容的教学，作者在提供教学视频的基础上，增加了二维码视频。本书的主要内容安排如下：

第 1 章重点介绍了物联网与其他通信网络的关系和物联网的体系结构。体系结构采用的是 ITU-T 给出的物联网 4 层结构，即感知层、传输层、处理层和应用层。

第 2 章介绍了物品信息编码，包括条码和 EPC。重点描述了 EPC 以及基于 EPC 的网络信息系统的构成。本章最后的 EPC 业务流程和开发实例可以加深读者对物联网感知层物品信息编码的理解。

第 3 章介绍了感知层一些常见的自动识别技术，如条码识别、二维码识别、RFID 识别、NFC 以及其他识别技术，重点介绍 RFID 技术。本章最后介绍了一些常用的自动识别应用系统的开发。

第 4 章介绍了在物联网感知层应用较广的嵌入式系统。从嵌入式系统的结构、处理器的分类、操作系统以及系统开发等方面做了详细描述。

第 5 章介绍了传输层中的通信技术相关知识，有助于读者理解各种通信网络数据传输和物联网器件、设备选型。虽然短距离无线通信技术、ICT 技术的发展离不开通信技术的支持，但在物联网的建设中通常都采用集成技术，除了特定场合，如微弱信号处理等，很少直接涉及通信技术本身。

第 6 章传感器与第 7 章传感器网络介绍了物联网中对环境信息和设备信息的采集。值得注意的是，传感器网络从低功耗、低速延伸到常规功耗、高速的应用场合，如低功耗的 IEEE 802.11ah 和高速 IEEE 802.11ad。传感器网络的 IP 化也是一个趋势，ZigBee 3.0、6LoWPAN、Thread 都提供了基于 IP 的协议栈。

第 8 章互联网与第 9 章物联网的接入和承载介绍了物联网的传输层技术。为了符合网络运营商对通信网络的划分——把整个通信网分为接入网和核心网两部分，在某些场合下，把传输层分为接入层和承载层两个层次。随着物联网和承载网络的 IP 化，感知层的局部网络和传输层的承载网络能够直接无缝连接，传感网、接入网和核心网的组网技术之间的界限将会变得越来越模糊。第 9 章介绍的物联网数据传输设计开发方便读者加深对本章的理解。

第 10 章物联网的数据处理介绍了从数据存储、组织、挖掘到呈现的各个方面，分析说明了数据计算的速度问题、海量数据的存储问题、必要数据的搜索问题以及决策数据的挖掘问题。

第 11 章物联网的安全与管理从感知层、传输层、处理层、应用层四个层面对物联网的安全威胁及需求进行讨论，说明安全问题是物联网各个层次和组成部分都会遇到的公共问题，物联网中的安全问题远比与其他通信网络复杂。物联网的分散特性比较强，难以像电信网一样采用集中式管理者-代理模型。

第 12 章定位技术是感知层的内容，位置信息是物联网中所有物品的共有信息。定位技术涉及很多网络方面的知识，并且基于定位技术的位置服务属于应用层的内容，在这个位置安排本章的内容起到承上启下的作用。

第 13 章物联网应用介绍了应用层典型的应用实例。在选取各种应用解决方案时，避免知识点的重复，重点介绍目前关注的热点问题，如车联网、自动驾驶、智能家居等。

第 14 章物联网标准及发展是对物联网各种技术的综合和归纳，选取的标准实例都没有在前面的章节中详述过，但也都是比较具有普遍性或极具特性的技术，是对物联网视野的扩展。

本书提供微课视频、电子课件、教学大纲、教学建议、习题参考答案、3 套试卷（附评分标准），读者可通过扫描书中的二维码浏览微课视频。习题答案不是对书中知识点的罗列，很多答案实际上是对书中内容的扩充，但同时也考虑了学生做题时的知识基础。电子课件包含了很多书中限于篇幅而未描述的技术细节和图片，可根据授课情况对其进行适当裁剪。

本书由韩毅刚、肖纯贤编著，感谢前几版的编著者冯飞、杨仁宇、张天琦、任亚飞、章帆，感谢南开大学电子信息与光学工程学院赵风海副教授，北京锐安科技有限公司冯建业和陈冬霞，中国航天科工三院 304 所李琪，中国移动公司王欢，渣打科技营运有限公司李亚娜和张一帆，中国人民解放军国防信息学院王大鹏，鸿富锦精密电子（天津）有限公司张洁，成都鼎桥通信技术有限公司段鹏飞，龙湖地产天津公司韩宏宇，中国人民解放军某部刘剑、王大理和甘俊位，中征（北京）征信有限责任公司天津分公司冯文全，中国银行软件中心翁明俊，淘宝中国软件有限公司刘佳黛，渣打环球商业服务有限公司吉瑄，杭州浙泰科技有限公司朱先会，百度在线网络技术（北京）有限公司吴淑艳，北京字节跳动科技有限公司傅秋宇，中国工商银行杭州研发中心吴才奇，华为技术有限公司刘蒙蒙提供的各种帮助。

由于作者水平和经验有限，书中难免存在不足之处，敬请读者批评指正。

韩毅刚
2023 年 9 月于南开大学

教 学 建 议

章　　节	教学重点和要求	课时
第 1 章　物联网体系结构	了解物联网的发展背景 理解物联网的概念和定义 弄清物联网与传感网、泛在网、互联网等之间的关系 掌握物联网的层次体系结构 清楚物联网目前的建设状况和组网方式	3
第 2 章　物品信息编码	弄清物品编码和代码的关系 了解各种物品编码标准体系之间的关系 掌握 EAN.UCC 系统的物品编码体系 掌握 EPC 编码体系	3
第 3 章　自动识别技术	理解自动识别的概念和应用场合 掌握 RFID 的原理和系统组成 了解 NFC 的原理及其与 RFID 的区别 了解其他自动识别技术及其应用	6
第 4 章　嵌入式系统	理解嵌入式系统与普通计算机系统的区别 了解嵌入式设备在实际生活中的应用状况 掌握嵌入式系统的体系结构 了解各种嵌入式操作系统的状况 弄清开发嵌入式应用的一般方法	3
第 5 章　通信技术	了解信号处理的应用场合 掌握信号传输的编码和调制技术 理解无线通信和光通信的原理与系统组成 了解最新的通信技术发展状况	3
第 6 章　传感器	掌握传感器的概念和组成结构 理解各种传感器的工作原理 了解 MEMS 技术及其应用	3
第 7 章　传感器网络	了解现场总线构建的传感器网络结构 掌握无线传感器网络的组网结构和特征 理解无线传感器网络的 MAC、路由和传输协议 掌握利用 ZigBee 技术组建无线传感器网络的方法 理解无线传感器网络的拓扑控制、时间同步和数据融合的原理与实现机制	6
第 8 章　互联网	理解互联网的 TCP/IP 协议体系结构 了解 TCP 和 UDP，理解端口的概念 掌握 IP，了解 IPv4 与 IPv6 的不同之处 理解应用层协议的工作原理 了解移动互联网的组建和应用	3
第 9 章　物联网的接入和承载	了解各种互联网有线接入技术，掌握以太网组网技术 了解各种无线 IP 接入技术，掌握 Wi-Fi 组网技术 弄清移动通信网的组成结构和工作原理 了解核心网的建设和应用 理解各种通信网络之间的关系	6
第 10 章　物联网的数据处理	了解数据中心的建设和使用情况 理解数据库、搜索引擎、数据挖掘的概念和方法 弄清网络数据存储的不同方法 掌握云计算的概念和实现机制 了解普适计算的概念及其与物联网的关系	3

（续）

章　节	教学重点和要求	课时
第 11 章　物联网的安全与管理	了解物联网的安全威胁与安全需求 了解物联网安全的解决方法及其核心技术 了解物联网的网络管理机制及其与目前网络管理的不同之处	3
第 12 章　定位技术	了解定位技术的分类和应用场合 掌握 GPS 定位原理 理解定位所用的一般技术和方法 了解 LBS 的概念和应用	3
第 13 章　物联网应用	了解物联网在实际生活中的具体应用情况 理解四网融合的概念 掌握智能家居的实现原理 了解 WAN、MAN、LAN、PAN 和 BAN 在物联网中的应用	6
第 14 章　物联网标准及发展	了解制定物联网标准的各种组织 了解物联网所涉及的各种技术内容 弄清物联网各种技术标准或名称之间的关系 根据物联网制定的标准系列了解物联网的发展状况	3
总学时	按每周 3 节课、每学期 18 周计	54

说明：

1）本书章节顺序基本上是按物联网的层次体系结构和数据流向安排的，但考虑到各种概念、原理和技术所用到的基础知识，适当调整了章节顺序，例如，位于感知层的第 12 章“定位技术”需要很多网络知识，因此放在了后面。从数据流动来看，数据应该通过各种技术才能连接到互联网中，但先讲述第 8 章“互联网”，再讲述第 9 章“物联网的接入和承载”，能够具备更好的知识铺垫，也符合网络 IP 化的现状。

2）课时安排可根据本专业具体情况进行调整，例如，侧重于应用研发的专业可增加第 2 章“物品信息编码”、第 4 章“嵌入式系统”或者第 12 章“定位技术”的课时，相应缩减第 7 章“传感器网络”或第 9 章“物联网的接入和承载”的课时。侧重于了解物联网状况的专业可增加第 13 章“物联网应用”和第 14 章“物联网标准及发展”的课时。

3）本书对物联网的介绍比较宽泛，是按照读者第一次接触物联网各种技术时的情况来叙述的，不同专业可根据本专业后续课程的内容对本书的讲述重点进行增删。

目　录

前言

教学建议

第 1 章　物联网体系结构……1

1.1　物联网的发展背景……1

1.2　物联网的概念……2

1.2.1　物联网的定义……2

1.2.2　物联网与各种网络之间的关系……4

1.3　物联网的体系结构……7

1.3.1　物联网三层模型……7

1.3.2　ITU-T 参考模型……8

1.3.3　物联网的域模型……9

1.4　物联网各层功能及其相关技术……9

1.4.1　感知层……10

1.4.2　传输层……11

1.4.3　处理层……13

1.4.4　应用层……14

1.5　物联网的关键技术……15

1.5.1　自动识别技术……17

1.5.2　传感技术……17

1.5.3　网络技术……18

1.5.4　数据处理技术……19

1.6　物联网的发展趋势和组网结构……20

习题……21

第 2 章　物品信息编码……22

2.1　物品的分类与编码……22

2.1.1　物品分类……22

2.1.2　物品代码……23

2.1.3　物品编码的载体……23

2.2　条码编码体系……24

2.2.1　EAN.UCC 编码体系……24

2.2.2　全球数据同步网络……25

2.3　产品电子代码 EPC……26

2.3.1　EPC 的产生与发展……27

2.3.2　EPC 编码结构……27

2.3.3　EPC 编码转换……28

2.3.4　EPC 系统的组成……29

2.4　EPC 业务办理与 EPCIS 系统开发……30

2.4.1　业务办理流程……30

2.4.2　EPCIS 系统的开发实例……32

习题……33

第 3 章　自动识别技术……34

3.1　自动识别技术概述……34

3.1.1　自动识别技术的分类……34

3.1.2　自动识别系统的构成……35

3.2　条码识别……36

3.2.1　条码的构成和种类……36

3.2.2　条码阅读器……37

3.3　二维码识别……38

3.3.1　二维码的特点和分类……38

3.3.2　二维码的符号结构……39

3.3.3　二维码的编码过程……40

3.4　RFID……40

3.4.1　RFID 的分类……41

3.4.2　RFID 系统的构成……42

3.4.3　电子标签的结构……44

3.4.4　读写器的结构……45

3.4.5　RFID 系统的能量传输……47

3.4.6　RFID 系统的数据传输……48

3.4.7　RFID 系统的防碰撞机制……50

3.5　NFC……50

3.5.1　NFC 的技术特点……51

3.5.2 NFC 系统工作原理……51
3.6 其他自动识别技术……53
3.6.1 卡识别……53
3.6.2 语音识别……54
3.6.3 光学字符识别……57
3.6.4 生物识别……58
3.7 自动识别应用系统的开发……60
3.7.1 二维码识别系统的开发……60
3.7.2 RFID 应用系统的开发……61
3.7.3 声纹识别系统的开发……63
习题……64
第4章 嵌入式系统……65
4.1 嵌入式系统的概念和发展……65
4.1.1 嵌入式系统的定义……65
4.1.2 嵌入式系统的特点……65
4.1.3 嵌入式系统的发展阶段……66
4.1.4 物联网中的嵌入式系统……66
4.1.5 嵌入式系统的发展趋势……68
4.2 嵌入式系统的结构……68
4.2.1 硬件层……68
4.2.2 硬件抽象层……73
4.2.3 系统软件层……74
4.2.4 应用软件层……74
4.3 嵌入式处理器的分类……75
4.3.1 嵌入式微控制器……75
4.3.2 嵌入式数字信号处理器……75
4.3.3 嵌入式微处理单元 MPU……75
4.3.4 片上系统 SoC……76
4.4 嵌入式操作系统……77
4.4.1 μC/OS-Ⅱ……77
4.4.2 TRON……78
4.4.3 嵌入式 Linux……78
4.4.4 iOS……78
4.4.5 Android……79
4.5 嵌入式系统的开发……80
4.5.1 单片机平台上的嵌入式系统应用开发……80
4.5.2 智能终端上的嵌入式系统应用开发……82
习题……84
第5章 通信技术……85
5.1 信号处理……85
5.1.1 信号处理的概念……85
5.1.2 数字信号处理……86
5.1.3 数字信号处理应用实例……88
5.2 信号传输……89
5.2.1 通信方式……90
5.2.2 信源编码……90
5.2.3 信道编码……91
5.2.4 信号编码……92
5.2.5 信号调制……93
5.2.6 多路复用……93
5.3 无线通信……94
5.3.1 无线传输系统……94
5.3.2 无线通信的频段与传播方式……95
5.3.3 无线传输的特征……96
5.4 光通信……97
5.4.1 光纤通信……97
5.4.2 无线激光通信……100
5.4.3 可见光通信……102
5.5 新型通信技术……103
5.5.1 量子通信……103
5.5.2 深空通信……105
5.5.3 绿色通信……106
习题……107
第6章 传感器……109
6.1 传感器的基本概念……109
6.1.1 传感器的定义……109
6.1.2 传感器的构成……109
6.1.3 传感器的特性……110
6.2 传感器的种类……112
6.2.1 阻抗型传感器……112
6.2.2 电压型传感器……114
6.2.3 磁敏型传感器……115

6.3　传感器的应用……116
6.3.1　光纤传感器……116
6.3.2　湿敏传感器……117
6.3.3　气体传感器……117
6.3.4　生物传感器……118
6.4　新型传感器……119
6.4.1　多功能传感器……119
6.4.2　MEMS 传感器……120
6.4.3　纳米传感器……121
6.4.4　智能传感器……121
习题……123
第 7 章　传感器网络……124
7.1　有线传感器网络……124
7.1.1　现场总线……124
7.1.2　CAN 总线……124
7.1.3　M-Bus 总线……125
7.2　无线传感器网络概述……126
7.2.1　无线传感器网络的组成……126
7.2.2　无线传感器网络的体系结构……127
7.2.3　无线传感器网络面临的挑战和发展趋势……128
7.3　无线传感器网络的通信协议……129
7.3.1　MAC 协议……129
7.3.2　路由协议……132
7.3.3　传输协议……135
7.4　无线传感器网络的组网技术……135
7.4.1　ZigBee……136
7.4.2　Z-WAVE……139
7.4.3　EnOcean……141
7.4.4　Thread……143
7.5　无线传感器网络的核心支撑技术……146
7.5.1　拓扑控制……146
7.5.2　时间同步……147
7.5.3　数据融合……148
7.6　无线传感器网络的应用开发……150
7.6.1　无线传感器网络的硬件开发……150
7.6.2　无线传感器网络操作系统的移植……151
7.6.3　无线传感器网络的软件开发……152
习题……153
第 8 章　互联网……154
8.1　互联网体系结构……154
8.1.1　TCP/IP 协议模型……154
8.1.2　数据传输的封装关系……155
8.2　IP……155
8.2.1　IPv4……156
8.2.2　IPv6……157
8.2.3　ICMP……158
8.2.4　路由选择协议……159
8.3　互联网传输层协议……160
8.3.1　UDP……160
8.3.2　TCP……161
8.4　互联网应用层协议……162
8.4.1　域名系统……162
8.4.2　HTTP……163
8.4.3　CoAP……164
8.4.4　SIP……165
8.4.5　SDP……166
8.5　移动互联网……166
8.5.1　移动互联网的组成……167
8.5.2　移动互联网的体系结构……167
8.5.3　移动互联网的服务质量……168
8.5.4　移动 IP 技术……169
8.6　互联网的发展与应用开发……170
8.6.1　多屏互动……170
8.6.2　Web 的发展趋势……172
8.6.3　“互联网+”及其应用开发……172
习题……175
第 9 章　物联网的接入和承载……176
9.1　有线接入技术……177
9.1.1　以太网接入……177
9.1.2　铜线接入……178
9.1.3　光纤接入……178
9.1.4　HFC 接入……179

9.1.5　电力线接入……179
9.2　短距离无线 IP 接入技术……180
9.2.1　Wi-Fi……180
9.2.2　蓝牙……181
9.2.3　UWB……182
9.3　基于移动通信网的接入技术……182
9.3.1　移动通信网的组成结构……183
9.3.2　第二代移动通信网络（2G）……183
9.3.3　第三代移动通信网络（3G）……184
9.3.4　第四代移动通信网络（4G）……184
9.3.5　第五代移动通信网络（5G）……185
9.4　核心通信网络……190
9.4.1　核心传输网络……190
9.4.2　核心交换网络……191
9.5　物联网数据传输的设计开发……192
9.5.1　互联网接入协议……192
9.5.2　传感器网络的网关设计……193
9.5.3　蓝牙模块与计算机之间的通信程序开发……195
9.5.4　基于 GSM 模块的通信程序开发……196
习题……198
第 10 章　物联网的数据处理……199
10.1　数据中心……199
10.1.1　数据中心的组成……199
10.1.2　数据中心的分类与分级……199
10.1.3　数据中心的建设……200
10.2　大数据与物联网……202
10.2.1　大数据的概念……202
10.2.2　物联网与大数据的关系……202
10.2.3　物联网大数据的特点……203
10.2.4　大数据的分析与处理……203
10.3　数据库系统……204
10.3.1　数据库的类型……204
10.3.2　数据库的操作……205
10.3.3　数据库与物联网……205
10.4　数据挖掘……206
10.4.1　数据挖掘的过程……206
10.4.2　数据挖掘的方法……207
10.4.3　物联网中的数据挖掘……208
10.5　搜索引擎……208
10.5.1　搜索引擎的分类……208
10.5.2　搜索引擎的组成和工作原理……209
10.5.3　面向物联网的搜索引擎……210
10.6　海量数据存储……211
10.6.1　磁盘阵列……211
10.6.2　网络存储……212
10.6.3　云存储……213
10.7　云计算……214
10.7.1　云计算的概念……214
10.7.2　云计算的体系结构……215
10.7.3　云计算系统实例……216
10.7.4　云计算系统的开发……218
10.8　普适计算……221
10.8.1　普适计算技术的特征……221
10.8.2　普适计算的系统组成……222
10.8.3　普适计算的体系结构……223
10.8.4　普适计算的关键技术……223
10.9　数据呈现……224
10.9.1　实时推送技术……224
10.9.2　数据可视化……226
10.9.3　HTML 5……227
10.9.4　数据呈现开发实例……228
习题……230
第 11 章　物联网的安全与管理……231
11.1　物联网的安全架构……231
11.2　物联网的安全威胁与需求……232
11.2.1　感知层的安全……232
11.2.2　传输层的安全……233
11.2.3　处理层的安全……234
11.2.4　应用层的安全……234
11.3　物联网安全的关键技术……235
11.3.1　密钥管理技术……235
11.3.2　虚拟专用网技术……237

11.3.3 认证技术……238
11.3.4 访问控制技术……238
11.3.5 入侵检测技术……239
11.3.6 容侵容错技术……240
11.3.7 隐私保护技术……240
11.4 物联网的管理……241
11.4.1 物联网的自组织网络管理……242
11.4.2 物联网的分布式网络管理模型……243
11.4.3 物联网的网络管理方案……244
11.5 物联网安全管理系统的设计……245
11.5.1 SOA 架构……246
11.5.2 安全管理平台的组成……248
习题……249
第 12 章 定位技术……251
12.1 定位技术概述……251
12.1.1 定位的性能指标……251
12.1.2 定位技术的分类……252
12.1.3 定位技术在物联网中的发展……252
12.2 基于卫星的定位技术……253
12.2.1 全球定位系统（GPS）……253
12.2.2 其他定位导航系统……254
12.3 基于网络的定位技术……255
12.3.1 基于移动通信网络的定位……255
12.3.2 基于无线局域网的定位……257
12.3.3 其他基于短距离无线通信网络的定位……258
12.4 基于位置的服务……260
12.4.1 LBS 系统的组成……260
12.4.2 LBS 的体系结构……261
12.4.3 LBS 的核心技术……261
12.4.4 LBS 的漫游和异地定位……262
12.4.5 LBS 的计算模式……263
12.4.6 位置服务与移动互联网……264
12.4.7 位置服务与增强现实技术（AR）……264
12.5 室内定位应用开发……267
12.5.1 基于 Wi-Fi 位置指纹的室内定位系统设计……267
12.5.2 位置指纹数据的采集和存储……268
12.5.3 在线实时定位……269
习题……270
第 13 章 物联网应用……271
13.1 智能电网……271
13.1.1 智能电网的特点……271
13.1.2 智能电网的功能框架……272
13.1.3 智能电网的组成……273
13.1.4 智能电网的关键技术……274
13.2 智能交通……275
13.2.1 智能交通的体系结构……275
13.2.2 车联网……276
13.2.3 自动驾驶……277
13.3 智能物流……278
13.3.1 智能物流的相关技术……279
13.3.2 智能物流中的配送系统……281
13.4 精细农业……283
13.4.1 精细农业的组成……283
13.4.2 精细农业的相关技术……283
13.4.3 精细农业的应用实例……285
13.5 智能环保……286
13.5.1 智能环保系统的组成……286
13.5.2 智能环保系统实例……288
13.6 智能家居……288
13.6.1 智能家居的功能……288
13.6.2 智能家居的技术需求……289
13.6.3 智能家居物联网应用实例……292
13.6.4 智能家居平台……294
13.7 智慧医疗……295
13.7.1 医用传感器……295
13.7.2 体域网和身体传感网……296
13.7.3 智慧医疗应用实例……296
13.8 智慧工厂……297
13.8.1 信息物理系统（CPS）……297
13.8.2 工业物联网……298

13.8.3 工业 4.0 …… 299

习题 …… 300

第 14 章 物联网标准及发展 …… 301

14.1 物联网标准的体系框架 …… 301

14.2 物联网标准制定现状 …… 302

14.2.1 国际物联网标准制定现状 …… 302

14.2.2 我国物联网标准制定现状 …… 302

14.3 物联网的重要标准 …… 303

14.3.1 感知层标准 …… 303

14.3.2 传输层标准 …… 306

14.3.3 处理层标准 …… 307

14.3.4 应用层标准 …… 308

14.3.5 公共类技术标准 …… 309

14.4 物联网部分标准简介 …… 311

14.4.1 物品编码标准 EPCglobal Gen2 …… 311

14.4.2 射频识别标准 ISO/IEC 14443 和 ISO/IEC 15693 …… 312

14.4.3 智能传感器标准 IEEE 1451 …… 312

14.4.4 无线传感器网络标准 IEEE 802.15.4 …… 313

14.4.5 无线嵌入式互联网标准 IETF RFC 4944 …… 314

14.4.6 移动网络标准 ITU-T G.1028 …… 317

14.4.7 网络存储标准 IETF RFC 3720 …… 317

14.4.8 传感网安全标准 GB/T 30269.601—2016 …… 318

14.4.9 应用管理标准 ISO/IEC 24791 …… 319

14.4.10 智能电网标准 IEC 61850 …… 320

14.5 物联网标准展望 …… 321

习题 …… 321

参考文献 …… 323

第 1 章　物联网体系结构

物联网（Internet of Things，IoT）就是在物品与物品之间能够自动实现信息交换的通信网络。物联网利用自动识别、传感器等技术采集物品信息，通过互联网把所有物品连接起来，实现物品的智能化管理。

物联网是信息技术发展到一定阶段后出现的集成技术，这种集成技术具有高度的聚合性和提升性，所涉及的领域比较广泛，被认为是继计算机、互联网和移动通信技术之后信息产业新的革命性发展。

第 1 章物联网的起源 1.1 节

1.1　物联网的发展背景

物联网起源于两种技术：射频识别（Radio Frequency IDentification，RFID）和无线传感器网络（Wireless Sensor Network，WSN）。更多内容参考视频。

1999 年，美国麻省理工学院的自动识别（Auto-ID）中心（2003 年改为实验室）在研究 RFID 时提出了物联网概念的雏形，最初是针对物流行业的自动监控和管理系统设计的，其设想是给每个物品都添上电子标签，通过自动扫描设备，在互联网的基础上，构造一个物-物通信的全球网络，目的是实现物品信息的实时共享。同年，中国科学院启动传感网项目，开始了中国物联网的研究，以便利用传感器组成的网络采集真实环境中的物体信息。2003 年，美国《技术评论》把传感网络技术评为未来改变人们生活的十大技术之首。

2005 年，国际电信联盟（International Telecommunication Union，ITU）发布了《ITU 互联网报告 2005：物联网》，正式提出了物联网的概念。报告指出，世界上所有的物体从轮胎到牙刷、从房屋到纸巾都可以通过互联网主动进行信息交换。ITU 扩展了物联网的定义和范围，不再只是基于 RFID 和 WSN，而是利用嵌入到各种物品中的短距离移动收发器，把人与人的通信延伸到人与物、物与物的通信。

2009 年，IBM 公司提出智慧地球的概念，认为信息技术（Information Technology，IT）产业下一阶段的任务是把新一代信息技术充分运用到各行各业中，具体来说，就是把传感器嵌入到电网、铁路、桥梁、隧道、公路、建筑、供水系统、大坝和油气管道等各种物体中，并进行连接，形成新一代的智慧型基础设施——物联网。

2009 年，中国政府提出“感知中国”的战略，物联网被正式列为国家五大新兴战略性产业之一，写入“政府工作报告”，使物联网在中国受到了全社会极大的关注，一些高等院校也开设了物联网工程专业。2011 年正式颁布的中国“十二五”规划指出，在新兴战略性产业中，新一代信息技术产业的发展重点是物联网、云计算、三网融合和集成电路等。2016 年中国“十三五规划建议”提出，实施“互联网+”行动计划，大力发展物联网技术和应用。

2008 年，欧洲智能系统集成技术平台（the European Technology Platform on Smart

Systems Integration，EPoSS，是一个行业驱动的政策计划）在其《2020 年的物联网》报告中，对物联网的发展做了分析预测，认为未来物联网的发展将经历 4 个阶段：2010 年之前 RFID 被广泛应用于物流、零售和制药领域，2010—2015 年物体互联，2015—2020 年物体进入半智能化，2020 年之后物体进入全智能化。

物联网的发展最终将取决于智能技术的发展。要使物体具有一定的智能，起码要在每个物体中植入一个识别芯片。物体的种类、数量及芯片的成本和处理能力等，都是限制物联网全球普及的因素，因此真正步入理想的物联网时代还需要一个漫长的过程。

1.2　物联网的概念

物联网，顾名思义，就是物-物相连的互联网。这说明物联网首先是一种通信网络，其次物联网的重点是物与物之间的互联。物联网并不是简单地把物品连接起来，而是通过物-物之间、人-物之间的信息互动，使社会活动的管理更加有效、人类的生活更加舒适。

在物联网时代，人们可以做到一部手机走天下，现金甚至银行都可能会从人们的生活中逐渐消失。手机既可以实现出行预订、身份验证和购物付款，也可以遥控家里的智能电器，接收安防设备自动发送的报警信息。物联网提供了一个全球性的自动反映真实世界信息的通信网络，让人们可以无意识地享受真实世界提供的一切服务。

物联网基于大家都熟悉的互联网，此时的互联网终端除了人之外，还有大量的物品。在物联网时代，除了常见的人与人之间的数据流动外，物与物之间也存在着数据流动，而且数据量更大、更为频繁，这些数据由物品通过对周围环境的感知自动产生，通过互联网传递给相应的应用程序进行处理。

1.2.1　物联网的定义

对于物联网这种具有明显集成特征的产物，涉及行业较多，其定义自然仁者见仁、智者见智。

我国对物联网的定义较为具体化：物联网是一种通过各种信息传感设备，按约定的协议，利用互联网把各种物品连接起来，进行信息自动交换和通信，以实现对物品的智能化识别、定位、跟踪、监控和管理的一种网络。该定义关注的是各种传感器与互联网的相互衔接。信息传感设备主要包括射频识别装置、红外感应器、激光扫描器、全球定位系统和摄像机等。

国际电信联盟电信分部（ITU-T）对物联网的定义较为抽象：物联网是一种信息社会的全球网络基础设施，它利用信息通信技术（Information Communications Technology，ICT）把物理对象和虚拟对象连接起来，提供更为先进的服务。该定义关注的是数据捕获、事件传递、网络连通性和互操作性的自动化程度，强调任意时间、任意地点和任意事物之间的通信。

总之，物联网是一种广泛存在于人们生活中的通信网络，这种网络利用互联网将世界上的物体都连接在一起，使世界万物都可以上网，这些物体能够被识别，能够被集成到通信网络中。

物联网的定义和范围已经从技术层面上升到战略性产业，不再仅指基于传感网或 RFID 技术的物-物通信网络，每个行业都会从自己的角度去诠释物联网的概念，如图 1-1 所示。

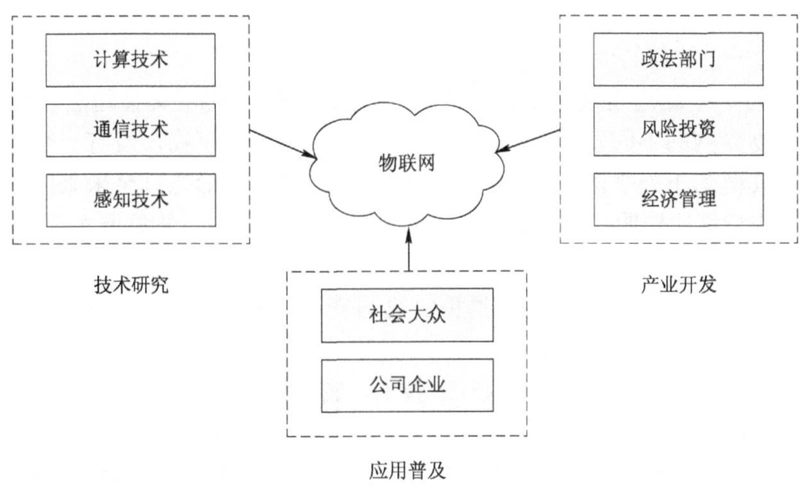

图 1-1　各领域对物联网的诠释

政法部门关注的是物联网的发展规划和安全管理，制定物联网产业的政策和法规，认为物联网是一种新兴的战略性信息技术产业。中国政府在 2011 年公布的国家“十二五”规划中就明确提出，物联网将会在智能电网、智能交通、智能物流、金融与服务业、国防军事等十大领域重点部署。各国政府也推出了自己的基于物联网的国家信息化战略，如美国的“智慧地球”、日本的 u-Japan、韩国的 u-Korea 和欧盟的“欧盟物联网行动计划”等。

风险投资关注的是企业资质的获取、制造能力及物联网的运营能力。

经济管理关注的是物联网的成本和经济效益，认为物联网是一种概念经济，将会成为推进经济发展的又一个驱动器，为产业开拓了又一个潜力无穷的发展机会。据有关机构预测，物-物互联的业务是人-人通信业务的 30 倍。物联网普及后，用于动物、植物、机器、物品上的传感器、电子标签及其配套的接口装置的数量将大大超过手机的数量。2014 年，我国物联网产业规模超过 6000 亿元，其中机-机通信的终端数量超过 6000 万，RFID 产业规模超过 300 亿元，传感器市场规模接近 1000 亿元。

社会大众关注的是物联网对生活舒适度的提高，认为物联网是自互联网以来的又一次生活方式的改变。物联网可以让人们自觉或不自觉地从网络中获取物品或环境信息，直接与真实世界进行互动。

公司企业关注的是物联网的建设和实施，认为物联网是人类社会与物理系统的整合。智能电网、智能交通、智慧物流、精细农业、智能环保和智能家居等都是物联网的具体应用。

计算技术关注的是物联网的数据智能处理和服务交付模式，认为物联网是下一代互联网，是语义万维网（www）的一种应用形式，是互联网从面向人到面向物的延伸。

通信技术关注的是无线信号的传输和通信网络的建设，认为物联网是一个具有自组织能力的、动态的全球网络基础设施，物品通过标准协议和智能接口无缝连接到信息网络上。

感知技术关注的是物品信息的获取和识别，认为物联网是基于感知技术建立起来的传感网，由包含传感器、RFID 等在内的一些嵌入式系统互连而成。

综上所述，物联网就是现代信息技术发展到一定阶段后出现的一种应用与技术的聚合性提升，它将各种感知技术、现代网络技术、人工智能和自动化技术集成起来，使人与物进行智慧对话，创造一个智慧的世界。

物联网作为一个迅速发展的、众多行业参与的事物，其定义会随着行业的不同而不同，也会随着物联网的不同发展阶段而变化。对于一个新生事物，没有一个公认的学术定义是正常的，其概念不外乎两个极端：从当前可实施的技术形态直至未来的理想形态。虽然物联网的集成特征比较明显，但也不能认为物联网无所不包。物联网主要包括以下 3 个本质特征。

1）全面感知。物联网包括物与人通信、物与物通信的不同通信模式，物品信息能够自动采集和相互通信。物品的信息有两种，一种是物品本身的属性，另一种是物品周围环境的属性。物品本身信息的采集一般使用 RFID 技术，物品这时需要具备以下几个条件：①唯一的物品编号；②足够的存储容量；③必要的数据处理能力；④畅通的数据传输通路；⑤专门的应用程序；⑥统一的通信协议。可见，物联网中的每一件物品都需要贴上电子标签，物品实际上指的是产品。采集物品周围环境信息时一般使用无线传感器网络技术，通过传感器直接采集真实世界的信息。

2）可靠传输。物联网广泛采用互联网协议、技术和服务，如网际协议（Internet Protocol，IP）、云计算等。物联网是建立在特有的基础设施之上的一系列新的独立系统，利用各种技术手段把各种物体接入到互联网，实现基于互联网的连接和交互。互联网为将来物联网的全球融合奠定了基础。

3）智能处理。物联网为产品信息的交互和处理提供了基础设施，但并不是向物品中嵌入一些传感器、贴上 RFID 标签就可以组成物联网，物联网应具有自动识别、自动处理、自我反馈与智能控制的特点。

1.2.2　物联网与各种网络之间的关系

与物联网联系比较紧密的网络概念有互联网、传感网和泛在网等。这几种网络之间的联系远远大于它们之间的区别。

1．物联网与互联网的关系

互联网是把计算机连接起来为人们提供信息服务的全球通信网络。互联网的典型应用有网页浏览、电子邮件、微博和即时通信等，这些应用有一个共同的特点，就是所有的信息交流都是在人与人之间进行的。互联网构造了一个虚拟的信息世界，人们在这个虚拟世界中可以随时随地交流各种信息。

互联网的缺点是不能实时提供真实世界的信息。当人们走进超市时，自然而然地想知道要买的商品位于哪个货架，价格是多少，这就需要人和物、物和物之间能够进行信息交流，于是，物联网应运而生。手机支付、高速公路的不停车收费和智能家居等已经走入人们的生活，而这些只不过是物联网应用的初级阶段。

物联网与互联网最大的区别在于数据源的不同。互联网的数据是由人工方式获取的，这些内容丰富的数据为人们提供了一个虚拟的信息世界，实现了人与人之间的信息共享。物联网的数据是通过自动感知方式获取的，这些海量的数据是由物品根据本身或周围环境的情况产生的，为人们提供的是真实世界的信息。在这个现实世界的信息空间中，实现了人与人、人与物、物与物的信息共享。

从互联网的角度看，物联网是互联网由人到物的自然延伸，是互联网接入技术的一种扩展。只要把传感网络、RFID 系统等接入到互联网中，增加相应的应用程序和服务，物联网就成了互联网的一种新的应用类型。这种融合了物联网的互联网被看作是下一代互联网。下一代互联网不仅是从 IPv4 到 IPv6 的技术提升，也是从人到物的应用扩展。

从物联网角度看，所有的物品都要连接到互联网上，物品产生的一些信息也要送到互联网上进行处理。物联网需要一个全球性的网络，而这个网络非互联网莫属，物联网的实现是基于互联网的，采用的是互联网的通信协议。

物联网与互联网联系非常紧密，从长远发展的目标来看，二者不存在明确的界限，但从目前物联网的建设和使用来看，二者还是有些差别的。互联网的建设和使用是全球性的；物联网往往是行业性的或区域性的，要么组建自己的专用网，要么使用互联网中的虚拟专用网（Virtual Private Network，VPN）。另外，互联网有时不能满足物联网的要求，如智能电网对网络承载平台的可靠性要求很高。由于物联网以互联网为承载网络，并逐步趋向互联网所用的 IP 协议，二者最后将融为一个网络，从而实现从信息共享到信息智能服务的提升，彻底改变人们的生活方式。

2．物联网与传感网的关系

传感网一般是指无线传感器网络。WSN 就是把多个传感器用无线通信连接起来，以便协调处理所采集的信息。

传感网一度被一些人认为就是物联网，他们对传感网的涵盖范围进行延伸，把物联网纳入到传感网范畴，提出了泛在传感网或语义传感网等概念。初看起来，传感网与物联网确实有很多相同之处，例如，都需要对物体进行感知，都用到相同的技术，都要进行数据的传输。但实际上，物联网的概念要比传感网大得多。传感网主要探测的是自然界的环境参数，如温度、速度和压力等。物联网不仅能够处理这种数据，还强调物体的标识。物体属性包括动态和静态两种，动态属性需要由传感器实时探测，静态属性可以存储在标签中，然后用设备直接读取。因此为物联网提供物体信息的系统除了传感网外，还有 RFID、定位系统等。实际上，全球定位系统（GPS）、语音识别、红外感应和激光扫描等所有能够实现自动识别与物-物通信的技术都可以成为物联网的信息采集技术。可见，传感网只是物联网的一部分，用于物体动态属性的采集，然后把数据通过各种接入技术送往互联网进行处理。来自传感网的数据是物联网海量信息的主要来源。

传感网的区域性比较强，而物联网的行业性比较强。在组网建设中，传感网不会使用基础网络设施，如公众通信网络、行业专网等。物联网则会利用现有的基础网络，最常见的就是利用现有的互联网基础设施，也可以建设新的专用于物联网的通信网。

3．物联网与泛在网的关系

泛在网（Ubiquitous Network，UN）就是无所不在的网络，任何人无论何时何地都可以和任何物体进行联系。泛在网的概念出现得比物联网和无线传感网都要早。泛在网最早是想要开发一套理想的计算机结构和网络，满足全社会的需要。1991 年又提出“泛在计算”的思想，强调把计算机嵌入到环境或日常生活的常用工具中，智能设备将遍布于周边环境，无所不在。

ITU-T 在 2009 年发布的 Y.2002 标准提案中规划了泛在网的蓝图，指出泛在网的关键特征是 5C 和 5A。5C 强调了泛在网无所不能的功能特性，分别是融合（Convergence）、内容（Contents）、计算（Computing）、通信（Communication）和连接（Connectivity）。5A 强调了泛在网的无所不在的覆盖特性，分别是任意时间（Any Time）、任意地点（Any Where）、任意服务（Any Service）、任意网络（Any Network）和任意对象（Any Object）。

泛在网的目标很理想，它的实现受到现有技术条件的限制，它的概念也随着具体技术的发展而具有不同的定义。在泛在网的实现中，机-机通信（Machine-to-Machine，M2M）业务可作为代表。M2M 体现了泛在概念的精髓，那就是把处理器（中央处理器 CPU 或微处理器 MPU）和通信模块植入到任何设备中，使设备具有通信和智能处理能力，以达到远程监测、控制的功能。现在 M2M 中的 M 也同时代表 Man（人），从而实现物与物、物与人、人与人的泛在通信，可见，M2M 与物联网的概念是一致的。

泛在网和物联网的终极目标是一样的，例如，日本的 U-Japan 物联网战略计划中的 U 指的就是泛在。ITU 在物联网报告中就提出物联网的发展目标是实现任何时刻、任何地点、任意物体之间的互联，实现无所不在的网络和无所不在的计算。从泛在网的角度来看，物联网是泛在网的初级阶段（泛在物联阶段），实现的是物与物、物与人的通信。到了泛在协同阶段，泛在网实现的是物与物、物与人、人与人的通信，这也正是物联网的理想形态。泛在网比物联网的范围大，二者的研究重点也有些不同，物联网强调的是感知和识别，泛在网强调的是网络和智能，如多个异构网的互联。

4．物联网、互联网、传感网和泛在网概念的覆盖范围

物联网、互联网、传感网和泛在网之间没有明显的界限，从目前的发展状况和研究的覆盖范围来看，这几种网络的关系如图 1-2 所示。

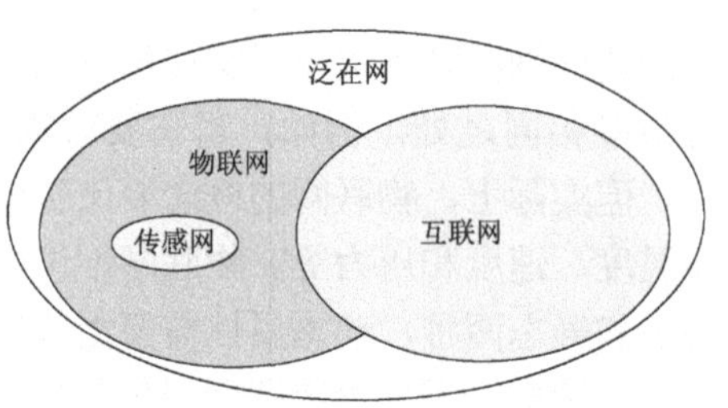

图 1-2　几种网络概念之间的关系

任何一种发展中的事物，通常都有两个目标：理想目标和现实目标。为了弥补现实与理想的差距，会逐渐把各种技术融合起来。例如，想要坐在家中和远在北极的任意一头北极熊进行对话，现在还是一种幻想。对于世界上万事万物的互联这种理想目标而言，可以从不同的方向逐渐逼近。互联网从计算机到计算机的互联发展到人与人的互联，进一步把物接入到互联网，就进入到物联网阶段。传感网强调的是物与物的互联，进一步考虑人与物的互联，就进入到物联网阶段。泛在网则是先给出理想目标，再从机器到机器的通信等外围入手，逐步纳入其他技术，发展到物联网阶段。

无论是传感网、互联网、泛在网，还是物联网，都是万事万物互联这个理想目标在不同方向上的发展阶段，至于这几种网络融合后，各种网络的名称是退守原领域还是被新名称所取代，则取决于技术的发展和市场的竞争，并且市场因素比技术优劣更重要。

物联网的建设专注于物与物、人与物的通信，目前还是一种行业性和区域性的网络。尽管泛在传感网（Ubiquitous Sensor Network，USN）的提出将传感网的概念延伸到了泛在网，但传感网只是物联网的一个子系统。互联网目前作为物联网数据传输的承载网络，并为物联网提供数据处理的支撑平台，鉴于其众多的应用技术和实例，从互联网延伸至物联网比从物联网向互联网延伸更容易一些。

5．物联网与 CPS

与物联网概念比较接近的还有信息物理系统（Cyber-Physical System，CPS）。CPS 无缝集成了传感器、网络、处理器和控制单元，是集计算、通信和控制（Computation、Communication、Control，3C）于一体的下一代智能控制系统。CPS 通过计算过程和物理过程的统一，使真实的物理世界与虚拟的信息世界联系起来，形成一个闭环系统，提供实时感知、动态控制和信息反馈等服务，从而有效地控制物理世界中的事物或环境。

CPS 的具体实现是将处理器嵌入到设备中，通过传感器感知物体的状态信息，通过执行器改变物体的状态，通过网络连接各个设备，实现物-物相连和分布式计算。简单来说，CPS 就是开放的嵌入式系统加上网络和控制功能。

物联网和 CPS 的目标都是虚拟世界和现实世界的融合，采用的基本技术也一样，因此有人认为物联网和 CPS 是同一件事物的不同称呼，欧盟称为物联网，北美则称为 CPS。不过，二者的研究重点还是有些区别的：物联网强调应用，侧重物联网的外在表现形式，CPS 强调 3C 的融合，侧重技术内涵；物联网受工业界的关注较多，CPS 受学术界的关注较多；物联网强调网络的连通作用，CPS 强调网络的虚拟作用；物联网强调感知，CPS 强调感控。

1.3　物联网的体系结构

物联网是物理世界与信息空间的深度融合系统，涉及众多的技术领域和应用行业，需要对物联网中的设备实体的功能、行为和角色进行梳理，从各种物联网的应用中总结出元件、组件、模块和功能的共性与区别，建立一种科学的物联网体系结构，以促进物联网标准的统一制定，规范和引领物联网产业的发展。

第 1 章物联网分层模型 1.3 节

各种网络的体系结构基本都是按照分层的思想建立的，分层就是按照数据流动的关系对整个物联网进行切割，以便物联网的设计者、设备厂商和服务器提供商可以专注于本领域的工作，然后通过标准的接口进行互联。典型的通信网体系结构是国际标准化组织（ISO）的 7 层模型，从下到上分为物理层、数据链路层、网络层、传输层、会话层、表示层和应用层。

物联网目前还没有一个公认的体系结构层次模型，从 3 层到 5 层都有，其分层思想参考视频。2013 年欧盟 IOT-A 项目组给出了一种 3 层模型，把物联网体系结构分为物理实体层、物联网服务层和物联网系统层 3 层。2012 年 ITU-T 给出的是一个 4 层参考模型。欧盟的全球 RFID 运作及标准化协调支持行动工作组（CASAGRAS）给出了一个物联网的融合模型，有人据此把物联网层次体系架构分为 5 层，分别为边缘技术层、接入网关层、互联网层、中间件层和应用层。除了分层体系结构外，也有人按照功能域的思想提出物联网的域模型。

1.3.1　物联网三层模型

物联网三层模型是一种最早的、最简单的物联网分层体系结构。2013 年的《中国物联网标准化白皮书》给出的物联网体系结构为 3 层模型，它按照物联网数据的产生、传输和处理的流动方向，把物联网从下到上分为感知层、网络层和应用层 3 层。

以地铁车票的手机支付为例，看一下物联网中的数据流动。很多手机具备近场通信（Near Field Communication，NFC）功能，当人经过验票口时，验票口的 NFC 阅读器会扫描到手机中嵌入的 NFC 电子标签，从中读取手机主人的信息，这些信息通过网络送到服务器，服务器上的应用程序根据这些信息，实现手机主人与地铁公司账户之间的消费转账。按照物联网体系结构的 3 层模型，手机支付的过程可以分为以下 3 部分。

1）感知层负责识别经过验票口的是谁，而且识别过程是自动进行的，无须人的参与。这就要求人们的手机必须具备 NFC 电子标签，NFC 阅读器读取电子标签中的用户信息，然后把用户信息送到本地计算机上。

2）网络层负责在多个服务器之间传输数据。计算机再把用户信息送到相应的服务器，这里会涉及多个服务器，如涉及客流量统计的地铁公司的服务器、涉及话费的电信公司的服务器和涉及转账的银行的服务器等。每个行业的服务器也不止一个，这些服务器之间的传输就需要依靠各种通信网络。

3）应用层。数据之所以在各个服务器之间流动，是因为要把这些数据交付给服务器上的应用程序进行处理。这些应用程序最终实现的目的只有一个：把车票钱从用户银行账户或话费账户转到地铁公司的账户上。

物联网体系结构的 3 层模型体现了物联网的 3 个明显的特点：全面感知、可靠传输和智能处理。3 层模型说明了物联网的本质就是传感、通信和信息的融合，但这种划分比较粗略，好处是能够迅速了解物联网的全貌，可以作为物联网的功能划分、组成划分或应用流程划分。坏处是把多种技术放在一层中，各种技术之间的集成关系不明确，这对以集成为特征的物联网而言是非常不利的。粗略的划分也造成一些技术无法归类，放在相邻层的哪一个层都可以，容易产生误解。

1.3.2　ITU-T 参考模型

ITU-T 在 2012 年的《物联网概述》报告中给出了物联网的参考模型，把物联网分为设备层、网络层、支撑层和应用层 4 层，如图 1-3 所示。

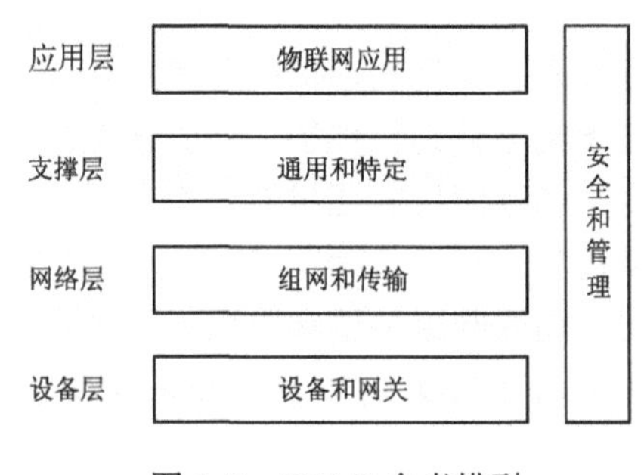

图 1-3　ITU-T 参考模型

1）设备层实现设备功能和网关功能。设备功能包括设备与通信网络之间的信息传输、设备之间的自我组网，以及设备的睡眠和唤醒。网关功能包括对多种通信接口的支持和协议转换等。

2）网络层实现组网功能和传输功能。组网功能提供网络连通性的控制，如接入控制、移动性管理，以及认证、授权和计费（Authentication，Authorization and Accounting，AAA）等。传输功能为物联网的应用数据和管理信息的传输提供支持。

3）支撑层的全称是“业务支撑和应用支撑层”，可以对所有的业务和应用提供通用的支撑功能，也可以对指定的业务和应用提供特定的支撑功能。

4）应用层包括所有的物联网应用，如智能家居、智能电网和智能交通等。

物联网安全和管理功能的实现需要依靠物联网所有层次提供的功能。管理功能除了涵盖传统通信网络的故障管理、性能管理、配置管理、计费管理和安全管理外，还需要重点考虑设备管理、局部网络拓扑管理、流量管理和拥塞管理等。安全功能需要在各个层次上提供认证、授权、隐私保护、数据可靠性和完整性保护等。

1.3.3 物联网的域模型

物联网体系结构是对物联网功能的划分，不同的划分方法产生了不同的体系结构。分层体系结构是从数据流动的角度对物联网功能进行划分，有人从业务的结合或信息的运行方面对物联网的功能进行划分，提出了不同的域模型，如六域模型、五域模型等。

六域模型从业务结合方面把物联网功能分为 6 个域：物联网用户域、目标对象域、感知控制域、服务提供域、运维管控域和资源交换域。

物联网用户域是探析用户的需求。目标对象域是把用户需求映射到物理实体，了解如 RFID 等设备所需的信息。感知控制域定义具体的感知系统及感知系统之间的协同工作。服务提供域对数据信息进行分析处理，提供专业服务。运维管控域从技术和法律层面上对信息和实体对象进行管理与约束。资源交换域负责各部门物联网资源及外部资源之间的交换，联合提供高效服务。

五域模型从信息运行方面把物联网分为 5 个域：对象域、通信域、管理域、服务域和用户域，如图 1-4 所示。各域的功能基本与六域模型相同。

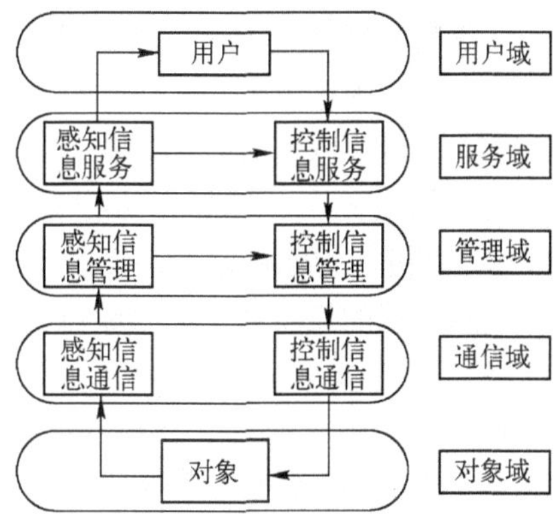

图 1-4　物联网的五域模型

物联网中的信息分为感知信息和控制信息两种。对象域中的对象获取感知信息，通过通信域传输到管理域，管理域进行感知信息管理，再进入服务域中获取感知信息的公共服务，之后传输给用户，用户对感知信息进行分析、处理，转换为相应的控制信息，控制信息进入服务域中获取控制信息服务，传输至管理域进行控制信息管理，再通过通信域将控制信息传输至对象。也就是说，经过用户域的信息运行轨迹是：对象→感知信息通信→感知信息管理→感知信息服务→用户→控制信息服务→控制信息管理→控制信息通信→对象。

感知信息也可以不经过用户域，而是直接由服务域或管理域进行处理后，产生相应的控制信息，发送给对象。

1.4 物联网各层功能及其相关技术

本书根据 ITU-T 参考模型，把物联网体系结构分为 4 层，从下到上分别为感知层、传输层、处理层和应用层，如图 1-5 所示。实际上，这种划分方法，除了名称不一致外，各层功能完全与 ITU-T 参考模型一样，这样做是为了顺应国内物联网行业的习惯称谓。图中方框为每层涉及的一些常见术语或技术。

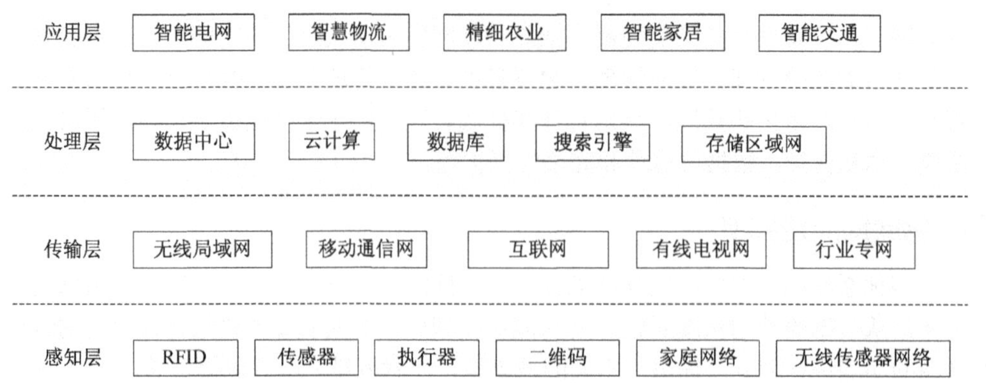

图 1-5　物联网的体系结构

1.4.1　感知层

感知层相当于人的神经末梢，负责物理世界与信息世界的衔接。感知层的功能是感知周围环境或自身的状态，并对获取的感知信息进行初步处理和判决，根据规则做出响应，并把中间结果或最终结果送往传输层。

感知层是物联网的前端，是物联网的基础，除了用来采集真实世界的信息外，也可以对物体进行控制，因此也称为感知互动层。

物联网感知技术可分为二维码技术、RFID 技术、传感器技术、多媒体采集技术、地理位置感知技术这五大类。

在建设物联网时，部署在感知层的设备有 RFID 标签和读写器、二维码标签和识读器、条码和扫描器、传感器、执行器、摄像头、IC 卡、光学标签、智能终端、红外感应器、GPS、手机、智能机器人、仪器仪表，以及内置移动通信模块的各种设备等。

感知层的设备通常会组成自己的局部网络，如无线传感器网络、家庭网络、身体传感器网络（Body Sensor Networks，BSN）和汽车网等，这些局部网络通过各自的网关设备接入到互联网中。嵌入了感知器件和射频标签的物体组成的无线局部网络就是无线传感网。图 1-6 所示为无线传感器网络的结点及其在停车场入口处的部署。

图 1-6　无线传感器网络的结点及其在停车场入口处的部署

常见的数据采集设备是二维码、RFID 标签、摄像头和传感器。二维码的应用比较普遍，例如，实名制火车票上就印制着带有车次、身份证号码等信息的二维码。在手机支付中，二维码也可以作为电子车票保存在手机中。RFID 设备在物流行业中的使用已比较普遍。摄像头则常用在智能交通等方面。传感器是物联网的基础，部署的数量将会越来越多，如在上海浦东国际机场的防入侵系统中，机场铺设了 3 万多个传感结点，覆盖了地面、栅栏和低空探测，可以防止人员的翻越、偷渡和恐怖袭击等攻击性入侵。

感知层建立的是物-物网络，与通常的公众通信网络差别较大，这也体现在物联网的基础设施建设（如建造大楼、安装设备和铺设线路等）中。物联网基础设施的建设主要集中在感知层上，其他层次的基础设施建设则可以充分利用现有的 IT 基础设施。

传统的 IT 基础设施的建设只针对 IT 本身，而物联网基础设施的建设需要综合考虑 IT 基础设施和真实世界的物理基础设施，打破了以往把 IT 基础设施和物理基础设施截然分开的做法。例如，对于高速公路的不停车收费系统，在建设收费站时就要考虑哪些收费口是停车收费的，哪些是不停车收费的，并且安装相应的扫描识别设备。在一些监测系统中，传感器的安装是与系统本身的基础设施密不可分的，最好是在系统基础设施的建设过程中，考虑传感器的安装、组网及传感数据的传输。由于物联网中的传感器数量大或者位置不固定，不宜采用有线连接，因此传感网络普遍采用无线传输技术来组网。

感知层是物联网发展和应用的基础，涉及的主要技术有物品信息编码技术、自动识别技术、定位技术、传感网络技术和嵌入式系统等。

1）物品编码技术包括条码、二维码、光学标签编码和 EPC 系统等内容。编码技术是自动识别技术的基础，能够提供物品的准确信息。

2）自动识别技术包括 RFID 系统、图像识别和语音识别等。

3）定位技术包括 Wi-Fi 定位、蓝牙定位、射频识别室内定位等。

4）传感网络技术包括传感网数据的存储、查询、分析、挖掘、理解，以及基于感知数据决策和行为的理论与技术。

5）嵌入式系统包括嵌入式微处理器、嵌入式操作系统和嵌入式应用软件开发等。感知层的大量设备都属于嵌入式设备。

1.4.2　传输层

传输层负责感知层与处理层之间的数据传输。感知层采集的数据需要经过通信网络传输到数据中心、控制系统等进行处理和存储，传输层就是利用互联网、传统电信网等信息承载体，提供一条信息通道，以便实现物联网让所有能够被独立寻址的普通物理对象实现互联互通的目的。

传输层面对的是各种通信网络。通信网络从运营商和应用的角度可以分为三大类：互联网、电信网和广播电视网。IPTV（网络电视）和手机上网已经司空见惯，说明这 3 种网络的实际部署和使用并不是相互独立的。三网融合在技术层面上已经不存在问题，从趋势上来说，三网将以互联网技术为基础进行融合。下一代互联网 NGI、下一代电信网 NGN 和下一代广播电视网 NGB 将以 IP 技术为基础实现业务的融合。

传输层面临的最大问题是如何让众多的异构网络实现无缝的互联互通。通信网络按地理范围从小到大分为体域网（Body Area Network，BAN）、个域网（Personal Area Network，PAN）、局域网（Local Area Network，LAN）、城域网（Metropolitan Area Network，MAN）和广域网（Wide Area Network，WAN）。

1）体域网限制在人体上、人体内或人体周围，一般不超过 10 m。体域网技术可组成身体传感网络（Body Sensor Network，BSN）等。体域网标准由 IEEE 802.15.6 制定。

2）个域网范围一般在几十米，具体技术包括 ZigBee、无线超宽带（Ultra Wideband，UWB）、蓝牙、无线千兆网（Wireless Gigabit，WiGig）、高性能个域网（High Performance PAN，HiperPAN）和红外数据（Infrared Data Association，IrDA）等。

3）局域网范围一般在几百米，具体技术包括有线的以太网、无线的 Wi-Fi 等。大多数情况下，局域网也充当传感器网络和互联网之间的接入网络。

4）城域网范围一般在几十千米，具体技术包括无线的 Wi-Max、有线的弹性分组环（Resilient Packet Ring，RPR）等。

5）广域网一般用于长途通信，具体技术包括同步数字体系（Synchronous Digital Hierarchy，SDH）、光传送网（Optical Transport Network，OTN）、异步传输模式（Asynchronous Transfer Mode，ATM）及软交换等传输和交换技术。广域网是构成移动通信网和互联网的基础网络。

感知层一般采用体域网、个域网或局域网技术，传输层一般采用局域网、城域网和广域网技术。

从传输层的数据流动过程来看，可以把通信网络分为接入网络和互联网两部分。

接入网络为来自感知层的数据提供到互联网的接入手段。由于感知层的设备多种多样，所处环境也各异，会采用完全不同的接入技术把数据送到互联网上。接入技术分为无线接入和有线接入两大类。

常见的无线接入技术有 Wi-Fi 接入、GPRS 接入和 3G 接入等。Wi-Fi 是一种无线局域网，通过无线路由器（正式名称为 AP，即接入点）连接到互联网上。GPRS 是利用第二代移动通信网的设施连接到互联网上。3G 接入是直接利用第三代移动通信网连接到互联网上。

常见的有线接入技术有非对称数字用户线（Asymmetric Digital Subscriber Line，ADSL）接入、以太网接入和光纤同轴电缆混合（Hybrid Fiber-Coax，HFC）接入等。ADSL 是采用电话线通过固定电话网接入到互联网。以太网是采用双绞线通过计算机局域网接入到互联网。HFC 是采用同轴电缆通过有线电视网接入到互联网。

由于传输层的网络种类较多，相应的接入技术也比较繁杂，而接入技术与其他网络的功能区别较为明显，因此也有人把物联网的接入功能设置为单独的一层，称为接入层。

一些短距离的无线通信网络，既可以作为传输层传输网的接入技术，也可以作为感知层传感网的组网技术。例如，低功耗 Wi-Fi 网络就可以用作无线传感网。无线传感网是由一些低功耗的短距离无线通信网络构建的，通常直接通过网关接入到互联网，因此也有人把无线传感器网络归入物联网的接入网。

感知层的物体互联通常都是按区域性的局部网络组织的，传输层可以把这些局部网络连接起来，形成一个行业性的、全球性的网络，从而可以提供公共的数据处理平台，服务于各行各业的物联网应用。连接各个局部网络的任务主要由互联网来完成。

互联网就是利用各种各样的通信网络把计算机连接起来，达到实现信息资源共享的目的。互联网把所有通信网络都看作是承载网络，由这些网络负责数据的传输，互联网本身则更多地关注信息资源的交互。

对于长途通信来说，互联网（包括移动通信网）是利用电信网中的核心传输网和核心交换网作为自己的承载网络的。核心传输网和核心交换网利用光纤、微波接力通信与卫星通信等建造了全国乃至全球的通信网络基础设施。图 1-7 所示为电信运营商传输机房中核心传输网的传输设备。

图 1-7　电信运营商传输机房中核心传输网的传输设备

在长距离通信的基础设施方面，互联网除了使用核心传输网、核心交换网和移动通信网等基础设施外，一些部门或行业也会利用交换机、路由器和光纤等设备建立自己独有的基础设施。电信行业不甘心自己沦为互联网的承载网络角色，一方面建设公用互联网，如中国公用计算机互联网（ChinaNet），另一方面也积极提供互联网的业务，如移动互联网业务。

物联网目前的建设思路与互联网当初的建设思路非常相似。互联网是利用电信网的基础设施或有线电视网把世界各地的计算机或计算机局域网连接起来组成的网络。各单位关心的是本单位局域网的建设，局域网之间的互联依靠电信网。随着计算机所能提供的服务的增多，尤其是 Web 服务的出现，逐渐形成了今天的互联网规模。

在物联网建设中，物联网则是把传感器（对应于计算机）连接成传感网（对应于计算机局域网），然后再通过现有的互联网（对应于电信网）相互连接起来，最后将构成一个全球性的网络。

从物联网的角度看，包括互联网在内的各种通信网络都是物联网的承载网络，为物联网的数据提供传输服务。目前物联网的建设具有行业性特点，某些行业专网的基础设施可以是独有的，如智能电网，也可以利用电信网或互联网的虚拟专网技术来建设自己的行业网络。

1.4.3　处理层

处理层为物联网的各种应用系统提供公共的数据存储和处理功能，在某些物联网应用系统中也称为支撑层或中间件层。处理层在高性能计算技术的支撑下，对网络内的海量信息进行实时高速处理，对数据进行智能化挖掘、管理、控制与存储，通过计算分析，将各种信息资源整合成一个大型的智能网络，为上层服务管理和大规模行业应用提供一个高效、可靠和可信的支撑技术平台。

图 1-8　数据中心

处理层的设备包括超级计算机、服务器集群及海量网络存储设备等，这些设备通常放在数据中心里。数据中心也称为计算中心、互联网数据中心（Internet Data Center，IDC）或服务器农场等，其内部设施如图 1-8 所示。数据中心不仅仅包括计算机系统、存储设备和网络设备，还包含冷却设备、监控设备、安全装置，以及一些冗余设备。

超级计算机就是把数量众多的处理器连接在一起，利用并行计算技术实现大型研究课题的计算机。超级计算机可以为物联网某些行业应用的海量数据处理提供高性能计算能力，例如，无锡物联网云计算中心就部署了曙光超级计算机。

服务器集群就是共同为客户机提供网络资源的一组计算机系统。当其中一台服务器出现问题时，系统会将客户的请求转到其他服务器上进行处理，客户不必关心网络资源的具体位置，集群系统会自动完成。

海量网络存储设备包括硬盘、磁盘阵列、光盘和磁带等，这些设备为物联网的海量数据提供存储和数据共享服务。网络存储技术分为直附式存储、网附式存储和存储区域网（Storage Area Network，SAN）等几种类型。

处理层通过数据挖掘、模式识别等人工智能技术，提供数据分析、局势判断和控制决策等处理功能。

处理层大量使用互联网的现有技术，或者对现有技术进行提升，使之适应物联网应用的需要。因此在不同的物联网层次体系结构中，也有人把处理层放在传输层中，统称为网络层。处理层要为物联网的各行业的应用提供公共的数据处理平台和服务管理平台，因此也有人把处理层的功能放在应用层。

1.4.4　应用层

应用层利用经过分析处理后的感知数据，构建面向各类行业实际应用的管理平台和运行平台，为用户提供丰富的特定服务。

应用层是物联网与行业专业技术的深度融合。为了更好地提供准确的信息服务，必须结合不同行业的专业知识和业务模型，借助互联网技术、软件开发技术和系统集成技术等，开发各类行业应用的解决方案，将物联网的优势与行业的生产经营、信息化管理、组织调度结合起来，以完成更加精细和准确的智能化信息管理。例如对自然灾害、环境污染等进行预测预警时，需要相关生态、环保等多学科领域的专门知识和行业专家的经验。

互联网技术可以使物联网的行业应用不受地域的限制，互联网也能提供众多的数据处理公共平台和业务模式。

软件开发技术用于各行业开发自己的物联网应用程序，实现支付、监控、安保、定位、盘点和预测等各行业自己的特定功能。

系统集成技术将不同的系统组合成一个一体化的、功能更加强大的新型系统。物联网是物理世界和信息世界的深度融合，行业跨度较大。利用设备系统集成和应用系统集成等技术，有效地集成现有技术和产品，给各行业的物联网建设提供一个切实可行的完整解决方案。

物联网广泛应用于经济、生活和国防等领域。物联网的应用可分为监控型、查询型、控制型和扫描型等几种类型。监控型有物流监控、污染监控等，查询型有智能检索、远程抄表等，控制型有智能交通、智能家居和路灯控制等，扫描型有手机支付、高速公路不停车收费等。图 1-9 所示为智能交通中的监控中心。

图 1-9　智能交通中的监控中心

物联网应用的实现最终还是需要人进行操作和控制。应用层的设备包括人机交互的终端设备，如计算机、手机等。实际上，任何运行物联网应用程序的智能终端设备都可以看作是应用层的设备，如可手持和佩戴的移动终端、可配备在运输工具上的终端等，通过这些终端，人们可以随时随地享受物联网提供的服务。

以物联网城市停车收费管理系统的某解决方案为例，体会一下物联网的应用。该解决方案采用无线传感技术组建各种停车场的停车收费管理系统，整个系统由停车管理、停车检测、车辆导航、车辆查询、车位预约、终端显示发布、客户关怀和系统远程维护 8 个子系统组成，可实现交通信号控制、车辆检测、流量检测、反向寻车和车辆离站感知等功能，可以将整个停车场的车位占用状况实时地显示给各位车主，并且可以进行停车引导，从而节省车主的停车时间，提高车位利用率。

1.5　物联网的关键技术

按照物联网的层次体系结构，每一层都有自己的关键技术。感知层的关键技术是感知和自动识别技术。传输层的关键技术是无线传输网络技术和互联网技术。处理层的关键技术是数据库技术和云计算技术。应用层的关键技术是行业专用技术与物联网技术的集成。

还有一些技术是针对整个物联网各层次共性的，例如，如何建立一个准确的易于实现的物联网体系结构模型？如何建立一个可信、可靠和安全的物联网？如何保证物联网的服务质量？如何管理和运营整个物联网？

欧洲物联网项目总体协调组 2009 年发布了“物联网战略研究路线图”报告，2010 年发布了“物联网实现的展望和挑战”报告，在这两份报告中，将物联网的支撑技术分为以下几种：识别技术、物联网体系结构技术、通信技术、网络技术、网络发现、软件和算法、硬件、数据和信号处理技术、发现和搜索引擎技术、网络管理技术、功率和能量存储技术、安全和隐私技术、标准化。

识别就是对有关事务进行归类和定性。在物联网中对人和物的识别都是自动进行的，这也是物联网与其他通信网络的最大区别。典型的自动识别技术有 RFID、NFC、光学识别和生物特征识别等。

物联网体系结构技术决定了物联网的总体特征，一个良好的体系结构应该能够准确地反映物联网行业的现实和进化，明确地指导物联网行业的分工与合作。与其他通信网络一样，物联网也采用分层体系结构思想对物联网的功能进行划分，只是目前划分层次和名称还没有一个统一的观点。也有人按功能域的思想提出了物联网域模型的体系结构。

通信技术尤其是无线通信技术是物联网的基础，其重点关注的是频谱资源的有效利用、能耗的降低和数据传输速率的提高。

网络技术提供了物联网组网和数据传输功能，把传统的通信网络从局域网、城域网和广域网延伸到个域网、体域网和片上网络，重点关注的是短距离无线通信网络的组网技术和长途网络的数据承载技术，尤其是无线传感器网络和互联网接入技术。

网络发现技术为物联网的自动部署和各种网络的互连提供支撑。物联网是一种动态网络，结点是动态加入和离开的，诸如无线传感器网络常常会采用自组织网络技术进行组网，物联网需要自主的网络发现机制、实时连接配置和映射功能等。

物联网软件包括操作系统、数据库管理、网络协议栈、中间件和应用软件等。软件的核心是算法，算法是对问题的解决策略给出的准确描述。物联网的各种技术存在各自特定的算法来有效地解决问题，如数据融合算法、数据挖掘算法、路由算法和定位算法等。

物联网硬件除了通信网常见的设备外，还纳入了众多的感知层设备，其中的智能设备属于典型的嵌入式设备。嵌入式技术已经成为国内 IT 产业发展的核心方向，是物联网智能特点的实际体现。

数据和信号处理技术分别位于物联网的处理层和感知层。数据处理技术是物联网的中间件，使用云计算、普适计算等方法为各种应用提供公共的数据处理功能。物联网直接面对的信号处理技术一般为前端信号处理，如微弱电信号处理技术、声呐信号处理技术等，更为广泛的也包括后端的数字信号处理（Digital Signal Processing，DSP）技术，如语音信号处理技术、图像信号处理技术及数字信号处理器芯片等，这也是物联网各种应用系统的基础技术。

发现和搜索引擎技术保证了物联网中自动生成的海量信息可以被自动、可靠和准确地发现与查找出来。物联网中的发现技术除了网络发现外，还包括设备发现、服务发现、语义发现、数据挖掘和定位技术等。搜索引擎除了能够搜索文本信息外，还能够搜索音频、视频和动画等多媒体信息与物品信息。

物联网的网络管理技术除了通常通信网络的性能管理、配置管理、故障管理、计费管理和安全管理这 5 大管理功能外，还需要重点考虑网络的生存管理、自组织管理和业务管理。

物联网终端设备运行和信号传输都需要功率控制，利用各种绿色 IT 技术和绿色通信技术，把物联网建设成环保型通信网络。能量存储技术不仅体现在智能电网的电力调配上，也体现在传感器结点和无源器件的运行中。

安全和隐私技术在物联网中比其他通信网络更为重要。物联网目前基本上还是一种行业专网，连接的设备种类繁多，而且利用开放的互联网进行数据传输，因此物联网各个层次都需要安全技术来保障网络的信息安全和设备安全。

物联网的标准化影响着整个物联网发展的形式、内容与规模。物联网标准体系可分为感知层技术标准体系、传输层技术标准体系、处理层技术标准体系、应用层技术标准体系和公共类技术标准体系 5 类。

下面把物联网技术分为自动识别技术、传感技术、网络技术和数据处理技术几类，简单介绍一下物联网的关键技术。

1.5.1 自动识别技术

最典型的自动识别技术就是超市的购物结账系统。收银台通过扫描商品上的条码，就能自动得知商品的种类、价格等信息。自动识别技术可以分为两类：一种是被识别物体不参与识别的通信过程，物体的标签信息或特征信息被动地被阅读器读取；另一种是物体参与识别过程，通过电子标签与阅读器之间的通信，电子标签把物体信息传送给阅读器。

除了指纹识别、语音识别等基于特征提取的自动识别技术外，其他自动识别技术通常都依赖贴在物体上的标签来给出物体信息，如条码、二维码和电子标签等。在物联网中，一是物品较多，二是物品常处于移动状态，因此使用无线射频方式的非接触自动识别技术的 RFID 和 NFC 受到重视，被看作是物联网的核心技术之一。

RFID 技术的兴起直接导致了物联网的产生，是物联网概念的起源。RFID 系统通常由电子标签和阅读器组成。电子标签由天线和电子芯片组成，芯片中保存有约定格式的编码数据，用以唯一标识标签所附着的物体。标签根据是否有电源，分为有源标签、半有源标签和无源标签 3 种。阅读器是读取电子标签数据和写入数据到电子标签的收发器，阅读器通过无线射频通信读取标签中的物体信息，再通过接口线路把物体信息传送给计算机或网络。

与传统的识别方式相比，RFID 技术操作方便快捷，无须直接接触、无须光学可视、无须人工干预即可完成信息输入和处理，广泛应用于物流、军事、医疗、防伪、身份识别、仓储、医疗、交通、航空和安防等领域。

RFID 已经历了四代。第一代 RFID 只具有最基本的功能。第二代 RFID 具有抗碰撞、可重写、外天线和识别功能。第三代为传感 RFID，具有半无源、传感、监控、数据处理、通信和功率管理功能。第四代为主动 RFID，具有有源设备、监控、传感器、数据处理、通信、功率管理和本地化功能。下一代将为交互 RFID，具有智能设备、监控、传感器、数据处理、网络通信、功率管理、本地化、定位，以及与用户的交互功能，此时，RFID 与传感器的界限已很难区分。

自动识别技术的发展应该能够支持现有的和未来的识别方案，能够与万维网（World Wide Web，WWW，也简称为 Web，即互联网提供的网页浏览服务）所用的诸如统一资源识别符（Uniform Resource Identifier，URI）等结构所互通，未来需要研究全球识别方案、识别管理、识别编码/加密、匿名、使用识别和寻址方案的认证和储存管理、认证和寻址方案、全球查号业务和发现业务。

1.5.2 传感技术

物联网是通过遍布在各处的传感器结点和传感网来感知世界的。烟雾警报器、自动门和电子秤等都是不同传感器的具体应用。与自动识别设备相比，传感器产业相对滞后，落后于二维码、RFID 标签和摄像头等数据采集设备。

在物联网中，由于传感器数量较多或者部署位置比较灵活等原因，常常使用无线传输网络技术组成无线传感器网络，如 ZigBee 网络、Xmesh 无线网状网络、低功耗 Wi-Fi 网络或蓝牙等。

WSN 是一种自组织网络，是集分布式数据采集、传输和处理技术于一体的网络系统，由结点、网关和软件组成。

WSN 网络结点由传感器模块、处理器模块、存储器模块、通信模块和电源模块组成，是一种典型的嵌入式系统。

网关是一个特殊的结点，用于把 WSN 连接到其他传输网络，如有线的以太网、无线的 Wi-Fi 和 3G 等。

每个结点都需要运行自己的软件，以便协同完成特定的任务。WSN 会对感知到的数据进行初步的融合、分析和处理等。

传感网在向多功能、智能化方向发展，出现了无线多媒体传感器网络（Wireless Multimedia Sensor Networks，WMSN）、语义传感器网络等技术和概念。

无线多媒体传感网就是在无线传感网中引入低功耗视频和音频传感器，使之具有音频、视频及图像等多媒体信息的感知功能。WMSN 被广泛应用于图像注册、分布式视频监控、环境监控及目标跟踪等项目中。

语义传感器网络或语义传感器 Web 是在传感器网络中引入语义 Web 技术。越来越多的传感设备具有访问 Web 服务的能力，语义传感器网络就是利用语义 Web 技术，对传感数据进行分析和推理，从而获取对事件的认知能力和对复杂环境的完全感知能力。

未来物联网会铺设大量的传感器，而传感器的准确性、稳定性和供电问题成了物联网发展的瓶颈，影响了物联网的大规模普及。例如，一些 ZigBee 传感器网络结点，若不加以功率控制，2～4 天就能耗尽两节五号电池（每节 800 mAh），而 ZigBee 网络是以低功耗著称而广泛用于传感网建设的一种技术。

1.5.3　网络技术

感知层的数据通过传输层的承载网络送到处理层进行处理。物联网把所有传输物联网数据的通信网络都看作是承载网络。实际上，互联网也是把所有的通信网络看作是自己的承载网络，并把采用 IP 技术的非主干网络看作是接入网络。从这一点看，互联网和物联网在各种网络的层次划分中属于同一层次，是彼此的延伸，殊途同归。尽管物联网的最终的目的是利用互联网构建一个全球性的网络，但目前通信网络的种类繁多，性能不一，因此不同类型的物联网，需要采用合适的接入技术和通信网络。通信网络的融合发展也使彼此的界限和层次关系不再泾渭分明，其发展趋势是利用 IP 技术把各种异构网络无缝地连接起来。

由于物联网终端结点规模大、移动性强的特点，物联网对无线传输网络技术比较关注。IEEE 制定的一些无线传输网络技术标准有以下几个：Wi-Fi（IEEE 802.11）、WiMax（IEEE 802.16）、蓝牙（IEEE 802.15.1）、UWB（IEEE 802.15.3a）、ZigBee（IEEE 802.15.4）和 MBWA（IEEE 802.20）。

除了这些无线技术外，物联网中的结点也使用移动通信网、数字集群系统等进行互联。如果不把这些网络接入到互联网中，仅仅是一个个孤立的系统，那么也就不会出现物联网这个概念了。

互联网把所有的无线传输网络都看作是局部网络或者是连接到互联网的一种无线接入技术，只是在物联网时代连接的不仅有计算机，还有无线传感网、RFID 结点等。物联网的情况则复杂得多，有些无线传输网络可以用作无线传感网，如 ZigBee、UWB 等，有些无线网络则可以用作物联网的组网技术、承载技术或者是互联网的接入技术，如 Wi-Fi、GPRS、3G 和 4G 等。

IP 技术是目前把众多异构网络连接在一起的唯一切实可行的方法。以 IP 整合物联网和互联网，可以对众多的通信网络有一个较为清晰的划分。已有的公众通信网基础设施可以作为物联网和互联网的基础网络，是物联网和互联网数据传输的承载网络。物联网可以通过各种接入技术连接到互联网上。

但 IP 技术正处于更新换代之际，IPv4 地址已经分配完毕，IPv6 网络仅仅部署在某些少数地方，这给物联网的统一规划和全面普及带来了问题。另外，物联网的大量数据要求实时传输，这对基于 IP 技术的互联网也是一个考验。

1.5.4　数据处理技术

物联网的智能体现在对数据处理的程度上。物联网数据处理的具体技术包括搜索引擎、数据库和数据挖掘等，计算模式包括主机计算、网格计算、云计算和普适计算等。物联网目前最为关注的是云计算和普适计算。

搜索引擎是指根据一定的策略、运用特定的计算机程序从互联网上搜集信息，在对信息进行组织和处理后，为用户提供检索服务，将用户检索的相关信息展示给用户的系统。物联网的搜索将不再只是基于文字关键词的文档搜索，搜索引擎将走向多元化和智能化，从传统的文字搜索，逐渐向图片、音频、视频和实时等领域扩展。

数据库是存储在一起的相关数据的集合，是一个计算机软件系统，通过对数据进行增、删、改或检索操作，实现数据的共享、管理和控制功能。物联网的数据是海量的，很多是实时的，这就要求物联网能够提供分布式数据库系统、实时数据库系统及分布式实时数据库系统等。

数据挖掘就是从数据库海量的数据中提取出有用的信息和知识。数据挖掘是知识发现的重要技术，它并不是用规范的数据库查询语言（如 SQL）进行查询，而是对查询的内容进行模式的总结和内在规律的搜索，从中发现隐藏的关系和模式，进而预测未来可能发生的行为。

云计算是一种基于互联网的计算模式，也是一种服务提供模式和技术。云计算使得整个互联网的运行方式就像电网一样，互联网中的软硬件资源就像电流一样，用户可以按需使用，按需付费，而不必关心它们的位置和它们是如何配置的。云计算通过虚拟化技术将物理资源转换成可伸缩的虚拟共享资源，按需分配给用户使用。

云计算是物联网的关键技术之一。企业在建设物联网时，可以不必建设自己的 IT 基础设施，数据处理所需的服务器、存储设备等可以向 IT 服务提供商租用。在云计算模式下，IT 服务商提供的不是真实的设备，而是计算能力和存储能力，这样，企业就不用建设和维护自己的服务器机房。而这些只不过是云计算的一个方面。

普适计算（Pervasive Computing 或者 Ubiquitous Computing）就是把计算能力嵌入到各种物体中，构成一个无时不在、无处不在而又不可见的计算环境，从而实现信息空间与物理空间的透明融合。普适计算就是让每件物体都携带有计算和通信功能，人们在生活、工作的现场就可以随时获得服务，而不必像现在那样需要人们对计算机进行操作。计算机无处不在，但却从人们的意识中消失了。物联网的发展使普适计算有了实现的条件和环境，普适计算又扩展了物联网的应用范围。

1.6 物联网的发展趋势和组网结构

物联网的组网结构取决于物联网的发展阶段，根据物联网的智能程度，物联网可分为以下 3 个阶段。

第一阶段是物联网概念和产业兴起的初创阶段。这是目前物联网所处的阶段，这一阶段不宜闭门造车，应该尽量把各行各业的技术和应用纳入到物联网产业链中，包括很多需要人工干预的行业管理系统。这个阶段的承载网络不宜仅限制在互联网，可以包含各种通信网络和通信技术，各行业可以组建自己的行业专网，其开放性会受到很大限制。初级阶段的物联网可以包容万象，以便集思广益，探索物联网的内涵，加快物联网的建设速度，形成产业规模。

第二阶段可以定性为无人干预的全自动处理的局部网络系统和互联网的有机结合。这个阶段符合通常认定的物联网概念，所有的物联网系统通过互联网实现互联互通。在第二阶段，目前很多所谓的物联网系统和应用都将被排斥在物联网之外，如需要人工干预的条码和二维码系统、不通过互联网而直接使用其他通信网络的系统，以及仅单向获取互联网资源的智能家电等。

第三阶段是以智能处理为特征的理想形态，该阶段取决于智能技术的发展和对智能概念的定义。实际上，这也是所有网络和系统的终极发展形态。鉴于多种冠以智能的技术最终都很快成型而未能壮大的教训，物联网退守到由无线传感器网络和 RFID 构成的局部网络范围内的可能性还是比较大的。

第 1 章物联网组成结构及其与体系结构的关系 1.6 节

物联网的组成结构和体系结构是对物联网不同角度的划分，二者的区别参见视频。一般来说，现阶段物联网的组成可以分为传感系统、传输系统和监控管理系统 3 部分，如图 1-10 所示。物联网应用系统目前的建设重点是传感系统和监控管理系统，两者之间通过互联网连接起来。

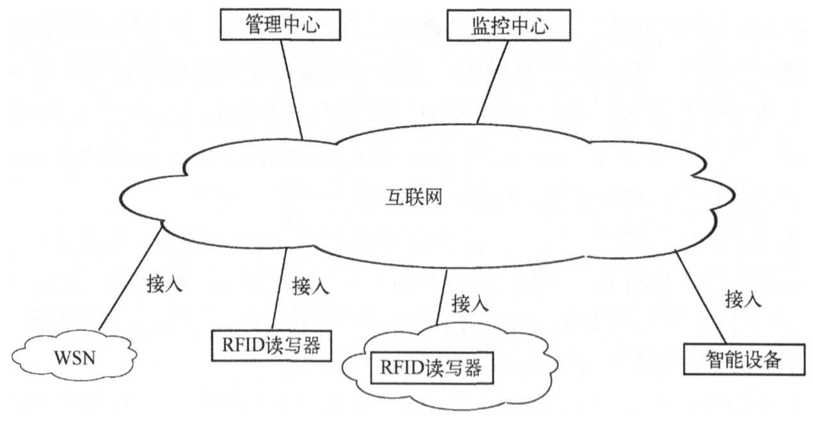

图 1-10　物联网的组网结构

传感系统包括感知层的所有设备，这些设备可以直接接入传输系统，也可以利用短距离无线传输网络或有线网络把感知设备组成局部网络，再接入传输系统中。传感系统由公司和单位自己建设，实现特定的目标，其区域特征或行业特征明显。

传输系统就是各种公用网络、专用网络和互联网等，这些网络提供远程的数据传输。传输系统一般使用现有的基础设施。感知系统通过各种接入技术连接到传输系统上。

监控管理系统用于远程监控传感系统中的各种设备，通过对传感系统数据的智能处理，为管理和操作人员提供决策依据，侧重于人机界面。

习题

1. 什么是物联网？物联网与互联网的关系是什么？如何理解“互联网是一个虚拟的世界，物联网是一个真实的世界”？

2. 物联网产业链可以细分为标识、感知、处理和信息传送 4 个环节，针对每个环节，请举出一个具体的产品例子和一种技术例子。

3. 目前物联网处于哪个阶段？物联网的特征有哪些？

4. 物联网体系结构的层次模型和域模型有什么区别？层次之间的关系是什么？

5. ITU-T 物联网体系结构分为几层？每层的主要功能是什么？试举出每层中实现该层功能的具体设备或设施的例子。

6. 物联网的关键技术有哪些？这些关键技术位于物联网的哪一层？

7. 举出一些具体的物联网应用实例。

8. 物联网在本质上是将物体智能化，以实现人与物甚至物与物之间的交互对话，目前是如何实现物体智能化的？

9. 为什么物联网对无线传输网络关注较多？

10.《ITU 互联网报告 2005：物联网》中给出了一个例子，描述了学生罗莎一天的生活，找出这个例子中数据流动的场合，并解释这些数据是如何产生、传输和处理的。

第 2 章　物品信息编码

物联网是传输物品信息的网络，这些物品信息由物品信息编码表示，物品信息编码指出了物品的种类、标识和特性等静态或动态属性，是自动识别技术的基础。

参与制定物品信息编码标准的机构比较多，例如，物品信息电子编码标准就有 GS1、UID、ISO、AIM 和 IP-X 等体系。国内外比较常见的物品信息编码体系是 GS1 条码编码体系和产品电子代码（Electronic Product Code，EPC）编码体系。

2.1　物品的分类与编码

物联网中的“物”泛指各种产品、商品、物资和资产，以及服务等的综合。物品编码是人类认识事物、管理事物的一种方法，是人们统一认识、统一观点、交换信息的一种技术手段。用一组有序的符号（如数字、字母或其他符号）组合来标识不同类目物品的过程即为物品编码，这组有序的符号组合称为物品代码。

通过对物品进行编码，实现了物品的数字化，提高了信息处理的效率，从而能够实现物品种类、物品状态、物品地理位置和逻辑位置等的自动认知活动。

除了物品信息之外，所有类型的信息也都能够进行编码，如人、国家、货币、程序、文件和服务等，而编码的主要作用就是提供标识、分类和参照等功能。标识的作用是把编码对象彼此区分开，在编码对象的集合范围内，编码对象的代码值是其唯一的标志。分类的作用是给出信息的类型。参照的作用是根据代码值可以在不同的应用系统之间进行信息关联。

2.1.1　物品分类

为了提高物品编码的效率，降低编码的复杂性，首先需要对物品进行分类。分类就是把物品按照某些特征划分到不同的集合中。由于商品本身的多样性和复杂性，商品分类的依据也是多种多样的，如商品的用途、功能、原材料、生产加工方法，以及商品的主要成分或特殊成分等，都可以作为商品分类的依据。分类的粒度可以是大类、中类、小类、细类、品种、细目（花色、规格、质量、等级）直至最小的应用单元。

目前国内外的物品分类编码体系主要包括全球商务倡议联盟制定的全球产品分类（GPC）、联合国统计署制定的产品总分类（Central Product Classfication，CPC）、世界海关组织制定的商品名称及编码协调制度（HS）、全球统一标识（GS1）制定的 EAN.UCC 和 EPC、联合国计划开发署制定的联合国标准产品与服务分类代码（UNSPSC），以及 ISO 制定的车辆识别代码（VIN）等。

图 2-1 所为 GPC 产品分类框架结构示意图。大类是产品隶属的行业，中类是小行业，小类是族，细类是适合客户使用的具体产品品种，即基础产品类别，这 4 项遵循 UNSPSC 标准。之后的字段给出产品的标识代码。GPC 致力于电子商务，除了产品分类外，还会对产

品的属性（如外观、价格和包装等）进行描述。

大类	中类	小类	基础产品类别细类	基础产品类别定义	基础产品类别特征属性描述	基础产品类别特征属性值

图 2-1　GPC 产品分类框架结构

例如，某发泡型葡萄酒的 GPC 代码为 5020220510000275，其代码含义为：50 表示大类中的食品、饮料和烟草，20 表示中类中的饮料，22 表示小类中的葡萄酒，05 表示细类中的发泡型葡萄酒，10000275 表示该葡萄酒的标识代码。

2.1.2　物品代码

代码是一组有序的符号，代表了物品的信息，表现形式一般有数字型、字母型和数字字母混合型 3 种。代码分为无含义代码和有含义代码两类。无含义代码是指代码本身不提供任何有关编码对象的信息，只作为编码对象的唯一标识，用于代替编码对象名称。有含义代码是指代码不仅能代表编码对象，还能表现出编码对象的一些特征，便于物品信息的交流和传递。无含义代码和有含义代码的常用代码类型如图 2-2 所示。

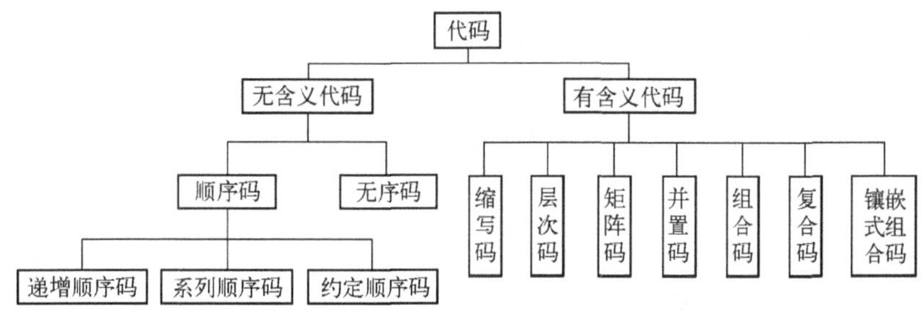

图 2-2　常用代码类型

由于代码用于标识物品，因此其正确性将直接影响系统的质量。为了验证输入代码的正确性，人们在代码本体的基础上添加了校验码。校验码是指可通过数学关系来验证代码正确性的附加字符。校验码的产生和正确性验证由校验系统来完成。当代码输入系统时，校验系统会利用校验程序对输入的本体码进行运算，再将得出的校验结果与输入代码的校验码进行对比，若二者一致则代码输入正确，若不一致则代码输入有误。

2.1.3　物品编码的载体

物品进行编码后需要相应的载体承载其代码，物品编码不同，选择的载体也不同。物品编码的载体主要包括条码标签、射频标签和卡 3 种。

条码标签用于承载条码符号，带有条码和人工可读字符，以印刷、贴附或吊牌的方式附着在物品上。条码标签按其制作工艺可分为覆隐条码标签、复合条码标签、永久性标签、印刷标签、打印标签和印刷打印标签等。在印刷打印标签中，按其应用领域的不同可分为商品条码标签、物流标签、生产控制标签、办公管理标签和票证标签等；按其所印刷的载体不同可分为纸质标签、合成纸与塑料标签和特种标签；按其信息表示维度不同又分为一维条码和二维码。

射频标签用于承载电子信息编码，通常被粘贴在需要识别或追踪的物品上。射频标签具有以下特点：可非接触识别、可识别高速运动物体、抗恶劣环境、保密性强和可同时识别多个识别对象等。射频标签按其能量供应方式分为有源标签和无源标签两大类；按其工作频率可分为低频（低于 135 kHz）、高频（13.56 MHz）、超高频（860～960 MHz）或微波标签；按其形态材质可分为标签类、注塑类和卡片类 3 种。

卡也是物品编码的一种载体，人们日常生活中使用的名片、身份证和银行卡等都属于这一范畴，用于承载与个人相关的信息。卡目前可分为半导体卡和非半导体卡两大类。非半导体卡有磁卡、聚对苯二甲酸二醇酯（PolyEthyleno Telephtalate，PET）卡、光卡和凸字卡等。半导体卡有 IC 卡等，IC 卡又分为接触式 IC 卡和非接触式 IC 卡两种，并由此衍生出了双接口卡，可在一张卡片上同时提供接触式和非接触式两种接口方式。

2.2　条码编码体系

早在 20 世纪 40 年代，人们就开始研究物品编码，尝试使用条码来标识商品，而当时制定条码标准的组织主要包括美国统一编码委员会（UCC）和欧洲物品编码协会（EAN）。EAN 和 UCC 共同创立了“EAN.UCC 系统”，在全球推广条码编码标准和通用商务标准，2005 年更名为全球统一标识系统（Globe Standard 1，GS1）。GS1 系统主要包括 4 部分：条码、电子商务、全球数据同步网络和 EPCglobal。

GS1 系统对贸易项目、物流单元、位置、资产和服务关系等进行编码，把条码、射频识别、电子数据交换、全球产品分类、全球数据同步和产品电子代码等系统结合起来，为物流供应链提供一个开放性的标准体系。GS1 系统目前广泛应用于全球商业流通、物流供应链管理及电子商务过程中。

2.2.1　EAN.UCC 编码体系

EAN.UCC 条码编码体系的结构如图 2-3 所示。该体系包含了流通领域所有产品与服务的标识代码及附加属性代码，其中附加属性代码不能脱离标识代码而独立存在。

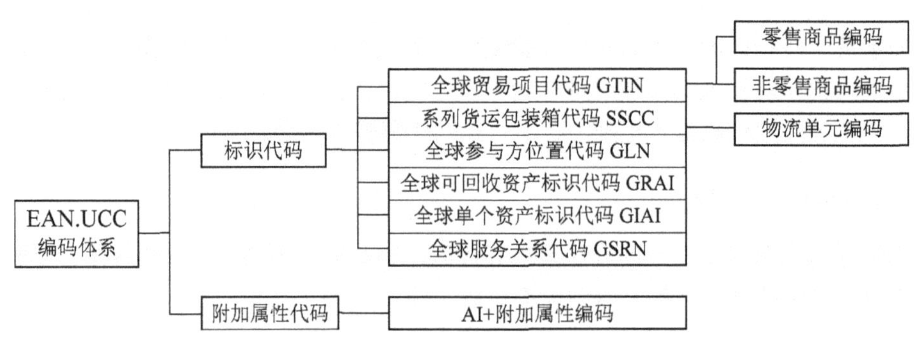

图 2-3　EAN.UCC 条码编码体系

EAN.UCC 编码体系包括了 GTIN、SSCC、GLN 和 GSRN 等代码，这些代码分别用于不同行业，每种代码都有其特定的编码数据结构，遵循 ISO/IEC 15420 标准，是一种十进制数字编码方案，通常采用 UCC/EAN-128（也称为 GS1-128）条码符号表示。

1）GTIN 代码。全球贸易项目代码（Global Trade Item Number，GTIN）是为全球贸易项目提供唯一标识的一种代码，是 GS1 编码系统中应用最广泛的标识代码，其中的贸易项目是指一项产品或服务。GTIN 有 4 种不同的代码结构：GTIN-13、GTIN-14、GTIN-8 和 GTIN-12，后面的数字代表编码位数，具体结构如图 2-4 所示。GTIN 的这 4 种结构可以对不同包装形态的商品进行唯一编码，如 GTIN-14 主要用于非零售商品的标识。

GTIN-14 代码结构	包装指示符	包装内含项目的GTIN（不含校验码）	校验码
	N_1	$N_2N_3N_4N_5N_6N_7N_8N_9N_{10}N_{11}N_{12}N_{13}$	N_{14}

GTIN-13 代码结构	厂商识别代码　商品项目代码	校验码
	$N_1N_2N_3N_4N_5N_6N_7N_8N_9N_{10}N_{11}N_{12}$	N_{13}

GTIN-12 代码结构	厂商识别代码　商品项目代码	校验码
	$N_1N_2N_3N_4N_5N_6N_7N_8N_9N_{10}N_{11}$	N_{12}

GTIN-8 代码结构	商品项目代码	校验码
	$N_1N_2N_3N_4N_5N_6N_7$	N_8

图 2-4　GTIN 的 4 种代码结构

2）SSCC 代码。系列货运包装箱代码（Serial Shipping Container Code，SSCC）是为物流单元（运输和/或储藏）提供唯一标识的代码，具有全球唯一性，由扩展位、厂商识别代码、参考代码和校验码 4 部分组成，是 18 位的数字代码，不包含分类信息。

3）GLN 代码。全球参与方位置代码（Global Location Number，GLN）又称全球位置码，是对参与供应链等活动的法律实体、功能实体和物理实体进行唯一标识的代码。法律实体是指合法存在的机构，如供应商、客户和承运商等；功能实体是指法律实体内的具体部门，如某公司的财务部；而物理实体则是指具体的位置，如仓库、交货地等。全球位置码由厂商识别代码、位置参考代码和校验码共 13 位数字组成。当用条码符号表示位置码时，GLN 代码应与应用标识符 AI 一起使用，如应用标识符 410+GLN 表示交货地，414+GLN 表示物理位置等。

4）GRAI 代码。全球可回收资产标识（Global Recyclable Assets Identification，GRAI）代码是对可回收资产进行标识的代码，这里的可回收资产是指具有一定价值、可再次使用的包装或运输设备。GRAI 的资产标识符由资产标识代码和一个可选择的系列号组成，同一种可回收资产的资产标识代码相同。资产标识符不能用作其他目的，且其唯一性应保持到有关的资产记录使用寿命终止后的一段时间。

5）GIAI 代码。全球单个资产标识（Global Individual Asset Identification，GIAI）代码是对一个特定厂商的财产部分的单个实体进行唯一标识的代码。全球单个资产被认为是具有任何特性的物理实体。GIAI 代码的典型应用是记录飞机零部件的生命周期，可从资产购置到其退役进行全过程跟踪。GIAI 与应用标识符 AI（8004）结合使用可表示单个资产更多的信息。

6）GSRN 代码。全球服务关系标识（Global Service Relation Number，GSRN）代码是对服务关系中的接受服务者进行标识的代码，可用于标识医院的病人、俱乐部会员等。

2.2.2　全球数据同步网络

全球数据同步网络（Global Data Synchronization Network，GDSN）是由 GS1 和其他一

些工业团体创建的、基于互联网的一种信息系统网络，主要由数据池、全球注册中心和参与商品主数据同步的企业组成。

GDSN 数据池为企业提供数据保存和处理服务，由 GS1 各成员组织（MO）负责建立并管理，换而言之，每个数据池的前端发布方是全球的供应商。

全球注册中心作为全球范围内的商品信息目录，帮助企业准备定位商品信息所在的数据池，并且维护商品信息的同步关系，目前由 GDSN Inc.负责。

企业主要包括供应商和零售商。企业进入 GDSN 数据池时需通过 GS1 的国际认证，贸易双方需采用共同的数据标准和数据交换格式。

GDSN 通过部署在全球不同地区的数据池系统，使得分布在世界各地的公司能和供应链上的贸易伙伴使用统一制定的 GS1 XML 消息标准交换贸易数据，实现商品信息的同步，保持信息的高度一致。

GDSN 在贸易伙伴间提供了对话平台，能够保证供应商在正确的地方、正确的时间将正确数量的正确货物提供给正确的贸易伙伴。GDSN 的工作流程如图 2-5 所示，数据在 AS2 加密方式下通过互联网进行传输。

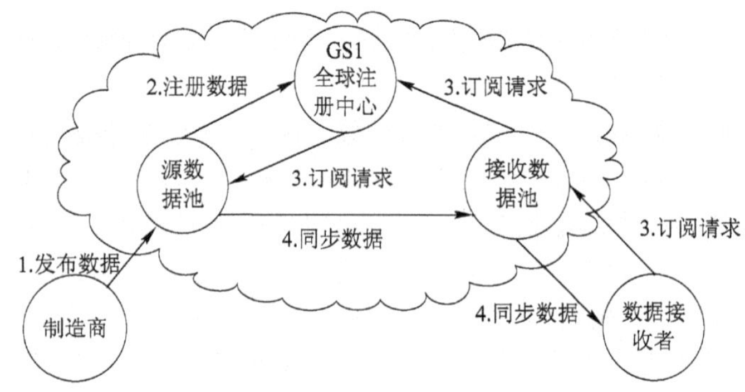

图 2-5　GDSN 的技术实现过程

GDSN 帮助贸易双方经过 GDSN 认证数据池连接到 GS1 全球注册中心，并且为源数据提供者提供产品信息的发布及同步功能，为数据接收者提供产品信息的订阅及同步功能。图中的发布数据指卖方向本地数据池提交产品及企业信息，注册数据指数据被发送到 GS1 全球注册中心进行注册，订阅请求指买方通过本地数据池订阅卖方信息，而同步数据则指卖方数据池向买方数据池发送订阅信息。

在 GDSN 中，供应商和零售商、物流/仓储商不能直接和全球注册中心连接，必须通过数据池接入，且其可以通过不同的数据池加入 GDSN。GDSN 通过商品条码 GTIN+GLN 唯一标识每一个贸易项目，而企业则通过 GLN 唯一标识。

2.3　产品电子代码 EPC

产品电子代码 EPC 是 GS1 系统的一部分，是对 GS1 条码编码体系的扩展。EPC 电子标签与阅读器之间可以通过无线通信自动进行数据交换，实现对单个商品的唯一标识，提高了产品处理的自动化程度，利用互联网构造了一个覆盖世界上万事万物的实物互联网，由此产生了物联网的概念。

2.3.1　EPC 的产生与发展

EPC 的产生基于 RFID 技术的发展，是对条码系统的改进。条码系统使用图像印刷标签，识别过程通常需要人工参与。EPC 使用电子标签代替图像标签，一是提高了识别的自动化程度，二是提高了标签的信息存储容量，更重要的是标签内的信息不再固定不变，可在识读过程中实时修改，从而为物联网的各种应用提供技术支持。

EPC 系统的最终目标是为每一单品建立全球的、开放的标识标准，即为世界上的每一件物品都赋予一个唯一的编号，该编号的载体是一个电子标签。当 EPC 标签贴在物品上或内嵌在物品中时，该物品与 EPC 标签中的唯一编号就建立起了一对一关系。当 EPC 标签通过射频识别系统时，阅读器就读取 EPC 标签所存储的信息，然后将信息送入互联网 EPC 体系中的 EPC 信息服务系统（EPCIS），实现物品信息的采集和追踪，接下来进一步利用 EPC 体系中的网络中间件等，对采集的 EPC 标签信息进行处理和应用。

1996 年，EAN 和 UCC 与国际标准组织 ISO 合作，陆续开发了 RFID 相关标准。1999 年麻省理工学院成立 Auto-ID Center，致力于自动识别技术的开发和研究，其在 UCC 的支持下将 RFID 技术与互联网结合，提出了 EPC 的概念。2003 年，EAN 和 UCC 成立了 EPCglobal 公司，正式接管了 EPC 在全球的推广应用工作，并将 Auto-ID Center 更名为 Auto-ID Lab，为 EPCglobal 提供技术支持。2004 年中国物品编码中心获得 EPCglobal 授权，成立了 EPCglobal China，负责统一管理、注册、赋码和组织实施我国的 EPC 系统推广应用工作及 EPC 标准化研究工作。

目前第二代的 EPCglobal 标准（简称 Gen2）是由 RFID 技术、互联网和 EPC 组成的 EPCglobal 网络的基础，包括标签数据转换（TDT）标准、标签数据（TDS）标准、空中接口协议标准、读写器协议标准和认证标准等。

2.3.2　EPC 编码结构

EPC 的编码结构是一个二进制位串，有 64 位、96 位、198 位和 256 位等几种结构，由标头和数字字段两部分构成，标头字段确定了码的总长度、结构和功能（标识类型）。EPC 标签数据（TDS）标准 V1.1 中规定编码的标头为 2 位或者 8 位。

EPC 编码体系分为 3 类：通用标识（GID）类型、基于 EAN.UCC 的标识类型和 DOD 标识类型。DOD 标识类型用于美国国防部的货物运输。EPC 的代码类型不同，编码结构也不同。

96 位的 EPC 通用标识 GID-96 的编码结构如图 2-6 所示，包含了标头、通用管理者代码、对象分类代码和序列代码 4 个字段。

8位	28位	24位	36位
标头	通用管理者代码	对象分类代码	序列代码

图 2-6　GID-96 编码的通用结构

8 位标头的前两位必须是 00。标头值 0000 0000 保留，以允许使用长度大于 8 位的标头。8 位标头中有一些未定义，如 0000 0000～0000 01xx，而其他则对应相应的编码方案，如 0000 1000 对应 SSCC-64、0011 0000 对应 SGTIN-96、0011 0001 对应 SSCC-96 等，其中 64 和 96 分别指编码长度为 64 位和 96 位。当前已分配的标头如果前两位非 00 或前 5 位为

00001，则可以推断该标签是 64 位，否则该标签为 96 位。将来，未分配的标头可能会分配给现存或者其他长度的标签。

通用管理者代码通常就是厂商识别代码，由 EPCglobal 分配，用于标识一个组织管理实体，负责维护对象分类代码和序列代码。

对象分类代码用于识别物品的种类或类型，其在每个厂商识别代码下必须是唯一的。对象分类代码也包括消费性包装品的库存单元或高速公路系统的不同结构等。

序列代码则在每个对象分类代码内是唯一的，也就是说，管理实体负责为每个对象分类代码分配唯一的、不重复的序列代码。

EPC 标签数据（TDS）标准定义了 5 种基于 EAN.UCC 的标识类型，即系列化全球贸易标识代码（SGTIN）、系列化货运包装箱代码（SSCC）、系列化全球位置码（SGLN）、全球可回收资产标识符（GRAI）和全球单个资产标识符（GIAI）。

SGTIN-96 的编码结构如图 2-7 所示，由标头、滤值、分区值、厂商识别代码、对象分类代码和序列代码 6 个字段组成。

8位	3位	3位	44位	38位
标头	滤值	分区值	厂商识别代码+对象分类代码	序列代码

图 2-7　SGTIN-96 编码结构

标头的值固定为 0011 0000，代表 SGTIN-96。

滤值用来快速过滤和确定基本物流类型，如 001 表示零售消费者贸易项目、010 表示标准贸易项目组合、011 表示单件项目等。

分区值指出随后的厂商识别代码和产品分类代码两个字段各占多少位。例如，如果厂商识别代码为 24 位，对象分类代码为 20 位，则分区值为 5（101）。

序列代码为一个数字，是厂商分配给每一件产品的唯一标识符。

2.3.3　EPC 编码转换

EPC 编码标准与 EAN.UCC 编码标准是兼容的，EAN.UCC 代码可以顺利转换为 EPC 的相应代码。

EAN.UCC 代码由厂商识别代码、商品项目代码和校验码组成，以条码作载体时被当作一个整体来处理，而 EPC 网络中则需要单独处理厂商识别代码和商品项目代码。在转换成 EPC 编码时，需要了解 EPC 编码厂商识别代码的长度，然后将 EAN.UCC 系统代码的十进制数转换成二进制编码。另外，EPC 编码中不包含校验位，因此当从 EPC 编码转换成传统的十进制代码时，需要根据其他的位重新计算校验码。

下面介绍从 EAN.UCC 的 GTIN 代码到 EPC 的 SGTIN 代码的转换过程。GTIN 用于标识一个特定的对象类，不能用于标识单品，转换为 SGTN 时，需要增加一个序列代码。

GTIN 转换到 SGTIN 时，各字段的映射关系如图 2-8 所示。SGTIN 厂商识别代码由 GS1 分配给管理实体，与 GTIN 十进制编码中的厂商识别代码相同。项目代码是由管理实体分配的一个特定对象的分类，可通过将 GTIN 的指示位和项目代码位连接成一个单一整数而获得。序列代码由管理实体分配给一个单一对象，是 SGTIN 相较于 GTIN 新增加的部分。

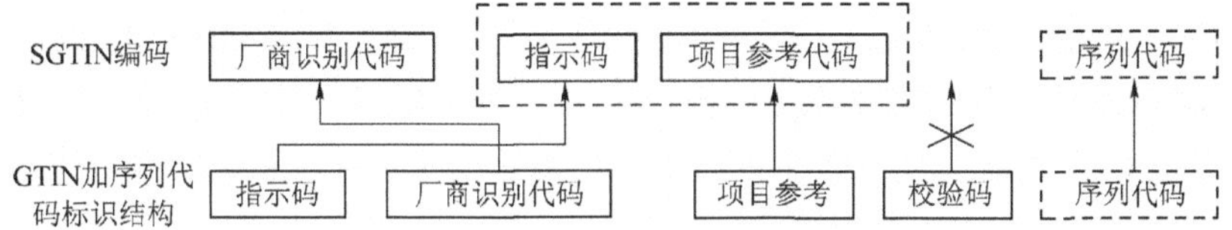

图 2-8　GTIN 转换为 SGTIN 的编码方案

假如 GTIN 的代码是 1 0614141 00235 8，连同序列代码 8674734 转换为 EPC 的步骤如下。

1）标头（8 位）为 0011 0000。

2）设置零售消费者贸易项目（3 位）为 000。

3）由于厂商识别代码是 7 位十进制数（0614141），对应的二进制为 24 位，因此分区值（3 位）是 5，二进制表示是 101。

4）0614141 转换为 EPC 管理者分区，二进制（24 位）表示为 0000 1001 0101 1110 1111 1101。

5）首位数字（指示码）和项目代码确定成 100235，二进制（20 位）表示为 0001 1000 0111 1000 1011，去掉校验码 8。

6）将 8674734 转换为序列代码，二进制（38 位）表示为 0000 0000 0000 0010 0001 0001 0111 0110 1011 10。

7）按照 SGTIN-96 的格式“标头 滤值 分区值 厂商识别代码 指示码 项目代码 序列代码”，串联以上数位为 96 位 EPC（SGTIN-96）：0011 0000 0001 0100 0010 0101 0111 1011 1111 0100 0110 0001 1110 0010 1100 0000 0000 0000 1000 0100 0101 1101 1010 1110。用十六进制表示为 3014 257A F461 E2C0 0084 5DAE。

第 2 章 EPC 系统的组成 2.3.4 节

2.3.4　EPC 系统的组成

EPC 系统由 EPC 编码体系、射频识别系统及信息网络系统组成，如图 2-9 所示。更多内容参考视频。

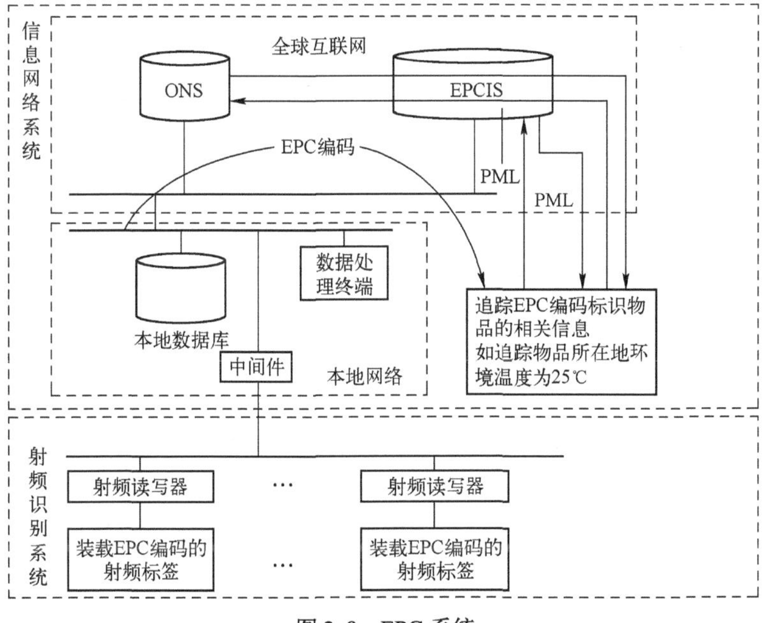

图 2-9　EPC 系统

EPC 编码体系用于标识物品，其基础是 GS1 系统的 EAN.UCC 条码和 EPC 电子代码。

EPC 射频识别系统由 EPC 标签和识读器（读写器）组成。标签用于承载 EPC 编码及其附加功能信息，贴在物品上或内嵌在物品中。识读器用于识读 EPC 标签，读取其中的代码信息。当 EPC 标签靠近 EPC 识读器时，二者之间就可自动进行数据交换。

EPC 信息网络系统主要由 EPC 中间件、对象名称解析服务（Object Naming Service，ONS）和 EPC 信息服务（EPC Information Service，EPCIS）组成。EPC 中间件用于加工和处理来自读写器的所有信息和事件流。ONS 负责将 EPC 编码转化成一台 EPCIS 服务器的网络地址。EPCIS 则对 EPC 信息进行存储和管理。

EPC 系统在实现时，先进行产品信息采集，然后通过互联网技术向全球供应链中的授权贸易伙伴分享该信息。EPC 系统的具体实现过程如下：先将 EPC 标签粘贴在集装箱、托盘、箱子或物体上，然后利用分布在整个供应链各处的 EPC 识读器在标签经过时读取各个标签所承载的信息，将 EPC 编码和读取日期、时间与地点传输给 EPC 中间件，再由 EPC 中间件在各点对 EPC 标签、识读器和当地基础设施进行控制与集成，过滤冗余信息，利用对象名称解析服务（ONS）技术将采集到的 EPC 标签相关信息传输给产品电子代码信息服务（EPCIS），由 EPCIS 对 EPC 标签中相关数据的存取进行管理。在这个过程中，企业可通过 ONS 访问 EPCIS 服务器获得相应 EPC 标签对应产品的相关信息，并指定哪些贸易伙伴有权访问这些信息，还可以通过中间件经过安全认证后访问企业伙伴的产品信息，从而最终形成包含并能实时显示各个产品移动情况的信息网络。EPC 系统中的所有信息均以物体标记语言（Physical Markup Language，PML）文件格式来传送，其中 PML 文件可能还包含一些实时的时间信息和传感器信息等。

2.4　EPC 业务办理与 EPCIS 系统开发

物品编码是物品的唯一标识，必须由权威机构负责分配。不同的编码体系具有自己的管理机构，用户可以根据自己的需要向特定的管理机构提出注册申请，为自己及产品申请特定的代码。

2.4.1　业务办理流程

物品信息编码管理机构负责为厂家分配各种产品代码。1988 年成立的中国物品编码中心是我国管理物品编码的专门机构（现隶属于国家市场监督管理总局），1991 年代表我国加入国际物品编码协会（GS1），负责全球统一编码标识系统和供应链管理标准的推广，向社会提供公共服务平台和标准化解决方案。

中国物品编码中心在全国设有 47 个分支机构，形成了覆盖全国的集编码管理、技术研发、标准制定、应用推广及技术服务为一体的工作体系，已在零售、制造、物流、电子商务、移动商务、电子政务、医疗卫生、产品质量追溯和图书音像等领域广泛应用物品编码与自动识别技术。

目前中国物品编码中心主要承担以下相关业务办理：办理全球位置码、办理二维码、办理产品电子代码、办理资产标识代码、办理全球服务关系代码和办理动物管理者代码等。编码与代码之间的关系参见视频。

第 2 章物品分类、编码、代码和体系之间的关系之 1 分类和编码 2.4.1 节 1

第 2 章物品分类、编码、代码和体系之间的关系之 2 代码和载体 2.4.1 节 2

物品信息编码业务办理大体上有注册、续展和变更等内容。下面以 EPC 终端用户注册申请为例说明业务办理的具体流程，如图 2-10 所示。

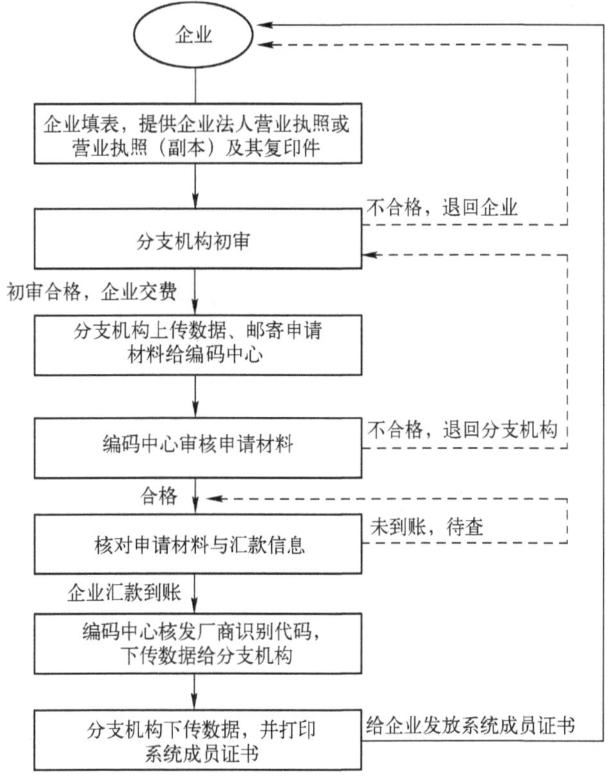

图 2-10　物品信息编码业务办理的具体流程

1）EPC 终端用户申请人（以下简称申请人）直接向中国物品编码中心申请注册 EPC 厂商识别代码。

2）申请人应当填写《EPC global China 终端用户 注册登记表》，并提供营业执照及其复印件。

3）中国物品编码中心对申请人提供的申请资料应当在 5 个工作日内完成初审。对初审合格的，中国物品编码中心将进行正式审批；对初审不合格的，中国物品编码中心将申请资料退给申请人并说明理由。

4）中国物品编码中心对初审合格的申请资料应当自收到申请人交纳的有关费用之日起 10 个工作日内完成审批程序。对符合规定要求的申请成为 EPC 系统终端用户的申请人，中国物品编码中心应立即将申请人的资料上报给 EPC global，请求核准，一旦获得通过，即向申请人核准注册 EPC 厂商识别代码；对不符合规定要求的，中国物品编码中心应当将申请资料退回并说明理由。

5）申请人获准注册 EPC 厂商识别代码的，由中国物品编码中心发给《EPC global China 终端用户证书》，取得 EPC global China 终端用户资格。

2.4.2 EPCIS 系统的开发实例

EPCIS 是 EPC 网络中的信息存储中心，承担着数据存储和共享的功能。一个简单的 EPCIS 由客户端模块、数据存储模块和数据查询模块 3 部分组成。客户端模块负责将 RFID 数据传输到指定的 EPCIS 服务器。数据存储模块将数据存储在数据库中，并在产品信息初始化的过程中调用通用数据生成特定产品的 EPC 信息存入 PML 文档中。数据查询模块根据企业查询系统的查询要求和权限，访问相应的 PML 文档，生成 HTML 文档作为响应。EPC 代码实例及其查询方法参见视频。EPCIS 的系统设计开发可以分为数据库设计、文件结构设计和程序工作流程设计 3 部分。

第 2 章物品编码举例和实际查询 2.4.2 节

1. 数据库设计

在 EPC 系统中，数据类型分为时标数据和静态属性数据。时标数据是指从标签读取到的或者与商业交易相关的实时数据，属于动态数据；静态属性数据是指定义在产品级上的通用数据。时标数据一般存储在数据库中，而静态属性数据通常以 PML 格式的文件保存。

数据库中主要维护两张表，一个是 generate 表，另一个是 show 表。generate 表中的每个条目记录着一类产品的信息，如产品类型编号、产品名称和处理程序的路径等。show 表中的每个条目记录着一个具体产品的信息，如产品的 RFID 码、对应的 PML 文件路径、上次读取的时间、地点和环境信息等。当单个产品对应的 RFID 码和传感器信息传入系统时，应用程序首先将信息插入到 show 表相应的条目中，再将相关信息存储到 PML 文档中。

2. 文件结构设计

EPCIS 的文件包括数据库文件、PML 文件、客户端程序文件和服务器端程序文件。每种产品类型 xxx 对应一个 xxx.asp 文件、一个 xxxshow.asp 文件和一个 xxx 文件夹。xxx.asp 文件将负责根据客户端传入的产品信息创建或修改 show 表中相应的条目，然后调用 show 表中 SHOW ASP URL 所指定的 xxxshow.asp 文件生成或修改对应的 PML 文件，并存储在 xxx 文件夹中。除此之外，文件目录中还包括用于权限管理的 Login.asp 文件，以及用于与客户端交互和总体调度的 Server.asp 文件。

3. 程序工作流程设计

客户端程序功能比较简单，主要是将从 RFID 读写器获取的串行数据转换为 IP 数据包并发送至 EPCIS 服务器。

数据存储程序主要根据客户端传送过来的产品信息维护数据库中的 generate 表和 show 表，以及对应的 PML 文件。当客户端程序向 EPCIS 服务器发出访问请求时，服务器首先调用 login.asp 进行权限认证，查询 generate 表确认客户端是否具有相关产品的管理员权限。接着由 server.asp 通过查询 generate 表，调用该类产品对应的 xxx.asp 处理程序来处理客户端传入的信息，并更新 show 表条目，然后调用 xxxshow.asp 处理程序将更新条目信息存储到 show 表中 PML URL 字段所指向的 PML 文件。如果 generate 表中没有查询到该类产品信息，则说明需要存储的是一类新的产品，Server.asp 会要求客户端输入产品类型信息，然后生成该类型产品所对应的 ASP 文件并更新 generate 表。数据存储程序的主要流程如图 2-11 所示。

数据查询程序主要根据企业查询系统的要求和权限，查询相应的 PML 文件，生成 HTML 文档作为响应。首先调用 login.asp 进行权限认证，然后根据数据库中 show 表的路径字段找到 PML 文件，然后调用 xxxshow.asp 生成 HTML 文档响应给查询系统。

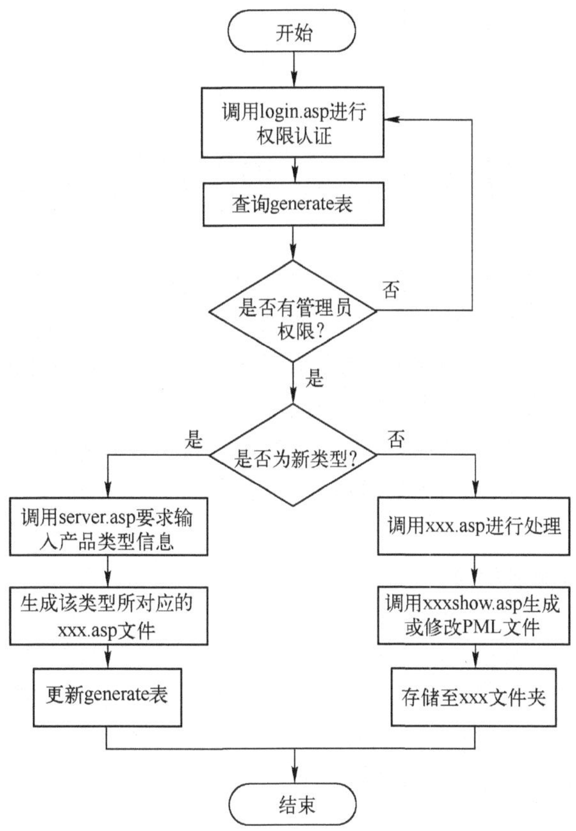

图 2-11　数据存储程序的主要流程

习题

1．物品信息编码分类都有哪些？

2．代码有几种类型？这些代码的含义是什么？无含义代码是否意味着该代码没有任何作用？

3．EAN.UCC 系统都有哪些编码？分别用于什么场合？

4．简述 EPC 和 UID 的区别和联系。

5．将 SSCC“(00)　0 0614141 000999777 1”转换成 EPC。

6．简单介绍 EPC 标准中的 EPC 标签数据转换（TDT）标准、EPC 标签数据（TDS）标准、识读器协议（RP）标准和 EPC global 认证标准的内容。

7．EPC 系统由哪些部分组成？GDSN 和 EPC global 网络有什么不同？

8．EPC 系统中的 ONS 与互联网中的域名系统（DNS）有什么关系？

9．将 EPC 二进制码序列（01000000000110000010010 0100100100001100100100010101 0110110010101）转换成域名。

10．EPC 系统使用的 PML 与网页使用的 HTML 有什么关系？

11．EPCIS 的作用是什么？其具体的物理组成形态是什么？

第3章　自动识别技术

物联网的宗旨是实现万物的互联与信息的方便传递，要实现人与人、人与物、物与物互联，首先要对物联网中的人或物进行识别。自动识别技术提供了物联网“物”与“网”连接的基本手段，它自动获取物品中的编码数据或特征信息，并把这些数据送入信息处理系统。自动识别技术是物联网自动化特征的关键环节，条码识别、二维码识别、射频识别（RFID）、近场通信（NFC）、生物特征识别和卡识别等自动识别技术已被广泛应用于物联网中。这些技术的应用，不但使物联网可以自动识别“物”，还可以自动识别“人”。

3.1　自动识别技术概述

自动识别技术是一种高度自动化的数据采集技术，它是以计算机技术和通信技术为基础的综合性科学技术，是信息数据自动识读、自动输入计算机的重要方法和手段。自动识别技术已经广泛应用于交通运输、物流、医疗卫生和生产自动化等领域，从而提高了人类的工作效率，也提高了机器的自动化和智能程度。

3.1.1　自动识别技术的分类

自动识别技术是一种机器自动数据采集技术。它应用一定的识别装置，通过对某些物理现象进行认定或通过被识别物品和识别装置之间的接近活动，自动地获取被识别物品的相关信息，并通过特殊设备传递给后台数据处理系统来完成相关处理。也就是说，自动识别就是用机器来实现类似人对各种事物或现象的检测与分析，并做出辨别的过程。在这个过程中，需要人们把经验和标准告诉机器，以使它们按照一定的规则对事物进行数据的采集并正确分析。

自动识别技术的标准化工作主要由国际自动识别制造商协会（Association for Automatic Identification and Mobility，AIM Global）负责。中国自动识别技术协会（AIM China）是AIM Global 的成员之一，其业务领域涉及条码识别技术、卡识别技术、光字符号识别技术、语音识别技术、射频识别技术、视觉识别技术、生物特征识别技术、图像识别技术和其他自动识别技术。

识别就是对有关事务进行归类和定性。自动识别技术根据所获取的识别信息的确定性可分为两大类：数据采集技术和特征提取技术。两者的区别是，数据采集技术需要特定的载体存放信息，而特征提取技术则是根据事物本身的行为特征来判决信息。

1．数据采集技术

数据采集技术的被识别物体具有确定的识别信息，这些信息存放在特定的识别特征载体上，如条码、电子标签等。数据采集技术只要读取载体上的信息，就能自动识别物体。按照信息存储的媒介类型，数据采集技术可分为光存储、磁存储和电存储几种。

1）光存储识别技术有条码识别、二维码识别，以及光标读卡机对答题卡的识别等。

2）磁存储识别技术有磁条、非接触磁卡、磁光存储和微波信号识别等。

3）电存储识别技术有射频识别、IC 卡识别等。

2. 特征提取技术

特征提取技术是根据被识别物体本身的生理或行为特征来完成数据的自动采集与分析，如语音识别和指纹识别等。按特征的类型，特征提取技术可分为以下几种。

1）静态特征，如指纹、虹膜、面部和光学字符识别（OCR）等。实际上条码识别、二维码识别等本质上也是一种静态特征提取技术，把它们归为数据采集技术的原因是，它们的特征是非自然的，是人为规定的有规律的图像，而且需要特定的载体呈现这些图像。

2）动态特征，如语音、步态、签名和键盘敲击等。签名本身是一种静态特征，如果考虑到书写的笔画顺序、力度等，则识别结果更为精准。

3）属性特征，如化学感觉特征、物理感觉特征、生物抗体病毒特征和联合感觉系统。

特征提取技术实际上是模式识别技术在自动识别领域的应用。模式识别就是对语音波形、地震波、心电图、图片、文字、符号及生物传感器等对象的具体特征进行辨识和分类，主要应用于图像分析与处理、语音识别、通信、计算机辅助诊断及数据挖掘等领域。

3.1.2 自动识别系统的构成

自动识别系统具有信息自动获取和录入功能，无须手工方式即可将数据录入计算机中。自动识别系统的一般模型如图 3-1 所示。

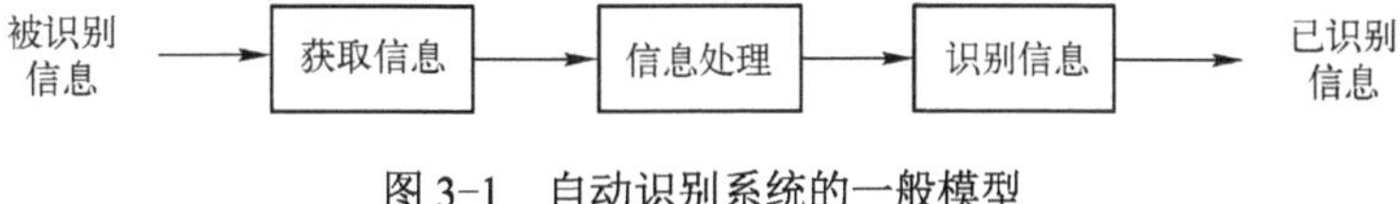

图 3-1 自动识别系统的一般模型

对于基于数据采集技术的自动识别系统，如条码识别、IC 卡识别等，由于其信息格式固定且有量化的特征，因此其系统模型也较为简单，只需将图中的信息处理模块对应为相关的译码工具即可。

若输入信息为包含二维图像或一维波形等的图形图像类信息，如指纹、语音等，由于该类信息没有固定格式，且数据量较大，需要采用模式识别技术进行特征提取和分类决策，故其系统模型较为复杂，可抽象为如图 3-2 所示的模型。实际上这也是模式识别系统的模型框架，模式识别就是对表征事物的各种信息进行处理和分析，以对事物进行描述、辨认、分类和解释。

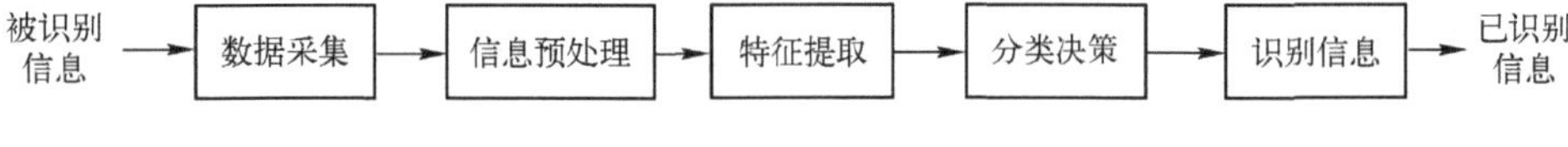

图 3-2 基于特征提取的自动识别系统模型

基于特征提取的自动识别系统一般由数据采集单元、信息预处理单元、特征提取单元和分类决策单元构成。数据采集单元通常通过传感技术实现，通过传感器获取所需数据。信息处理单元是指信息的预处理，目的是去除或抑制信号干扰。特征提取单元则是提取信息的特征，以便通过相关的判定准则或经验实行分类决策。

3.2　条码识别

条码技术是最早应用的一种自动识别技术，属于图形识别技术，使用黑白线条的各种组合模式表示不同的物品编码信息。一个典型的条码系统由编码、印刷、扫描识别和数据处理等几部分组成，其处理流程如图3-3所示。

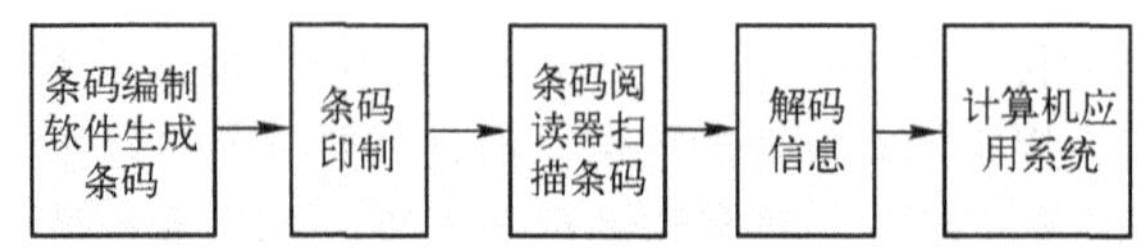

图3-3　条码系统处理流程

任何一种条码都有其相应的物品编码标准，从编码到条码的转化，可通过条码编制软件来实现，生成相应的条码图形符号，然后通过非现场印刷或现场印刷方法，印制在纸质标签或商品包装上。条码阅读器通过扫描条码图形，就可以获得条码所表示的物品信息，并送往计算机中的各种应用系统进行进一步的处理。

3.2.1　条码的构成和种类

条码由条码符号及其对应字符组成，条码符号是一组黑白（或深浅色）相间、长短相同、宽窄不一的规则排列的平行线条，供扫描器识读，而其对应的字符则由数字、字母和特殊字符组成，供人工识读。辨识条码时，先用条码阅读器进行扫描，得到一组反射光信号，此信号经光电转换后变为一组与线条、空白相对应的电子信号，根据对应的编码规则将其转换成相应的数字、字符信息，再由计算机系统进行数据处理与管理。

一个完整的条码通常由两侧空白区、起始符、数据符、校验符和终止符组成，如图3-4所示，其实例可参见本书封底的书号条码。条码各部分的位置和基本作用如下。

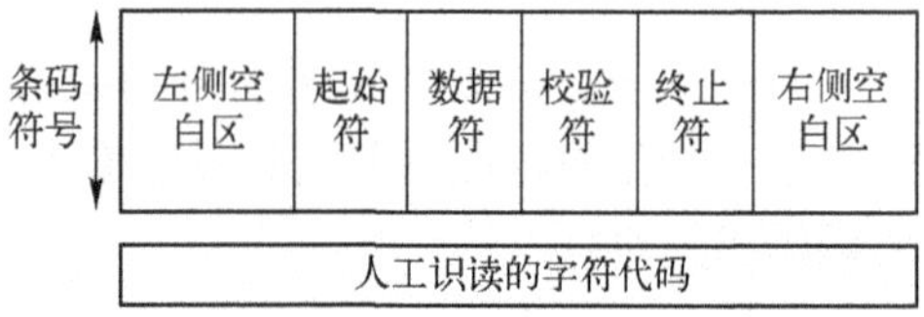

条码符号
左侧空白区　起始符　数据符　校验符　终止符　右侧空白区
人工识读的字符代码

图3-4　典型的一维条码的基本构成

1）空白区：位于条码两侧无任何符号及资讯的白色区域，用于提示扫描器准备扫描。

2）起始符：位于条码起始位置上的若干条与空，用于标识条码符号的开始，扫描器确认此字符存在后开始处理扫描脉冲。

3）数据符：位于起始符后面，用于标识条码符号的具体数值，允许双向扫描。

4）校验符：用于校验条码符号的正确性，判定此次阅读是否有效。校验符通常是一种算术运算的结果，扫描器读入条码进行解码时，先对读入信息进行运算，若运算结果与校验符相同，则判定此次阅读有效。

5）终止符：位于条码终止位置上的若干条与空，用于标识条码符号的结束。

条码的编码方法通常有两种，即宽度调节和色度调节。在宽度调节编码中，条码符号是由宽的、窄的条和空，以及字符符号间隔组成的，宽的条和空逻辑上表示1，窄的条和空逻辑上表示0，宽单元通常是窄单元的2～3倍。在色度调节编码中，条码符号是利用条和空的反差来标识的，条逻辑上表示1，而空逻辑上表示0。一般说来，宽度调节法编码，条码符号中的每个字符符号之间有一定的字符符号间隔，所以此种条码符号印刷精度要求低。而色度调节编码的条码符号中每个字符符号之间无间隔，因此印刷精度要求高。

第 3 章条码种类
3.2.1 节

条码的种类有 25 码、交叉 25 码、库德巴码、39 码、EAN 码、UPC 码、UCC/EAN-128 码、ISBN（国际标准书号）和 ISSN（国际标准连续出版物号）等。具体实例参见视频。

条码按有无字符符号间隔可分为连续型条码（如 EAN-128 码）和非连续型条码（如 39 码、25 码和库德巴码）；按字符符号个数固定与否可分为定长条码（如 UPC 条码和 EAN 条码）和非定长条码（如 39 码和库德巴码）；按扫描起点可分为双向条码（如 39 码和库德巴码）和单向条码；按码制分，世界上约有 225 种以上的条码，每种条码都有自己的一套编码规格，各自规定每个字符（文字或数字）由几个条和空组成，以及字母的排列顺序等。

3.2.2 条码阅读器

将条码转换成有意义的信息，需要经历扫描和译码两个过程。条码的扫描和译码需要光电阅读器来完成，其工作原理如图 3-5 所示。条码阅读器由光源、接收装置、光电转换部件、解码器和计算机接口等几部分组成。

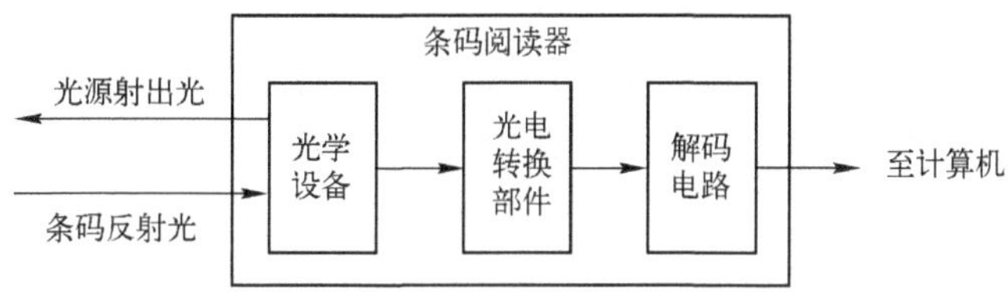

图 3-5　条码阅读器的工作原理

物体的颜色是由其反射光的类型决定的，白色物体能反射各种波长的可见光，黑色物体则吸收各种波长的可见光，所以当条码阅读器光源发出的光在条码上反射后，反射光被条码阅读器接收到内部的光电转换部件上，光电转换部件根据强弱不同的反射光信号，将光信号转换成电子脉冲，解码器使用数学算法将电子脉冲转换成一种二进制码，然后将解码后的信息通过计算机接口传送给一部手持式终端机、控制器或计算机，从而完成条码识别的全过程。

条码阅读器按工作方式分为固定式和手持式两种；按光源分为发光二极管、激光和其他光源几种；按产品分为光笔阅读器、电荷耦合器件（Charge Coupled Device，CCD）阅读器和激光阅读器等，如图 3-6 所示。

图 3-6　条码阅读器示例

图 3-6 中的几种阅读器都由电源供电，与计算机之间通过电缆连接来传送数据，接口有

RS-232 串口、USB 等，属于在线式阅读器。还有一些便携式阅读器，也被称为数据采集器或盘点机，它们将条码扫描装置与数据终端一体化，由电池供电，并配有数据存储器，有些还内置蓝牙、Wi-Fi 或 GSM/GPRS 等无线通信模块，能将现场采集到的条码数据通过无线网络实时传送给计算机进行处理。

3.3　二维码识别

二维码是对条码的改进，条码只在图形的水平方向上表达信息，二维码则是在水平和垂直两个方向组成的二维空间内存储信息。二维码所含的信息量比较大，可以存储各种语言文字和图像信息，拓展了条码的应用领域。

3.3.1　二维码的特点和分类

二维码技术的研究始于 20 世纪 80 年代末，二维码的码制有 QR 码、PDF417、Data Matrix、Aztec、Maxicode、49 码、Code 16K、Code One、Vericode、Ultracode、Philips Dot Code 和 Softstrip 等。二维码通常使用图像式识读器，如摄像头、照相机等，线性 CCD 识读器和光栅激光识读器只适用于行排式二维码。

1. 二维码的基本特点

二维码的密度是一维条码的几十到几百倍，可以存储更多信息，实现对物品特征的描述，而且具有抗磨损、纠错等特点，可以表示中文、英文和数字在内的多种文字，也可以表示声音和图像信息。

二维码还具有字节表示模式，一般语言文字和图像等在计算机中存储时都以机内码（字节码）的形式表示，因此可以将文字和图像先转换成字节流，然后再将字节流用二维码表示，故二维码可以表示多种语言文字和图像数据（如照片、指纹等）。二维码凭借图案本身就可以起到数据通信的这项功能降低了其对于网络和数据库的依赖，因此二维码又被称为“便携式纸面数据库”。另外，二维码中还可引入加密机制，加强信息管理的安全性，防止各种证件、卡片等的伪造。

2. 二维码的分类

二维码按照不同的编码方法可分为行排式、矩阵式、邮政码、彩码和复合码等几种类型。

行排式二维码又称堆积式或层叠式二维码，是在一维条码的基础上按需要将其堆积成两行或多行而成。常见的行排式二维码有 PDF417、49 码和 Code 16 K 条码等。

矩阵式二维码是在一个矩形空间通过黑、白像素在矩阵中的不同分布进行编码。在矩阵相应元素位置上，用点（方点、圆点或其他形状）的出现表示二进制“1”，用点的不出现表示二进制“0”，由点的排列组合确定矩阵式二维码的意义。常见的矩阵式二维码有 Code One、Maxicode、QR 码、Data Matrix、Vericode 码、田字码、汉信码和龙贝码等。

邮政码是通过不同高度的条进行编码，主要用于邮件编码，如 Postnet、BPO 4-State 等。

彩码是在传统二维码的基础上添加色彩元素而形成的，通常以 4 种相关性最大的单一颜色：红、绿、蓝和黑来表述信息，因此也称为三维码。

复合码是各种条码类型的组合，例如，EAN.UCC 系统复合码是将一维条码和二维码进行组合，其中一维条码对项目的主要标识进行编码，相邻的二维码对附加数据（如批号、有效日期等）进行编码。

第 3 章二维码实际生成 3.3.2 节

3.3.2 二维码的符号结构

二维码是用黑白相间的图形记录数据符号信息的。不同种类的二维码具有自己独特的图形排列规律。下面以常见的 QR 码为例，介绍二维码的编码结构。二维码生成实例参见视频。

快速响应矩阵（Quick Response Code，QR）码是目前世界上使用最为广泛的二维码，国标为 GB/T 18284—2000《快速响应矩阵码》。QR 码除了具有二维码的共同特点外，还具有超高速识读、全方位识读和高效表示汉字等特点。

每个 QR 码符号是由正方形模块组成的一个正方形阵列，由编码区域和功能图形组成。功能图形是用于符号定位与特征识别的特定图形，不用于数据编码，它包括位置探测图形（寻像图形）、分隔符、定位图形和校正图形。符号的四周留有宽度至少为 4 个模块的空白区。图 3-7 所示为 QR 码版本 7 符号的结构图。

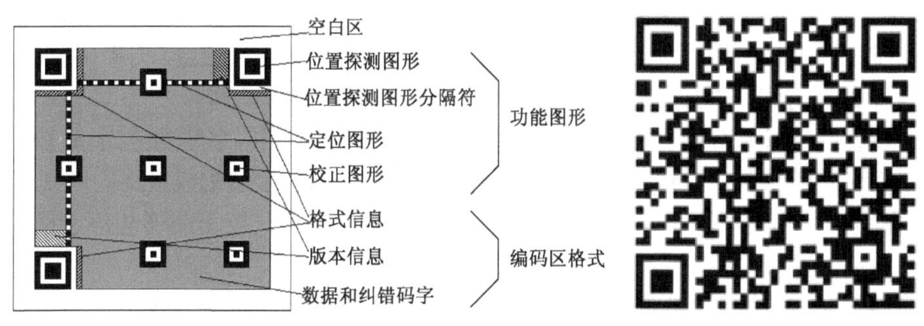

图 3-7　QR 码符号结构图及其实例

1）符号版本。QR 码符号共有 40 种版本，版本 1 为 21×21 个模块，模块是指组成二维码的基本黑白块单元，黑块单元代表数字 1，白块单元代表数字 0。版本 2 为 25×25 个模块，以此类推，每一版本符号比前一版本每边增加 4 个模块，直到版本 40，为 177×177 个模块。

2）寻像图形。寻像图形用来识别 QR 码符号，并确定二维码的位置和方向。寻像图形包括 3 个相同的位置探测图形，分别位于符号的左上角、右上角和左下角。每个位置探测图形由 3 个同心的正方形组成，分别为 7×7 个深色模块、5×5 个浅色模块和 3×3 个深色模块。位置探测图形的模块宽度比为 1∶1∶3∶1∶1。

3）分隔符。在每个位置探测图形和编码区域之间有宽度为一个模块的分隔符，全部由浅色模块组成。

4）定位图形。水平和垂直定位图形分别为一个模块宽度，是由深色与浅色模块交替组成的一行和一列图形，它们的位置分别位于第 6 行与第 6 列，作用为确定符号的密度和版本，为模块坐标位置作参考。

5）校正图形。每个校正图形可看作是 3 个同心的正方形，由 5×5 深色模块、3×3 浅色模块和一个中心深色模块构成。校正图形的数量视版本而定。

6）编码区域。编码区域包括表示数据码字、纠错码字、版本信息和格式信息的符号字符。

7）空白区。空白区为环绕在符号四周的 4 个模块宽的区域，其反射率应与浅色模块相同。

3.3.3　二维码的编码过程

QR 码的编码就是一个将数字信息转换成图形信息的过程，整个过程分为数据分析、数据编码、纠错、构造最终信息、在矩阵中布置模块、掩模，以及添加格式信息和版本信息等几个步骤。

1）数据分析是指分析所输入的数据流，确定要进行编码的字符的类型、纠错等级和符号版本等。

2）数据编码是指将数据字符转换为位流。QR 码包括数字、字母数字、中国汉字、日本汉字和混合模式等多种模式，当需要进行模式转换时，在新的模式段开始前加入模式指示符进行模式转换。在数据序列后面加入终止符。将产生的位流分为每 8 位一个码字。必要时加入填充字符以填满按照版本要求的数据码字数。

3）纠错编码是指先将码字序列分块，再采用纠错算法按块生成一系列纠错码字，然后将其添加在数据码字序列后，使得符号可以在遇到损坏时不致丢失数据。QR 码有 L、M、Q 和 H 共 4 个纠错等级，对应的纠错容量依次为 7%、15%、25%和 30%。

4）构造最终的码字序列时，先根据版本和纠错等级将数据码字序列分为 n 块，对每一块计算相应块的纠错码字，然后依次将每一块的数据和纠错码字装配成最终的序列。

5）在矩阵中布置模块，将寻像图形、分隔符、定位图形、校正图形与码字模块一起放入矩阵。

6）掩模。直接对原始数据编码可能会在编码区域形成特定的功能图形，造成阅读器误判。为了可靠识别，最好均衡地安排深色与浅色模块。掩模就是使符号的灰度均匀分布，避免位置探测图形的位图 1011101 出现在符号的其他区域。进行掩模前，需要先选择掩模图形。用多个矩阵图形连续地对已知的编码区域的模块图形（格式信息和版本信息除外）进行异或（XOR）操作。XOR 操作将模块图形依次放在每个掩模图形上，并将对应于掩模图形的深色模块的模块取反（浅色变成深色，或相反），然后对每个结果图形的不合要求的部分记分，选择其中得分最低的图形作为掩模图形。依次将掩模图形用于符号的编码区域。掩模不用于功能图形。

7）最后将格式信息与版本信息加入符号当中，即完成了 QR 码的编码过程。

3.4　RFID

射频识别（Radio Frequency Identification，RFID）是 20 世纪 90 年代兴起的一种非接触式的自动识别技术，它首先在产品中嵌入电子芯片（称为电子标签），然后通过射频信号自动将产品的信息发送给读写器进行识别。RFID 技术涉及射频信号的编码、调制、传输和解码等多个方面。

RFID 识别过程无须人工干预，可工作于各种恶劣环境，可识别高速运动物体，可同时识别多个标签，操作快捷方便。这些优点使 RFID 迅速成为物联网的关键技术之一。

3.4.1 RFID 的分类

RFID 种类繁多，不同的应用场合需要不同的 RFID 技术。RFID 系统是按照技术特征进行分类的，其技术特征主要包括 RFID 系统的基本工作方式、数据量、可编程、数据载体、状态模式、能量供应、频率范围、数据传输方式和传输距离等。

1. 按可编程划分

RFID 系统按可编程划分为只读型和读写型两种。能否给电子标签写入数据可能会影响到 RFID 系统的应用范畴和安全程度。对于简单的 RFID 系统来说，电子标签中的信息通常为一个序列号或 UID，可在加工芯片时集成进去，以后不能再改动。较复杂的 RFID 系统可以通过读写器或专用的编程设备向电子标签写入数据。电子标签的数据写入一般分为无线写入和有线写入两种形式。安全程度要求高的应用场合，通常会采用有线写入的工作方式。

2. 按工作频率划分

RFID 系统中读写器发送数据时使用的射频信号频率被称为系统的工作频率，射频信号是指可以辐射到空间的电磁波。大多数情况下，系统中电子标签的频率与读写器的频率差不多一致，只是发射功率较低一点。系统的工作频率不仅决定着射频识别系统的工作原理和识别距离，还决定着电子标签及读写器实现的难易程度和设备的成本。根据系统工作频率的不同，RFID 系统可分为 4 种：低频系统、高频系统、超高频和微波系统。

低频系统的工作频率范围为 30～300 kHz，电子标签一般为无源标签，即内部不含电池的标签，标签与读写器之间的距离一般小于 1 m，适合近距离的、低速度的、数据量要求较少的识别应用，如畜牧业的动物识别、汽车防盗类工具识别等。

高频系统的工作频率一般为 3～30 MHz，电子标签一般也采用无源方式，阅读距离一般也小于 1 m，数据传输速率较高。高频标签可以方便地制成卡状，常用于电子车票、电子身份证等。

超高频与微波系统的工作频率为 433.92 MHz、862～928 MHz、2.45 GHz 和 5.8 GHz。前两者的标签多为无源标签，后两者的标签多为有源标签，阅读距离一般大于 1 m，典型情况为 4～7 m，最大可达 10 m 以上，通常用于移动车辆识别、仓储物流和电子遥控门锁等。

3. 按距离划分

根据电子标签与读写器的作用距离，射频识别系统可分为密耦合、遥耦合和远距离 3 种系统。

密耦合系统的典型距离为 0～1 cm，使用时必须把电子标签插入读写器或者放置在读写器设定的表面上。电子标签和读写器之间的紧密耦合能够提供较大的能量，可为电子标签中功耗较大的微处理器供电，以便执行较为复杂的加密算法等，因此密耦合系统常用于安全性要求较高且对距离不做要求的设备中。

遥耦合系统的读写距离可达 1 m，大部分 RFID 系统属于遥耦合系统。由于作用距离增大，传输能量减少，因此遥耦合系统只能用于耗电量较小的设备中。

远距离系统的读写距离为 1～10 m，有时更远。所有远距离系统都是超高频或微波系统，一般用于数据存储量较小的设备中。

3.4.2 RFID 系统的构成

第3章RFID系统的组成3.4.2节

在实际应用中，RFID 系统的组成可能会因为应用场合和应用目的而不同。但无论是简单的 RFID 系统还是复杂的 RFID 系统，都具有一些基本的组件，包括电子标签、读写器、中间件和应用系统等，如图 3-8 所示。请参考视频。

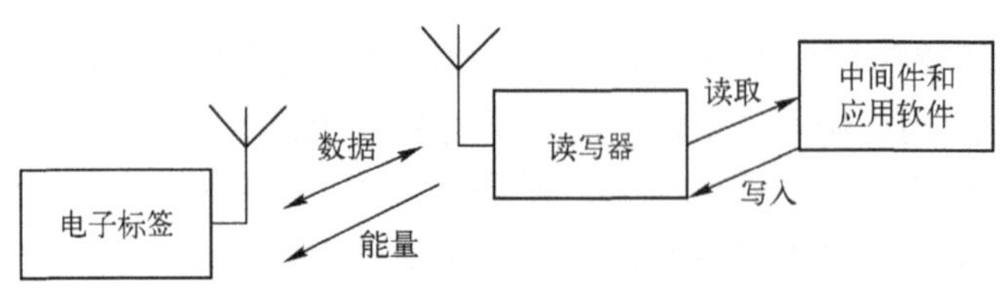

图 3-8　RFID 系统的构成

1. 电子标签

电子标签也称为应答器、射频标签，它粘贴或固定在被识别对象上，一般由耦合元件及芯片组成。每个芯片含有唯一的识别码，保存有特定格式的电子数据，如 EPC 物品编码信息。当读写器查询时，电子标签会发射数据给读写器，实现信息的交换。标签中有内置天线，用于与读写器进行通信。电子标签有卡状、环状、纽扣状和笔状等形状，图 3-9 所示为标准卡（左）、异形卡（右上）和一元硬币（右下）的实物对比图。

图 3-9　RFID 实卡与硬币对比图

电子标签有多种类型，随应用目的和场合的不同而有所不同。按照不同的分类标准，电子标签可以有许多不同的分类。

1）按供电方式分为无源标签和有源标签两类。

无源标签内部不带电池，要靠读写器提供能量才能正常工作，常用于需要频繁读写标签信息的地方，如物流仓储、电子防盗系统等。无源标签的优点是成本很低，其信息外人无法进行修改或删除，可防止伪造。缺点是数据传输的距离比有源标签短。

有源标签内部装有板载电源，工作可靠性高，信号传送距离远。有源标签的主要缺点是标签的使用寿命受到电池寿命的限制，随着标签内电池电力的消耗，数据传输的距离会越来越短。有源标签成本较高，常用于实时跟踪系统、目标资产管理等场合。

2）根据内部使用存储器的不同，电子标签可分成只读标签和可读写标签。

只读标签内部包含只读存储器（Read Only Memory，ROM）、随机存储器（Random Access Memory，RAM）和缓冲存储器。ROM 用于存储操作系统和安全性要求较高的数据。一般来说，ROM 存放的标识信息由制造商写入，也可以在标签开始使用时由使用者根据特定的应用目的写入，但这些信息都是无重复的序列码，因此每个电子标签都具有唯一性，这样电子标签就具有防伪的功能。RAM 则用于存储标签响应和数据传输过程中临时产生的数据。而缓冲存储器则用于暂时存储调制之后等待天线发送的信息。只读标签的容量一般较小，可以用作标识标签。标识标签中存储的只是物品的标识号码，物品的详细信息还需要根据标识号码到与系统连接的数据库中去查找。

可读写标签内部除了包含 ROM、RAM 和缓冲存储器外，还包含有可编程存储器。可编程存储器允许多次写入数据。可读写标签存储的数据一般较多，标签中存储的数据不仅有标识信息，还包括大量其他信息，如防伪校验等。

2．读写器

读写器是一个捕捉和处理 RFID 电子标签数据的设备，它能够读取电子标签中的数据，也可以将数据写到标签中。常见的几种读写器如图 3-10 所示。

从支持的功能角度来说，读写器的复杂程度显著不同，名称也有所不同。一般把单纯实现无接触读取电子标签信息的设备称为阅读器、读出装置或扫描器；把实现向射频标签内存中写入信息的设备称为编程器或写入器；综合具有无接触读取与写入射频标签内存信息的设备称为读写器或通信器。图 3-11 显示了一个典型的 RFID 读写器内部包含的全向读写器模块。

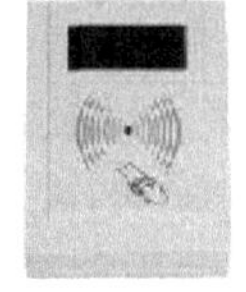

图 3-10　常见的几种读写器

图 3-11　典型的 RFID 读写器内部模块实物图

编程器是向电子标签写入数据的设备，只有可读写的电子标签才需要编程器。对电子标签的写操作必须在一定的授权控制下进行。标签信息的写入方式可分为以下两种。

1）电子标签信息的写入采用有线接触方式实现。这种方式通常具有多次改写的能力，例如，目前使用的铁路货车电子标签信息的写入即为这种方式。标签在完成信息写入后，通常需要将写入口密闭起来，以满足防潮、防水或防污等要求。

2）电子标签在出厂后，允许用户通过专用设备以无接触的方式向电子标签写入数据。具有无线写入功能的电子标签通常具有其唯一的不可改写的 UID。这种功能的电子标签趋向于一种通用电子标签。在日常应用中，可根据实际需要仅对其 UID 进行识读或仅对指定的电子标签内存单元进行读写。

3．RFID 系统中间件

随着 RFID 技术得到越来越广泛的应用，各种各样新式的 RFID 读写器设备也应运而生。面对这些新的设备，使用者们常提的一个问题就是：如何才能将现有的系统与这些新的 RFID 读写器连接起来？这个问题的本质是应用系统与硬件接口的问题。RFID 中间件为解决这一问题做出了重要贡献，成为 RFID 技术应用的核心解决方案。

RFID 中间件是一种独立的系统软件或服务程序，介于前端读写器硬件模块与后端数据库、应用软件之间，它是 RFID 读写器和应用系统的中介。应用程序使用中间件提供的通用应用程序接口（API），连接到各种各样新式的 RFID 读写器设备，从而读取 RFID 标签数据。RFID 中间件屏蔽了 RFID 设备的多样性和复杂性，能够为后台业务系统提供强大的支撑，从而推动更广泛、更丰富的 RFID 应用。

国内外许多 IT 公司已先后推出了自己的 RFID 中间件产品。例如，IBM 和 Oracle 的中间件基于 Java，遵循 J2EE 企业架构；而微软公司的 RFID 中间件则基于 SQL 数据库和 Windows 操作系统。

中间件作为一个软硬件集成的桥梁，一方面负责与 RFID 硬件及配套设备的信息交互与管理，另一方面负责与上层应用软件的信息交换。因此大多数中间件由读写器适配器、事件管理器和应用程序接口 3 个组件组成。

读写器适配器提供读写器和后端软件之间的通信接口，并支持多种读写器，消除不同读写器与 API 之间的差别，避免每个应用程序都要编写适应于不同类型读写器的 API 程序的麻烦，也省去了多对多连接的维护复杂性问题。

事件管理器的功能主要包括以下几个方面：观察所有读写器的状态；提供产品电子代码 EPC 和非 EPC 转化的功能；提供管理读写器的功能，如新增、删除、停用、群组等；去重或过滤读写器接收的大量未经处理的数据，取得有效数据。

应用程序接口的作用是提供一个基于标准的服务接口。它连接企业内部现有的数据库，使外部程序可以通过中间件取得 EPC 或非 EPC 信息。

4. 应用系统

应用系统主要完成数据信息的存储、管理，以及对电子标签的读写控制。RFID 系统的应用系统可以是各种大小不一的数据库或供应链系统，也可以是面向特定行业的、高度专业化的库存管理数据库，或者是继承了 RFID 管理模块的大型 ERP 数据库的一部分。企业资源计划（ERP）是一种集成化的企业信息管理软件系统。

应用系统通过串口或网络接口与读写器连接，它由硬件和软件两大部分组成。硬件部分主要为计算机，软件部分则包括各种应用程序和数据库等。数据库用于储存所有与标签相关的数据，供应用程序使用。

3.4.3 电子标签的结构

电子标签的种类因其应用目的而异，依据作用原理，电子标签可分为以集成电路为基础的电子标签和利用物理效应的电子标签。

1. 以集成电路为基础的电子标签

此类标签主要包括 4 个功能块：天线、高频接口、地址和安全逻辑单元、存储单元，其基本结构如图 3-12 所示。

标签天线是在电子标签和读写器之间传输射频信号的发射与接收装置。它接收读写器的射频能量和相关的指令信息，并把存储在电子标签中的信息发射出去。

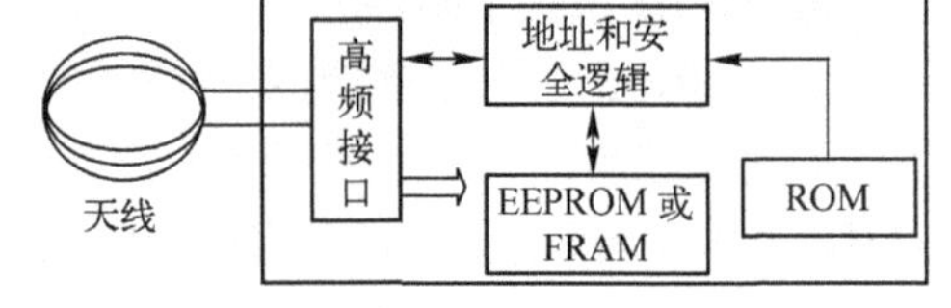

图 3-12　以集成电路为基础的电子标签结构

高频接口是标签天线与标签内部电路之间联系的通道，它将天线接收的读写器信号进行解调并提供给地址和安全逻辑模块进行再处理。当需要发送数据至读写器时，高频接口通过副载波调制或反向散射调制等方法对数据进行调制，之后再通过天线发送。

地址和安全逻辑单元是电子标签的核心，控制着芯片上的所有操作。如典型的“电源开启”逻辑，它能保证电子标签在得到充足的电能时进入预定的状态，“I/O 逻辑”能控制标签与读写器之间的数据交换，安全逻辑则能执行数据加密等保密操作。

存储单元包括只读存储器、可读写存储器及带有密码保护的存储器等。只读存储器存储着电子标签的序列号等需要永久保存的数据，而可读写存储器则通过芯片内的地址和数据总线与地址和安全逻辑单元相连。

另外，部分以集成电路为基础的电子标签除了以上几部分外，还包含一个微处理器。具有微处理器的电子标签包含有自己的操作系统，操作系统的任务包括对标签数据进行存储操作、对命令序列进行控制、管理文件，以及执行加密算法等。

2．利用物理效应的电子标签

这类电子标签的典型代表是声表面波标签，它是综合电子学、声学、半导体平面工艺技术和雷达及信号处理技术制成的。所谓声表面波（Surface Acoustic Wave，SAW），就是指传播于压电晶体表面的声波，传播损耗很小。SAW 元件是基于声表面波的物理特性和压电效应支撑的传感元件。在 RFID 系统中，声表面波电子标签的工作频率主要为 2.45GHz，多采用时序法进行数据传输。

声表面波电子标签的基本结构如图 3-13 所示，长条状的压电晶体基片的端部有叉指换能器。基片通常采用石英铌酸锂或钽酸锂等压电材料制作。利用基片材料的压电效应，叉指换能器将电信号转换成声信号，并局限在基片表面传播。然后，输出叉指换能器再将声信号恢复成电信号，实现电-声-电的变换过程，完成电信号处理。在压电基片的导电板上附有偶极子天线，其工作频率和读写器的发送频率一致。在电子标签的剩余长度上安装了反射器，反射器的反射带通常由铝制成。

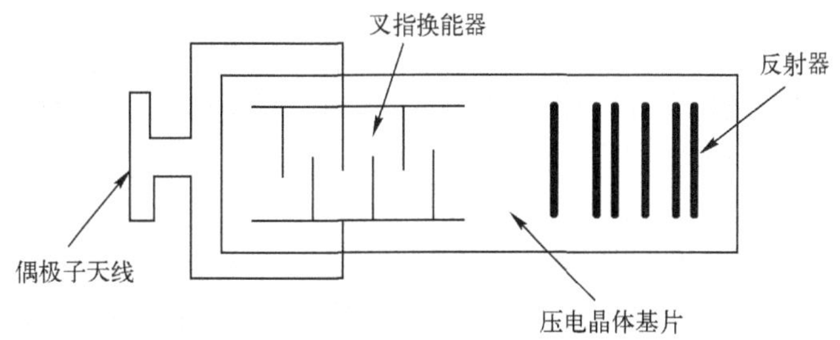

图 3-13　声表面波电子标签基本结构

SAW 电子标签的工作机制为：读写器的天线周期性地发送高频询问脉冲，在电子标签偶极子天线的接收范围内，接收到的高频脉冲被馈送至导电板，加载到导电板上的脉冲引起压电晶体基片的机械形变，这种形变以声表面波的形式向两个方向传播。一部分表面波被分布在基片上的每个反射器反射，而剩余部分到达基片的终端后被吸收。反射的声表面波返回到叉指换能器，在那里被转换成射频脉冲序列电信号（即将声波变换为电信号），并被偶极子天线传送至读写器。读写器接收到的脉冲数量与基片上的反射带数量相符，单个脉冲之间的时间间隔与基片上反射带的空间间隔成比例，从而通过反射的空间布局可以表示一个二进制的数字序列。如果将反射器组按某种特定的规律设计，使其反射信号表示规定的编码信息，那么阅读器接收到的反射高频电脉冲串就带有该物品的特定编码。再通过解调与处理，就能达到自动识别的目的。

3.4.4　读写器的结构

在 RFID 系统中，读写器收到应用软件的指令后，指挥电子标签做出相应的动作。相对于电子标签来说，读写器是命令的主动方。读写器一方面与电子标签通信获取信息，另一方面通过网络将信息传送到数据交换与管理系统中。

读写器通常由高频模块、控制单元、存储器、通信接口、天线及电源等部件组成，如图 3-14 所示。

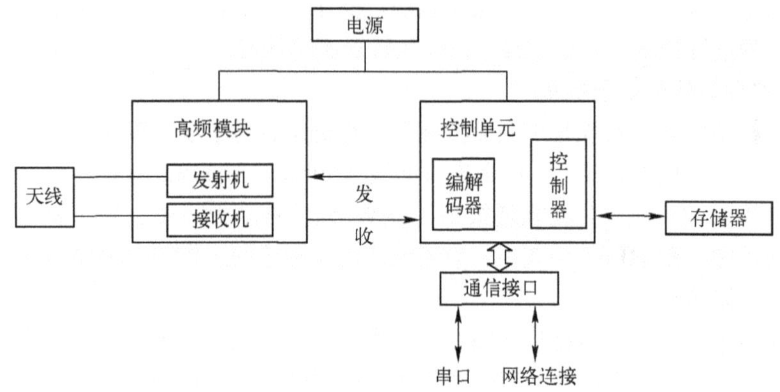

图 3-14　读写器组成示意图

1）高频模块。高频模块连接读写器天线和内部电路，包含发射机和接收机两部分，一般有两个分隔开的信号通道。发射机的功能是对要发射的信号进行调制，在读写器的作用范围内发送电磁波信号，将数据传送给标签；接收机则接收标签返回给读写器的数据信号，并进行解调，提取出标签回送的数据，再传递给微处理器。若标签为无源标签，发射机则产生高频的发射功率，帮助启动电子标签并为它提供能量。高频模块与天线直接连接，目前有的读写器高频模块可以同时连接多个天线。

2）控制单元。控制单元的核心部件是微处理器 MPU，它是读写器芯片有序工作的指挥中心。通过编制相应的 MPU 控制程序可以实现收发信号，以及与应用程序之间的接口（API）。具体功能包括以下几个方面：与应用系统软件进行通信；执行从应用系统软件发来的命令；控制与标签的通信过程；信号的编解码。对于一些中高档的 RFID 系统来说，控制单元还有一些附加功能：执行防碰撞算法；对键盘、显示设备等其他外设的控制；对电子标签和读写器之间要传送的数据进行加密和解密；进行电子标签和读写器之间的身份验证等。

3）存储器。存储器一般使用 RAM，用来存储读写器的配置参数和阅读标签的列表。

4）通信接口。通信接口用于连接计算机或网络，一般分为串行通信接口和网络接口两种。串行通信接口是目前读写器普遍采用的接口方式，读写器同计算机通过串口 RS-232 或 RS-485 连接。串行通信的缺点是通信受电缆长度的限制，通信速率较低，另外更新维护的成本较高。网络接口通过有线或无线方式连接网络读写器和主机。其优点是同主机的连接不受电缆的限制，维护更新容易。缺点是网络连接可靠性不如串行接口，一旦网络连接失败，就无法读取标签数据。随着物联网技术的发展，网络接口将会逐渐取代串行通信接口。

5）读写器天线。读写器天线发射射频载波，并接收从标签反射回来的射频载波。对于不同工作频段的 RFID 系统，天线的原理和设计有着根本上的不同。读写器天线的增益和阻抗特性会对 RFID 系统的作用距离等产生影响，反之，RFID 系统的工作频段又对天线尺寸及辐射损耗有一定的要求。所以读写器天线设计的好坏关系到整个 RFID 系统的成功与否。常见的天线类型主要包括偶极子天线、微带贴片天线和线圈天线等。偶极子天线辐射能力强、制造工艺简单、成本低，具有全向方向性，通常用于远距离 RFID 系统；微带贴片天线是定向的，但工艺较复杂，成本较高；线圈天线用于电感耦合方式，适合近距离的 RFID 系统。

3.4.5 RFID 系统的能量传输

在 RFID 系统中，无源电子标签需要读写器为其提供能源，以便进行数据传输。当无源电子标签进入读写器的磁场后，接收读写器发出的射频信号，然后凭借感应电流所获得的能量把存储在芯片中的产品信息发送出去。如果是有源标签，则会主动发送某一频率的信号。

读写器及电子标签之间的能量感应方式大致上可以分成两种类型：电感耦合和电磁反向散射耦合。一般低频的 RFID 系统大都采用电感耦合，而高频的 RFID 系统大多采用电磁反向散射耦合。

耦合就是两个或两个以上电路构成一个网络，当其中某一电路的电流或电压发生变化时，影响其他电路发生相应变化的现象。通过耦合的作用，能将某一电路的能量（或信息）传输到其他电路中去。

1. 电感耦合

电感耦合是通过高频交变磁场实现的，依据的是电磁感应定律。当一个电路中的电流或电压发生波动时，该电路中的线圈（称为初级线圈）内便产生磁场，在同一个磁场中的另外一组或几组线圈（称为次级线圈）上就会产生相应比例的磁场（与初级线圈和次级线圈的匝数有关），磁场的变化又会导致电流或电压的变化，因此便可以进行能量传输。

电感耦合系统的电子标签通常由芯片和作为天线的大面积线圈构成，大多为无源标签，芯片工作所需的全部能量必须由读写器提供。读写器发射磁场的一部分磁感线穿过电子标签的天线线圈时，电子标签的天线线圈就会产生一个电压，将其整流后便能作为电子标签的工作能量。典型的电感耦合无源电子标签的电路如图 3-15 所示。

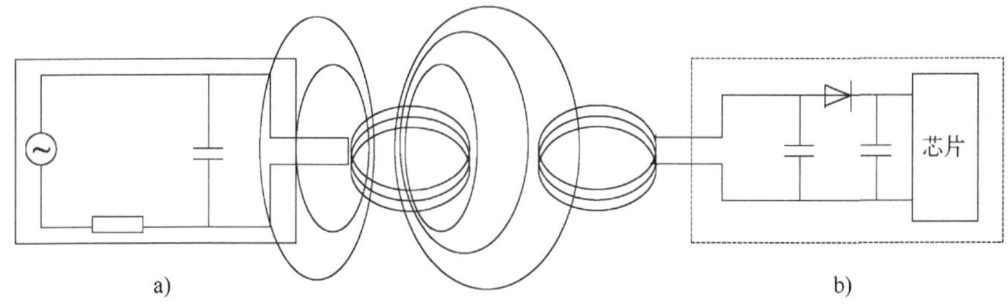

图 3-15　无源电子标签电路图

a) 读写器　b) 电子标签

电感耦合方式一般适合于中、低频工作的近距离 RFID 系统，典型的工作频率有 125 kHz、225 kHz 和 13.56 MHz，识别作用距离一般小于 1 m。

2. 电磁反向散射耦合

电磁反向散射耦合也就是雷达模型，发射出去的电磁波碰到目标后反射，反射波携带回目标的信息，这个过程依据的是电磁波的空间传播规律。

当电磁波在传播过程中遇到空间目标时，其能量的一部分会被目标吸收，另一部分以不同强度散射到各个方向。在散射的能量中，一小部分携带目标信息反射回发射天线，并被天线接收。对接收的信号进行放大和处理，即可得到目标的相关信息。读写器发射的电磁波遇到目标后会发生反射，遇到电子标签时也是如此。

由于目标的反射性通常随着频率的升高而增强，所以电磁反向散射耦合方式一般适合于高频、微波工作的远距离射频识别系统，典型的工作频率有 433 MHz、915 MHz、2.45 GHz 和 5.8 GHz。识别作用距离大于 1 m，典型作用距离为 3～10 m。

3.4.6 RFID 系统的数据传输

RFID 系统的数据传输分两部分：电子标签与读写器之间的数据传输；读写器与计算机之间的数据传输。电子标签与读写器之间的数据传输通常是无线通信，写入标签时可能采用有线通信。读写器与计算机之间的数据传输通常是有线通信，如以太网接口或 USB 接口，也可以采用无线通信接口，如 Wi-Fi、蓝牙等接口。

电子标签中存储了物品的信息，这些信息主要包括全球唯一标识符（UID）、标签的生产信息及用户数据等。以典型的超高频电子标签 ISO18000-6B 为例，其内部一般具有 8～255 字节的存储空间，存储格式如表 3-1 所示。电子标签能够自动或在外力的作用下把存储的信息发送出去。

表 3-1　电子标签 ISO18000-6B 的一般存储格式

字节地址	域　名	写入者	锁定者
0～7	全球唯一标识符（UID）	制造商	制造商
8，9	标签生产厂	制造商	制造商
10，11	标签硬件类型	制造商	制造商
12～17	存储区格式	制造商或用户	根据应用的具体要求
18 及以上	用户数据	用户	根据具体要求

根据 RFID 系统的工作模式，以及读写器与电子标签之间的能量传输方法等，电子标签回送数据到读写器的方法也有所不同。按电子标签发起通信的主动性，电子标签与读写器之间数据传输的工作方式可分为主动式、被动式和半被动式 3 种。按系统传递数据的方向性和连续性，数据传输的工作方式又可分为全双工通信、半双工通信和时序通信 3 种。

在主动式工作方式中，电子标签与读写器之间的通信是由电子标签主动发起的，不管读写器是否存在，电子标签都能持续发送数据。主动式工作方式的电子标签通常为有源电子标签，电子标签的板载电路包括微处理器、传感器、I/O 端口和电源电路等，因此主动式电子标签系统能用自身的射频能量主动发送数据给读写器，而不需要读写器来激活数据传输。而且，此类标签可以接收读写器发来的休眠命令或唤醒命令，从而调整自己发送数据的频率或进入低功耗状态，以节省电能。

在被动式工作方式中，电子标签通常为无源电子标签，它与读写器之间的通信由读写器发起，标签进行响应。被动式电子标签的传输距离较短，但是由于其构造相比主动式标签简单，而且价格低廉，寿命较长，因此被广泛应用于各种场合，如门禁系统、交通系统、身份证或消费卡等。

在半被动式工作方式中，电子标签也包含板载电源，但电源仅仅为标签的运算操作提供能量，其发送信号的能量仍由读写器提供。标签与读写器之间的通信由读写器发起，标签为响应方。其与被动式电子标签的区别是，它不需要读写器来激活，可以读取更远距离的读写器信号，距离一般在 30 m 以内。由于无须读写器激活，标签能有充足的时间被读写器读写数据，即使标签处于高速移动状态，仍能被可靠地读写。

在全双工通信系统中，电子标签与读写器之间可在同一时刻双向传送信息。在半双工通信系统中，电子标签与读写器之间也可以双向传送信息，但在同一时刻只能向一个方向传送信息。

一般来说，所有已知的数据调制方法都可用于从电子标签到读写器的数据传输，这与工作频率或耦合方式无关。常用的二进制数据传输的调制方式包括 ASK、FSK 和 PSK 等，调制技术的原理参见第 5 章通信技术。

在全双工和半双工系统中，电子标签响应的数据是在读写器发出电磁场或电磁波的情况下发送出去的。与读写器本身的信号相比，电子标签的信号在接收天线上是很弱的，所以必须使用合适的传输方法，以便把电子标签的信号与读写器的信号区别开来。在实践中，尤其是针对无源电子标签系统，从电子标签到读写器的数据传输一般采用负载调制技术将电子标签数据加载到反射波上。

负载调制技术就是利用负载的变动使电压源的电压产生变动，达到传输数据的目的。假设有一个源，如电压源，当这个电压源带负载时，负载的大小会对电源的电压产生不同的影响，利用负载的变动而使电压源的电压产生变动，这就是负载调制的基本方法。负载调制技术可分为直接负载调制和使用副载波的负载调制两种。

1）在直接负载调制中，反射波的频率与读写器的发送频率一致，电子标签的天线（或线圈）是读写器发射天线（或线圈）的负载，电子标签通过控制天线上的负载电阻的接通和断开，改变天线回路的参数，使读写器端被调制，从而实现了以微弱的能量从电子标签到读写器的数据传输。

2）由于读写器天线与电子标签天线之间的耦合很弱，采用直接负载调制的方法时，读写器天线上表示有用信号的电压波动在数量级上比读写器的输出电压小很多。要检测这些很小的电压变化需要在电路上产生巨大开销，这时可以采用利用副载波的负载调制来传输数据。所谓副载波，是指把信号调制在载波 1 上后，出于某种原因，对调制结果再进行一次调制，调制到另外一个更高频率的载波 2 上，这里载波 1 就称为副载波。当电子标签的负载电阻以很高的时钟频率接通或断开时，读写器能很容易地检测到这些变化。

在时序系统中，一个完整的读周期是由充电阶段和读出阶段两个时段构成的。在电感耦合时序系统的电子标签电路中，包含一个脉冲结束探测器。该探测器监视电子标签线圈上的电压曲线，以识别读写器的断开时刻。当读写器处于工作状态时，电子标签的天线即感应线圈中将产生感应电流，此时电子标签上的电容器处于充电状态。当电子标签识别到读写器的断开状态时，充电阶段结束，电子标签芯片上的振荡器被激活，它与电子标签线圈一起构成振荡回路，作为固定频率发生器使用。此时电子标签线圈上产生的弱交变磁场能被读写器接收。

为了能够调制在无源情况下的高频信号，电路中还有一个附加的调制电容器与谐振回路并联起来，可实现 FSK 调制。当所有数据发送完毕后，激活放电模式，电子标签上的充电电容开始放电，以保证在下个充电周期到来前完全复位。

全双工和半双工的共同点是从读写器到电子标签的能量传输是连续的，与数据传输的方向无关。时序方法则不同，读写器辐射出的电磁场短时间周期性地断开，这些间隔被电子标签识别出来，并被用于从电子标签到读写器的数据传输。其实，这是一种典型的雷达工作方式。时序方法的缺点是：在读写器发送间歇时，电子标签的能量供应中断，这就必须通过装入足够大的辅助电容器或辅助电池进行能量补偿。

3.4.7 RFID 系统的防碰撞机制

在 RFID 系统的应用中，会发生多个读写器和多个电子标签同时工作的情况，就会造成读写器和电子标签之间的相互干扰，无法读取信息，这种现象称为碰撞。碰撞可分为两种，即电子标签的碰撞和读写器的碰撞。

电子标签的碰撞是指一个读写器的读写范围内有多个电子标签，当读写器发出识别命令后，处于读写器范围内的各个标签都将做出应答，当出现两个或多个标签在同一时刻应答时，标签之间就出现干扰，产生读写器无法正常读取的问题。

读写器的碰撞情况比较多，包括读写器间的频率干扰和多读写器—标签干扰。读写器间的频率干扰是指读写器为了保证信号覆盖范围，一般具有较大的发射功率，当频率相近、距离很近的两个读写器一个处于发送状态、一个处于接收状态时，读写器的发射信号会对另一个读写器的接收信号造成很大干扰。多读写器—标签干扰是指当一个标签同时位于两个或多个读写器的读写区域内时，多个读写器会同时与该标签进行通信，此时标签接收到的信号为两个读写器信号的矢量和，导致电子标签无法判断接收的信号属于哪个读写器，也就不能进行正确应答。

在 RFID 系统中，会采用一定的策略或算法来避免碰撞现象的发生，其中常采用的防碰撞方法有空分多址法、频分多址法和时分多址法。

1）空分多址法是在分离的空间范围内重新使用频率资源的技术。其实现方法有两种，一种是将读写器和天线的作用距离按空间区域进行划分，把多个读写器和天线放置在一起形成阵列，这样，联合读写器的信道容量就能重复获得；另一种方式是在读写器上采用一个相控阵天线，该天线的方向对准某个电子标签，不同的电子标签可以根据其在读写器作用范围内的角度位置被区分开来。空分多址方法的缺点是天线系统复杂度较高，且费用昂贵，因此一般用于某些特殊的场合。

2）频分多址法是把若干个不同载波频率的传输通路同时供给用户使用的技术。一般情况下，从读写器到电子标签的传输频率是固定的，用于能量供应和命令数据传输。而电子标签向读写器传输数据时，电子标签可以采用不同的、独立的副载波进行数据传输。频分多址法的缺点是读写器成本较高，因此这种方法通常用于特殊场合。

3）时分多址法是把整个可供使用的通信时间分配给多个用户使用的技术，它是 RFID 系统中最常使用的一种防碰撞方法。时分多址法可分为标签控制法和读写器控制法。标签控制法通常采用 ALOHA 算法，也就是电子标签可以随时发送数据，直至发送成功或放弃。读写器控制法就是由读写器观察和控制所有的电子标签，通过轮询算法或二分搜索算法，选择一个标签进行通信。轮询算法就是按照顺序对所有的标签依次进行通信。二分搜索算法由读写器判断是否发生碰撞，如果发生碰撞，则把标签范围缩小一半，再进一步搜索，最终确定与之通信的标签。

3.5 NFC

近场通信（NFC）由 RFID 及网络技术整合演变而来，并向下兼容 RFID。电磁辐射源产生的交变电磁场可分为性质不同的两部分，其中一部分电磁场能量在辐射源周围空间及辐射源之间周期性地来回流动，不向外发射，称为感应场（近场）；另一部分电磁场能量脱离辐射体，以电磁波的形式向外发射，称为辐射场（远场）。近场和远场的划分比较复杂，一般来讲，近场是指电磁波场源中心 3 个波长范围内的区域，而 3 个波长之外的空间范围则称为远场。在近场区内，磁场强度较大，可用于短距离通信。因此近场通信也就是一种短距离的高频无线通信技术，它允许电子设备之间进行非接触式的点对点数据传输。

3.5.1 NFC 的技术特点

NFC 的通信频带为 13.56 MHz，通信距离最大 10 cm 左右，目前的数据传输速率为 106 kbit/s、212 kbit/s 和 424 kbit/s。NFC 由 RFID 技术演变而来，与 RFID 相比，NFC 具有以下特点。

1）NFC 将非接触式读卡器、非接触卡和点对点功能整合进一块芯片，而 RFID 必须由读写器和电子标签组成。RFID 只能实现信息的读取及判定，而 NFC 则强调的是信息交互。通俗地说，NFC 就是 RFID 的演进版本，NFC 通信双方可以近距离交换信息。例如，内置 NFC 芯片的 NFC 手机既可以作为 RFID 无源标签使用，进行费用支付，也可以当作 RFID 读写器，用于数据交换与采集，还可以进行 NFC 手机之间的数据通信。

2）NFC 传输范围比 RFID 小。RFID 的传输范围可以达到几米，甚至几十米，但由于 NFC 采取了独特的信号衰减技术，相对于 RFID 来说，NFC 具有距离近、带宽高及能耗低等特点。而且，NFC 的近距离传输也为 NFC 提供了较高的安全性。

3）应用方向不同。目前来看，NFC 主要针对电子设备间的相互通信，而 RFID 则更擅长于长距离识别。RFID 广泛应用在生产、物流、跟踪和资产管理上，而 NFC 则在门禁、公交及手机支付等领域发挥着巨大的作用。

与其他无线通信方式相比，如红外和蓝牙，NFC 也有其独特的优势。作为一种近距离私密通信技术，NFC 比红外通信建立时间短、能耗低、操作简单、安全性高，红外通信时设备必须严格对准才能传输数据。与蓝牙相比，虽然 NFC 在传输速率与距离上比不上蓝牙，但 NFC 不需要复杂的设置程序，可以自动创建快速安全的连接，从 NFC 移动设备检测、身份确认到数据存取只需要约 0.1 s 的时间即可完成，且无须电源。NFC 可以和蓝牙互为补充，共同存在。

3.5.2 NFC 系统工作原理

作为一种新兴的近距离无线通信技术，NFC 被广泛应用于多个电子设备之间的无线连接，进而实现数据交换和服务。根据应用需求不同，NFC 芯片可以集成在 SIM 卡、SD 卡或其他芯片上。

1. NFC 系统的组成

NFC 系统由两部分组成：NFC 模拟前端和安全单元。模拟前端包括 NFC 控制器与天线。NFC 控制器是 NFC 的核心，它主要由模拟电路（包括输出驱动、调制解调、编解码、模式检测和 RF 检测等功能）、收发传输器、处理器、缓存器和主机接口等几部分构成。NFC 安全单元则协助管理控制应用和数据的安全读写。NFC 手机通常使用单线协议（Single Wire

Protocol，SWP）连接 SIM 卡和 NFC 芯片，连接方案如图 3-16 所示。SIM 卡就是手机所用的用户身份识别卡。SWP 是 ETSI（欧洲电信标准组织）制定的 SIM 卡与 NFC 芯片之间的通信接口标准。图中的 VCC 表示电源线，GND 表示地线，CLK 表示时钟，RST 表示复位。

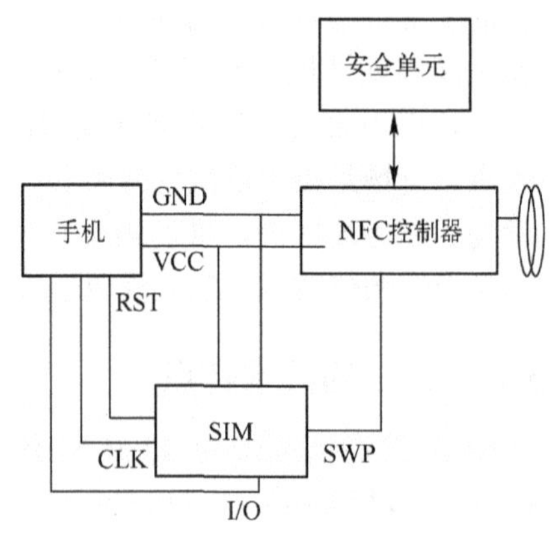

图 3-16　基于 SWP 的 NFC 方案

2. NFC 的使用模式

对于使用 NFC 进行通信的两个设备来说，必须有一个充当 NFC 读写器，另一个充当 NFC 标签，通过读写器对标签进行读写。但相比 RFID 系统，NFC 的一个优势在于，NFC 终端通信模式的选择并不是绝对的。例如具备 NFC 终端的手机，其存储的信息既能够被读写器读取，同时手机本身也能作为读写器，还能实现两个手机间的点对点近距通信。一般来说，NFC 的使用模式分为以下 3 种。

1）卡模式。这种模式其实相当于一张采用 RFID 技术的射频卡。在该模式中，NFC 设备作为被读设备，其信息被 NFC 识读设备采集，然后通过无线功能将数据发送到应用处理系统进行处理。另外，这种方式有一个极大的优点，那就是 NFC 卡片通过非接触读卡器的射频场来供电，即便被读设备（如手机）没电也可以工作。在卡模式中，NFC 设备可以作为信用卡、借记卡、标识卡或门票使用，实现“移动钱包”的功能。

2）读写模式。在读写模式中，NFC 设备作为非接触读卡器使用，可以读取标签，比如从海报或者展览信息电子标签上读取相关信息，这与条码扫描的工作原理类似。基于该模式的典型应用有本地支付、电子票应用等。例如，可以使用手机上的应用程序扫描 NFC 标签获取相关信息，再通过无线传送给应用系统。

3）点对点模式（P2P 模式）。在 P2P 模式中，NFC 设备之间可以交换信息，实现数据点对点传输，如下载音乐、交换图片或者同步设备地址簿等。这个模式和红外差不多，可用于数据交换，只是传输距离比较短，但是传输建立时间很短，且传输速度快，功耗也低。

3. NFC 的工作模式

NFC 工作于 13.56 MHz 频段，支持主动和被动两种工作模式及多种传输数据速率。

在主动模式下，每台设备在向其他设备发送数据时，必须先产生自己的射频场，即主叫和被叫都需要各自发出射频场来激活通信，该工作模式可以获得非常快速的连接设置。主动通信模式如图 3-17 所示。

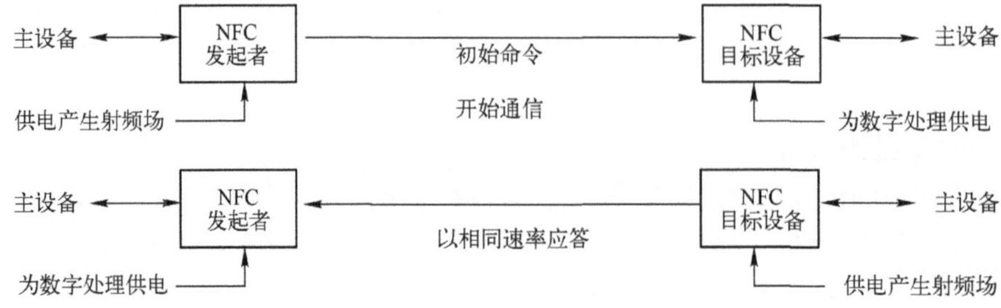

图 3-17　NFC 主动通信模式

在被动模式下，NFC 终端像 RFID 标签一样作为一个被动设备，其工作能量从通信发起者传输的磁场中获得。被动通信模式如图 3-18 所示。NFC 发起设备可以选择 106 kbit/s、212 kbit/s 或 424 kbit/s 中的一种传输速度，将数据发送到另一台设备。NFC 终端使用负载调制技术，从发起设备的射频场获取能量，再以相同的速率将数据传回发起设备。此通信机制与基于 ISO14443A、MIFARE 和 FeliCa 的非接触式 IC 卡兼容，因此 NFC 发起设备在被动模式下，可以用相同的连接和初始化过程检测非接触式 IC 卡或 NFC 目标设备，并与之建立联系。在被动通信模式中，NFC 设备不需要产生射频场，可以大幅降低功耗，从而储备电量用于其他操作。

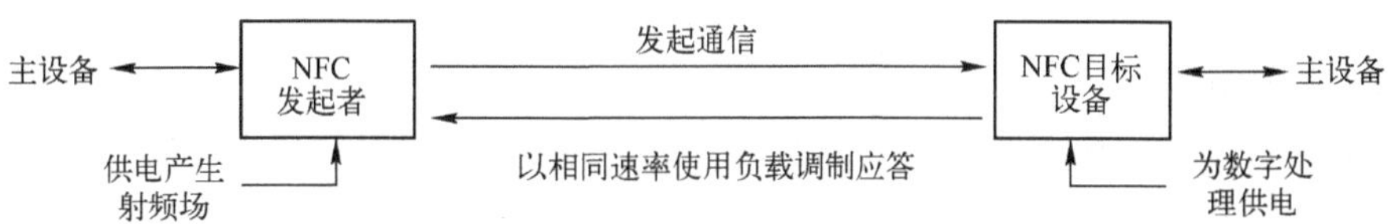

图 3-18　NFC 被动通信模式

一般来说，在卡模式下，NFC 终端与其他设备通信时采用被动通信模式，NFC 终端为被动设备，其他读卡器是主动设备，产生射频场。在读卡器模式下，NFC 终端是主动设备，属于主动通信模式，NFC 终端具有非接触式 IC 卡读写器功能，可以读取采用相同标准的外部非接触式 IC 卡。在点对点模式下，NFC 终端在与其他设备通信时，工作的双方都分别可作为主动设备或被动设备，进行点对点的数据传输，因此既可以采用被动通信模式，也可以采用主动通信模式。

在实际的通信中，为了防止干扰正在工作的其他 NFC 设备（包括工作在此频段的其他电子设备），NFC 标准规定任何 NFC 设备在呼叫前都要进行系统初始化以检测周围的射频场。当周围 NFC 频段的射频场小于规定的门限值（0.1875 A/m）时，该 NFC 设备才能呼叫。NFC 设备建立通信以后，就需要进行数据交换，交换的数据信息中包括两字节的数据交换请求与响应指令、一字节的传输控制信息、一字节的设备识别码，以及一字节的数据交换结点地址。在数据交换完成后，主叫可以利用数据交换协议进行拆线。一旦拆线成功，主叫和被叫都回到了初始化状态。

3.6　其他自动识别技术

条码识别、二维码识别、RFID 和 NFC 等识别技术是目前物联网应用比较广泛的自动识别技术，除此之外，磁卡识别、IC 卡识别、语音识别、光学字符识别和生物识别等也在人们的日常生活中占据着重要地位。

3.6.1　卡识别

卡识别技术是一种常见的自动识别技术，比较典型的是磁卡识别和 IC 卡识别技术。其中，磁卡属于磁存储器识别技术，IC 卡属于电存储器识别技术。

1. 磁卡识别技术

磁卡是利用磁性载体记录信息，用来标识身份或其他用途的卡片，它出现于 20 世纪 70

年代，伴随着 ATM 的出现而首先被应用于银行业。磁卡的类型有很多种，根据磁卡的抗磁性可分为一般抗磁力卡和高抗磁力卡，根据磁性材料的分布又分为磁条型和全涂磁型。磁条型磁卡由磁条和基片组成；全涂磁型磁卡则是将磁性材料涂满整个基片。

磁卡读写器由磁头、电磁体（称为消磁器）、编码解码电路和指示灯等几个部件组成。读写器读取磁卡信息时，磁卡以一定的速度通过装有线圈的工作磁头，磁卡的外部磁感线切割线圈，在线圈中产生感应电动势，从而传输了被记录的信号。解码器识读到这种磁性变换，并将它们转换成相应的数字，再通过读写器与计算机之间的接口将数据传输给计算机。

磁卡的优点是具有现场改写数据的能力，缺点是磁卡容易磨损、断裂和消磁，目前已逐渐被 IC 卡取代。

2. IC 卡识别技术

集成电路卡（Integrated Circuit Card，IC 卡）的核心部件是集成电路芯片，芯片中包括了存储器、译码电路、接口驱动电路、逻辑加密控制电路甚至微处理器单元等各种功能电路。IC 卡的种类有很多，如饭卡、购电（气）卡和手机 SIM 卡等。根据不同的标准，IC 卡可以有以下两种分类方式。

1）根据卡中所镶嵌的集成电路芯片的不同，IC 卡可以分成 3 大类：存储器卡、逻辑加密卡和智能卡。

存储器卡的集成电路芯片主要为电可擦除可编程只读存储器（EEPROM）或者闪存。存储器卡不能处理信息，只作为简单的存储设备，可作为磁卡应用场合的替代品，产品有 Atmel 公司的 EEPROM 卡等。

逻辑加密卡中的集成电路具有安全控制逻辑，采用 ROM、PROM 和 EEPROM 等存储技术，适用于需要保密但对安全性要求不是太高的场合，如电话卡、上网卡和停车卡等小额消费场合。Atmel 的 AT88SC200、飞利浦的 PC2042 及西门子的 SLE4418/4428/4432/4442 等都属于逻辑加密卡。

智能卡采用微处理器芯片作为卡芯，并包含 EEPROM、随机存储器 RAM，以及固化在只读存储器 ROM 中的片内操作系统 COS。智能卡属于卡上单片机系统，可以采用 DES、RSA 等加密对数据进行保护，防止伪造。智能卡多用于对数据安全保密性特别敏感的场合，如信用卡、手机 SIM 卡等。

2）根据 IC 卡上数据的读写方法可分为两种：接触式 IC 卡和非接触式 IC 卡。

接触形 IC 卡是一种与信用卡一般大小的塑料卡片，在固定位置嵌入了一个集成电路芯片。其表面可以看到一个方形的镀金接口，共有 8 个或 6 个金属触点，用于与读写器接触。因此进行读写操作时必须将 IC 卡插入读写器，读写完毕，卡片自动弹出，或人为抽出。接触式 IC 卡刷卡相对慢，但可靠性高，多用于存储信息量大、读写操作复杂的场合。

非接触式 IC 卡由集成电路芯片、感应天线和基片组成，芯片和天线完全密封在基片中，无外露部分。从工作原理上看，非接触式 IC 卡实质上是 RFID 技术和 IC 卡技术相结合的产物，结束了无源和免接触这一难题，因此被广泛应用于身份识别、公共交通自动售票系统和电子货币等多个领域。

3.6.2 语音识别

语音识别技术开始于 20 世纪 50 年代，其目标是将人类语音中的词汇内容转换为计算机可识别的数据。语音识别技术并非一定要把说出的语音转换为字典词汇，在某些场合只要转换为一种计算机可以识别的形式就可以了，典型的情况是使用语音开启某种行为，如组织某种文件、发出某种命令或开始对某种活动录音。语音识别技术是语音信号处理的一个重要研究方向，是模式识别的一个分支，涉及生理学、心理学、语言学、计算机科学及信号处理等诸多领域，甚至还涉及人的体态语言（如人在说话时的表情、手势等行为动作），需要的技术包括信号处理、模式识别、概率论和信息论、发声机理和听觉机理，以及人工智能等。

1．语音识别的分类

语音识别系统按照不同的角度、不同的应用范围、不同的性能要求会有不同的系统设计和实现，也会有不同的分类。

1）从要识别的单位考虑，也是对说话人说话方式的要求，可以将语音识别系统分为 3 类：孤立词语音识别系统、连接词语音识别系统和连续语音识别系统。孤立词语音识别系统识别的单元为字、词或短语，这些单元组成可识别的词汇表，每个单元都通过训练建立一个标准模板。孤立词识别系统要求输入每个词后要停顿。连接词语音识别系统以比较少的词汇为对象，能够完全识别每一个词。识别的词汇表和模型也是字、词或短语。连接词识别系统要求每个词都清楚发音，可以出现少量的连音现象。连续语音识别系统以自然流利的连续语音作为输入，允许大量连音和变音出现。

2）从说话者与识别系统的相关性考虑，可以将语音识别系统分为 3 类：特定人语音识别系统、非特定人语音系统和多人的识别系统。特定人语音识别系统仅考虑对专人的话音进行识别，如标准普通话。非特定人语音系统识别的语音与人无关，通常要用大量不同人的语音数据库对识别系统进行训练。多人的识别系统通常能识别一组人的语音，或者成为特定组的语音识别系统，该系统仅要求针对要识别的那组人的语音进行训练。

3）按照词汇量大小，可以将识别系统分为小、中、大 3 种词汇量语音识别系统。每个语音识别系统都必须有一个词汇表，规定了识别系统所要识别的词条。词条越多，发音相同或相似的就越多，误识率也就越高。小词汇量语音识别系统通常包括几十个词。中等词汇量的语音识别系统通常包括几百到上千个词。大词汇量语音识别系统通常包括几千到几万个词。

4）按识别的方法分，语音识别分为 3 种：基于模板匹配的方法、基于隐马尔可夫模型的方法，以及利用人工神经网络的方法。

基于模板匹配的方法首先要通过学习获得语音的模式，将它们做成语音特征模板存储起来，在识别时，将语音与模板的参数一一进行匹配，选择出在一定准则下的最优匹配模板。模板匹配识别的实现较为容易，信息量小，而且只对特定人语音识别有较好的识别性能，因此一般用于较简单的识别场合。许多移动电话提供的语音拨号功能使用的几乎都是模板匹配识别技术。

基于隐马尔可夫模型的识别算法通过对大量语音数据进行数据统计，建立统计模型，然后从待识别语音中提取特征，与这些模型匹配，从而获得识别结果。这种方法不需要用户事先训练。目前大多数大词汇量、连续语音的非特定人语音识别系统都是基于隐马尔可夫模型的。它的缺点是统计模型的建立需要依赖一个较大的语音库，而且识别工作运算量相对较大。

利用人工神经网络的方法是 20 世纪 80 年代末期提出的一种语音识别方法。人工神经网络本质上是一个自适应非线性动力学系统，它模拟了人类神经活动的原理，通过大量处理单元连接构成的网络来表达语音基本单元的特性，利用大量不同的拓扑结构来实现识别系统和表述相应的语音或者语义信息。基于神经网络的语音识别具有自我更新的能力，且有高度的并行处理和容错能力。与模板匹配方法相比，人工神经网络方法在反映语音的动态特性上存在较大缺陷，单独使用人工神经网络方法的系统识别性能不高，因此人工神经网络方法通常与隐马尔可夫算法配合使用。

2. 语音识别原理

不同的语音识别系统，虽然具体实现细节有所不同，但所采用的基本技术相似。一般来说，主要包括训练和识别两个阶段。在训练阶段，根据识别系统的类型选择能够满足要求的一种识别方法，采用语音分析方法分析出这种识别方法所要求的语音特征参数，把这些参数作为标准模式存储起来，形成标准模式库。在识别阶段，将输入语音的特征参数和标准模式库的模式进行相似比较，将相似度高的模式所属的类别作为中间候选结构输出。一个典型的语音识别系统的实现过程如图 3-19 所示，大致分为预处理、特征参数提取、模型训练和模式匹配几个步骤。

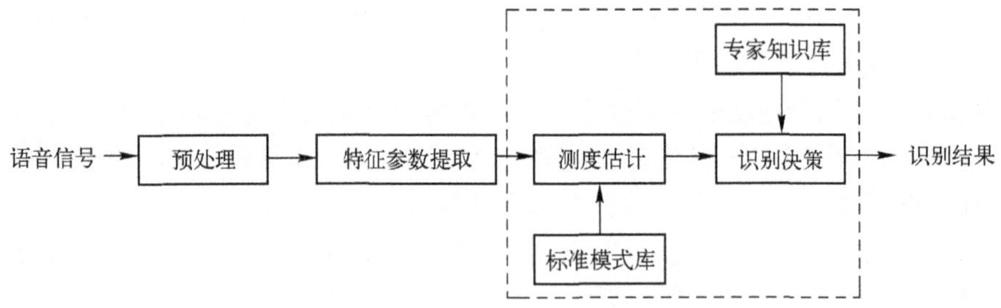

图 3-19　语音识别的原理和过程

1）预处理。预处理的目的是去除噪声、加强有用的信息，并对由输入引起的或其他因素造成的退化现象进行复原，包括反混叠滤波、模-数转换、自动增益控制、端点检测和预加重等工作。

2）特征参数提取。特征参数提取的目的是对语音信号进行分析处理，去除与语音识别无关的冗余信息，获得影响语音识别的重要信息，同时对语音信号进行压缩。语音信号包含了大量各种不同的信息，提取哪些信息，用哪种方式提取，需要综合考虑各方面的因素，如成本、性能、响应时间和计算量等。一般来说，语音识别系统常用的特征参数有幅度、能量、过零率、线性预测系数 LPC、LPC 倒谱系数、线谱对参数、短时频谱、共振峰频率、反映人耳听觉特征的 Mel 频率倒谱系数、随机模型、声道形状的尺寸函数、音长和音调等。常用的特征参数提取技术有线性预测分析技术、Mel 参数和基于感知线性预测分析提取的感知线性预测倒谱，以及小波分析技术等。

3）模型训练和模式匹配。模型训练是指根据识别系统的类型来选择能满足要求的一种识别方法，采用语音分析技术预先分析出这种识别方法所要求的语音特征参数，再把这些语音参数作为标准模式由计算机存储起来，形成标准模式库或声学模型。声学模型的设计和语言发音特点密切相关。声学模型单元（字发音模型、半音节模型或音素模型）的大小对语音训练数据量大小、系统识别率及灵活性有较大的影响。因此必须根据不同语言的特点及识别系统词汇量的大小来决定识别单元的大小。

模式匹配是根据一定的准则，使未知模式与模式库中的某一个模式获得最佳匹配，它由测度估计、专家知识库和识别决策 3 部分组成。

1）测度估计是语音识别系统的核心。语音识别的测度有多种，如欧氏距离测度、似然比测度、超音段信息的距离测度、隐马尔可夫模型之间的测度和主观感知的距离测度等。测度估计方法有动态时间规整法、有限状态矢量量化法和隐马尔可夫模型法等。

2）专家知识库用来存储各种语言学知识，如汉语声调变调规则、音长分布规则、同字音判别规则、构词规则、语法规则和语义规则等。对于不同的语音，有不同的语言学专家知识库。

3）对于输入信号计算而得的测度，根据若干准则及专家知识，判决出可能的结果中最好的一个，由识别系统输出，该过程就是识别决策，例如，对于欧氏距离的测度，一般可用距离最小方法来做决策。

3.6.3　光学字符识别

光学字符识别（Optical Character Recognition，OCR）是指利用扫描仪等电子设备将印刷体图像和文字转换为计算机可识别的图像信息，再利用图像处理技术将上述图像信息转换为计算机文字，以便对其进行进一步编辑加工的系统技术。OCR 属于图形识别的一种，其目的就是要让计算机知道它到底看到了什么，尤其是文字资料，从而节省因键盘输入花费的人力与时间。

OCR 系统的应用领域比较广泛，如零售价格识读、订单数据输入、单证识读、支票识读、文件识读、微电路及小件产品上的状态特征识读等。在物联网的智能交通应用系统中，可使用 OCR 技术自动识别过往车辆的车牌号码。

OCR 系统的识别过程包括图像输入、图像预处理、特征提取、比对识别、人工校正和结果输出等几个阶段，其中最关键的阶段是特征提取和比对识别阶段。

图像输入就是将要处理的档案通过光学设备输入到计算机中。在 OCR 系统中，识读图像信息的设备称为光学符号阅读器，简称光符阅读器。它是将印在纸上的图像或字符借助光学方法变换为电信号后，再传送给计算机进行自动识别的装置。一般的 OCR 系统的输入装置可以是扫描仪、传真机、摄像机或数字式照相机等。

图像预处理包含图像正规化、去除噪声及图像校正等图像预处理及图文分析、文字行与字分离的文件前处理。例如，典型的汉字识别系统预处理就包括去除原始图像中的显见噪声（干扰）、扫描文字行的倾斜校正，以及把所有文字逐个分离等。

图像预处理后，就进入特征提取阶段。特征提取是 OCR 系统的核心，用什么特征、怎么提取，直接影响识别的好坏。特征可分为两类：统计特征和结构特征。统计特征有文字区域内的黑/白点数比等。结构特征有字的笔画端点、交叉点的数量及位置等。

图像的特征被提取后，不管是统计特征还是结构特征，都必须有一个比对数据库或特征数据库来进行比对。比对方法有欧氏空间的比对方法、松弛比对法、动态程序比对法，以及类神经网络的数据库建立及比对、隐马尔可夫模型等方法。利用专家知识库和各种特征比对方法的相异互补性，可以提高识别的正确率。例如，在汉字识别系统中，对某一待识字进行识别时，一般必须将该字按一定准则，与存储在机内的每一个标准汉字模板逐一比较，找出其中最相似的字，作为识别的结果。显然，汉字集合的字量越大，识别速度越低。为了提高识别速度，常采用树分类，即多级识别方法，先进行粗分类，再进行单字识别。

比对算法有可能产生错误，在正确性要求较高的场合下，需要采用人工校对方法，对识别输出的文字从头至尾进行查看，检出错识的字，再加以纠正。为了提高人工纠错的效率，在显示输出结果时往往把错误可能性较大的单字用特殊颜色加以标识，以引起用户注意。也可以利用文字处理软件自附的自动检错功能来校正拼写错误或者不合语法规则的词汇。

3.6.4 生物识别

生物识别技术主要是指通过人类生物特征进行身份认证的一种技术。生物特征识别技术依据的是生物独一无二的个体特征，这些特征可以测量或可自动识别和验证，具有遗传性或终身不变等特点。

生物特征的含义很广，大致上可分为身体特征和行为特征两类。身体特征包括指纹、静脉、掌型、视网膜、虹膜、人体气味、脸型，甚至血管、DNA 和骨骼等。行为特征包括签名、语音和行走步态等。生物识别系统对生物特征进行取样，提取其唯一的特征，转化成数字代码，并进一步将这些代码组成特征模板。当进行身份认证时，识别系统获取该人的特征，并与数据库中的特征模板进行比对，以确定二者是否匹配，从而决定接受或拒绝该人。

生物特征识别发展最早的是指纹识别技术，其后，人脸识别、虹膜识别和掌纹识别等技术也纷纷进入身份认证领域。

1. 指纹识别

指纹是指人的手指末端正面皮肤上凸凹不平的纹线。虽然指纹只是人体皮肤的一小部分，却蕴含着大量的信息。起点、终点、结合点和分叉点，被称为指纹的细节特征点。指纹识别即通过比较不同指纹的细节特征点来进行鉴别。

指纹识别系统是一个典型的模式识别系统，包括指纹图像采集、指纹图像处理、特征提取和特征匹配等几个功能模块。

指纹图像采集可通过专门的指纹采集仪或扫描仪、数字式照相机等进行。指纹采集仪主要包括光学指纹传感器、电容式传感器、CMOS 压感传感器和超声波传感器。

采集的指纹图像通常都伴随着各种各样的干扰，这些干扰一部分是由仪器产生的，另一部分是由手指的状态，如手指过干、过湿或污垢造成的。因此在提取指纹特征信息之前，需要对指纹图像进行处理，包括指纹区域检测、图像质量判断、方向图和频率估计、图像增强，以及指纹图像二值化和细化等处理过程。

对指纹图像进行处理后，通过指纹识别算法从指纹图像上找到特征点，建立指纹的特征数据。在自动指纹识别的研究中，指纹分成 5 种类型：拱类、尖拱类、左旋类、右旋类和旋涡类。对于指纹纹线间的关系和具体形态，又分为末端、分叉、孤立点、环、岛和毛刺等多种细结点特征。对于指纹的特征提取来说，特征提取算法的任务就是检测指纹图像中的指纹类型和细结点特征的数量、类型、位置及所在区域的纹线方向等。一般的指纹特征提取算法由图像分割、增强、方向信息提取、脊线提取、图像细化和细节特征提取等几部分组成。

根据指纹的种类，可以对纹形进行粗匹配，进而利用指纹形态和细节特征进行精确匹配，给出两枚指纹的相似性程度。根据应用的不同，对指纹的相似性程度进行排序或给出是否为同一指纹的判决结果。

在所有生物识别技术中，指纹识别是当前应用最为广泛的一种，在门禁、考勤系统中都可以看到指纹识别技术的身影。市场上还有更多指纹识别的应用，如便携式计算机、手机、汽车及银行支付等。在计算机使用中，包括许多非常机密的文件保护，大都使用“用户 ID+密码”的方法来进行用户的身份认证和访问控制。但是，一旦密码忘记，或被别人窃取，计算机系统及文件的安全就受到了威胁，而使用指纹识别就能有效地解决这一问题。

2. 虹膜识别

人眼睛的外观图由巩膜、虹膜和瞳孔 3 部分构成。巩膜即眼球外围的白色部分，约占总面积的 30%。眼睛中心为瞳孔部分，约占 5%。虹膜位于巩膜和瞳孔之间，约占 65%。虹膜在红外光下呈现出丰富的纹理信息，如斑点、条纹、细丝、冠状和隐窝等细节特征。虹膜从婴儿胚胎期的第 3 个月起开始发育，到第 8 个月虹膜的主要纹理结构已经成形。虹膜是外部可见的，但同时又属于内部组织，位于角膜后面。除非经历身体创伤或白内障等眼部疾病，否则几乎终生不变。虹膜的高度独特性、稳定性及不可更改的特点，是虹膜可用作身份识别的物质基础。

自动虹膜识别系统包含虹膜图像采集、虹膜图像预处理、特征提取和模式匹配几部分。系统主要涉及硬件和软件两大模块：虹膜图像获取装置和虹膜识别算法。

虹膜图像采集所需要的图像采集装置与指纹识别等其他识别技术不同。由于虹膜受到眼睑、睫毛的遮挡，准确捕获虹膜图像是很困难的，而且为了能够实现远距离拍摄、自动拍摄和用户定位，并准确从人脸图像中获取虹膜图像等，虹膜图像的获取需要设计合理的光学系统，配置必要的光源和电子控制单元。一般来说，虹膜图像采集设备的价格都比较昂贵。

设备准确性的限制常常会造成虹膜图像光照不均等问题，影响纹理分析的效果。因此虹膜图像在采集后一般需要进行图像的增强，提高虹膜识别系统的准确性。

特征提取和匹配是虹膜识别技术中的一个重要部分，国际上常用的识别算法有多种，如相位分析的方法、给予过零点描述的方法和基于纹理分析的方法等。目前国际上比较有名的 Daugman 识别算法属于相位分析法，它采用 Gabor 小波滤波的方法编码虹膜的相位特征，利用归一化的汉明距离实现特征匹配分类器。

与虹膜识别类似的一种眼部特征识别技术是视网膜识别技术，视网膜是眼睛底部的血液细胞层。视网膜扫描采用低密度的红外线捕捉视网膜的独特特征。视网膜识别的优点在于其稳定性高且隐藏性好，使用者无须与设备直接接触，因而不易伪造，但在识别的过程中要求使用者注视接收器并盯着一点，这对于戴眼镜的人来说很不方便，而且与接收器的距离很近，也让人感觉不太舒服。另外，视网膜技术是否会给使用者带来健康的损坏也是一个未知的课题，所以尽管视网膜识别技术本身很好，但用户的接受程度很低。

3. 其他生物识别技术

指纹识别、虹膜识别等生物识别技术属于高级生物特征识别技术，每个生物个体都具有独一无二的该类生物特征，且不易伪造。还有一些生物特征属于次级生物特征，如掌形识别、人脸识别、声音识别和签名识别等。

例如，人脸识别是根据人的面部特征来进行身份识别的技术，它利用摄像头或照相机记录下被拍摄者的眼睛、鼻子、嘴的形状及相对位置等面部特征，然后将其转换成数字信号，再利用计算机进行身份识别。人脸识别是一种常见的身份识别方式，现已被广泛用于公共安全领域。

还有一种生物特征识别技术为深层生物特征识别技术，它们利用的是生物的深层特征，如血管纹理、静脉和 DNA 等。例如，静脉识别系统就是根据血液中的血红素有吸收红外线光的特质，将具红外线感应度的小型照相机或摄像头对着手指、手掌或手背进行拍照，获取个人静脉分布图，然后进行识别。

3.7 自动识别应用系统的开发

自动识别应用的开发所涉及的领域非常广泛，采用的技术手段也各不相同。针对二维码、RFID 和声纹等自动识别技术所开发的应用已经深入到人们的日常生活之中。

3.7.1 二维码识别系统的开发

随着移动互联网和智能手机的发展，使得手机二维码得到了广泛应用。利用手机摄像头实现二维码的识别，不仅克服了传统识别设备价格昂贵、体积大、不便于携带等缺点，还可将数据信息随时上传到网络。手机二维码在 O2O（线上到线下）中，实现了信息的快速传递，成为线上线下结合的关键接口。

Android 是目前智能手机的主流操作系统之一，在 Android 平台上实现二维码生成和识别应用需要用到第三方开发包，如 Qrcode_swetake.jar 提供的编码 API、QRCode.jar 提供的解码 API 和谷歌提供的开源类库 ZXing，前两者专门用于 QR 二维码的编解码，ZXing 还能够用来识别多种格式的条码和二维码。2014 年，我国正式发布二维码统一编解码 SDK，涵盖多种码制、多种操作系统和多种应用终端。

二维码识别系统的开发通常包含两部分：二维码的生成和二维码的识别。生成二维码时，调用编码 API 将用户输入的字符转换成二维数组，然后调用绘制功能完成对二维码的图形绘制。识别二维码时，首先是调用手机的摄像头完成二维码图像的采集，然后调用解码 API 将二维码符号携带的信息译出。

1. 二维码的生成

二维码的生成主要是靠相应的编码包，将用户输入的字符转换成二维数组，然后根据二维码的编码规范，使用绘图功能对二维码进行绘制。

二维码的生成主要分为名片、短信、文本、电子邮件和网络书签的生成，系统应该提供相应的交互界面，让用户选择自己想要生成的类型，并输入数据，具体的开发步骤如下。

1）编写交互界面，供用户输入需要生成的字符串内容。

2）编写 QR 码的编码函数，方法是调用第三方开发包 Qrcode_swetake.jar，导入 com.swetake.util.Qrcode，利用 Qrcode.calQrcode()函数将输入的字符串转变成二维数组。

3）编写二维码的绘制函数，方法是利用 Canvas 类完成对 QR 二维码的绘制，并通过交互界面上的 ImageView 控件显示生成的二维码。

2. 二维码的识别

二维码的识别模板主要包括图像预处理和解码两部分。图像预处理是为了实现更好的识别效果，通过摄像头采集的二维码图像可能会有光照不均、图像模糊扭曲等问题，通过图像预处理可以使这些问题得到矫正，提高识别效率。预处理后的二维码按照译码标准提取数据。

进行二维码识别时，首先启动摄像头进行扫描，将检测到的图像进行预处理，然后将图像数据送入后台解析。若解析成功，弹出对话框显示识别出的信息，若解析不成功，则再次调用摄像头，重复前面步骤，直到预设定的时间之后，结束扫描，弹出对话框，显示扫描失败。具体的开发步骤如下。

1）编写图像采集模块，使用 Camera 类来完成摄像头的调用和图像采集。通过实现 Camera. PreviewCallback 的接口 onPreviewFrame(byte[] data, Camera camera)来获得摄像头的图像数据 data。为了能够得到清晰的图像，需要调用 Autofocus Callback 自动对焦，每隔一定时间自动对焦一次。

2）编写预处理模块，完成对所采集图像的灰度化、二值化、图像滤波、定位和校正。在实际编程实现中，该部分属于对识别效果的优化步骤，也可以省略预处理模块，直接将采集的图像交由解码函数解码。

3）编写 QR 二维码的解码函数，方法是调用第三方开发包 QRCode.jar，导入 jp.sourceforge.qrcode.QRCodeDecoder，利用 QRCodeDecoder.decode()函数依照解码规范对预处理后得到的 QR 码符号部分进行解码，将图像解析为数据信息，最后输出数据。

3.7.2 RFID 应用系统的开发

RFID 技术目前已被应用于各行各业，在学校食堂、公交车上及一些小区的门卫处，都能见到以 RFID 技术为基础的应用系统。以门禁系统为例，系统通过 RFID 读写器读取通行人员所持门禁卡携带的身份信息与数据中心存储的数据进行比对，认证通过后向微控制器发送指令来控制打开电磁锁放行，从而实现人员身份的快速确认，自动完成从身份认证到放行的整个过程。

1. 门禁系统的构成

门禁系统分为 3 个子系统，即 RFID 管理系统、数据库管理系统和门禁控制系统，其结构图如图 3-20 所示。

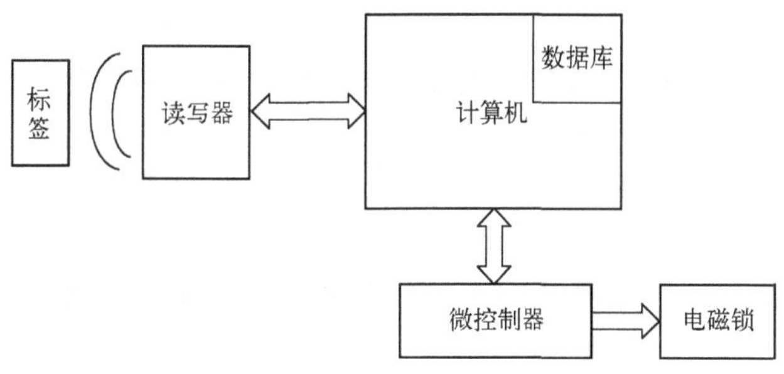

图 3-20　门禁系统结构图

1）RFID 管理系统由 RFID 读写器和计算机上的控制程序组成，负责完成人员信息的采集和识别功能。标签的 ID 信息是持卡人身份的判别标志，系统控制程序会将读取的标签 ID 信息与数据库中的持卡人 ID 信息进行比对，比对结果将作为持卡人是否可以通过的判据。

2）数据库管理系统是门禁系统的数据中心，负责建立人员信息库，方便系统查询持卡人的通过权限。对于一个需要管理流动人口信息的门禁系统，数据库的删除、更新和查找等操作必不可少，这些操作确保了门禁系统的正确运行。

3）门禁控制系统是门禁系统的控制中心，主要包括微控制器和电磁锁。它的主要功能是识别开关门信息，依据判别结果完成自控门的开关操作。

2. 门禁系统的实现

本例中的门禁管理系统 RFID 读写器采用 RFID 开发板 JT-2860 实现，如图 3-21 所示。读写器的主要功能是读取和设置电子标签携带的用户信息，并将得到的用户信息上传给整个系统的处理中心。系统的处理中心为一台运行有门禁系统应用软件的计算机，同时也作为人员信息数据库的服务器。门禁的控制系统采用 STC89C52RC 单片机，负责获取系统的处理中心的开关门标志，并控制门禁电磁锁的开闭。

图 3-21　JT-2860 开发板实物图

JT-2860 开发板采用超高频读写模块，该超高频读写模块有以下几个特点。

1）功耗低，供电电源为 3.5～3.8 V，所允许的最大工作电流为 200 mA。

2）读卡的灵敏度高，模块的输出功率最大可以达到 24 dBm，一般可以读取 1 m 内的有效标签，写入距离也达到 15 cm。

3）EPC 区、保留区和用户区都支持加密解锁功能，确保标签信息的安全性。

4）支持相邻判别功能，可防止同一张卡在短时间（1～255 s 可调）内重复上传。

超高频读写模块采用异步串口通信协议（UART），通过 FCP 排线（可在一定程度内弯曲的连接线组）与开发板相连。FCP 排线引脚中的 P1 是模块接地脚。P2、P3 是 UART2 通信接口。P5、P7 是 UART1 通信接口。P4 是工作在触发模式时的外部触发源。P6 是读卡成功后输出的 3.3 V 提示电压。P8 由外接 CPU 控制，以达到模块电源使能控制的效果。P9 是蜂鸣器输出脚，该引脚上可以外加一个蜂鸣器，当成功读卡时，会发出读卡成功的提示音。

JT-2860 开发板为连接计算机提供了 RS-232 和 USB 接口。运行有控制程序的计算机可以通过串口或者 USB 接口向 RFID 读写模块发送指令。在开发控制程序时，既可以根据读写器的通信协议自行编写通信程序，也可以直接使用模块生产商提供的应用程序开发包（SDK）。SKD 为读写模块应用程序的开发者提供与读写模块功能相对应的 API，包括开关串口、初始化标签和读写标签等功能。通常 SDK 以动态链接库文件形式提供给开发者使用，可以帮助开发者高效、正确地完成应用软件的开发。应用软件的开发步骤如下。

1）在计算机上安装开发环境 Visual C++ 6.0。

2）在 VC 6.0 中建立一个基于对话框的 MFC 项目，并完成用户界面的设计。

3）将 SDK 中的 dll 及其 lib 文件添加到链接路径，并在代码中添加对 dll 的头文件的引用。

4）调用 SDK 提供的 API，完成对 RFID 读写器的控制功能。

3.7.3 声纹识别系统的开发

声纹识别技术也称为说话人识别技术，是一种新型的基于生物特征的认证技术。通过提取语音信号中携带的个性特征信息，进行模型训练和比较识别，可以自动确定说话人的身份。该技术具有广泛的应用前景，在互联网、经济领域和军事安全等各个领域都起到了重要作用。

1. 声纹识别系统的框架和匹配方法

声纹识别系统的逻辑框图如图 3-22 所示，整个系统分为训练和识别两部分。训练阶段的过程是指记录说话人随意说出的一段话，不限定内容，提取该段语音中的特征参数，然后建立该说话人自己的模型参数集。识别阶段的过程是提取待测语音的特征参数，与训练阶段得到的说话人的数据集合进行比较，并按照相似性准则进行判决。

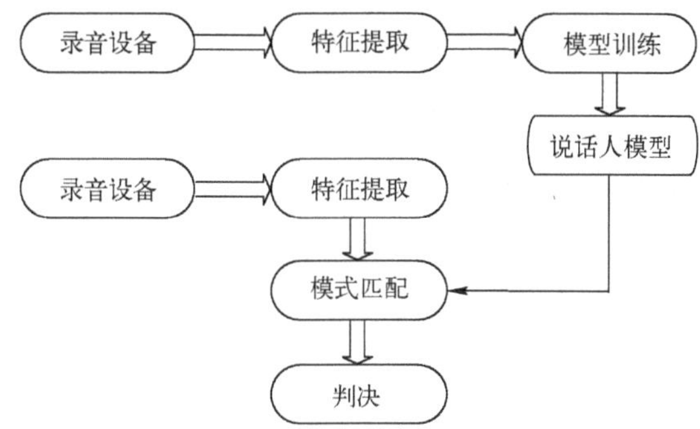

图 3-22　声纹识别系统的逻辑框图

目前声纹识别的模式匹配方法分为以下几种。

1）动态时间规整方法（DTW）。由于说话人的语音有稳定因素（发声器官的结构和发声习惯等）和不稳定因素（语速、语调、重音和韵律等），所以将识别的模板与参照模板进行时间对比，得出两个模板之间有多大程度的相似。

2）矢量量化方法（VQ）。按照一定的失真测度，利用特定算法将数据进行分类。该方法判断速度较快，精度较高。

3）隐马尔可夫模型方法（HMM）。它是基于状态转移概率矩阵和输出矩阵的模型，在与文本无关的说话人识别过程中采用各态遍历型 HMM，它不需要时间规整，可以节约计算时间和存储量，但计算量较大。

4）高斯混合模型方法（GMM）。求取特征参数的混合权重、均值和协方差，建立说话人模型，然后把待测语音的特征参数输入每个说话人模型，以计算得到的概率值最大的说话人作为判决结果。

2. 语音库的建立与系统仿真

在进行声纹识别系统的仿真之前，首先要建立语音库，语音库是整个实验的基础。录制过程需要在一个比较安静的环境中进行，利用计算机上的麦克风（传声器）等即可，录音软件可采用系统软件或 Adobe Audition 等。说话人以正常语速和语调叙述一段内容，说话内容、采样频率和采样位数均不限，将语音文件保存为 wav 格式。每位说话人录两段语音，一段作为训练语音，另一段作为识别语音。每次录音长度为 20 s，录取结束后用 Adobe

Audition 软件把每段语音前面的空白去掉，并截取每段语音为 15 s。最后对每段语音都进行标记，按照统一的规则对其进行命名。

语音库建立之后，采用 MATLAB 软件对声纹识别系统进行仿真，需要下载 voicebox 工具放到 MATLAB 的路径下。

首先进行训练过程，用 wavread()函数读取语音信号之后进行预处理，用 filter()函数实现预加重，预加重系数取 0.95。然后进行分帧加窗处理，用 enframe()函数对读取的语音序列进行分帧，帧长为 256，帧移为 80，窗函数选择汉明窗。

接下来是特征参数的提取，选取比较常用的梅尔倒谱系数（MFCC）。利用 melbankm 函数生成 mel 滤波器系数，mel 滤波器的个数为 20，阶数为 32，提取后得到 MFCC 参数和一阶差分 MFCC 参数。

提取参数之后开始进行概率统计模型 GMM 的训练。GMM 模型的混合度选择 32，用 K-means 的方法求得均值和协方差的初始值，每个高斯函数的权重相同，迭代次数选择 50 次。用 EM 参数估计的方法求得每个说话人模型的均值、协方差和权重，建立每个说话人的训练模型，并进行存储。

识别阶段的预处理和特征参数提取过程与训练阶段基本相同。将预处理后的待测语音的特征参数代入之前训练好的每个说话人的模型中，以求得的概率值最大的说话人作为识别结果。

习题

1. 自动识别技术在物联网中的作用是什么？

2. 自动识别与模式识别之间的关系是什么？

3. 什么是条码识别系统？其构成要素有哪些？为什么看到的 ISBN 条码（国际标准书号）都是以 978 开头的？条码识别系统和二维码识别系统各自用于哪些领域？

4. 二维码能否让人们从图形中直接读取数据？二维码识别步骤中为什么要对二维码图像进行预处理？预处理主要包括哪些内容？

5. RFID 系统由哪几部分组成？各部分的主要功能是什么？

6. RFID 系统电子标签与读写器之间是如何进行能量传输的？

7. 低频、高频、超高频和微波 RFID 系统的特点分别是什么？为什么超高频和微波系统会得到越来越多的重视？

8. NFC 与 RFID 两种自动识别技术的区别和联系有哪些？

9. 非接触式 IC 卡和接触式 IC 卡是如何获取工作电压的？非接触式 IC 卡识别与 RFID 有什么区别？

10. 语音识别系统中有哪些常用的特征参数提取技术？常见的声纹识别的模式匹配方法有哪些？

11. 比较各种自动识别技术的特点和应用场合。除了本章中提到的自动识别技术外，还有哪些自动识别技术？

第 4 章　嵌入式系统

嵌入式系统是一种实现某种特定功能的专用计算机系统，广泛应用在工业控制、智能监控等领域，并在微控制系统中发挥着重要作用。在计算机系统的应用数量上，通用计算机系统只占不到 5%的比例，嵌入式系统则占 95%以上。

物联网感知层的设备很多都属于嵌入式设备，这些设备基本上都安装有嵌入式操作系统，从而对设备进行统一的管理和控制，并提供通信组网的功能。

4.1　嵌入式系统的概念和发展

嵌入式系统产生于 20 世纪 70 年代，最早是作为微控制系统出现的，这种系统基于单片机，系统中不植入操作系统，软件开发常常需要直接控制硬件。从 20 世纪 80 年代早期开始，嵌入式设备开始植入嵌入式操作系统，由嵌入式操作系统对硬件进行管理，并为程序员提供标准的编程接口，用于编写嵌入式应用软件，从而获得更短的开发周期、更低的开发资金和更高的开发效率。

4.1.1　嵌入式系统的定义

嵌入式系统（Embedded System）是嵌入式计算机系统的简称。目前，嵌入式系统主要包括两种形式的定义。

第一种是国际电气和电子工程师协会（IEEE）给出的定义，即嵌入式系统是一种实施控制、监视及辅助机器或者工厂运作的系统。它通常执行特定的功能，以微处理器与周边设备构成核心，具有严格的时序和稳定度的要求，可以自行运行并循环操作。

第二种是国内公认的比较全面的定义，即嵌入式系统是一种以应用为中心，以计算机技术为基础，软件和硬件可裁剪，适应于应用系统，对功能、可靠性、成本、体积和功耗具有严格要求的专用计算机系统。

嵌入式系统的定义可以简单概括为：嵌入到对象体系中的专用计算机系统。

4.1.2　嵌入式系统的特点

嵌入式系统有 3 个基本特点：嵌入性、专用性和处理器。

1）嵌入性体现了嵌入式系统的表面特征和本质特征的融合。嵌入式系统本质上是一个计算机，但从外观上又“看不见”计算机的形状。智能手机、电视机机顶盒、微波炉、全自动洗衣机、路由器、水下机器人、传感器结点和 RFID 读写器等都是典型的嵌入式设备。

2）专用性是嵌入式系统的最基本特点。由于嵌入式系统通常是面向某个特定应用的，所以嵌入式系统的硬件和软件，尤其是软件，都是为特定用户群设计的，通常都具有某种专用性的特点。

3）嵌入式系统必须内含微处理器，嵌入式处理器的功耗、体积、成本、可靠性、速度、处理能力和电磁兼容性等方面均受到应用要求的制约，需要针对用户的具体需求，能够对芯片配置进行裁剪和添加，从而达到理想的性能。实际上，为了既不提高成本，又满足专用性的需要，嵌入式系统的供应者必须采取相应措施使产品在通用和专用之间进行某种平衡。目前的做法是，把嵌入式系统硬件和操作系统设计成可裁剪的，以便使嵌入式系统开发人员根据实际应用需要来量体裁衣，去除冗余，从而使系统在满足应用要求的前提下达到最精简的配置。

4.1.3　嵌入式系统的发展阶段

嵌入式系统自产生以来经历了几十年的发展，整个系统的发展主要体现在以控制器为核心的硬件部分和以嵌入式操作系统为主的软件部分。根据嵌入式操作系统的发展过程，可以划分为 3 个比较典型的阶段。

第一阶段是无操作系统的嵌入算法阶段，是以单芯片为核心的可编程控制器形式的系统，同时具有与监测、伺服、指示设备相配合的功能。这种系统大部分应用于一些专业性极强的工业控制系统中，通过汇编语言编程对系统进行直接控制，一般没有操作系统和用户接口。

第二阶段是以嵌入式 CPU 为基础、以简单操作系统为核心的嵌入式系统。这一阶段系统的主要特点是：CPU 种类繁多，通用性比较差；系统开销小，效率高；一般配备系统仿真器，操作系统具有一定的兼容性和扩展性；应用软件较专业，用户界面不够友好；系统主要用来控制负载及监控应用程序运行。

第三阶段是以通用的嵌入式操作系统为核心的嵌入式系统。这一阶段系统的主要特点是：嵌入式操作系统能运行于各种不同类型的微处理器上，兼容性好；操作系统内核精小，效率高，并且具有高度的模块化和扩展性；具备文件和目录管理、设备支持、多任务、网络支持、图形窗口，以及用户界面等功能；具有大量的应用程序接口（API），开发应用程序简单；嵌入式应用软件丰富。这个阶段产生了很多优秀和常用的嵌入式操作系统，从 20 世纪 80 年代开始的 VxWorks 到免费开源的 μC/OS-Ⅱ、μCLinux、TRON，以及当前竞争极其激烈的 iOS、Android 等，这些操作系统都属于实时嵌入式操作系统。

4.1.4　物联网中的嵌入式系统

物联网中的嵌入式操作系统应该具备互联网功能，每一个独立的系统彼此之间通过互联网相互连接，形成一个分布式数据处理体系，以便更好地提高嵌入式系统的性能。由于传统的互联网仅仅强调通信协议的通达性和开放性，对数据的安全、质量及实时性都没有过多的要求，直接导致传统类型基于互联网的嵌入式系统不能提供可靠、安全的保证及实时的功能。传统嵌入式系统的这些缺陷在物联网中将会被突破。

物联网中的嵌入式系统不仅要具备传统互联网络的共享互联特性，同时还对传输数据的实时性、安全可靠性及资源保证性提供基本的保障。这必然会对传统嵌入式系统承载网络的“服务质量、安全可信、可控可管”等各个方面提出更高的要求。物联网中的嵌入式系统必然是以基于更高电信级的 IP 网络为标志的嵌入式系统。

在物联网中，嵌入式系统基于的承载网络应具备端到端服务质量（QoS）能力、网络自愈能力、业务保护能力和网络安全等基本要素。这需要进一步提升接入网、城域网和骨干网的电信级要求。在可靠网络支持的环境下，嵌入式系统之间的信息交互能力，及信息的质量得到了极大的保障。物联网嵌入式系统之间交互的特点可以概括为以下功能的体现。

1）系统之间的通信能够保证服务质量。嵌入式设备对于不同的应用场合，可以提供可选的 QoS 保障。

2）系统之间的业务安全具有可靠的保障。移动业务现有的安全系统基于用户卡的鉴权，而基于机器类业务的主要区别在于采集数据和控制外部环境的核心是机器，在现有的业务网络，终端设备和用户卡不具有同等的安全保障，因此对机器通信安全的支持是物联网下嵌入式设备的一个重要特点。

3）与传统的嵌入式设备不同，物联网下的嵌入式设备将以 IPv6 地址来标识自己，这样，嵌入式设备将能找到任意一台接入网络的设备。

4）支持群组管理，多个具有相同功能的嵌入式终端设备结点可以组成一个群组，支持对同一群组中的终端设备同时进行相同的操作。

5）终端设备远程管理，由于嵌入式终端设备通常情况下是无人值守的，因此嵌入式终端设备的远程管理需求是嵌入式系统应用业务中最基本的一种，需要支持对任何一台终端设备进行远程参数配置和远程软件升级等远程管理功能。

6）支持不同流量的数据传输，例如在视频监控业务中有大量的视频数据需要传输，而在智能抄表业务中只需要传输少量的数据信息。

7）支持多种接入方式，能够支持固定和移动形态的终端设备通过各种方式接入。

8）支持终端设备的扩展性和系统的伸缩性，以便新的终端设备可以方便地加入到网络中来。

9）支持多种信息传递方式，包括单播、组播、任播和广播。

10）支持具有不同移动性的终端设备，有些终端设备是固定的，而另一些终端设备则可能是低速移动或高速移动，对于移动终端设备可以支持终端设备的漫游与切换，为用户提供一致的业务体验。

11）支持终端设备的休眠模式，由于很多嵌入式终端设备是没有交流电源供电的，对这些终端设备来说，节能很重要，所以有些嵌入式终端设备会在工作一段时间后根据一定的策略转入休眠状态。在休眠状态，嵌入式终端设备依旧能接收数据信息。

物联网嵌入式系统的这些典型特点与需求，对于传统互联网络的 IPv4 地址形式及网络协议来说是很难满足的，因此需要引入更高效、更安全可靠的网络标准和接入技术。随着 IPv6 的广泛应用，在新的接入技术下，可以把大量的嵌入式终端设备接入到网络中。

在数据安全性方面，物联网中的各种嵌入式设备被广泛应用于人们生活中的各个方面，其可能引发的安全威胁也可由网络世界延伸到物理世界，因此其重要性不言而喻。物联网的安全性考虑主要包括承载嵌入式设备的网络的安全、终端/网关接入网络的安全，以及嵌入式系统应用中数据传输的安全等方面。对于嵌入式系统来说，设备之间组建网络的通信安全，以及终端设备同互联网关之间的接口安全，必然将会被作为物联网嵌入式设备安全方面的重要保证之一。

4.1.5　嵌入式系统的发展趋势

嵌入式系统涉及的产品极为广泛，其应用的领域也随着它的发展愈加全面，但无论是体积越来越小、不带有嵌入式操作系统的控制、传感设备，还是功能越来越丰富、搭载嵌入式操作系统的智能产品，它们的发展方向都将随着物联网的出现而走向协同化和网络化。设备的互联互通和数据的协同处理必将成为未来嵌入式系统共同的发展趋势。

嵌入式设备为了适应物联网物-物通信的要求，必然内嵌各种网络通信接口。嵌入式处理器已经开始内嵌网络接口，除了支持 TCP/IP 外，还支持 IEEE 1394、USB、CAN、Bluetooth 或 IrDA 通信接口中的一种或者几种，同时提供相应的网络协议软件和物理层驱动软件。在某些嵌入式设备上加载 Web 浏览器，就可以实现随时随地用各种设备上网。

数据协同处理是普适计算的特征，嵌入式系统是物联网普适计算的技术基础。随着物联网技术的发展与普及，嵌入式系统将会迎来更大的需求与发展。随着嵌入式系统处理能力和无线通信能力的增强，虽然处处都用计算机，但处处不见计算机，整个物联网将会进入无人干预的全自动智能处理的新阶段。

4.2　嵌入式系统的结构

嵌入式系统是一种专用的计算机应用系统，包括嵌入式系统的硬件和软件两大部分，其中软件部分包含负责硬件初始化的中间层程序、负责软硬件资源分配的系统软件和运行在嵌入式系统上面的应用软件，因此可以把嵌入式系统的结构分为 4 层：硬件层、硬件抽象层、系统软件层和应用软件层。参见视频。

第 4 章嵌入式系统层次及其对应的开发工作 4.2 节

4.2.1　硬件层

嵌入式系统的硬件层由电源管理模块、存储器模块、总线模块、时钟控制模块、处理器模块、多协议数据通信接口模块、可编程调试拓展模块、各种控制器电路，以及外部执行支持设备等组成。对于不同性能、不同厂家的嵌入式微处理器，与其兼容的嵌入式系统内部的结构差异很大，典型的嵌入式系统的硬件体系结构如图 4-1 所示。嵌入式系统的硬件以嵌入式处理器为核心，目前一般的应用场合采用嵌入式微处理器（ARM7 或 ARM9 等）。在信息处理能力要求比较高的场合，可采用嵌入式数字信号处理器（DSP）芯片，以实现高性能的信号处理。

图 4-1 中给出了嵌入式硬件结构模型的基本模块，具体的嵌入式设备并不是包含所有的电路和接口。嵌入式系统的硬件要根据实际应用进行选择或剪裁，以便降低产品的成本和功耗。例如，有些应用场合要求具有 USB 接口，而有些应用仅仅需要红外数据传输接口等。

1．电源管理模块

电源管理模块的功能主要是为整个设备提供符合规格的、稳定的电源供应，将电源有效分配给系统的不同组件。通过降低组件闲置时的能耗，可以提高电池寿命，降低系统电源消耗，从而保证硬件系统的正常稳定运行，主要部分有复位电路、电源保护电路等。

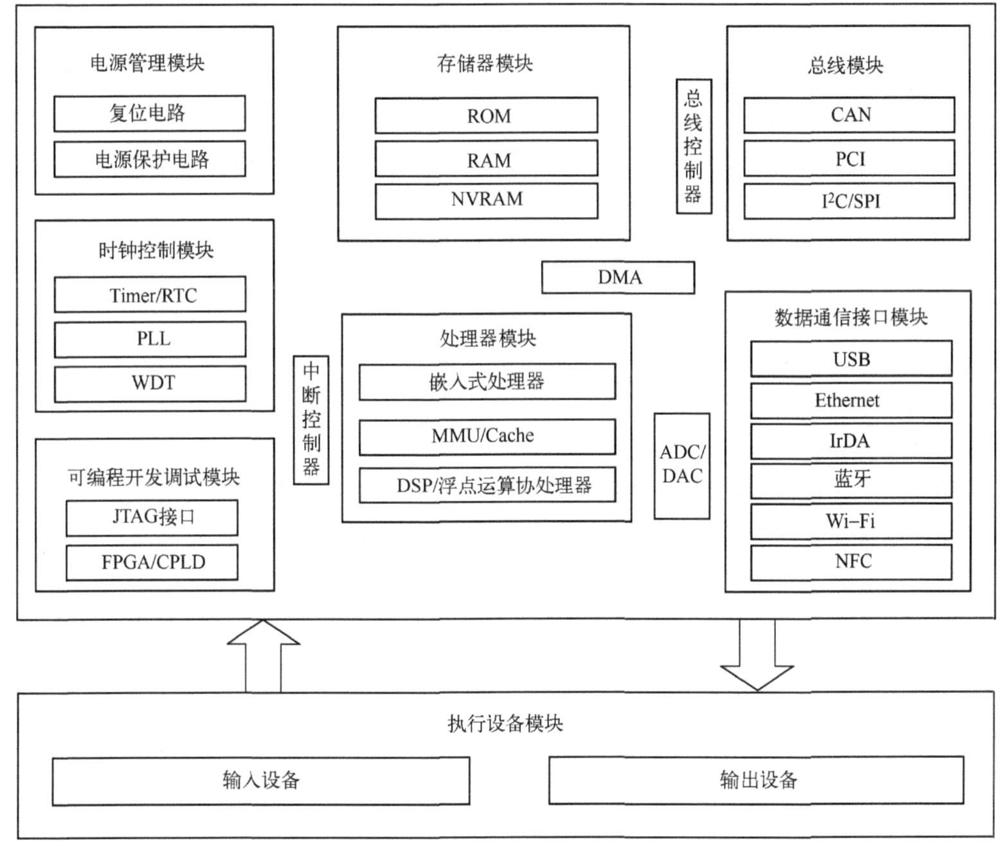

图 4-1　嵌入式系统的硬件体系结构

复位电路的主要功能是上电复位。为确保嵌入式系统中的电路稳定、可靠地工作，复位电路是必不可少的一部分。一般处理器电路正常工作需要供电电源为 5 V±5%，即 4.75～5.25 V。由于系统电路是时序数字电路，需要稳定的时钟信号，因此在电源上电时，只有当电压超过 4.75 V、低于 5.25 V，以及晶体振荡器稳定工作时，复位信号才被撤除，系统电路开始正常工作。

电源保护电路主要用于保证稳定电压的供应，防止过高或过低，以及不稳定的电流对设备中各部分电路的损坏。在嵌入式设备的应用环境中，恶劣的自然环境难免存在，比如说强烈的电磁环境、频繁的雷电影响或是潮湿的环境等，都会对设备的电源部分造成一定的影响甚至是损害。去除过高的电压冲击或是不稳定的电流成为嵌入式设备正常运行的一个基础保证。

2. 时钟控制模块

时钟控制模块主要为嵌入式系统设备提供本地产生的稳定的时钟信号，以及为系统内部部分电路提供所需要的分频或是倍频之后的时钟需求。其中主要包括定时器/实时时钟芯片（Timer/RTC）、锁相环（PLL）和看门狗定时器（WDT）等。

Timer/RTC 是指定时器和实时时钟电路。Timer 定时器使用本地产生的时钟信号，根据控制信号能够产生在指定的时间间隔内反复触发指定窗口的定时器事件。一般的嵌入式设备中都有多于一个这样的定时器电路，用于产生时钟中断信号。实时时钟芯片（Real-Time Clock，RTC）是一种晶振及相关电路组成的时钟电路，用于产生稳定的时钟脉冲信号，为系统中的其他电路提供稳定的时钟信号。

锁相环（Phase Locked Loop，PLL）用来统一整合时钟脉冲信号，使内存能正确地存取数据。PLL 采用振荡器中的反馈技术，许多电子设备要正常工作，通常需要外部的输入信号与内部的振荡信号同步，利用锁相环电路就可以实现这个目的。

看门狗定时器（Watchdog Timer，WDT）也是一个定时器电路，主要用于防止程序发生死循环。WDT 一般有一个输入称为喂狗，一个输出到处理器的复位端。处理器正常工作时，每隔一段时间输出一个信号到喂狗端，给 WDT 清零。如果超过规定的时间不喂狗（如死循环），WDT 超时，就会发出一个复位信号到处理器，使处理器复位，防止处理器死机。

3. 存储器模块

存储器模块包含可擦除和不可擦除的存储设备，用于存放运算中所需的数据，计算出的中间数据，以及存放嵌入式系统执行的程序代码。常用的存储模块按照读写功能可分为随机读写存储器（RAM）、只读存储器（ROM）和非易失性随机存储器（NVRAM）。

RAM 存储单元的内容可按需随意取出或存入，且存取的速度与存储单元的位置无关。这种存储器在断电时将丢失其存储内容，故主要用于存储短时间使用的程序及计算处理过程中产生的中间数据。按照存储信息的不同，随机存储器又分为静态随机存储器（Static RAM，SRAM）和动态随机存储器（Dynamic RAM，DRAM），处理器附属的高速缓存 Cache 使用的就是 SRAM，能够获得更高速的指令存取速率，而通用计算机使用的 DDR2 内存就是在 DRAM 技术上开发的 DRAM。

ROM 在嵌入式系统中主要用作外部程序存储器，其中的内容只能读出，不能被修改，断电情况下，ROM 中的信息不会丢失。如早期的计算机启动用的 BIOS 芯片，同 RAM 相比，ROM 的数据读取速度较低，因为 ROM 在出厂后只能写入一次数据，不能重写，所以现在使用比较少，因此在 ROM 基础上发展而来的具有电擦除可重写的 EPROM（可擦除可编程 ROM，通过紫外光的照射擦出原先的程序）和 EEPROM（电子可擦除可编程 ROM，通过电子擦出原先的程序），在一些单片机和早期的手机中有广泛的应用，这些 ROM 一般读出比写入快，价格很高，写入需要比读出更高的电压并且写入程序的时间相当长，比如常听到的将程序“烧”到板子了，就源于此。

NVRAM 是指可电擦除的存储器，它们具有 RAM 的可读、写特性，又具有 ROM 停电后信息不丢失的优点，在嵌入式系统中既可作为程序存储器用，也可作为数据存储器用。这一分类是一种概括性的分类，它包含了 ROM 发展出的后续产品，如 EPROM、EEPROM 及 RAM 中的特殊的 SRAM 应用，如带电池的 SRAM。随着可擦除技术的发展，目前 NVRAM 中使用量最大的就是闪存（Flash Memory）技术。闪存是一种长寿命的非易失性存储器，目前市场上的 U 盘、CF 卡、SM 卡、SD/MMC 卡、记忆棒、XD 卡、MS 卡和 TF 卡都是在闪存技术的基础上生产和开发的，这些设备被广泛地应用在手机、数字式照相机和路由器等电子设备中。

4. 总线模块

总线模块是嵌入式系统中各种功能部件之间传送信息的公共通信干线，它是由导线组成的传输线束。按照所传输的信息种类，总线可以划分为数据总线、地址总线和控制总线，分别用来传输数据、数据地址和控制信号。

控制器局域网（Controller Area Network，CAN）是国际上应用最广泛的现场总线之一。CAN 是一种有效支持分布式控制或实时控制的串行通信总线，基本设计规范要求有高的位速率、高抗电磁干扰性，而且要能够检测出总线的任何错误。与一般的通信总线相比，CAN 总线具有突出的可靠性、实时性和灵活性。

PCI 是一种扩展总线，目前用于高性能的嵌入式系统。早期的 PCI 是一种并行总线，目前的 PCI Express 是串行总线，PCI-E 2.0 的传输速率为 5 GB/s。

I^2C（Inter-Integrated Circuit）和 SPI 总线同属于同步总线，即时钟信号独立于传输的数据。I^2C 是由 PHILIPS 公司开发的两线式串行总线，用于连接微控制器及其外围设备。主要在服务器管理中使用，其中包括单个组件状态的通信。串行外设接口（Serial Peripheral Interface，SPI）总线系统是一种同步串行外设接口，它可以使处理器与各种外围设备以串行方式进行通信。

5. 数据通信接口模块

数据通信接口模块是嵌入式系统与外部设备进行通信的渠道。数据接口模块中包含基于多种通信协议实现的多种通信方式，有 USB、Ethernet、IrDA、蓝牙、Wi-Fi 和 NFC 等。

通用串行总线（Universal Serial BUS，USB）最大的优势就是支持设备的即插即用和热插拔功能。USB 协议版本发展至今经历了 USB 1.0、USB 1.1 和 USB 2.0，目前 USB 2.0 被广泛应用于各种高速需求 USB 接口设备中，如高速扫描仪等。USB 3.0 技术正在开发，还未公开发布。早期的 USB 1.0 版本指定的数据传输速率为 1.5 Mbit/s（低速）和 12 Mbit/s（全速）。USB 2.0 版本的数据传输速率为 480 Mbit/s。USB 3.0 版本的传输速率可达 5 Gbit/s，并且支持全双工。目前便携式移动设备如手机、平板电脑等使用的是欧盟统一的微型 USB 接口规格，即 micro-USB，它比标准的 USB 接头小，具有高达 10000 次的插拔寿命和强度，并且支持目前 USB 的 OTG 功能，即在没有主机（如个人计算机）的情况下，便携设备之间可直接实现数据传输，同时兼容USB 1.1 和USB 2.0，在传输数据的同时能够为设备充电。

以太网（Ethernet）是应用最为广泛的局域网，速率从 10 Mbit/s 开始，按 10 倍递增，直至 100 Gbit/s。以太网的接口规格 RJ45 为 8 针连接器件。利用以太网，设备可以直接无缝接入互联网。

红外数据标准协会（Infrared Data Association，IrDA）表示各种由红外数据标准协会制定的使用红外线进行通信的协议标准，IrDA 1.1 标准中补充的高速红外（Very Fast InfraRed，VFIR）技术能够达到 16 Mbit/s 的数据传输速率。红外数据传输适合小型移动设备短距离、点对点、直线无线通信的场合，如机顶盒、手机、电视遥控器和仪器仪表等。随着 USB 设备和蓝牙的广泛应用，红外通信设备逐步淡出市场，但由于成本低廉，在遥控器中仍被广泛应用。

蓝牙（Bluetooth）是一种短距离无线电技术，采用分散式网络结构，以及快跳频和短包技术，支持点对点及点对多点通信，工作在全球通用的 2.4 GHz ISM（即工业、科学、医学）频段，采用时分双工传输方案实现全双工传输，数据速率为 1 Mbit/s。目前最新的蓝牙协议版本是蓝牙 4.0。全球近 100%的智能手机使用了蓝牙技术。

NFC 是一种短距离的高频无线通信技术，连接建立时间小于 0.1 s，允许电子设备之间进行非接触式点对点数据传输（在 10 cm 内）交换数据。NFC 在门禁、公交、RFID 读写器及手机支付等领域有着广泛的应用前景。目前 Android 嵌入式系统的 2.3.3 版本已经全面支持 NFC 技术，并向开发人员全面开放了 NFC 读/写功能。iOS 系统也将在即将发布的 iOS 4.3 系统中增加 NFC 技术的支持。

Wi-Fi（Wireless Fidelity）是一种无线局域网技术，最新版本是 802.11n，可以将 WLAN 的传输速率由目前 802.11a 及 802.11g 提供的 54 Mbit/s，提高到 300 Mbit/s 甚至 600 Mbit/s。

6. 可编程开发调试模块

可编程开发调试模块包含了一组可以进行单独定制开发及测试的拓展设备，在没有操作系统的设备上，可以使用可编程拓展模块开发出所需要的文件系统、图形系统等，这部分模块包含 FPGA 和 CPLD，以及专门用来进行测试的 JTAG 接口。

现场可编程门阵列（Field-Programmable Gate Array，FPGA）是一种半定制电路，既解决了定制电路的不足，又克服了原有可编程器件门电路数有限的缺点。FPGA 内部包括可配置逻辑模块 CLB（Configurable Logic Block）、输出/输入模块 IOB（Input Output Block）和内部连线（Interconnect）3 部分。FPGA 是由存放在片内 RAM 中的程序来设置其工作状态的，工作时需要对片内的 RAM 进行编程。用户可以根据不同的配置模式，采用不同的编程方式。加电时，FPGA 芯片将 EPROM 中的数据读入片内编程 RAM 中，配置完成后，FPGA 进入工作状态。断电后，FPGA 恢复成白片，内部逻辑关系消失，因此 FPGA 能够反复使用。FPGA 的编程无须专用的 FPGA 编程器，只需用通用的 EPROM、PROM 编程器即可。当需要修改 FPGA 功能时，只需换一片 EPROM 即可。这样，同一片 FPGA，不同的编程数据，可以产生不同的电路功能。

复杂可编程逻辑设备（Complex Programmable Logic Device，CPLD）是一种用户根据各自需要而自行构造逻辑功能的数字集成电路。其基本设计方法是借助集成开发软件平台，用原理图、硬件描述语言等方法，生成相应的目标文件，通过下载电缆（针对于系统编程）将代码传送到目标芯片中，实现设计的数字系统。CPLD 具有编程灵活、集成度高、设计开发周期短、适用范围宽、开发工具先进、设计制造成本低、对设计者的硬件经验要求低、标准产品无须测试、保密性强和价格大众化等特点，可实现较大规模的电路设计，因此被广泛应用于网络、仪器仪表、汽车电子、数控机床和航天测控设备等方面。同 FPGA 相比，在编程方式上，CPLD 主要是基于 EEPROM 或闪存编程，编程次数可达 1 万次，优点是系统断电时编程信息也不丢失。CPLD 又可分为编程器编程和在线编程两类。FPGA 大部分是基于 SRAM 编程，编程信息在系统断电时丢失，每次上电时，需从器件外部将编程数据重新写入 SRAM 中，其优点是可以编程任意次，可在工作中快速编程，从而实现板级和系统级的动态配置。

联合测试行动小组（Joint Test Action Group，JTAG）是一种国际标准测试协议，主要用于芯片内部测试。多数的高级器件都支持 JTAG 协议，如 DSP、FPGA 器件等。标准的 JTAG 接口是 4 线：TMS、TCK、TDI 和 TDO，分别为模式选择、时钟、数据输入线和数据输出线。JTAG 最初是用来对芯片进行测试的，JTAG 的基本原理是在器件内部定义一个测试访问口（Test Access Port，TAP）通过专用的 JTAG 测试工具对内部结点进行测试。JTAG 测试允许多个器件通过 JTAG 接口串联在一起，形成一个 JTAG 链，能实现对各个器件分别测试。现在，JTAG 接口还常用于实现在线编程（In-System Programmable，ISP），对闪存等器件进行编程，可以有效提高工程的开发效率。

7. 处理器模块

处理器模块是嵌入式系统的核心，主要用于处理数据、执行程序等，与通用的 PC 处理器相比，嵌入式处理器具有体积小、重量轻、成本低、可靠性高、功耗低、适应性强和功能专用性强等特点。

嵌入式微处理器（EMPU）目前主要包括 ARM 系列，后面将介绍各种嵌入式处理器。目前很多嵌入式微处理器已经包含了内存管理单元（Memory Management Unit，MMU）、高速缓存（Cache）和浮点运算协处理器。

MMU 负责虚拟地址与物理地址之间的映射，提供硬件机制的内存访问授权。高速缓存用于存放由主存调入的指令与数据块，加快处理器的存取速度。浮点运算协处理器用于提高浮点运算的能力。

嵌入式数字信号处理器（Embedded Digital Signal Processor，EDSP）对系统结构和指令进行了特殊设计，更适合于执行数字信号处理（DSP）算法，编译效率较高，指令执行速度也较快，在数字滤波、快速傅里叶变换和谱分析等方面有广泛的应用。

8. 各种控制电路

控制电路集成于嵌入式系统中，用于控制功能模块正常运行及完成信号形式的转换，包含中断控制器、总线控制器、DMA 和 ADC/DAC 转换器等。

中断控制器是一种集成电路芯片，它将中断接口与优先级判断等功能汇集于一身，可以中断 CPU 当前运行的任务，执行终端服务程序，如定时器中断等。

总线控制器（System Management Bus，SMBus）主要用于低速系统的内部通信，它是由两条线组成的总线，用来控制主板上的器件并收集相应的信息。通过总线，器件之间发送和接收消息，而无须单独的控制线，这样可以节省器件的管脚数。

直接内存存取（Direct Memory Access，DMA）允许不同速度的硬件装置之间进行数据传输，将数据从一个地址空间复制到另外一个地址空间，而无须处理器的直接参与。当处理器给 DMA 发出传输指令后，传输动作本身是由 DMA 控制器来完成的。DMA 传输对于高效能的嵌入式系统算法和高速网络的数据传输非常重要。

模拟-数字转换/数字-模拟转换（ADC/DAC）用于将系统内部的数字信号转换为模拟信号输出，或是将外部输入的模拟信号转换为系统所需的数字信号。

9. 外部执行设备模块

外部执行设备模块是嵌入式系统的支撑部分，可分为输入设备和输出设备。

输入设备作为嵌入式系统的外围电路之一，为系统提供原始数据、电源供应等多种输入任务，如为嵌入式设备提供电源的外接太阳能电池板、获取产品信息的 RFID 电子阅读器、条码扫描仪，以及采集各种环境变化量的传感器设备等。

输出设备也是嵌入式系统的组成部分，作为嵌入式系统的外围电路之一，用于将嵌入式设备处理之后的结果表现出来，如液晶显示器、铃声报警器等。

4.2.2 硬件抽象层

硬件抽象层（Hardware Abstract Layer，HAL）也称为中间层或板级支持包（Board Support Package，BSP），它在操作系统与硬件电路之间提供软件接口，用于将硬件抽象化，也就是说用户可以通过程序控制处理器、I/O 接口及存储器等硬件部件，从而使系统的设备驱动程序与硬件设备无关，提高了系统的可移植性。

硬件抽象层包含系统启动时对指定硬件的初始化、硬件设备的配置、数据的输入或输出操作等，为驱动程序提供访问硬件的手段，同时引导和装载系统软件或嵌入式操作系统。

4.2.3 系统软件层

根据嵌入式设备类型及应用的不同，系统软件层的划分略有不同。部分嵌入式设备考虑到功耗、应用环境的不同，不具有嵌入式操作系统。这种系统通过设备内部的可编程拓展模块，同样可以为用户提供基于底层驱动的文件系统和图形用户接口，如市场上大部分的电子词典及带有液晶屏幕的 MP3 等设备。这些系统上的图形界面软件及文件系统软件同样属于系统软件层的范围。而对于装载有嵌入式操作系统（Embedded Operating System，EOS）的嵌入式设备来说，系统软件层自然就是 EOS。在 EOS 中，包含有图形用户界面、文件存储系统等多种系统层的软件支持接口。当然，对于嵌入式系统而言，EOS 并不是必不可少的部分，但是随着对嵌入式系统功能的要求越来越高，EOS 逐渐成为嵌入式系统必不可少的组成部分，如目前广泛流行的各种智能手机等电子设备。

嵌入式操作系统是嵌入式应用软件的开发平台，它是保存在非易失性存储器中的系统软件，用户的其他应用程序都建立在嵌入式操作系统之上。嵌入式操作系统使得嵌入式应用软件的开发效率大大提高，减少了嵌入式系统应用开发的周期和工作量，并且极大地提高了嵌入式软件的可移植性。为了满足嵌入式系统的要求，嵌入式操作系统必须包含操作系统的一些最基本的功能，并且向用户提供应用程序编程接口（API）函数，使应用程序能够调用操作系统提供的各种功能。

嵌入式操作系统通常包括与硬件相关的底层驱动程序软件、系统内核、设备驱动接口、通信协议、图形界面及标准化浏览器等。设备驱动程序用于对系统安装的硬件设备进行底层驱动，为上层软件提供调用的 API 接口。上层软件只需调用驱动程序提供的 API 方法，而不必关心设备的具体操作，便可以控制硬件设备。此外，驱动程序还具备完善的错误处理函数，以便对程序的运行安全进行保障和调试。

典型的嵌入式操作系统都具有编码体积小、面向应用、实时性强、可移植性好、可靠性高及专用性强等特点。随着嵌入式系统的处理和存储能力的增强，嵌入式操作系统与通用操作系统的差别将越来越小。后面将具体介绍一些典型的嵌入式操作系统实例。

4.2.4 应用软件层

应用软件层就是嵌入式系统为解决各种具体应用而开发出的软件，如便携式移动设备上面的电量监控程序、绘图程序等。针对嵌入式设备的区别，应用软件层可以分为两种情况。一类是在不具有嵌入式操作系统的嵌入式设备上，应用软件层包括使用汇编程序或是 C 语言程序针对指定的应用开发出来的各种可执行程序；另一类就是在目前广泛流行的搭载嵌入式操作系统的嵌入式设备上，用户使用嵌入式操作系统提供的 API 函数，通过操作和调用系统资源而开发出来的各种可执行程序。

4.3 嵌入式处理器的分类

嵌入式处理器主要分为 4 类：嵌入式微控制器、嵌入式数字信号处理器、嵌入式微处理单元和片上系统。

4.3.1 嵌入式微控制器

嵌入式微控制器（Embedded Microcontroller Unit，EMCU）又称为单片机，从 20 世纪 70 年代末单片机出现至今，这种 8 位的电子器件在工业控制、电器产品和物流运输等领域一直有着极其广泛的应用。

单片机芯片内部集成了 ROM/EPROM、RAM、总线、总线逻辑、定时/计数器、看门狗、I/O、串口、脉宽调制输出、A/D、D/A、Flash RAM 和 EEPROM 等，支持 I^2C、CAN 总线和 LCD 等各种必要的功能和接口。

嵌入式微控制器的典型产品包括 8051、MCS-251、MCS-96/196/296、P51XA、C166/167、68K 系列及 MCU 8XC930/931、C540 和 C541 等。

4.3.2 嵌入式数字信号处理器

嵌入式数字信号处理器（Embedded Digital Signal Processor，EDSP）是专门用于信号处理方面的处理器，在系统结构和指令算法方面进行了特殊设计，具有很高的编译效率和指令执行速度。在数字滤波、快速傅里叶变换（FFT）和谱分析等各种仪器上，DSP 获得了大规模的应用。

DSP 的理论算法在 20 世纪 70 年代就已经出现，但是由于专门的 DSP 处理器还未出现，所以这种理论算法只能通过微处理器（MPU）等分立元件实现。MPU 较低的处理速度无法满足 DSP 的算法要求，其应用领域仅仅局限于一些尖端的高科技领域。随着大规模集成电路技术发展，1982 年世界上诞生了首枚 DSP 芯片，其运算速度比 MPU 快了几十倍，在语音合成和编码解码器中得到了广泛应用。至 20 世纪 80 年代中期，随着 CMOS 技术的进步与发展，第二代基于 CMOS 工艺的 DSP 芯片应运而生，其存储容量和运算速度都得到成倍提高，成为语音处理和图像硬件处理技术的基础。到 20 世纪 80 年代后期，DSP 的运算速度进一步提高，应用领域也扩大到了通信和计算机方面。20 世纪 90 年代后，DSP 发展到了第五代产品，广泛应用于数码产品和网络接入。2006 年，TI 公司推出了 TMS320C62X/C67X、TMS320C64X 等第六代 DSP 芯片，集成度更高，使用范围也更加广阔。

比较有代表性的嵌入式数字信号处理器是 TI 公司的 TMS320 系列和 Motorola 公司的 DSP56000 系列。TMS320 系列包括用于控制的 C2000 系列、移动通信的 C5000 系列，以及性能更高的 C6000 和 C8000 系列。DSP56000 系列目前已经发展成为 DSP56000、DSP56100、DSP56200 和 DSP56300 几个不同系列的处理器。另外，Philips 公司也推出了基于可重置技术的嵌入式数字信号处理器结构，并且使用低成本、低功耗技术制造出了 REAL DSP 处理器，其特点是具备双哈佛结构和双乘/累加单元，致力于面向大批消费类产品市场。

4.3.3 嵌入式微处理单元 MPU

嵌入式微处理单元（Embedded Microprocessor Unit，EMPU）是将运算器和控制器集成在一个芯片内的集成电路。采用微处理单元构成计算机必须外加存储器和 I/O 接口。在嵌入式应用中，一般将微处理单元、ROM、RAM、总线接口和各种外设接口等器件安装在一块电路板上，称为单板机（Single-Board Computer，SBC）。

嵌入式微处理器的特征是具有 32 位以上的处理器，具有较高的性能，当然其价格也相应较高。但与计算机通用处理器不同的是，在实际嵌入式应用中，只保留和嵌入式应用紧密相关的功能硬件，去除其他的冗余功能部分，这样就以最低的功耗和资源实现嵌入式应用的特殊要求。与工业控制计算机相比，嵌入式微处理器具有体积小、重量轻、成本低、可靠性高的优点。主要的嵌入式处理器类型有 MIPS、ARM 系列等。其中 ARM 是专为手持设备开发的嵌入式微处理器，属于中档的价位。

ARM 处理器同其他嵌入式微处理器一样，属于精简指令集计算机（RISC）处理器，而通常所用的计算机上的 CPU 是复杂指令集计算机（CISC）处理器。RISC 处理器多用在手机或者移动式便携产品上，特点是单次执行效率低，但是执行次数多。CISC 处理器的特点是单次执行效率高，但是执行次数少。

ARM 内核分为 ARM7、ARM9、ARM10、ARM11 及 StrongARM 等几类，其中每一类又根据其各自包含的功能模块而分成多种类型。常用的 ARM7 体系结构的芯片有 Cirrus Logic 公司的 CL-PS7500FE/EP7211、Hyundai 公司的 GMS30C7201、Linkup 公司的 L7200，以及 Samsung 公司的 KS32C4100/50100 等。此外，TI、LSI Logic、NS、NEC 和 Philips 等公司也生产相应的 ARM7 芯片。这些芯片虽然型号不同，但在内核上是相同的，因而在软件编程和调试上是相同的，被广泛应用于 PDA、机顶盒、DVD、POS、GPS、手机及智能终端等设备上。

4.3.4　片上系统 SoC

片上系统（System on Chip，SoC）的设计技术始于 20 世纪 90 年代中期。随着半导体工艺技术的发展，大规模复杂功能的集成电路设计能够在单硅片上实现，SoC 正是在集成电路（IC）向集成系统（IS）转变的大方向下产生的。1994 年 Motorola 发布的 Flex Core 系统（用来制作基于 68000 和 PowerPC 的定制微处理器）和 1995 年 LSI Logic 公司为 Sony 公司设计的 SoC，可能是基于知识产权（Intellectual Property，IP）核完成 SoC 设计的最早报道。IP 核是指具有确定功能的 IC 模块。由于 SoC 可以充分利用已有的设计积累，显著提高了 ASIC 的设计能力，因此发展非常迅速。

片上系统也称为系统级芯片，它是一个产品，是一个有专用目标的集成电路，其中包含完整系统并有嵌入软件的全部内容。同时它又是一种技术，用以实现从确定系统功能开始，到软/硬件划分，并完成设计的整个过程。从狭义角度讲，它是信息系统核心的芯片集成，是将系统关键部件集成在一块芯片上。从广义角度讲，SoC 是一个微小型系统，如果说中央处理器（CPU）是大脑，那么 SoC 就是包括大脑、心脏、眼睛和手的系统。SoC 的定义是：将微处理器、模拟 IP 核、数字 IP 核和存储器（或片外存储控制接口）集成在单一芯片上，是一种客户定制的或者面向特定用途的标准产品。

SoC 定义的基本内容主要表现在两方面：一是其构成；二是其形成过程。SoC 的构成可以是系统级芯片控制逻辑模块、微处理器/微控制器 CPU 内核模块、数字信号处理器 DSP 模块、嵌入的存储器模块、外部进行通信的接口模块、含有 ADC /DAC 的模拟前端模块、电源、功耗管理模块、用户定义逻辑（它可以由 FPGA 或 ASIC 实现），以及微电子机械模块。无线 SoC 还具有射频前端模块。更重要的是，一个 SoC 芯片内嵌有基本软件（RDOS 或 COS 及其他应用软件）模块或可载入的用户软件等。

SoC 设计的关键技术主要包括总线架构技术、IP 核可复用技术、软硬件协同设计技术、SoC 验证技术、可测性设计技术、低功耗设计技术和超深亚微米电路实现技术等，此外，还有嵌入式软件移植和开发研究，是一门跨学科的新兴研究领域。

SoC 按指令集主要划分为 x86 系列（如 SiS550）、ARM 系列（如 OMAP）、MIPS 系列（如 Au1500）和类指令系列（如 M3 Core）等几类。国内研制开发者的研究主要基于后两者，如中国科学院计算所中科 SoC（基于龙芯，兼容 MIPSIII指令集）、北大众志（定义少许特殊指令）、方舟 2 号（自定义指令集）和国芯 C3 Core（继承 M3 Core）等。

4.4 嵌入式操作系统

嵌入式操作系统负责嵌入式系统的软硬件资源分配和任务调度，并控制和协调所有的并发活动。早期的嵌入式系统很多都不用操作系统，它们都是为了实现某些特定功能，使用一个简单的循环控制对外界的请求进行处理，不具备现代操作系统的基本特征（如进程管理、存储管理、设备管理和网络通信等）。但随着控制系统的适用性越来越复杂，应用的范围越来越广泛，缺少操作系统就造成了很大的限制。20 世纪 80 年代以来，出现了各种各样的商用嵌入式操作系统，如 TRON、μC/OS-Ⅱ、嵌入式 Linux、Windows Phone、iOS 和 Android 等。除此之外，还有一些用于特定设备或行业的操作系统，如用于军事领域的 VxWorks，用于 PDA 的 Palm OS，用于路由器的 IOS（思科公司）、VRP（华为公司）等，以及用于无线传感器网络中传感器结点的 TinyOS 等。本节重点介绍几种比较典型的嵌入式操作系统。

随着处理器的微型化和处理能力的增强，嵌入式系统与通用计算机之间的界限也越来越模糊，如智能手机已经与手持式计算机没有多大区别了，而且功能更强。嵌入式操作系统与通用操作系统之间的界限也难以区分了，Windows 操作系统就是一个典型的例子。Windows XP 和 Windows 7 是典型的通用操作系统，Windows CE 和 Windows Phone 7 是典型的嵌入式操作系统，然而，Windows 10 则是这两种操作系统的融合。

4.4.1 μC/OS-Ⅱ

μC/OS-Ⅱ是一个可裁剪、源代码开放、结构小巧、抢先式的实时嵌入式操作系统（RTOS），主要用于中小型嵌入式系统。该系统专门为计算机的嵌入式应用设计，绝大部分代码是用 C 语言编写的。CPU 硬件相关部分是用汇编语言编写的、总量约 200 行的汇编语言部分被压缩到最低限度，为的是便于移植到其他任何一种 CPU 上。

μC/OS-Ⅱ具有执行效率高、占用空间小、可移植性强、实时性能好和可扩展性强等优点，可支持多达 64 个任务，支持大多数的嵌入式微处理器，商业应用需要付费。

μC/OS-Ⅱ的前身是 μC/OS，最早出自于 1992 年美国嵌入式系统专家 Jean J.Labrosse 在《嵌入式系统编程》杂志上的文章连载，μC/OS 的源码也同时发布在该杂志的 BBS 上。

用户只要有标准的 ANSI 的 C 交叉编译器，有汇编器、连接器等软件工具，就可以将

μC/OS-Ⅱ嵌入到开发的产品中。μC/OS-Ⅱ最小内核可编译至 2 KB，经测试，可被成功移植到几乎所有知名的 CPU 上。

严格地说，μC/OS-Ⅱ只是一个实时操作系统内核，它仅仅包含了任务调度、任务管理、时间管理、内存管理，以及任务间的通信和同步等基本功能，没有提供输入/输出管理、文件系统和网络等额外的服务。但由于 μC/OS-Ⅱ良好的可扩展性和源码开放，这些非必需的功能完全可以由用户自己根据需要分别实现。

μC/OS-Ⅱ的目标是实现一个基于优先级调度的抢占式的实时内核，并在这个内核之上提供最基本的系统服务，如信号量、邮箱、消息队列、内存管理和中断管理等。

4.4.2　TRON

实时操作系统内核（TRON）是 1984 年由日本东京大学开发的一种开放式的实时操作系统，其目的是建立一种泛在的计算环境。泛在计算（普适计算）就是将无数嵌入式系统用开放式网络连接在一起协同工作，它是未来嵌入式技术的终极应用。TRON 被广泛使用在手机、数字式照相机、传真机、汽车引擎控制和无线传感器结点等领域，成为实现普适计算环境的重要的嵌入操作系统之一。

以 TRON 为基础的 T-Engine/T-Kernel 为开发人员提供了一个嵌入式系统的开放式标准平台。T-Engine 提供标准化的硬件结构，T-Kernel 提供标准化的开源实时操作系统内核。

T-Engine 由硬件和软件环境组成，其中软件环境包括设备驱动、中间件、开发环境和系统安全等部分，是一个完整的嵌入式计算平台。硬件环境包括 4 种系列产品：便携式计算机和手机；家电和计量测绘机器；照明器具、开关和锁具等所用的硬币大小的嵌入式平台；传感器结点和静止物体控制所用的单芯片平台。

T-Kernel 是在 T-Engine 标准上运行的标准实时嵌入式操作系统软件，具有实时性高、动态资源管理等特点。

4.4.3　嵌入式 Linux

嵌入式 Linux 是以 Linux 为基础的嵌入式操作系统，广泛应用于手机、个人数字助理（PDA）、媒体播放器、智能家电产品和航空航天等领域。

嵌入式 Linux 是将桌面 Linux 操作系统进行裁剪修改，使之能在嵌入式设备上运行的一种操作系统。嵌入式 Linux 代码开放，完全免费，有许多公开的代码可以参考和移植，移植比较容易，而且有许多应用软件的支持，产品开发周期短，新产品上市迅速。

Linux 是一个跨平台的系统，适应于多种嵌入式微处理器和多种硬件平台。Linux 的最小内核只有 134 KB 左右，更新速度很快，对各种网络和 TCP/IP 协议提供完整的支持，能够提供很多工具供程序员使用。目前已有多种嵌入式 Linux 版本，如 Embedix、LEM、LOAF、μCLinux、PizzaBox Linux 和红旗嵌入式 Linux 等。

4.4.4　iOS

iOS 是由苹果公司为智能便携式设备开发的操作系统，主要用于 iPhone 手机和 iPad 平板计算机等。iOS 源于苹果计算机的 Mac OS X 操作系统，都以 Darwin 为基础。Darwin 是由苹果公司于 2000 年发布的一个开源操作系统。iOS 原名为 iPhone OS，直到 2010 年 6 月的苹果全球开发者大会（WWDC）上才宣布改名为 iOS。iOS 的系统架构分为 4 个层次：核心操作系统层、核心服务层、媒体层和可轻触层，如图 4-2 所示。

核心操作系统层是 iOS 的最底层，iOS 是基于 Mac OS X 开发的，两者具有很多共同点。该层包含了很多基础性的类库，如底层数据类型、Bonjour 服务（Bonjour 服务是指用来提供设备和计算机通信的服务）和网络套接字（套接字提供网络通信编程的接口）类库等。

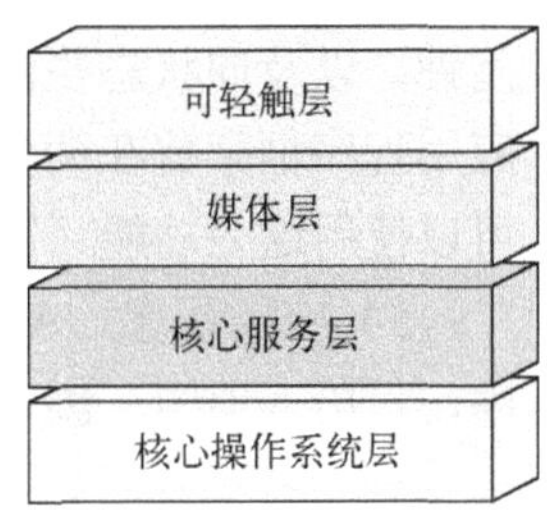

图 4-2　iOS 技术层级结构

核心服务层为应用软件的开发提供应用程序编程接口（API）。服务层包括了 Foundation（包含基础框架支持类）核心类库、CFNetwork（网络应用支持类）类库、SQLite（嵌入式设备中使用的一种轻量级数据库）访问类库、访问 POSIX（可移植操作系统接口）线程类库和 UNIX（一种操作系统）sockets（套接字）通信类库等。

媒体层包含了基本的类库来支持二维和三维的界面绘制、音频和视频的播放，当然也包括了较高层次的动画引擎。

可轻触层提供了面向对象的集合类、文件管理类和网络操作类等。该层中的 UIKit（用户界面开发包）框架提供了可视化的编程方式，能提供一些非常实用的功能，如访问用户的通信录和照片集，支持重力感应器或其他硬件设备。

4.4.5　Android

Android 作为便携式移动设备的主流操作系统之一，其发展速度超过了以往任何一种移动设备操作系统。Android 的最初部署目标是手机领域，包括智能手机和更廉价的翻盖手机。由于其全面的计算服务和丰富的功能支持，目前已经扩展到手机市场以外，某些智能电表、云电视和智能冰箱等采用的就是 Android 系统。

Android 是基于 Linux 内核的开源嵌入式操作系统。Android 系统形成一个软件栈，其软件主要分为 3 层：操作系统核心、中间件和应用程序。具体来说，Android 体系结构从底层向上主要分为内核、实时运行库、支持库、应用程序框架和应用程序 5 部分。

1）Linux 内核。Android 基于 Linux 提供核心系统服务，如安全、内存管理、进程管理、网络堆栈和驱动模型。核心层也作为硬件和软件之间的抽象层，用以隐藏具体硬件细节，从而为上层提供统一的服务。

2）Android 实时运行库。Android 实时运行库（Runtime）包含一个核心库的集合和 Dalvik 虚拟机。核心库为 Java 语言提供核心类库中可用的功能。Dalvik 虚拟机是 Android 应用程序的运行环境，每一个 Android 应用程序都是 Dalvik 虚拟机中的实例，运行在对应的进程中。Dalvik 虚拟机的可执行文件格式是 dex，该格式是专为 Dalvik 设计的一种压缩格式，适合内存和处理器速度有限的系统。大多数虚拟机包括 Java 虚拟机（JVM）都是基于栈的，而 Dalvik 虚拟机则是基于寄存器的。两种架构各有优劣，一般而言，基于栈的机器需要更多的指令，而基于寄存器的机器指令更大。Dalvik 虚拟机需要依赖 Linux 内核提供的基本功能，如线程和底层内存管理等。

3）支持库。Android 包含了一个 C/C++库的集合，供 Android 系统的各个组件使用。这些功能通过 Android 的应用程序框架提供给开发者。

4）应用程序框架。通过提供开放的开发平台，Android 使开发者能够编写极其丰富和新颖的应用程序。开发者可以自由地利用设备硬件优势，访问位置信息，运行后台服务，设置闹钟，以及向状态栏添加通知等。开发者还可以完全使用核心应用程序所使用的框架 API。应用程序框架旨在简化组件的重用，任何应用程序都能发布自己的功能且任何其他应用程序可以使用这些功能（需要服从框架执行的安全限制），这一机制允许用户替换组件。

5）应用程序。Android 装配了一组核心应用程序集合，包括电子邮件客户端、SMS 程序、日历、地图、浏览器、联系人和其他设置。

4.5 嵌入式系统的开发

嵌入式系统的应用开发按其硬件的不同主要分为单片机平台上的应用开发与智能操作系统上的应用软件开发。单片机上的应用开发更贴近于对底层硬件的直接操作，主要使用汇编语言或 C 语言进行开发。智能系统上的开发近似于 PC 上应用软件的开发，使用的开发语言更为高级，底层功能的操作也比较少。

4.5.1 单片机平台上的嵌入式系统应用开发

单片机是无线传感器设备的重要组成部分，其典型的特点是功耗低、成本低、体积小和自组网等，充分适用于小型控制与监控系统的运行与应用。基于单片机上的嵌入式系统开发涉及硬件和软件两个方面。

1. 硬件设备

嵌入式设备中最常见的单片机是 MCS-51 系列单片机。51 系列单片机具有标准化的设计体系，拥有完备的地址总线和数据总线，便于外部扩展，其指令处理方式与 Intel 推出的高端处理器处理方式基本相同。51 系列单片机具有一套完整的位处理器，也可称为布尔处理器。在处理数据时，处理的对象不是字或字节，而是位。因此，51 系列单片机可以高效地对片内具有特殊功能的寄存器进行置位、复位、传输、测试及逻辑运算等操作，提高了单片机的处理效率。目前，很多嵌入式系统的专用核心芯片在其芯片内部集成了 MCS-51 微处理器。

AVR 系列单片机是 Atmel 公司推出的一款单片机，主要特点是高性能、高速度和低功耗。它通过用时钟周期替代机器周期，作为指令周期，采用流水化作业模式，大大缩小了指令执行的平均时间，提高了数据运算的速度。与 MCS-51 系列单片机相比，AVR 单片机仅有 32 个通用寄存器，而 51 系列单片机有 128 个通用寄存器，AVR 在处理复杂程序时性能有所降低。AVR 单片机大部分的指令都是单周期指令，通常时钟范围为 4～8 MHz，被广泛应用于无线传感器网络结点设备上。

2. 软件环境

单片机的软件开发涉及开发环境和开发语言的选择。结合所使用的单片机产品，选择一个合适的开发工具能够达到事半功倍的效果。早期的单片机使用汇编语言进行开发，再通过汇编软件把程序员的汇编程序转换为单片机可以识别并执行的机器语言（常保存为 bin 或 hex 格式）。常见的 MCS-51 单片机的汇编软件是 A51。

使用汇编语言开发单片机应用是一个比较冗繁的工作，往往一个简单的乘除法需要大块的代码才能够实现，极大地影响了软件开发的效率。随着单片机技术的发展，高级语言逐渐被引用到了单片机应用开发中，目前 C 语言已成为单片机开发的主要编程语言。与汇编语言相比，C 语言具有较高的可读性和可维护性，在功能和结构上也有比较大的优势，当然，C 语言程序在效率上往往低于汇编程序，同样功能的总代码生成量，汇编程序会比 C 语言程序低 20%左右。

选择一种开发语言后，接下来需要选择一个开发平台。开发平台能够提供源代码的编译、链接和目标代码生成等功能，并将目标代码下载到指定单片机或接口上，同时提供仿真及目标调试功能。常见的单片机开发平台有 ICC、CVAVR、GCC 和 Keil uVersion 等。

ICC 集成开发环境包括一个 Application Builder 的代码生成器，可以设置微处理器（MCU）所具有的中断、内存、定时器、I/O 端口、异步串口（UART）和 SPI 等外围设备，从而自动生成初始化外围设备的代码，简化了程序的初始配置功能的开发。此外，ICC 通过环境中所带的一个终端程序，可以发送和接收 ASCII 码，提供了对设备的调试功能。

CVAVR 是一个针对 AVR 单片机的集成开发环境，内带一个 CodeWizard 代码生成器，可以生成外围器件的相应初始化代码，风格类似于 Keil C51 代码。CVAVR 集成了较多常用的外围器件操作函数和一个代码生成向导，同时集成了串口/并口 AVRISP 等下载烧写功能，简化了开发工作。

第 4 章嵌入式系统的硬件 4.5.1 节

3. 开发实例

下面以 IOT-SCMMB 型单片机开发板为例，使用 WinAVR 集成开发环境，介绍基于单片机的嵌入式应用软件的开发流程。硬件部分参考视频。

单片机开发板 IOT-SCMMB 的构造如图 4-3 所示，它基于低功耗微处理器芯片 ATmega128A，射频部分提供统一射频接口，可支持 CC1000 与 CC2420 射频模块，极大地方便了不同用户的需求。另外，开发板上集成了步进电动机、数码管、USB 口、串口、LCD 液晶、蜂鸣器、LED 小灯和传感器板接口等。整个系统采用了通用的接口插槽，将传感、处理和通信等模块分离开，可以按照不同的应用需求进行不同的扩展。

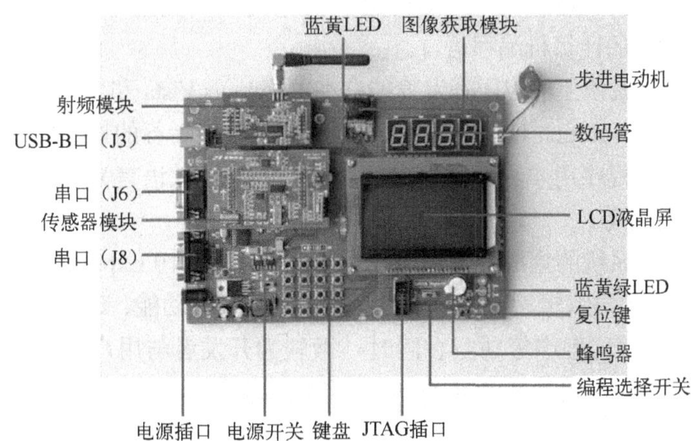

图 4-3　IOT-SCMMB 型单片机开发板结构实物图

IOT-SCMMB 开发板的参数特征主要包括：8 位 RISC 结构的处理器 ATmega128A；存储芯片为 128K 闪存、4K EEPROM、4K 内部 SRAM；支持可替换的 CC1000 与 CC2420 射频模块，方便不同应用的需求（433 M、2.4 G 频段开发）；支持高精度温湿度、三轴加速度和陀螺仪等传感器，可方便用于环境监测、定位等应用；配有带中文字库的 LCD，支持 LCD 液晶屏实时显示功能；支持 USB 与 UART 等串口，方便笔记本计算机等的调试；供电方式为+9V 电源适配器。

开发应用软件的步骤如下。

1）在计算机上安装软件开发环境 WinAVR 和 AVRStudio 软件，以便进行程序的编译和调试。

2）利用开发环境调试 C 语言程序。

3）把 C 语言程序编译成*.hex 文件，即在单片机上可执行的程序。

4）把编程器的 JTAG 插头插到开发板上的 JTAG 插口中，把 JTAG 插口右侧的白色开关拨到左侧，把编程器通过串口连接到计算机上。

5）利用开发环境把*.hex 文件下载到开发板上。

6）测试程序在开发板上的运行情况。

4.5.2　智能终端上的嵌入式系统应用开发

智能手机、云电视、智能冰箱、智能抄表、机顶盒及导航仪等都是基于嵌入式操作系统的嵌入式设备。基于智能平台的开发主要是在嵌入式操作系统上进行的应用软件的开发，目前市场上常见的智能终端平台主要包括 Windows Phone 7、iOS 和 Android 等操作系统。

1. 智能终端开发平台

每种嵌入式操作系统都有自己所特有的开发语言和开发平台。下面介绍 Windows Phone 7、iOS 和 Android 的开发环境。

（1）Windows Phone 7 系统

Windows Phone 7 系统上的应用软件主要使用 C#作为其开发语言。C#是微软开发的一种计算机高级语言，它主要是从 C 和 C++继承而来的，同其他计算机语言相比，C#更像 Java，同属于面向对象的计算机编程语言。

Windows Phone 7 系统上的应用开发仅能够在 Windows Vista 和 Windows 7 操作系统上进行。Windows Phone Developer Tools CTP 开发组件包括调试运行的设备模拟器、基于 XAML（微软公司为构建应用程序用户界面而创建的一种新的描述性语言）的事件驱动应用程序开发平台和游戏开发平台等。

Windows Phone 7 系统的集成开发环境是 Visual Studio 2010 Express for Windows Phone，它包括 C#和 XAML 代码编辑功能、简单界面的布局与设计功能、编译开发程序、手机模拟器、部署程序，以及调试程序等功能。同时，微软为开发者与用户提供了免费版的 Visual Studio（可视化集成开发环境）和 SQL Server（数据库服务器）。

（2）iOS 系统

iOS 系统上的应用程序使用 Objective-C 语言编写。Objective-C 简称 OC，支持面向对象编程，提供了定义类、方法和属性的语法。Objective-C 是 C 语言的超集，因此很容易将 C

甚至 C++代码添加到 iOS 的应用程序里。iOS 系统上的应用程序框架重用了许多 Mac 操作系统的成熟模式，但是它更多地专注于触摸的接口和优化，因此使得苹果手机和其他苹果智能产品获得了更为流畅的用户体验。

iOS 系统上的软件开发平台主要是在安装有 Mac 操作系统的苹果计算机上进行，也可以在装有 Windows 系统的计算机上安装虚拟机（一种安装在已有的操作系统之上，用于构建其他操作系统环境的软件），通过在虚拟机上安装 Mac 系统来构建 iOS 操作系统的开发环境。

iOS 系统的开发环境是 Xcode，它是 iOS 系统的开发工具套件，支持项目管理、编辑代码、构建可执行程序、代码级调试、代码的版本管理和性能调优等。开发 iOS 应用首先需要下载 iOS SDK（软件开发包），之后在 Mac 系统计算机上运行 Xcode 开发工具，开发好的应用既可以在苹果的智能终端上运行调试，也可以在 iOS SDK 提供的苹果手机模拟器上测试。

（3）Android 系统

Android 系统主要使用 Java 语言开发软件应用，当然，通过 NDK（Android 对外发布的本地开发包），开发人员也可以使用 C 语言进行软件应用开发。Android 系统上的基于 Java 语言开发的应用软件不同于其他的 Java 程序，Android 系统上使用 Java 开发的程序是运行在 Android 系统底层的 Davik 虚拟机上的，而其他系统平台上的 Java 程序主要是运行在 JVM 虚拟机上的。Davik 虚拟机更适合于嵌入式设备，能够使嵌入式设备上的 Java 程序运行效率更高。

Android 系统上的应用开发可以在多种操作系统上进行，如 Windows、Linux 等。基于 Java 的开发环境主要是 Eclipse。Eclipse 是一个开放源代码的、基于 Java 的可扩展开发平台，开发者通过各种插件组件构建相应的开发环境。在 Android 系统应用开发方面，开发者通过在 Eclipse 上安装安卓开发工具（Android Developer Tool，ADT）插件，完成系统开发环境的搭建。

2．Android 系统开发实例

在 Android 操作系统上进行嵌入式应用开发，可以通过 SDK 开发包使用 Java 语言实现，也可以通过 NDK 开发包使用 C 语言实现。本实例将采用 Java 语言完成实例程序开发流程的演示，具体开发步骤如下。

1）下载 JDK 6 Update 27 开发包（用于提供 Java 语言支持）、eclipse-jee-indigo-win32.zip（Eclipse IDE 软件开发环境）、android-sdk_r12-windows.zip（Android SDK Android 系统上软件应用开发支持包），以及 ADT12.0.0（用于搭建 Eclipse 开发 Android 应用环境的 Eclipse 插件），做好开发环境搭建的准备工作。

2）安装下载好的 JDK 6 Update 27，搭建 Java 运行环境，解压 eclipse-jee-indigo-win32.zip，启动 Android 系统集成开发工具。

3）解压 android-sdk_r12-windows.zip，启动 Android 系统 SDK 开发包管理软件，在线下载 Android SDK 开发包。

4）安装 ADT 插件，启动 Android 系统集成开发工具 Eclipse，配置 Eclipse 开发环境参数，加载 Android SDK 和 JDK。

5）应用 Eclipse 开发工具编写和编译 Android 系统应用程序。

6）启动模拟器，将应用软件发布到 Android 模拟器上，调试并运行应用软件。模拟器的运行效果如图4-4所示。

图4-4　Android 智能系统平台实例软件运行效果

习题

1．什么是嵌入式系统？你是否认同“嵌入式系统是除通用计算机之外的所有包含处理器的控制系统”的观点？嵌入式系统与通用计算机之间的区别是什么？

2．简述嵌入式系统的发展过程。

3．什么是嵌入式处理器？嵌入式处理器分为哪几类？

4．单片机是不是嵌入式系统？它与 ARM 嵌入式系统有何异同？

5．从软件系统来看，嵌入式系统由哪几部分组成？通常所说的“刷机”和“root”有什么区别？

6．兼顾嵌入式系统的硬件和软件层次结构，简要画出嵌入式系统的组成框架。

7．什么是嵌入式操作系统？嵌入式操作系统的作用是什么？为何要使用嵌入式操作系统？

8．列举现在比较流行的几种嵌入式操作系统，并分别简述它们的区别与特点。

9．简要画出 Android 系统体系结构，并说明其运行的内核基于哪种系统。

10．智能终端与嵌入式系统的关系是什么？未来物联网时代背景下，智能信息家电应具有哪些基本特征？

11．举出几个嵌入式系统应用的例子，通过查阅资料和独立思考，说明这些嵌入式系统产品主要由哪几部分组成，每个组成部分完成什么功能。

第5章 通信技术

通信技术是物联网的基础技术，直接影响物联网的发展趋势和应用领域，其中无线通信技术是传感器网络和移动互联网的关键技术，光纤通信技术则是整个物联网数据承载网络的基础，尤其是长途通信领域。

通信技术的主要研究内容包括信号处理、信号传输和通信网络等几个方面。提到物联网中的通信技术，大多数资料讨论的基本上是通信网络技术。本章介绍通信行业最为关注的信号处理和信号传输技术，通信网络技术将在其他各章中讲述。

5.1 信号处理

为了有效利用信号，需要对信号进行处理，信号处理技术在通信等领域有着重要的应用价值。例如，电信号弱小时，需要对它进行放大；混有噪声时，需要对它进行滤波；当频率不适应于传输时，需要进行调制和解调；信号遇到失真畸变时，需要对它均衡；当信号类型很多时，需要进行识别，等等。

5.1.1 信号处理的概念

信号携带着信息，信号处理就是对信号进行分析、变换、综合和识别等加工，以便提取有用信息，使其便于利用。一般可分为模拟信号处理（Analog Signal Processing，ASP）和数字信号处理（Digital Signal Processing，DSP）两大类。各类信号的特征和规律可从时域或频域进行分析。

1. 信号

信号的定义很宽泛，可以理解为任何携带信息的物理量，如距离、速度、温度、压力、电压和电流等。从数学的角度来定义，信号是传递信息的函数（或序列），随时间、空间的变化而变化，该函数的图像称为信号的波形。

信号可以自然产生，也可以通过计算机等设备人为地进行合成。常见的信号有语音信号、音乐信号、图像信号和视频信号等。例如，语音信号表示空间上某个点的空气压力，是时间的函数；图像信号是光强度的一种表示，简单的黑白平面图像可以看作横纵空间坐标的函数；视频信号，其实也是由一幅幅图像（称为帧）按时间排序组成的序列，光强度随两个空间坐标和一个时间坐标的变化而变化。

信号根据时间的连续性可分为连续时间信号和离散时间信号两种，根据时间和幅度的连续性分为模拟信号和数字信号两种。模拟信号在时间和幅度上都是连续的。数字信号在时间和幅度上都是离散的。

2. 信号分析

信号是信息的表现形式和传输载体，信号可以描述为一个或多个独立变量的函数。信号分析就是研究信号本身的特征，通常是将信号分解为若干简单分量的叠加，通过分析这些分量的组成情况，观察信号的特性。

信号分析的方法通常有两类：时域分析和频域分析。

时域是以时间为变量来描述信号或系统，将信号看作时间的函数，分析信号随时间的变化。信号在时域上可以通过波形直观地展示出来，通过在时域内对信号进行加减运算、滤波、放大、统计特性计算和相关性分析等，可以获得信号波形在不同时刻的相似性和关联性。

频域分析是把信号分解为不同的频率正弦信号的线性组合，从频率结构角度了解信号的特征。时域和频域之间通过傅里叶变换可以互相转换。根据傅里叶变换的理论，可以把任意一个信号（即使是非周期的信号）分解成很多不同频率、不同幅度的正弦信号的叠加。频域可以通过频谱直观地展示出来。频谱是频率谱密度的简称，是频率的分布曲线，代表一个信号不同频率的分量大小。

目前对于正弦信号的产生、传输、分离和变换技术已经很成熟，所以采用频域的信号分析方法相比经典的时域分析也有很多优势，可以进行更复杂的处理。

除了时域与频域之间转换的傅里叶变换外，还可以把信号转换到其他域进行分析，简化问题求解过程，例如，拉普拉斯变换是把信号从时域变换到复数域，将信号分解为不同频率复指数信号的线性组合；Z 变换可以将原来求解差分方程的问题转变为求解代数方程的问题；希尔伯特变换能够实现瞬时信号的提取；小波变换类似傅里叶变换，但变换后得到的信号兼具了时域和频域的信息，更加适合处理一些不稳定、有突变的信号。

3. 信号处理的分类

信号是由系统产生、发送、传输和接收的，系统就是能够完成某些特定功能的一个整体。在信号处理中，系统定义为对输入信号进行某种处理、实现某种功能的物理结构。通常将系统看作一个黑盒子，一端输入信号，经过各种信号处理方法，在另一端输出信号，使输入信号和输出信号满足一定的关系。

信息处理的方法取决于信号的类型及信号中信息的性质，信号处理一般可以分为模拟信号处理和数字信号处理两大类。模拟信号处理系统用的是模拟电路部件，处理的是模拟信号。数字信号处理系统用的是数字电路部件，处理的是数字信号。

5.1.2　数字信号处理

数字信号处理是利用计算机或专用数字处理设备，采用数值计算的方法对信号进行处理的一门学科。相比模拟信号处理方法，数字信号处理灵活性好、稳定性高、性能强大、抗干扰性强、处理精度高、安全性强和可集成性好。

1. 数字信号处理过程

数字信号处理的一般流程如图 5-1 所示，包括预处理、模-数转换、频谱分析、数字滤波、数-模转换和平滑滤波几个步骤。如果是直接对数字信号（如数字图像、数字视频等）进行处理，则不需要虚线框所示的部分。

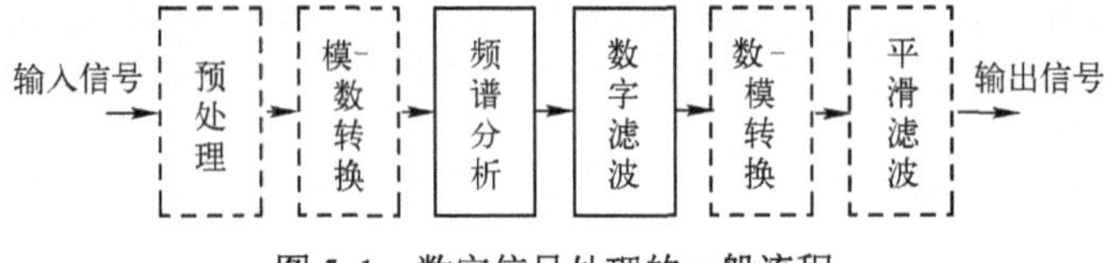

图 5-1　数字信号处理的一般流程

预处理主要是对输入的模拟信号进行滤波，去除其中无用的部分和噪声。数字信号处理并不是只能处理数字信号，实际生活中的很多信号源都是模拟信号，其预处理又称为数字信号的前端处理。

模-数转换是通过模-数转换器（Analog-to-Digital Converter，ADC）将模拟信号变换成数字信号，分为采样和量化编码两个过程。采样是将连续时间的信号变成时间上不连续的离散信号。量化编码器再将采样值变换成二进制编码。

频谱分析和数字滤波是数字信号处理的主要内容。频谱分析完成信号从时域向频域的转化，并对信号频谱进行分析。数字滤波使用一些专门的数字滤波器对信号进行加工处理。

信号处理完成后需要通过数-模转换器（Digital-to-Analog Converter，DAC）将数字信号转换回模拟信号，这是 ADC 的逆过程。

平滑滤波器使恢复的信号波形更加平滑。

2. 数字信号处理基本内容

数字信号处理涉及很多方面的理论和技术，其中频谱分析和滤波是数字信号处理最基本的内容。

频谱分析的关键就是分析信号所包含的各种频率分量及其构成特点、变换规律等。现代频谱分析基本都采用数字化分析方法，这些分析方法是基于离散傅里叶变换（Discrete Fourier Transform，DFT），尤其是快速傅里叶变换（Fast Fourier Transform，FFT）的。1965 年提出的 FFT 是对 DFT 的改进，可以用计算机进行高效的处理，被视为信号处理学科的开端。

当然，频域分析并不是数字信号处理的全部，只是应用最为广泛的分析方式。有的信号在频域上并不能很好地反映出其特征，如幅度不确定但有一定统计规律的随机信号等，这就需要用到相关计算、谱估计或小波分析等其他方式。

滤波是对信号的频谱进行处理，数字滤波本质上就是一种算法。数字滤波器可以将输入信号的部分频率成分或者频率范围进行压缩和放大，从而改变一个信号的频谱，可以形象地将其看作是一个频率的选择器。数字滤波器除了简单的频率选择外，还可以实现对信号更多的特殊滤波功能，如微分、希尔伯特变换和频谱校正等多种处理。数字滤波器的精度很高，因为它的工作方式与模拟滤波器完全不同，不依靠有误差的物理器件，而是通过寄存器、延时器、加法器和乘法器等数字运算器件对输入的数字信号进行运算和处理。

滤波器可以分为两大类：经典滤波器和现代滤波器。

经典滤波器假设输入信号中的有效信号和噪声是分布在不同频率范围内的，滤波时滤出噪声所在频率范围的成分即可，通常有高通滤波器、低通滤波器、带通滤波器和带阻滤波器等。

现代滤波器建立在随机信号处理的理论基础上，从统计学的角度，如自相关函数、互相关函数、自功率谱和互功率谱等，估计出有效信号和噪声信号，然后利用数字设备实现，主要包括维纳滤波器、卡尔曼滤波器和自适应滤波器等。

3. 数字信号处理的实现方法

有了理论基础及算法，数字信号处理学科还关注具体的实现方法。信号处理的实现主要包括以下 3 种方式：软件实现、专用硬件实现和软硬件结合实现。

软件实现是在通用计算机上编写程序来实现各种复杂的处理算法。软件实现简便易用，适用于处理速度要求较低的场合，现在已经有很多用于特定信号处理问题的函数库可供开发者使用。

专用硬件实现是采用加法器、乘法器和延时器等数字器件构成专用数字网络，或采用专用集成电路。其优点是处理速度快，缺点是一旦定型，就不再改动，只能实现某种专用的信号处理功能。

软硬件结合实现是依靠嵌入式微控制器或嵌入式数字信号处理器（Digital Signal Processor，DSP），配置相应的信号处理软件，实现工程中的各种信号处理功能。由于目前数字信号处理器已经有了相当高的处理性能，并且又可以在软件上灵活进行修改调整，所以这种实现方法集合了前两者的优点，在处理速度和灵活性中取得了较好平衡，得到了广泛应用。

5.1.3　数字信号处理应用实例

数字信号处理的应用相当广泛，在无线通信、声学与语音、图像处理、生物医学工程、军事应用、仪器仪表、自动化控制和航空航天等领域都有着重要的研究内容，具体应用时需要结合各个学科的专门知识进行研究与实现。

1．语音增强

语音增强技术是语音信号处理中的重要研究方向，由于环境噪声的干扰，语音信号中有效的语音信息总是会受到影响。在信噪比（信号和噪声的功率之比）很低的情况下甚至会使语音信息完全无法分辨。语音增强的核心问题就是如何分离语音信号和噪声。

噪声在不同的应用场合下有着不同的表现形式，降噪并没有一个通用的解决方案。如何找到某种噪声环境下的噪声特性，利用合适的数字信号处理算法降低噪声强度，是语音增强技术要研究的内容。

语音增强技术非常多，整体可以归纳为基于时域的方法、基于频域的方法，还有如小波变换、神经网络、听觉掩蔽和分形理论等技术的新方法。

基于频域的方法主要包括谱减法、维也纳滤波法、最小均方误差估计法、自适应滤波法和隐马尔克夫模型法等。其中谱减法是效果明显且运算量小、易实现的一种方法。其原理是假设噪声与语音信号是独立的，通过滤波的方式直接从带噪语音的功率中减去噪声的功率，得到较为纯净的语音信号。这种方法具有简单、快捷的优点，同时也有显著的缺陷，由于基于简单的假设，未能对语音信号频谱进行分析，在语音增强的同时也会引入新的噪声。与之相对的一种方法就是最小均方误差估计法，需要建立假设的语音信号概率分布模型，利用之前很短一段相邻时间的信息来估计当前的语音信号频谱，在此基础上进行语音增强效果会更好，但也带来了更大的计算量。

2．图像锐化

数字图像经过转换和传输后，一般会由于噪声、误差等因素出现模糊、偏色等问题，图像处理的基本目的就是改善图像的质量。图像处理中，输入的是质量低的图像，输出的是改善质量后的图像，常用的图像处理方法有图像增强、复原、编码和压缩等。

图像锐化就是一种常用的图像处理技术，用于解决图像模糊的问题，图像锐化并不能使原本模糊的图片变得清晰，而是利用了人的视觉特性，其基本方法是补偿图像轮廓、突出图像的边缘信息，以使图像在人眼看来显得更为清晰。

图像的锐化一般有两种方法：高通滤波法和微分法。

从频谱角度来分析，图像变化大的细节部分一般包含更多的高频分量，所以图像模糊实质是其高频分量被衰减，通过高通滤波的方式可以提取图像边缘，从而锐化图像。

微分法更为抽象一些，图像模糊可以看作图像受到平均运算或积分运算，使得图像过渡更加平滑。如果进行逆运算，如通过微分运算，增强图像中变化剧烈的边缘区域，减弱缓慢变化的其他区域，则能够突出图像边缘与细节，使图像看起来更加清晰。拉普拉斯锐化法就是常用的一种微分锐化法，它利用拉普拉斯算子对原图像进行运算，产生描述剧烈变化区域的图像，即图像边缘部分，再将该图像与原始图像叠加，就完成了锐化。

3．微弱信号前端处理

物联网中的很多应用领域需要对极其微弱的信号进行处理，如声呐信号、心电信号和震波信号等，这类信号处理的重点是提高信号的精确度，从而满足模-数转换的需求。

声呐是利用水下声波判断海洋中物体的存在、位置及类型的方法和设备。更广义地说，凡是利用水声能量进行观测或通信的系统，均称为声呐系统。声呐信号可以实现数十千米的远距离传播，声呐系统在海军船只上应用广泛，所以其研究也有着重要的军事意义。

声呐信号处理是水声信号处理领域中的重要部分，由于海洋中存在着潮汐、涌浪、湍流引起的压力波和压力脉动，还有地震、降雨和生物群体等因素，与此同时，海洋中分布着杂乱的散射体及不平的界面，发射出去的声呐信号也会被散射产生混响，因此海下通信面临复杂的噪声问题。

为了有效地提取有用的声呐信号，一般需要经过波束成形和后置积累两个步骤，从而实现声呐信号的最佳检测。

一部声呐要根据所接收到的水下声波判断有无目标，以及目标所在的方位，所以定向和定位的能力是非常重要的。仅有一个接收器是无法判断的，需要很多接收器组成基阵，最终经过处理获得某一个方向上的信号，这个过程称为波束成形。波束成形过程要经过加权、延时，以及对基阵中各个接收器收到的信号求和等运算。波束成形可以看作空间上对信号进行了增益。

后置积累是利用概率论的相关知识，进行噪声和声呐信号的分离，可以看作是在时间上进行增益。

心电信号恢复是心电图检查的基础。心脏在每次收缩之前，心肌细胞会产生很微小的生物电流信号，称为心电信号。心电图就是心电信号传导到体表后通过信号处理显示出的波形。心电信号具有一些特性：非常微弱，仅在毫伏量级；属于低频信号，最高频仅几千赫兹，主要集中在几百赫兹以下；干扰强，人体内的肌电信号和呼吸，以及人体外的其他串扰都会干扰心电信号；具有特征波形。

要获得有效的心电信号，必须经过降噪识别心电信号的特征点并进行放大处理来恢复原信号。根据心电信号波形的特征，差分阈值法、模板匹配法、小波变换法、神经网络法和数学形态学方法都可以有效地实现心电信号特征检测。

以小波变换法为例，利用小波变换法对心电信号进行检测，首先需要通过小波变换多分辨率分析进行降噪。多分辨率分析是小波变换中的重要内容，将信号区分出高频与低频成分，可以更好地针对心电信号中不同频率的噪声，尤其是很多高频噪声进行降噪，这是传统滤波方法很难做到的。同时小波变换可以解决心电信号的基线漂移问题，即固定信号的初始值，避免其因为噪声发生时间定向的缓慢变化而影响检测。

5.2 信号传输

通信的基本目的是把信息从一方传送给异地的另一方。最简单的通信系统模型如图 5-2

所示。信源和发送器构成源端系统（发送方）；信宿和接收器构成宿端系统（接收方）；信道由收、发器之间的传输系统构成，可以是单一的传输线路或是复杂的网络。

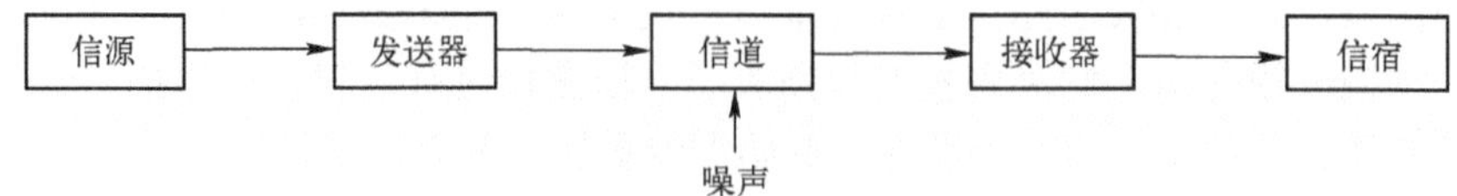

图 5-2 最简单的通信系统模型

信源设备传输数据时首先进行信源编码，使文字、图形、图像、语音和视频等转换成特定的二进制数据，以便数字设备能够进行传输、存储和处理。在传输过程中，应该对所传输的数据进行信道编码，使接收方能够检测出数据在传输中因噪声而导致的错误。利用数字传输技术时则需要对这些数据进行数字信号编码，利用模拟传输技术时则需要对这些数据进行调制。通信编码实例参见视频。通信编码之间的关系参见视频。

第 5 章通信编码实例 5.2 节 1

5.2.1 通信方式

第 5 章通信编码之间的关系 5.2 节 2

根据信号的传输方式，通信系统分为模拟通信系统和数字通信系统两种。模拟通信系统利用模拟信号传输数据，数字通信系统利用数字信号传输数据。目前，绝大多数为数字通信系统。

按照信道中信号的传输方向和同时性，通信方式又分为单工通信、半双工通信和全双工通信等几种类型。

单工通信只允许数据向一个方向传输，适用于广播通信，其典型例子是广播电视网络。单工通信中的信号只能固定向一个方向传送，不能反方向传送，因此利用广播电视网络访问互联网时，最重要的一个环节就是进行信道双向改造。

半双工通信具有双向传输信号的能力，但同一时间里，双方不能同时发送信号，只能轮流发送，其典型例子是对讲机通信。半双工通信只有一条传输信道，当数据传输方向改变时，需要进行信道的切换或争用，会消耗一定的时间。

全双工通信指双方可同时发送信号，同时接收信号。全双工通信的传输效率高，但需要两条信道。主干通信网络基本上都采用全双工通信方式。

衡量通信系统性能最重要的指标是数据传输速率，也称带宽。数据传输速率就是每秒传输的数据位数，单位是 bit/s（位/秒）。数据传输速率衡量的是信息量传输的快慢，也称为传信率。另一个与传输速率相关的概念是符号速率，用于衡量信号传输的快慢，单位是波特，表示每秒传输的码元个数。码元是信号波形的最小单位。

在网络中传输数据信号时，用户到网络方向的信道称为上行信道，网络到用户方向的信道称为下行信道。如果上、下行信道的数据传输速率一致，则称为对称通信。如果上、下行两个方向的数据传输速率不相同，则称为非对称通信。

5.2.2 信源编码

信源可以产生各种数据、音频和视频等信息。信源编码就是用特定的 0、1 位串代码来表示各种信息的一种技术。在通信系统中，通信双方必须采用相同的信源编码方案，双方可以事先约定，也可以在会话开始前的初始化过程中协商确定。

1．字符编码

字符编码就是将每一个字母、单字、数字和符号用二进制代码来表示，也称为通信代码或字符集。最初，不同的标准组织和国家定义了各自的二进制代码集，如美国的 ASCII 码、中国的 GB2312 汉字编码和统一码联盟的 Unicode 等。这些编码目前都已被纳入到了国际标准组织的 ISO 10646 编码体系中。

2．音频编码

音频编码对语音信号进行模/数转换，尽量去掉冗余信息，以减少存储空间和传输带宽。音频编码分为波形编码、参数编码和感知编码等几类，根据不同的质量等级，应用于数字电话、宽带语音、调频广播、高保真音频（Hi-Fi）和数字影院等场合。

波形编码是最简单也是应用最早的语音编码方法，其中最基本的一种称为脉冲编码调制（Pulse Coded Modulation，PCM）。PCM 是对模拟的连续语音信号进行抽样、量化和编码后，形成数字信号的一种编码方法。除了 PCM 外，属于波形编码的语音编码类型还有 CCITT-A 律、CCITT-μ律、DPCM、ADPCM 和ΔM 等。使用波形编码的标准有 ITU 的 G.711、G.721、G.726 和 G.727 等。目前电信网所有的信道结构都是基于 PCM 信号结构发展而来的。

参数编码根据人类发音模型，分析并提取语音信号的特征参数，只传送能够合成语音信息的参数，接收方根据特征参数重建语音波形。典型的参数编码有线性预测编码、码本激励线性预测编码（Codebook Excited Linear Prediction，CELP）等，采用参数编码的标准有 ITU-T G.728、G.729 和 G.723.1 等。GSM 移动通信网采用剩余激励线性预测编码/长期预测（RELP/LPT），采样频率为 8 kHz，13 位均匀量化，传输速率为 104 kbit/s。3G 移动通信网采用 AAC+、EAAC+等语音编码。

感知编码基于人耳感知模型对语音信号进行变换处理，属于变换编码，常用的变换算法有快速傅里叶变换（FFT）、离散余弦变换（MDCT）、调制重叠变换（MLT）和小波变换等。MPEG、杜比立体声 AC-3 和 AVS 等编码标准都属于音频感知编码。MP3 指的就是 MPEG-1 中的第 3 层音频压缩编码模式。

3．视频编码

视频信号由一幅幅活动的图像组成，视频编码首先对视频信号数字化，再去除冗余的信息，使每幅图像由一个个像素组成，每个像素由红、绿、蓝三色按不同比例混合形成各种彩色。像素的多少称为分辨率，用以表示图像的精密度。

目前世界上的视频编码有三大标准：ISO 的 MPEG 系列、ITU-T 的 H.26x 系列和中国的 AVS 系列。2009 年，ITU 将 AVS、H.264 和微软 VC-1 共同定为 IPTV（网络电视）国际标准中的三大视频编码格式标准。

5.2.3 信道编码

信道编码是一种具有检错或纠错能力的编码，也称为校验码或抗干扰码，它在信源编码的基础上按一定规律加入一些监督码元，以提高信息传输的可靠性。

信道编码根据编码的组织结构、编码的检错和纠错能力，以及编码的监督位与数据位之间的生成关系等可以分成以下不同的类型：检错码和纠错码，分组码和卷积码，线性码和非线性码，系统码和非系统码。

信道编码的实现方案有很多，最常见的是线性分组码，如奇偶校验码、传输网使用的比特交错奇偶校验码（Bit Interleaved Parity，BIP）、校验和及循环冗余校验（Cyclic Redundancy Check，CRC）码等。

奇偶校验码就是对字符增加一位监督位（称为奇偶位），使整个校验码 1 的个数为奇数或偶数。如果整个校验码中 1 的个数为奇数，则为奇校验；如果 1 的个数为偶数，则为偶校验。例如，如果数据为 11001101，则生成的奇校验码为 110011010，偶校验码为 110011011。

BIP 码利用奇偶校验码对数据块进行校验，分为 BIP-8、BIP-16 和 BIP-24 等几种，分别表示监督位为 8、16 和 24 位。电信网中的 SDH 传输网使用的就是 BIP 码。

校验和也称为检查和，它把数据块中的每一字节都按二进制加法求和，然后把所求得的和作为监督位。互联网的 TCP 和 IP 使用的校验方法就是校验和，不过进行了变通处理，方法是 16 位相加，循环进位，其和再取反。

CRC 基于二进制多项式除法，方法是用事先约定的一个生成多项式函数 $G(x)$去除 0、1 数据串，舍弃商，将余数作为监督位。在代数编码理论中，数据可表示为一个多项式，例如，1100101 表示为 $1 \cdot x^6+1 \cdot x^5+0 \cdot x^4+0 \cdot x^3+1 \cdot x^2+0 \cdot x+1$，即 $x^6+x^5+x^2+1$。CRC 码的所有运算都是模 2 运算。

5.2.4 信号编码

在数字传输中，可用一种信号波形状态来表示数字 1，用另一种波形状态表示数字 0。这种用不同信号波形及其波形组合表示数字 0、1 的方法称为数字信号编码。

数字信号波形就是用电压的高低、电流的有无或光信号的强弱来表示数据 1 和 0 所形成的信号波形图像。常见的数字信号编码波形有以下几种分类：单极性码波形和双极性码波形，归零码波形和不归零码波形，绝对码波形和相对码波形。

数字信号的编码方案有很多，如典型不归零码、典型归零码、曼彻斯特码、差分曼彻斯特码和传号交替反转码（AMI）等。当传输数据 1011001 时，它们的信号编码波形如图 5-3 所示。

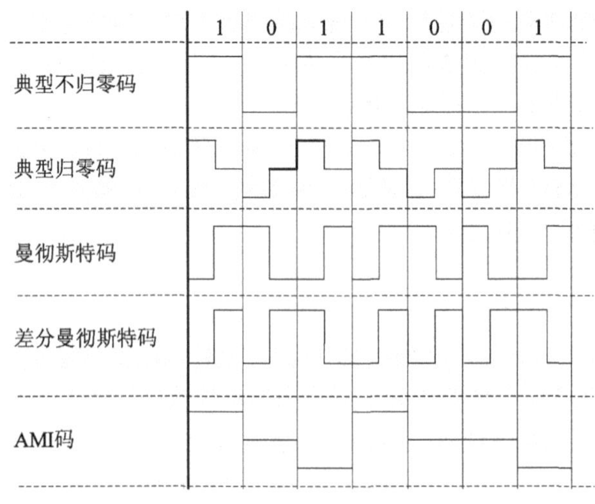

图 5-3　数字信号编码方案

光纤通信通常使用 *m*b*n*b 码，它是一种改进型的典型不归零码，把 *m* 位映射成 *n* 位后，再进行传输，例如，在 100 Mbit/s 光纤以太网上采用的就是 4b5b 码，其思想是把 4 位数据映射成 5 位数据，去掉连续的 5 个 0 或 5 个 1 等比特模式，从而保证在一定时间内电平会出现跳变，以便为接收方提供信号采样的时钟信息。

5.2.5 信号调制

当利用模拟信号进行数据传输时，必须使用模拟载波信号把数据调制到相应的模拟信道上。接收方收到载波信号后，再从被调制的载波中把数据提取出来，这个过程与调制相反，称为解调。完成上述调制和解调功能的设备称为调制解调器（Modem）。

载波是一种高频振荡的正弦波信号。任何载波信号都有 3 个特征参数：振幅、频率和相位。用调制信号对载波进行调制时，就是改变载波的振幅、频率或相位，使这种改变能反映所传输的数据。

如果信号源是模拟信号，则相应的调制技术就有调幅（AM）、调频（FM）和调相（PM）3 种。收音机的中波和短波广播就是 AM，调频广播是 FM。

如果信号源是数字信号，使用载波对 0、1 比特流进行调制时，有下列几种基本的调制技术：幅移键控（Amplitude Shift Keying，ASK）、频移键控（Frequency Shift Keying，FSK）、相移键控（Phase Shift Keying，PSK）和正交幅度调制（Quadrature Amplitude Modulation，QAM）。

ASK、FSK 和 PSK 都是用数据控制载波的相应参数，它们都是恒幅调制，即载波的振幅是不变的，其信号波形如图 5-4 所示。

QAM 同时调制载波的两个参数：振幅和相位。QAM 是一种多进制调制技术，数字电视使用的是 64QAM，一个符号（离散值对应的基本波形单位）能够表示 6 bit 数据。2G 移动通信网络使用的是高斯滤波最小频移键控（GMSK），3G 网络使用的是正交相移键控（QPSK），4G 网络使用的是多载波调制。

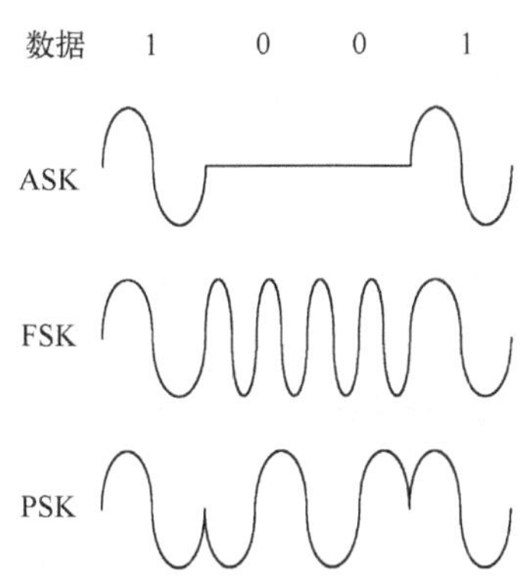

图 5-4 模拟传输的信号波形

5.2.6 多路复用

多路复用将各路低速信号合成为一路复用信号，并在一条公共通道上进行数据传输，当该信号到达接收端后，再对信号进行分离，分别送给对应的低速线路。多路复用提高了传输媒介的利用率，在大容量光纤、同轴电缆和微波链路的长途通信，以及广域网的主干连接等方面得到了广泛应用。

在公共通道上传输的各路信号需要按照一定的方法和规则区别开来，在公共通道上分割出各自的信道。根据信号或信道分割技术的不同，可将多路复用技术分为以下几类：频分多路复用（Frequency-division Multiplexing，FDM）、时分多路复用（Time Division Multiplexing，TDM）、波分多路复用（Wavelength Division Multiplexing，WDM）和码分多路复用（Code Division Multiplexing，CDM）等。

FDM 是按照信号的频率参量来分割信号的，将传输通道在频域上划分为若干个子信道，每条子信道传输一路信号，各信号在频谱上不重叠，接收端用滤波器将其分开。FDM 常用于模拟通信系统及基于原模拟通信系统进行数字化改造后的数字通信系统，如广播电台、无线广播电视、模拟有线电视、数字有线电视、电话线拨号上网和电话线 ADSL 上网等。

WDM 是按波长分割每路光信号，不同波长的多路光信号被合波器合并为一路信号，放在一根光纤上进行传送。该复合信号到达接收端后，再使用分波器将各路光信号分解出来。合波器和分波器可使用棱镜完成光源的合并与分离。WDM 技术主要应用于长距离传输系统，单根光纤的数据传输速率可以达到几十 Tbit/s。

TDM 是以时间作为信号分隔的参量，将公用通道的占用时间分为若干个小的时隙，每个时隙用于传输一路信号。时分多路复用可以分为同步时分复用和异步时分复用两种。同步时分复用将通信时间分成固定长度的帧，每一帧又分为若干个固定的时隙，每个时隙被固定分配给一个特定的支路信号，每次传输固定长度的数据。异步时分复用按照需要动态分配各路信号所需要的时隙，以避免每帧中出现空闲时隙。

CDM 利用相互正交的编码来区分各路信号，它为每路信号分配一个特定的码片序列，这些码片序列相互正交（或准正交），发送端用分配给它的码片对数据的 0 或 1 进行调制。例如，假设分配给某路信号的码片序列是 00011011，则发送 1 时，就发送 00011011，发送 0 时，就发送码片序列的反码 11100100。由此可见，CDM 发送数据所占的带宽远远大于原始数据所占带宽，这就是所谓的扩频技术。CDM 属于扩频通信中的直接序列扩频技术。3G 移动通信网采用的就是这种技术。

5.3 无线通信

物联网中的“物”与“网”往往是分离的，不适合有线通信，虽然无线通信在传输质量和传输速率等方面稍弱于有线通信，但由于其不受连线限制、组网迅速灵活的特点，使得无线通信技术在物联网中被广泛应用。无线通信与有线通信的基本原理和技术途径具有同一性，但由于无线信道的特殊性，无线通信系统与有线通信系统在系统构成和关键技术等方面有较大差别。无线通信系统的传输媒介可分为无线电波、光波和声波等，本节主要讨论无线电通信系统。

5.3.1 无线传输系统

一个简单的无线传输系统包括发信机、收信机和信道等元素，如图 5-5 所示。发信机对原始的低频模拟信号或数字信号进行处理，调制成高频信号，通过天线以无线电波的形式发射出去。信号在无线信道中经历各种衰落之后，到达接收端天线，由收信机对其进行放大、解调等处理后还原出原始信号或数据。

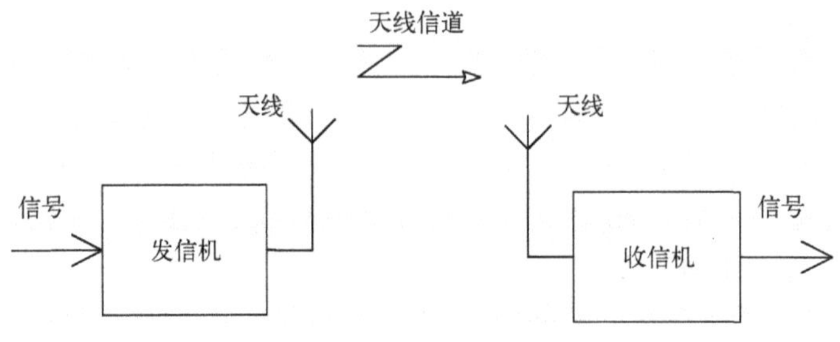

图 5-5　简单无线传输系统结构

收、发信机的作用主要是对信号进行调制解调处理。通常待传输的音频或视频等信号频率较低，不能直接通过天线发射出去，需要发信机里的调制器将低频信号调制到高频载波上来发送。现代无线通信系统多为数字通信系统，常用的数字调制技术有相移键控、频移键控和正交幅度调制等。与收信机相对应，收信机里的解调器负责从高频信号中解调出原始信号，恢复数字信息。实际的收、发信机构成非常复杂，除了调制器和解调器外，通常还包括低噪声滤波器、功率放大器、信号放大器、上/下变频器及均衡器等部分。

天线是收、发信机与无线信道的连接接口，对于无线传输系统的性能有重要影响。无线传输系统所使用的天线可以分为两类：基站天线和移动台天线。

基站天线对尺寸和造价的要求较为宽松，但是由于基站天线一般暴露在室外环境中，所以其机械强度要求较高。基站天线一般采用阵列天线。阵列天线是指由多个天线单元按一定规律排列在一起组成的天线系统，这里所谓的阵列并不是普通的排列，而是要达到预期的辐射特性要求。

移动台天线，顾名思义就是移动设备上的天线，如车载通信设备或智能手机的天线。移动台天线除了高性能、高效外，还必须具备尺寸小和坚固耐用的特性。以智能手机为例，其天线必须保证尺寸在一定范围内才能不影响手机外观，另外还必须保证在手机正常使用过程中天线不会被损坏，典型的设计是把手机边框设计成天线，将内置天线和外置天线结合使用。移动台天线有很多种，包括单极子和偶极子天线、微带天线、螺旋天线、平面倒 F 天线，以及辐射耦合双 L 型天线等。

信道根据传输参数是否变化，如时延、噪声功率和衰减等，可以分为恒参信道和变参信道两种。恒参信道并不是说其信道的传输参数是恒定不变的，而是相对而言其变化在一定条件下可以被忽略。变参信道就是指其传输参数变化较快，对传输信号的影响主要表现在信号衰减不稳定，以及存在传输时延和多径传输效应等现象。大部分无线信道属于典型的变参信道。

5.3.2 无线通信的频段与传播方式

无线电频谱资源是无线传输系统的重要资源。国际频率的划分是由 ITU 无线电行政大会确定，表 5-1 所示为无线电频谱分布情况。另外，根据《中华人民共和国无线电频率划分规定》，无线电频谱还包括特低频（ULF）、超低频（SLF）、极低频（ELF）和至低频（TLF）等频段。

表 5-1 无线电频谱的频段划分及其应用

频段名称	波段名称	频率范围	传播特性	主要应用
甚低频（VLF）	超长波	3～30 kHz	主要空间波	远距离通信；超远距离导航
低频（LF）	长波	30～300 kHz	主要地波	中距离通信；远距离导航
中频（MF）	中波	300 kHz～3 MHz	天波、地波	移动通信；中距离导航；商业 AM 广播
高频（HF）	短波	3～30 MHz	天波、地波	远距离短波通信
甚高频（VHF）	米波	30～300 MHz	空间波	移动通信；商业 FM 广播
特高频（UHF）	分米波	300 MHz～3 GHz	空间波	小容量微波中继通信；商业电视广播
超高频（SHF）	厘米波	3～30 GHz	空间波	大容量微波中继通信；数字通信；卫星通信
极高频（EHF）	毫米波	30～300 GHz	空间波	波导通信

电波频率越高，承载信息的能力越强，但波的穿透力和绕行能力也越低。不同频段的无线电波通常采取不同的传播方式，主要包括地波传播、天波传播、散射传播和视距传播 4 种。

地波传播方式适合中频及以下的较低频段的无线电波，这个频段的电磁波波长较长，所以其绕行能力强，能够绕过建筑物等障碍，沿地球表面进行传播。地波传播稳定性好且传播距离远。

天波传播方式适用于高频无线电波，其主要利用空中电离层对无线电波的反射来实现远距离通信。天波传播稳定性差，但是灵活性高、传播距离远。

散射传播主要适用于微波频段的无线电波，主要是利用物体对电磁波的散射，尤其是对流层的散射，对流层是指大气层中距离地面 8～18 km 范围内的部分。散射传播的通频带较宽且可靠性高，但是传输损耗大、受环境影响明显。

视距传播适用于各个频段的无线电波，就是指在可以相互“看见”的两个天线之间进行无线传输，所以其最大的缺点就是传输距离短，但是传输稳定性高、容量大。

5.3.3 无线传输的特征

无线传输系统性能主要受无线信道的制约。一方面，复杂的传播环境会在传输过程中对无线电波形成反射、散射和绕射，从而导致接收到的无线电波在强度、时间及频率上的失真。另一方面，同一区域范围内的无线信号之间也会相互干扰，使得通信质量降低。

无线电波在传输过程中主要受到 4 种传播效应的影响：阴影效应、多径效应、多普勒效应和远近效应。

阴影效应是指电磁波传输过程中遇到大型建筑物等物体阻挡，在接受区域形成类似“阴影”的半盲区，信号功率明显降低。

多径效应是指由于信道中障碍物和反射物的存在，致使发射的无线电波经过不同的路径到达收信机，它们的到达时间、幅度、相位和方向等因素都不同，在叠加的过程中会产生自干扰现象。

多普勒效应是指收、发信机进行高速的相对运动时，会引起接收信号频率的偏移，使载波偏离接收机滤波器中心频率，从而造成输出信号幅度下降。

远近效应是指当发信机的发射功率固定的情况下，移动的收信机收到的信号的强弱随收、发信机间距离的变化而变化，从而造成信号强弱的不平衡。

由于以上几种传播效应的存在，无线传输信号的失真主要表现为传播损耗、时间色散和频率色散 3 方面。

1．传播损耗

传播损耗是指无线信号的功率随传播距离和传播时间而降低。传播损耗包括路径损耗、阴影衰落和多径衰落。

路径损耗是宏观上的大尺度模型，指在传播过程中由于辐射扩散和无线信道特性等因素的影响造成的功率损失。信号损耗与空间距离能够建立联系，距离越远损耗越多，且认为距离一定时，损耗相同。

阴影衰落是在中等范围上建立的模型，指由于阴影效应产生的信号损耗。

多径衰落是小尺度模型，是由多径效应引起的，通常当距离在传输信号波长的范围内变化时，其接收信号强度就会发生很大的变化。

改善阴影衰落与多径衰落的技术之一就是分集技术。分集技术就是把接收到的不同路径上的信号进行分离，然后按照一定的规则进行合并，从而提高收信机的信噪比，降低误码率。改善多径衰落通常采用微分集技术，改善阴影衰落通常采用宏分集技术。

分集技术从方法上分通常包括空间分集、时间分集和频率分集。空间分集就是指在空间上把多个天线分开。时间分集是指接收不同时刻的信号。对于移动台来说，空间分集和时间分集可以相互转化。频率分集就是在不同的载频上传输相同的信号。

2. 时间色散

时间色散主要受多径效应的影响。由于发射信号经不同的路径到达接收端，多径信号到达的时间会有时间差，当这个差值较大时，会形成相邻符号间的相互干扰。这种现象称为时间色散。

时间色散也是影响无线传输效率的一个重要因素，其引起的符号间干扰（ISI）会严重影响数字信号的传输。从频域角度来看，ISI 的产生是由于传输函数在系统带宽内不为常数，那么解决办法就是再引入一个新的传输函数，使其与原本的传输函数的积是一个常数，这就对之前产生的失真进行了校正。均衡器的作用就是引入这个新的传输函数。均衡器包括线性和非线性两种，在实际应用中通常采用非线性均衡器。

3. 频率色散

频率色散主要受多普勒效应的影响，当存在多个频偏时，还会导致频谱的扩展，即多普勒扩展。对于像高铁、飞机这类高速移动载体，多普勒频移造成的载波频率抖动会对收信机的解调性能产生明显的影响。解决多普勒频移的基本思想是在接收端估计出频偏值，再用均衡或同步进行补偿。目前，克服多普勒频移的通用方法是采用分集技术。另外，差分解调也是一种很好的克服多普勒频移的方法。

5.4 光通信

光通信就是以光波为载波信号实现信息传输的通信方式。光波属于电磁波的范畴，包括紫外线、可见光和红外线 3 个波段，波长范围为 200～25000 nm。目前，光通信系统主要采用电磁波谱中的可见光或近红外区域的高频电磁波。

光通信按传输媒介分为有线光通信和无线光通信两种；按光源特性分为激光通信和非激光通信两种。有线光通信主要为光纤通信。无线激光通信包括大气激光通信、卫星间激光通信和蓝绿激光水下通信等。无线非激光通信包括红外线通信、紫外线通信和可见光通信。

5.4.1 光纤通信

光纤通信技术采用光导纤维（简称光纤）作为传输媒介实现光波传输，是目前核心网最主要的传输技术。点到点的光纤通信系统的基本构成如图 5-6 所示，主要包括光发射机、光纤信道和光接收机 3 部分。表示原始信息的模拟信号或数字信号，由发送端的光发射机转换成光信号，然后耦合进光纤中进行传输。接收端的光接收机负责将光纤送过来的微弱光信号放大并还原为电信号，再由电信号提取出原始信息送至信宿。

图 5-6　光纤通信系统的基本构成

1. 光纤

光纤是光信号的传输媒介，负责将光信号尽量无失真地从光发射机传输到光接收机。光纤是一种圆柱状导波组织，从内到外分为 3 层，依次为纤芯、包层和护套层。

纤芯和包层一般以高纯度的石英为基础材料，通过掺入不同的杂质，可以改变石英材料对光波的折射率，当纤芯的折射率大于包层的折射率时，光形成全反射，光纤便可以将光波约束在纤芯内传输，形成光纤的导光机制。

除了石英之外，还可以以塑料作为光纤的基础材料，塑料光纤的优点是可塑性好，成本低，缺点是损耗大，不适合长途传输。护套层起到防止光纤受到机械损伤的作用，对光波传输没有影响。

光纤的基本特征参数是色散和损耗。色散是指不同波长的光在媒介中的传播速度不同，使得光脉冲到达接收端会产生时延差，即光脉冲展宽，单位是 ns/km。损耗是光信号在光纤中传输时单位长度的衰减，单位是 dB/km。损耗会影响传输的中继距离，色散会影响传输速率。低损耗和低色散特性是光纤应具有的基本特性。

按光的传输模式，光纤可分为多模光纤和单模光纤。多模光纤纤芯较粗，主要包括 50 μm 和 62.5 μm 两种规格，可传输多种模式的光。单模光纤纤芯较细，直径一般小于 10 μm，只能传输一种模式的光。由于多模光纤的模间色散较大，目前通信网中已经很少使用，主要采用单模光纤。

光信号在长距离传输中会受到各种衰减，导致光信号越来越弱，同时受到光纤色散的影响，信号还会出现失真。这时需要对衰减和失真的光信号进行放大、整形后再进行传输。光纤通信中光中继器的形式主要包括两种，一种是光-电-光形式的中继器，另一种是在光信号上直接放大的光放大器。目前光-电-光式中继器由于结构复杂、成本高等原因已基本弃用。光纤通信系统中普遍采用全光中继的方式，目前广泛使用的光放大器有两类：半导体激光放大器和光纤放大器。光纤放大器又分为掺铒光纤放大器和拉曼光纤放大器。

2. 光源和光发射机

光发射机中的重要器件是半导体光源，主要包括半导体激光器（LD）和半导体发光二极管（LED）。LED 是基于自发辐射发光机理的发光器件，发光功率与注入电流几乎成正比，其优点是线性好、温度稳定、成本低，但功率小、谱线宽，只适用于短距离传输以降低成本。LD 是基于光的受激辐射放大机理的发光器件，当注入电流大于某一阈值时才发射激光束。发光功率大，谱线窄，可实现高速调制，主要用于长途高速传输系统。

光发射机对光源的调制方式主要包括直接调制和外调制两种方式。直接调制使用电信号直接调制半导体激光器或发光二极管的驱动电流，使输出光随电信号变化而实现调制。外调制将激光的产生和调制分开，用独立的调制器调制激光器的输出光。高速传输系统一般采用外调制技术。外调制器的插入损耗较大，输出的光信号一般都要经过掺铒光纤放大器放大以后再注入光纤中传输。

3．光检测器和光接收机

目前，通信终端都是电子设备，因而光接收机需要将光信号还原为电信号。光接收机中的重要器件是能够完成光/电转换的光检测器，目前主要采用 PIN 型光电二极管（PIN-PD）和雪崩光电二极管（APD）。二者都属于半导体光电二极管，其检测原理都是基于半导体 PN 结的光电效应，即半导体 PN 结区的电子吸收光子能量跃迁至导带，形成电子-空穴对，在外加反向电压的作用下，在外电路形成光生电流。

光检测器产生的光生电流很小，而且信号在传输过程中由于色散和噪声的影响，会产生畸变，光接收机需要对光检测器产生的电流进行放大，判决再生处理。光接收机的性能主要由接收灵敏度来衡量，接收灵敏度是指在给定的信噪比（模拟系统）或误码率（数字系统）指标下，光接收机可以接受的最小接收光功率。

4．无源光器件

光纤通信系统中，除了光纤、光发射机和光接收机外，还需要大量的无源光器件。无源光器件不与光信号直接交换能量，而是对光信号实施空间域、时间域和相位频率域的控制和处理。之前提到的光源、光中继器、光放大器和光电检测器属于有源光器件。无源光器件包括光纤连接器、光纤定向耦合器、光调制器、光开关、光隔离器、波分复用器和解复用器等。

光纤连接器用于承担光纤之间，以及光纤与光器件之间的连接功能，分为固定接头连接器和活动连接器。固定接头由专业人员用熔接的方式实现，一般光缆之间的连接采用熔接方式。光收发机与光纤之间的连接多采用活动连接器。光纤活动连接器一般采用高精密组件（两个插针和一个套筒）将光纤的两个端面精密地对接起来，最大限度地减小光信号在断面处的功率损耗（即插入损耗）和反射。常见的连接头结构类型有圆形带螺纹光纤接头（FC 型）、卡接式圆形光纤接头（ST 型）和方形光纤接头（SC 型）。

光纤定向耦合器的基本功能是重新分配光信号的功率，实现光信号的分路或合路。光纤定向耦合器的原理基于光波导的耦合理论。当两个光纤平行靠近时，一根光纤中传输的光信号的电磁场会使另一根光纤中的电磁场受到激励，产生光耦合效应。通过调节光纤之间的间距和耦合长度，可以控制两根光纤输出端光信号的功率比例。定向耦合器有多种形态，最基本的是四端口定向耦合器，由两根光纤熔融而成。在光分配网络中还会用到多端口定向耦合器，包括树形耦合器（$1\times N$）和星形耦合器（$N\times N$）。

光调制器用于在光发射机中对光源进行外调制。光源在恒定电流激励下发射连续光波，由光调制器将电信号加载到光载波上。光调制器主要包括 4 类：电光调制器、磁光调制器、电吸收调制器和声光调制器。其中现代光纤系统中最常用的是电光调制器和电吸收调制器。电光调制器是基于 Pocket 效应的器件，最常用、最成熟的是马赫-曾德尔干涉调制器，已应用在 40 Gbit/s 的 WDM 传输系统。晶体的折射率随外加在其上的电压的变化而变化的现象，称为电光效应。当这种变化呈现出线性规律时，称为线性电光效应，即 Pocket 效应。而电吸收调制器基于 Franz-Keldysh 效应，当在半导体结上外加反向偏置电压时，可以引起半导体结的带隙能量的减少。当光子通过半导体时，能量高于带隙能量的光子会被吸收。因此如果外加反向电压是信号电压，就可以实现将电信号调制到光载波上。电吸收调制器体积小，驱动电压低，可以与激光器等其他光器件集成在一起，目前其综合性能可以满足 40 Gbit/s 及更高速率的调制应用。

光开关用于光纤通信技术中光路的切换，主要包括机械式和波导式两类。机械光开关一般由活动臂和固定臂组成，各连接有输入和输出光纤，利用电磁铁驱动活动臂与不同的固定臂对准，可以将输入光信号切换到不同的输出线路。机械式开关的优点是插入损耗低（典型值 0.5 dB，最大值 1.2 dB），技术上容易实现。但响应速度慢，不适合需要高速切换的应用领域。波导式光开关利用定向耦合器的原理，由两条（或多条）条光波导形成定向耦合器，通过外加调制电压控制光功率在两个输出波导间的通断，可以实现高速的光路切换，但插入损耗相对较大，可达几 dB。

光隔离器是一种只允许单向光通过的无源光器件，用于阻止来自连接器、熔接点或滤波器等处的反射光。半导体激光器及光放大器等对这些反射光非常敏感，会严重影响性能。

光波分复用器和解复用器是实现波分复用的关键，也称为合波器和分波器。合波器用于在发送端将多个波长不同的光载波合成一路，分波器用于在接收端将多路复用的光信号按波长分离送入不同的接收器。由于光的可逆性，从原理上来讲，分波器反过来用就是合波器，但分波器对波长的选择性要求严格。按分光原理的不同，合波器和分波器分为角色散型和干涉型两种。角色散型利用棱镜或衍射光栅等将输入光信号中不同波长的光信号以不同的角度射出，然后经透镜汇聚到不同的输出光纤中。干涉型样式众多，常用的有干涉膜滤波器型、马赫-曾德尔干涉滤波型和阵列波导光栅型，后两种器件性能优越，便于集成，使用较为广泛。

5.4.2 无线激光通信

无线激光通信是指利用激光束作为载波在陆地、水下或外太空直接进行数据信息双向传输的一种技术，又称为“自由空间激光传输”。相比已经发展成熟的光纤通信和微波通信，无线激光通信结合了二者的优点，通信容量大，部署方便，但是激光光束只能直线传播，不能够跨越复杂地形，所以一般只能用于近距离通信或太空通信。无线激光通信系统主要包括大气激光通信、蓝绿激光水下通信和卫星间激光通信。

1. 无线激光通信关键技术

在无线激光通信系统中，为了实现光信号的传输，除了基本的光发送机和光接收机外，还必须有复杂的光学系统，包括光准直系统、光学天线，以及用于光束自动瞄准、捕获和跟踪（Pointing，Acquisition，Tracking，PAT）的系统等。

光准直系统用于将半导体激光器发出的光束高质量、高效率地输送到光学天线的馈源上。半导体激光器发出的光束具有发散性和不对称性，不适合光学天线的发送。通过光准直系统的整形，可以有效压缩光束的发散角，并将光束的椭圆光斑变为圆对称光斑。

光学天线与电磁天线不同，通常由各种透镜、棱镜和平面镜组成，在无线光通信中负责发送和接收光信号。光学天线在发送端压缩光束发散角，在接收端增大接收面积，以共同减小光束发散损耗，降低对光源发射功率的要求。光学天线通常有折射式光学天线、反射式光学天线和折反射组合式天线 3 种结构形式。其中，折射式光学天线和反射式光学天线较为常用。折射式光学天线利用一组透镜实现对光束的扩束和聚集功能，基础结构分为开普勒型和伽利略型两种。折射式光学天线成本较低，容易设计，且结构稳固，常用于大气激光通信系统。反射式光学天线分为单反射面天线和双反射面天线，其中双反射面天线最为常用。双反射面天线由主、副两个反射面组成，主反射面一般为旋转抛物面，根据副反射面曲面的不同又分为牛顿式、格雷果里式和卡塞格伦式。反射式光学天线比折射式光学天线在重量、像差及加工装配难度方面更具优势，多应用于卫星间激光通信系统。

PAT 系统主要应用于卫星间激光通信系统，以随时保持通信双方光学天线的精确对准。PAT 系统主要由 5 个功能单元组成：信标光源、开环瞄准功能单元、捕获功能单元、跟踪子系统和光束方向驱动子系统。信标光源为捕获功能提供光信标，信号光源功率大，发出的光束发散角大，比信号光束更易于捕获。开环瞄准功能单元可以根据星历计算出通信双方的相对位置以实现光束的初步对准，也称粗对准。捕获功能单元在完成粗对准的基础上，通过通信双方的交互实现闭环方式的精细对准。跟踪子系统在完成精细对准后，用于保持对准状态，维持正常的通信质量。光束方向驱动子系统为其他功能单元提供光学天线方向变化的控制。

2. 大气激光通信

大气激光通信系统具有高带宽、部署迅速和成本较低等特点，可应用于从骨干网到接入网的所有传输层面，尤其在城市密集区的短距离接入网方面有很大的优势。当存在难以逾越的布线障碍时，或者在一些不易布线的场所，如古建筑、工厂车间等，采用大气激光通信技术可以大大降低施工难度。同时，大气激光通信系统还可以用于建立临时或应急通信，如在会场、展览会等场所建立临时线路用于现场通信，以及通信线路遭到意外破坏难以立即恢复时用于应急通信。除此之外，无线激光通信所用的光束很窄，定向性好，不易捕获，适用于军事领域的保密通信。

影响大气激光通信传输质量的因素包括建筑物摆动、大气效应及传输距离等。为了减小传输过程中的功率损耗，无线激光通信所用的光束很窄。风力作用下高层建筑物会发生摆动，会影响安装在建筑物顶部的收发机的对准。恶劣的天气如雨、雪、雾等会增加空气中的散射粒子，使光线产生偏差，同时这些粒子还会吸收激光的能量，造成信号功率衰减。大风和大气温度的梯度变化会造成大气密度的随机变化，导致大气折射率的变化，造成大气中传输光束的不稳定。另外，激光光束会随着传输距离的增大而变宽，传输距离越远，接收到的光信号质量越差。

3. 蓝绿激光水下通信

由于电磁波在水中传播的衰减严重，因此水下通信主要依赖低频声波，但声波通信的速率较低，最高能达到 1～20 kbit/s。由于海水在 0.45～0.55 μm 的蓝绿波段存在低损耗窗口，蓝绿激光可以穿透水下约 300 m 的距离，通信速率可以达到 100 Mbit/s 量级，因此蓝绿激光水下通信技术在水下通信、探测和传感等领域有着广阔的空间。

相比大气信道，激光在水下信道的传输环境更为复杂恶劣。海水瑞利散射、悬浮颗粒的米氏散射，以及温度、盐度变化和水的扰动而产生的湍流导致的折射率变化，会导致激光束波前相位和强度的随机变化。除此之外，水下信道的多途效应会造成合成信号的波形失真，加剧码间串扰。粗略估计，光在海中传输 1 m 所受的影响，相当于在空气中传输 1000 m 的等效距离。

4. 卫星间激光通信

当前卫星通信主要借助微波通信，微波通信受载波频率的限制，单通道传输速度仅在 Mbit/s 量级，已逐渐无法满足卫星通信日益增长的带宽需求。同时，随着通信卫星数目的增长，微波频段的频率资源紧缺的问题会越来越严重。在卫星通信的诸多链路中，星间通信链路是主干链路，卫星间建立激光通信链路既能够大幅提高卫星通信的容量，也可以彻底解决微波频段频率资源紧缺的问题。

与微波通信不同，激光光束窄、链路距离长的特点要求星间激光通信系统具有极高的对准精度。因此高精度的捕获、瞄准和跟踪技术是保证实现卫星间远距离激光通信的核心技术。在链路的建立过程中，先在较大的视场范围内捕获目标，捕获完成后对目标进行瞄准和实时跟踪，卫星间激光通信系统进入稳定跟踪阶段后即可进行大容量的可靠通信。如何在星间相对运动、卫星平台振动和系统机械噪声等因素的影响下，实现链路的快速捕获和高精度、高稳定的瞄准跟踪，一直是卫星间激光通信的难点和重点。

5.4.3　可见光通信

可见光通信（Visible Light Communication，VLC）技术是一种利用白光 LED 为信号发射源，以可见光为传输载体进行高速数据通信的技术。可见光是指日常生活中随处可见的照明灯、信号灯和显示屏等光源发出的光，波长为 380～780 nm。白光 LED 因其高亮度、低功耗及寿命长等优点在照明市场取得了广泛应用，又由于白光 LED 具有高速的开关响应速度，使得将数据加载到可见光上进行传输成为可能。在可见光通信系统中，LED 灯通常兼具照明和通信的双重功能。近年来，采用 VLC 的 LiFi 组网技术成为研究重点。

1．可见光通信的基本原理及关键技术

可见光通信系统的基本组成如图 5-7 所示，主要包括信号发送和接收两部分。在发送端，由编码器编码的数据经调制电路转换为调制信号，调制信号再经驱动电路产生驱动电流驱动 LED 光源发送光信号。在接收端，由光敏元件组成的光传感器可以捕捉可见光信号并将其转换为电信号，最终经解调电路和解码器获得相应的数据。

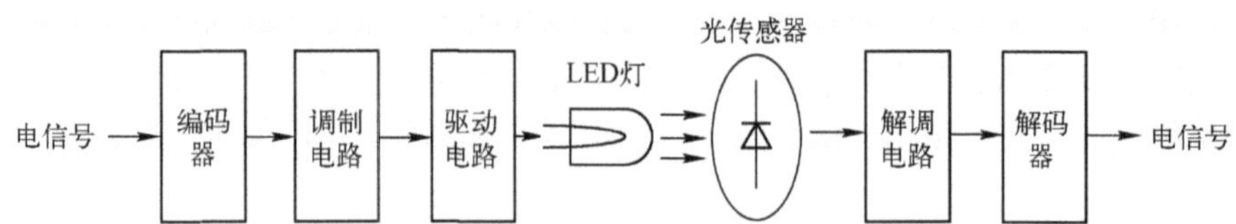

图 5-7　可见光通信系统的基本组成

由于 LED 光源的频谱不纯、中心频率也不稳定，不适合调频和调相的调制方式。为了节约成本和降低电路的实现复杂度，可见光通信系统一般采用强度调制的方法，即通过控制光源的激励电流，使输出的光信号的强度随信号“0”和“1”的变化而变化。由于 LED 的闪烁速度非常高，人眼完全感受不到光照强度的变化，不会影响正常的照明功能。

可见光通信的关键技术主要包括光源的设计开发、码间干扰克服技术和反向信道的建立等。

商用白光 LED 的设计初衷是为了照明，调制带宽有限，只有约 3～50 MHz，不能满足高速数据通信的要求，因此需要开发具有更高调制带宽的 LED 光源。另外，单个 LED 的发光强度较小，为同时满足照明和通信的功能，实际系统中通常采用多个 LED 组成的阵列作为光源。

为了防止出现光信号覆盖不到的盲区和物体遮挡形成的阴影，室内可见光通信系统通常采用多个 LED 光源。由于光源安装位置的不同，以及墙面的反射、折射和散射造成的多径效应，不可避免地会产生码间干扰，而采用自适应均衡技术、分集接收技术和正交频分复用技术可以有效降低码间干扰。同时，合理安排光源的布局也十分重要。

目前可见光通信系统多为单向传输的广播系统，要想真正实现可见光通信上网，需要建立双向信道。反向信道建立的难点在于上行链路和下行链路的隔离，可以采用波分复用或分时双工的方法，即通过不同的波长或者分时通信来实现链路的隔离。另外，还可以在上行线路中使用无线电技术，实现小容量的上行链路。

2. 可见光通信的优势及在物联网中的应用

可见光通信具有传输数据率高、保密性强和无电磁干扰等优点。可见光的频谱宽度是无线电频谱的 1 万倍，理论传输速率远大于无线电通信。目前可见光实时通信速率已经可以达到 50 Gbit/s。可见光沿直线传播，无法穿越墙壁等障碍物，使得室内信息不会外漏，可以避免 Wi-Fi 网络中的蹭网或恶意监听等现象。另外，由于不使用无线电波通信，可见光通信还可以应用在一些对电磁信号敏感的场所，如飞机、医疗场所和军事基地等。

在物联网领域，可见光通信可以有很多的创新应用。在智能交通系统中，可以利用汽车的 LED 头灯和尾灯来传递信息，防止意外发生。例如，当前车紧急刹车时，后车可以及时接收到刹车信息自动减速刹车。或者，当车辆行驶速度超出当前路段要求时，由路灯向车辆发出警示信息。在智能家居系统中，用户可以通过手机控制手机闪光灯向智能家用设备发送控制信息，或者利用改装后的照明灯实现家用电器的联网和自动控制。

5.5 新型通信技术

近年来，一些新型通信技术引起关注或被应用到通信网络中，如大规模多入多出（Multiple-Input Multiple-Output，MIMO）技术、正交频分复用（Orthogonal Frequency Division Multiplexing，OFDM）技术、30～300 GHz 高频通信技术、认知无线电技术和硅光子技术等。

MIMO 技术是指在通信系统的发送端和接收端都采用多根天线的信号处理技术，大规模 MIMO 会在基站采用几百甚至上千个天线。采用 MIMO 天线阵列能在不增加带宽和发射功率的情况下，成倍地提高无线通信的质量和数据速率。

OFDM 属于多载波调制的一种，其主要思想是在频域内将给定信道分成许多正交子信道，在每个子信道上使用一个子载波进行调制，并且各子载波并行传输。

认知无线电技术能感知外界环境，使用人工智能技术从环境中学习，通过实时改变某些操作参数，如工作频率、调制方式、发射功率和通信协议等，使其内部状态适应接收到的无线信号的统计性变化，以便有效利用频谱资源。

硅光子技术利用 CMOS 微电子工艺集成制备光子器件，这种技术结合了集成电路技术的超大规模逻辑、超高精度制造的特性和光子技术超高速率、超低功耗的优势，是解决技术演进与成本之间矛盾的颠覆性技术。

下面主要从量子通信、深空通信和绿色通信 3 个方面介绍目前通信技术的发展和应用热点。

5.5.1 量子通信

量子通信是近 20 年发展起来的新型交叉学科，是量子论和信息论结合的新的研究领域，它是指利用量子纠缠效应进行信息传递的一种通信方式，目前主要应用于信息安全通信。

量子通信传输的不再是经典信息而是量子态携带的量子信息。利用微观粒子的状态表示的信息称为量子信息。在经典信息理论中，最小的信息单元是比特（bit)，而在量子信息理论中，最小的信息单元称为量子比特（qubit)。经典信息比特只能取值为 0 或 1，而一个量子比特是一个双态量子系统，或者说是一个二维矢量，物理上对应于光子的两种不同的极化、均匀电磁场中核自旋的取向、电子的自旋方向或者电子的能级（基态和激发态）等。一个经典比特只能处于两个特定态中的一个，一个量子比特可以处于无限多个特定态中的一个。

量子通信系统可以传输经典信息，如量子密钥分发，也可以传输量子信息，如量子隐形传态等。

量子密钥分发是利用量子的不可克隆性质和坍缩原理生成量子密码，这个密码是二进制形式的，可以给经典的二进制信息加密。不可克隆定理就是一个未知的量子态是无法被精确克隆的。测量坍缩原理就是对量子态进行测量会不可避免地使该量子态塌缩（变化）到某一个本征态上，这意味着对量子态进行测量都会留下痕迹。

光子是一种典型的量子，光子具有偏振特性，可以通过滤镜滤掉或只放过某个偏振方向上的光，如两种典型的偏振角度，即＋型滤镜和×型滤镜，无论探测到的是哪种方向的光子，横竖方向可以规定横为 0，竖为 1，倾斜方向规定左斜为 0，右斜为 1，现在的技术可以做到随机切换滤镜摆放角度，量子密钥分发就是利用这一特性生成密钥。首先发送方先用自己随机生成的滤镜模式序列测量光子发生器所发出的光子序列，光子被测量并立刻随机地坍缩为确定的某种偏振形式，然后将光子序列传送给接收方，接收方又按照自己随机产生的偏振模式序列也可测得一组二进制数字序列，之后，双方分别把各自的滤镜模式序列告知对方（可以公开），双方将两组序列按照序号依次比对，两组偏振＋或×序列应该有约 50%是相同的，这些相同偏振滤镜所测得的数据双方应该保证相同，要么都为 0，要么都为 1，这组 0 和 1 组成的序列就可以完成双方之间的通信。正是这种随机性保证了量子信息传输的安全。

量子隐形传态是指利用光子等基本粒子的量子纠缠效应来实现保密通信。量子纠缠效应是指相互纠缠的两个粒子无论相距多远，一个粒子状态的变化会瞬时使得另一个粒子状态发生相应的变化。

量子隐形传态就是利用量子纠缠效应将甲地的某一粒子的未知量子态，在乙地的另一粒子上还原出来，可以实现不发送任何量子比特而把量子比特的未知态发送出去。2016 年，我国发射量子通信实验卫星“墨子号”进行了远距离量子隐形传态通信，比目前地面最远的实验（143 km）整整提高了一个数量级。

通信双方首先分享一对纠缠粒子 A 和 B，发送方希望发送一个未知量子态（粒子 C）给接收方。现在发送方对前 A 和 C 两个量子比特进行一次测量，等概率坍缩到 4 个叠加态之一，并给出发送方拥有的 A 和 C 量子比特的态信息。然后发送方将测量结果通过经典信道告诉接收方，接收方就可以通过发送方传来的经典信息对自己的粒子 B 进行对应的逆转变换，得到 C 的量子态。发送方的态也因测量坍缩而消失，并不违反未知量子态不可克隆原理。

由此可见，相比于经典数字通信系统，量子通信系统除了量子信源、量子信道和量子信宿 3 个主要部分外，通常还有辅助信道，用于经典信息的传输是指除了量子传输信道以外的附加信道，主要用于密钥协商。另外，量子通信系统还包括量子编码器、量子调制器、量子解调器和量子译码器等设备，如图 5-8 所示。

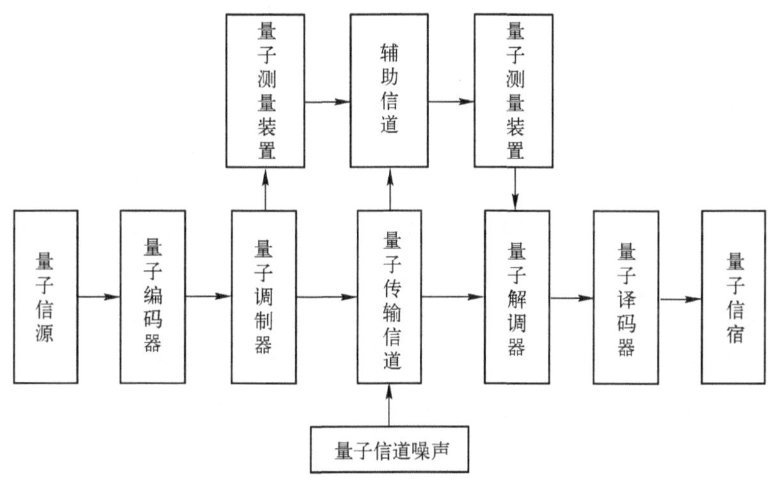

图 5-8　量子通信系统模型

量子信源将要发送的信息转化为量子比特流发送出去。量子编码器通过对量子比特流进行编码、数据压缩或增加纠错码以对抗噪声。量子调制器的作用是调制量子信号以匹配量子信道特性，使其适合在量子信道中传输。量子解调器通过对量子信号进行解调，获得调制前的量子信息。量子传输信道的作用是传输量子比特流。量子测量装置对量子态进行测量，以获取所包含的信息。辅助信道是经典信道，如卫星网络、光纤网络等，通过经典信道和量子信道共同传送信息来获取原量子态所携带的信息。另外，在进行量子密钥分发时，通信双方相互告知自己的测量序列并进行比对的过程，也是通过辅助信道完成的。量子信道噪声是指外界环境对量子信号的干扰。量子译码器是将传输的量子比特流转化为经典信息，以便信宿接收。量子信宿用来接收来自量子信源的信息。

5.5.2　深空通信

深空通信属于空间通信或称宇宙通信，主要用于指令、跟踪和遥测信息的传输，前两者负责地面站对航天器的引导和控制，后者获得航天器所获得的宇宙信息。

根据 ITU 的定义，空间通信分为近空通信和深空通信两种。近空通信一般指地面站与地球轨道上的卫星、载人飞船等各类航天器之间的通信，其空间范围未脱离地球引力场空间，与地球的距离小于 $2×10^6$ km。深空通信一般指地面站与脱离地球轨道的探测器等各类航天器之间的通信，其空间范围脱离了地球引力场空间，与地球的距离大于或等于 $2×10^6$ km。

典型的深空通信系统由空间段和地面段两部分组成。空间段包括飞行数据子系统、指令子系统、调制解调子系统、射频子系统和天线等。地面段包括计算和控制中心、测控设备、深空通信收发设备和天线等。

深空通信的主要特点有距离遥远、信号弱、链路误码率高、通信时延大、前向和反向链路带宽不对称、通信设施受限，以及数据量大等。不同的深空探测任务使用不同的通信参数，采用不同的网络技术。

深空通信距离遥远，衰减大，信噪比低，误码率高，需要通过差错控制或其他技术来确保通信数据的可靠性。距离遥远会造成通信时延巨大，并且由于星体的自转和公转，通信时延也会发生变化，且存在间断的可能。地面站与深空探测器之间通常采用无中继的方式进行通信，必要时也会采用中继的方式来延长通信距离。

深空环境中的下行链路带宽通常大于上行链路带宽。对于控制指令的传输来说，主要使用 X 频段（8～12 GHz）和 S 频段（2～4 GHz），最大上行链路速率为 256 kbit/s，最小上行链路速率为 7.8 bit/s。对于遥测任务，使用 S、X 和 Ka 频段（27～40 GHz）进行通信，最大下行链路速率为 6 Mbit/s，下行链路近地通信的最大链路速率可达 125 Mbit/s，最小则为 10 bit/s。

深空条件复杂，受尺寸、成本和质量等因素的限制，深空探测器通常利用太阳能为深空探测器提供能量支持，发射信号的功率有限，接收信号的功率微弱。

深空探测器获得的大量数据，通常以文件的形式传输给地面站。利用固态海量存储器的特性和恰当的文件传输协议，可以确保数据传输的准确性。

研究和制定深空通信标准的机构主要包括空间数据系统咨询委员会（The Consultative Committee for Space Data Systems，CCSDS）、ITU、空间频率协调组（Space Frequency Coordination Group，SFCG）和美国航天局（National Aeronautics and Space Administration，NASA）等。CCSDS 的目标是致力于宇航领域中的通信协议和数据系统标准的发展，如深空网络文件传递协议（CCSDS File Delivery Protocol，CFDP）。NASA 则定义了 3 类不同的跟踪网络来支持不同的空间任务：深空网络（Deep Space Network，DSN）、近地网络（Near Earth Network，NEN）和空间网络（Space Network，SN）。

5.5.3 绿色通信

绿色通信是指通过各种节能减排手段打造高效、低耗、无污、可回收的环境友好型通信产业链，最终实现通信产业及人类社会的可持续发展。

第 5 章绿色 ICT 5.5.3 节

通信行业的能耗主要集中在数据中心、网络传输和基站 3 个方面，可通过采用新能源、高集成度芯片、高效率电源模块、智能风扇、液体制冷、智能流量聚合、硬件休眠和新型材料等技术来降低能耗。参见视频。

数据中心需要越来越多的电力、冷却和占地面积来容纳服务器、存储器和网络部件。以美国为例，美国数据中心的电力消耗为美国电力总消耗量的 3%左右。数据中心的绿色问题如图 5-9 所示，这些问题包括以下几个方面：发电导致的温室气体排放；IT 设备的冷却；占地面积的有效使用；不间断电源（UPS）的供电、备电系统、发电、输电、电力成本和供需关系；有害物质、废弃电器和电子设备的处理和回收利用。

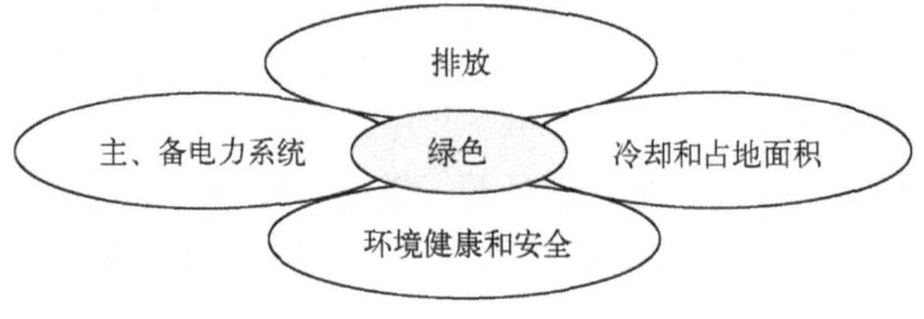

图 5-9　数据中心的绿色问题

数据中心的能效使用电源使用效率（Power Usage Effectivenes，PUE）来评价。PUE 是数据中心总设备能耗与 IT 设备能耗之比，基准是 2，越接近 1，表明一个数据中心的能效水平越好，绿色化程度越高。目前小型数据中心的 PUE 在 2 左右，大型数据中心的 PUE 在 1.5 左右。

网络传输和接入设备的利用率是衡量其能效的一个很重要的方面，例如，我国近年来大量建设的 PON 设备开通率低于 40%。为了通信网络的可靠和可扩展性，在建设网络尤其是电信网时都会部署一些冗余设备，这一方面形成了所谓的“电信级网络”的高品质，另一方面也造成大量的诸如“暗光纤”等现象的存在。

基站能耗是移动通信网的耗能大户，例如，中国移动通信公司 2012 年的基站总数为 107 万个，整个移动网络的能耗接近 150 亿 kW 时，基站能耗占了 50%以上。

目前对于 5G 网络基站能耗的研究多为提高能效和降低干扰，最常用的手段有基站休眠、智能载波调整和动态调压技术等。

基站休眠是当基站的覆盖范围内没有用户需要服务时，基站可以进入休眠模式。基站交替性地处于休眠与探测状态。在休眠状态中，基站的空口不可用，以减少不必要的功率损耗。在探测状态中，基站会探测在自己的覆盖区域内是否有激活用户出现，若有需要提供服务的用户，基站进入激活状态与用户取得连接。

智能载波调整技术能够根据基站业务量的变化动态调整基站输出的载波数，适时关闭非工作载波，减小非工作载波的控制信道的功率开销。

动态调压技术主要通过跟踪负载的变化，采用分级可变电压，对功放供电电源进行智能控制。

在绿色通信中引入合同能源管理机制是大势所趋。合同能源管理是一种节能投资方式，它可以用所减少的能源费用支付节能项目的全部投资。实行合同能源管理可以大大降低用能单位节能改造的资金和技术风险，充分调动用能单位节能改造的积极性。这种奖励机制有时比单纯地推进技术改造更为行之有效。

习题

1．通信与物联网的关系是什么？

2．请举出 3 个日常生活中信号的例子。

3．数字信号处理与模拟信号处理相比，有什么优势？

4．有哪些数字信号处理的应用？分别应用在哪些领域？

5．什么是模拟通信？什么是数字通信？利用实例加以说明。

6．信源编码、信道编码和信号编码有什么区别？

7．物联网领域的无线传输技术有哪几种？并简述其特点。

8．无线电波有几种传播方式？简要介绍其原理。

9．无线信道有哪几种传输效应？会产生哪些问题？如何解决这些效应产生的问题？

10．光纤通信的优势有哪些？

11．常用的无源光器件有哪些？

12．无线激光通信技术按传输媒介可以分为哪几类？影响大气激光通信传输质量的因素有哪些？

13．VLC 与 LiFi 的关系是什么？描述可见光通信的基本原理。

14．量子通信是绝对安全的吗？

15．量子通信有最大通信距离吗？

16．量子通信一定需要辅助信道吗？

17．深空通信的基本任务是什么？能否使用现有的互联网协议传输文件？

18．什么是绿色通信？通信行业的能耗主要体现在哪些地方？怎样节能减排？

第6章　传　感　器

传感器技术是物联网感知层的核心技术之一。传感器持续不断地收集外部环境的变化量，并将其输送给数据处理模块，从而实现对周围环境的感知和控制。传感器对物联网的作用相当于人体的“五官”，随着科技的发展，作为物联网“电五官”的传感器也由传统型向着微型化、数字化、智能化、系统化、网络化和多功能化的方向发展。

6.1　传感器的基本概念

传感器是一种物理装置，能够探测和感受外界的物理或化学变量信号，如物理条件（如光、热、湿度）或化学组成（如烟雾），并将感知到的各种形式的信息，按一定规律将其转换成同种或别种性质的输出信号的装置。传感器的功能恰如其名，即感受被测信息并传送出去，是实现自动检测和自动控制的首要环节。

6.1.1　传感器的定义

中国国家标准 GB/T　7665—2005《传感器通用术语》对传感器的定义是：“能感受被测量并按照一定的规律转换成可用输出信号的器件或装置，通常由敏感元件和转换元件组成。”生活中的楼道声控灯、笔记本计算机触摸板、智能手机触摸屏、天花板上的烟雾报警器及卫生间里的烘手机等，都是典型的传感器的应用。

传感器在特定场合又称为变送器、编码器、转换器、检测器、换能器和一次仪表等。变送器是应用在工业现场、能输出符合国际标准信号的传感器。编码器是可对转换后的信号进行脉冲计数或编码的传感器。换能器是将机械振动转变为电信号或在电场驱动下产生机械振动的器件。一次仪表是指只进行一次能量转换的仪表。目前人们趋向于统一使用传感器这一名称，凡是输出量与输入量之间存在严格一一对应的器件和装置均可称为传感器。

6.1.2　传感器的构成

第 6 章传感器的构成 6.1.2 节

传感器一般是把被测量按照一定的规律转换成相应的电信号，其结构组成如图 6-1 所示，分为敏感元件、转换元件和转换电路 3 部分。参见视频。

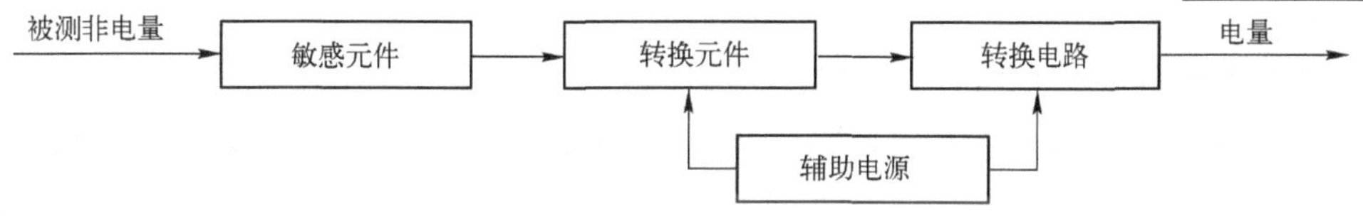

图 6-1　传感器的构成

敏感元件是指能够直接感受被测量，并直接对被测量产生响应输出的部分。

转换元件是指将敏感元件的输出信息再转换成适合于传输或后续电路处理使用的电信号部分。

转换电路用于将转换元件输出的电信号量转换成便于测量的电量。

根据不同的被测对象、转换原理、使用环境和性能要求等具体情况，各种传感器中并非都必须包含这 3 个部分。从能量的角度，典型的传感器结构类型有 3 种：自源型、辅助能源（带激励源）型和外源型。

1）自源型。这是最简单、最基本的传感器构成形式，只含有转换元件。主要特点是不需要外加能源，它的转换元件能从被测对象直接吸收能量，并转换成电量输出，但输出电量较弱。如热电偶、压电器件等。

2）带激励源型。由转换元件和辅助能源两部分组成。辅助能源起激励作用，可以是电源或磁源。主要特点是不需要转换电路就可以有较大的电量输出。如磁电式传感器和霍尔式传感器等电磁式传感器。

3）外源型。由转换元件、变换电路和外加电源组成。变换电路是指信号调制与转换电路，把转换元件输出的电信号调制成便于显示、记录、处理和控制的可用信号，如电桥、放大器、振荡器和阻抗变换器等。主要特点是必须通过外带电源的变换电路，才能获得有用的电量输出。

不论是以上什么结构类型的传感器，它们输出的信号都是电信号，可以直接输出模拟信号、数字信号或频率信号等，也可以由接口电路将电阻变化率、电容变化率等电参量转化为电信号输出。传感器后续的电路多为阻抗整合、电桥读取、线性化补偿、信号调理放大、A-D（模-数）变换或 F-V（频率-电压）变换、数字信号处理或显示器件驱动等功能的电路，其作用是为后继电子系统提供匹配的接入信号。

6.1.3　传感器的特性

传感器的特性是指衡量传感器性能的各种指标，如线性度、灵敏度和分辨率等。传感器的特性可分为静态特性和动态特性两大类。

传感器的静态特性是指当输入信号是恒定不变的信号时，传感器的输出量与输入量之间的关系。因为这时输入量和输出量都与时间无关，所以它们之间的关系，即传感器的静态特性可用一个不含时间变量的代数方程来描述，也可以用特性曲线来描述，横坐标是输入量，纵坐标是其对应的输出量。表征传感器静态特性的主要参数有线性度、灵敏度、迟滞、重复性和漂移等。

传感器的动态特性是指传感器在输入变化时它的输出响应特性。在实际工作中，传感器的动态特性常用它对某些标准输入信号的响应来表示。最常用的标准输入信号有阶跃信号和正弦信号两种，所以传感器的动态特性也常用阶跃响应和频率响应来表示。动态特性的主要性能指标有时域单位阶跃响应性能指标和频域频率特性性能指标。

传感器主要的具体性能指标有以下几个。

1）线性度。线性度是指传感器输出量与输入量之间的实际关系曲线偏离拟合直线的程度。通常情况下，传感器的实际静态特性输出是一条曲线而非直线。在实际工作中，为使仪表具有均匀刻度的读数，常用一条拟合直线近似地代表实际的特性曲线。图 6-2 所示是几种拟合方法的示意图，其中 X 轴为输入量，Y 轴为输出量。线性度（非线性误差）就是这种近似程度的一个性能指标，它的定义是，在全量程范围内，实际特性曲线与拟合直线之间的最大偏差值（图中箭头之间的值）与满量程输出值之比。满量程输出值是指传感器的被测量达到最大值时，传感器对应的输出值。

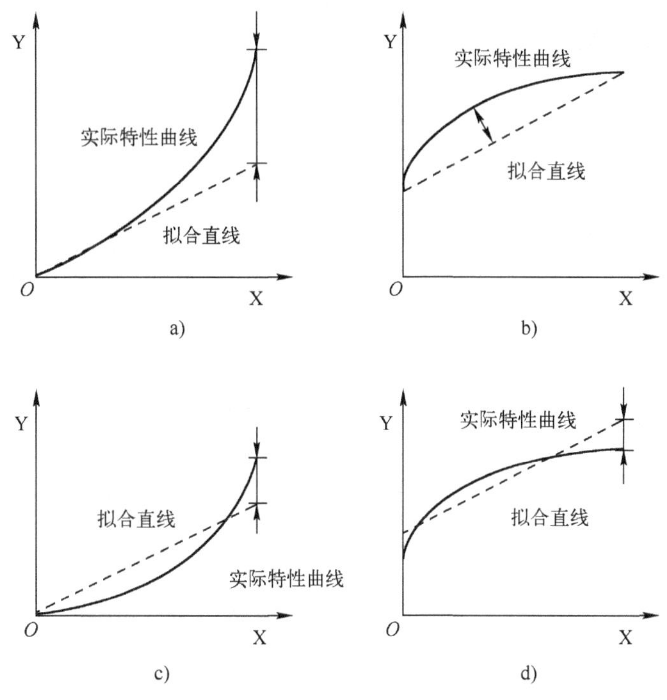

图6-2　几种常用的拟合方式

2）灵敏度。灵敏度是传感器静态特性的一个重要指标。传感器的灵敏度是指传感器在稳态工作情况下输出量变化对输入量变化的比值。它是输出-输入特性曲线的斜率。如果传感器的输出和输入之间呈线性关系，则灵敏度是一个常数。否则，它将随输入量的变化而变化。灵敏度的量纲是输出、输入量的量纲之比。例如，某位移传感器，在位移变化 1 mm 时，输出电压变化为 200 mV，则其灵敏度应表示为 200 mV/mm。当传感器的输出、输入量的量纲相同时，灵敏度可理解为放大倍数。提高灵敏度，可得到较高的测量精度。但灵敏度越高，测量范围越窄，稳定性也往往越差。

3）迟滞。传感器在输入量由小到大（正行程）及输入量由大到小（反行程）的变化期间，其输入/输出特性曲线不重合的现象称为迟滞。对于同一大小的输入信号，传感器的正反行程输出信号大小不相等，这个差值称为迟滞差值。

4）重复性。重复性是指传感器在输入量按同一方向做全量程连续多次变化时，所得特性曲线不一致的程度。

5）漂移。在输入量不变的情况下，传感器的输出量会随着时间的延续而出现变化，这种现象称为漂移。产生漂移的原因有两个方面：一是传感器自身结构参数发生变化；二是周围环境（如温度、湿度等）发生变化。

6）分辨力。分辨力是指传感器可感受到的被测量的最小变化的能力。也就是说，如果输入量从某一非零值缓慢地变化，当输入变化值未超过某一数值时，传感器的输出不会发生变化，即传感器对此输入量的变化是分辨不出来的。只有当输入量的变化超过分辨力时，其输出才会发生变化。上述指标若用满量程的百分比表示，则称为分辨率。分辨率与传感器的稳定性有负相关性。

6.2 传感器的种类

传感器的分类方法有很多，如模拟/数字、接触/非接触和电传送/光传送等。

传感器根据被测量类型分为电学量传感器、光学量传感器、磁学量传感器和声学量传感器。

传感器根据感知实现方式和转换原理分为电阻式传感器、电容式传感器、电感式传感器、磁电式传感器、压电式传感器、光电式传感器和热电式传感器等。

传感器根据所测的物理量分为压力传感器、温湿度传感器、流量传感器、气体传感器、速度传感器、加速度传感器、角度传感器、位置传感器、位移传感器、姿态传感器、接近传感器和密度传感器等。

传感器根据其应用场合分为医学传感器、汽车传感器、环境传感器、风速风向仪和陀螺仪等。

传感器根据其功能特性和技术发展可分为传统传感器、多功能传感器和智能传感器等。

6.2.1 阻抗型传感器

阻抗型传感器是利用电子元件的电阻、电容或电感作为感知环境变化的被测量，从而达到监测目的的一类传感器。按照敏感物理量的不同，可分为电阻式传感器、电容式传感器和电感式传感器。

1. 电阻式传感器

电阻式传感器是将被测的非电量转换成电阻值的变化，再将电阻值的变化转换成电压信号，从而达到测量非电量的目的。电阻式传感器的结构简单、性能稳定、灵敏度较高，有的还适合于动态测量，它配合相应的测量电路，常被用来测量力、压力、位移、扭矩和加速度等，由电阻式传感器制作的仪表在冶金、电力、交通、石化、商业、生物医学和国防等行业都有着广泛的应用。

电阻式传感器主要分为电位器式传感器和电阻应变式传感器，如图6-3所示。

a)

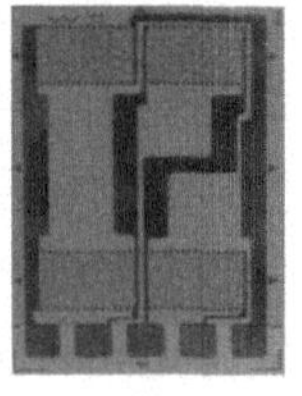

b)

图6-3 电阻式传感器

a) 电位器式传感器 b) 电阻应变片

1）电位器式传感器是一种常用的机电元件，是最早被应用在工业领域中的传感器之一。电位器式传感器主要是把机械位移转换为与其成一定函数关系的电阻或电压输出，除了主要用于测量线位移和角位移外，还可用于测量各种能转换为位移的其他非电量，如液位、加速度和压力等。电位器式传感器的结构形式主要分为两种：线绕电位器和非线绕电位器。参见视频。

第6章电位器式传感器的工作原理 6.2.1节

线绕电位器的电阻是由绕在绝缘骨架上的电阻系数很高的极细的绝缘导线制成的，通过骨架上相对滑动电刷来保持可靠的接触和导电。

非线绕电位器在绝缘基座上制成各种电阻薄膜元件，其优点是分辨率高，耐磨性好，缺点是对温度和湿度变化比较敏感，并且要求接触的压力大，只能用于推动力大的敏感元件。

2）电阻应变式传感器是基于应变电阻效应的电阻式传感器。应变电阻效应是指导体或半导体材料在受到外界力（压力或拉力）作用时产生机械形变，机械形变导致其阻值发生变化的现象。由金属或半导体制成的应变-电阻转换元件称为电阻应变片，简称应变片，它是电阻应变式传感器中的敏感元件，通常可粘贴在一般金属材料和其他类似的弹性体上，用于测量受力大小、弯曲程度等。电阻应变式传感器最基本的组成结构除了核心部分的应变片外，还有测量电路、弹性敏感元件和一些附件，如外壳、连接设备等。

2．电容式传感器

电容式传感器是以各种类型的电容器作为传感元件，将被测量的变化转换为电容量变化的一种传感器。电容式传感器有 3 种基本类型：变极距型电容传感器、变面积型电容传感器和变介电常数型电容传感器。传统的电容式传感器具有结构简单、动态响应好、分辨率高和温度稳定性好等特点。但也存在着负载能力差、易受外界干扰，以及电容传感器的电容量易受其电极几何尺寸限制等不足。

图 6-4 所示是一个典型的精密电容式传感器，可以用于电子显微镜微调、天文望远镜镜片微调和精密微位移测量等。

3．电感式传感器

电感式传感器是一种利用磁路磁阻变化，引起传感器线圈的电感（自感或互感）变化来检测非电量的一种机电转换装置。电感式传感器的结构简单，抗干扰能力强，分辨力较高。缺点是频率响应低、不宜用于快速动态测量。

电感式传感器的种类很多，其中自感式传感器是这种类型传感器的典型代表。自感式传感器由线圈、铁心和衔铁 3 部分组成，当衔铁随被测量变化而移动时，铁芯与衔铁之间的气隙磁阻随之变化，引起线圈的自感发生变化。

图 6-5 所示就是一个自感式传感器，由铁心和线圈构成，它将直线或角位移的变化转换为线圈电感量的变化。这种传感器的线圈匝数和材料导磁系数都是一定的，其电感量的变化是由于位移输入量导致线圈磁路的几何尺寸变化而引起的。当把线圈接入测量电路并接通激励电源时，就可获得正比于位移输入量的电压或电流输出。这种传感器常用于无接触地检测金属的位移量。

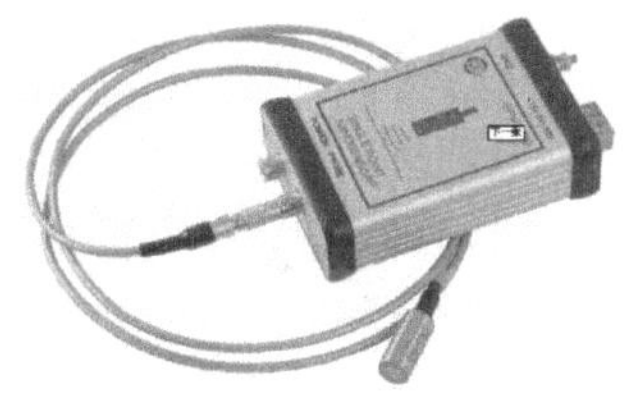

图 6-4　电容式传感器

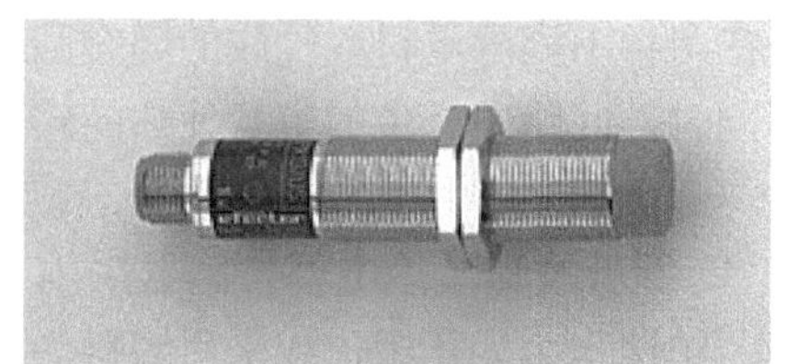

图 6-5　自感式传感器

6.2.2　电压型传感器

电压型传感器是利用电子元件的压电效应、热电效应或光电效应，将压力、温度或光强度转换为电信号的一组传感器类型，具体分为压电式传感器、热电偶传感器和光电式传感器等几种类型。

1．压电式传感器

压电式传感器是以具有压电效应的压电元件作为转换元件的有源传感器，它能测量力和那些可变换为力的物理量，如压力、加速度、机械冲击和振动等。

压电效应是指某些电介质产生的一种机械能与电能互换的现象。压电效应可分为正压电效应和逆压电效应两种。在正压电效应中，当压电材料受到外力而变形时，其内部会产生电极化现象，在两个相对表面上产生正负两种电荷，产生的电荷量与外力成正比。在逆压电效应中，电介质会在外部施加的电场下产生机械变形。例如，把高频电信号加在压电材料中，就会导致压电材料高频振动，产生超声波，反之亦然。

压电元件普遍由压电单晶体和压电陶瓷制成，一次性塑料打火机就是利用压电陶瓷产生的电火花点燃丁烷气体的。图 6-6a 所示的压电式传感器是使用石英晶体的压电式力传感器，主要用于动态力、准静态和冲击力的测量，适用于振动设备的机械阻抗和力控振动试验，以及地质勘探部门电动力触探的测量等。图 6-6b 所示是使用压电陶瓷元件制作的压电陶瓷超声波传感器，主要用于家用电器及其他电子设备的超声波遥控装置、超声测距及汽车倒车防撞装置、液面探测，以及超声波接近开关等。接近开关又称为无触点行程开关，当开关接近某一物体时，即发出控制信号。

a)　　b)

图 6-6　压电式传感器

a) 使用石英晶体的压电式力传感器　b) 使用压电陶瓷的超声波传感器

2．热电偶传感器

热电偶传感器是基于热电效应原理工作的传感器，简称热电偶。它是目前接触式测温中应用最广的传感器。热电效应就是在两种不同导电材料构成的闭合回路中，当两个接点温度不同时，回路中产生的电势使热能转变为电能的一种现象。

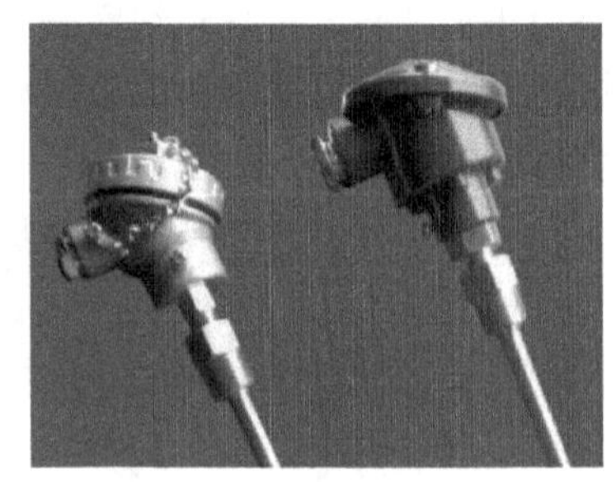

图 6-7　高温热电偶传感器

图 6-7 所示的高温热电偶传感器采用贵金属高纯铂金作为负极，铂铑合金为正极，或采用镍铬为正极，镍硅为负极。该传感器产品主要用于粉末冶金、烧结光亮炉、电炉、

真空炉、冶炼炉及多种耐火材料，以及陶瓷和瓷器的烧制，温度的测量范围为0～1800 ℃。

3．光电式传感器

光电式传感器是以光电器件作为转换元件的传感器。主要用于检测光亮变化或直接引起光亮变化的非电量，也可用于检测能转换为光量变化的其他非电量。光电器件是指基于光电效应原理工作的光电转换元件。当光线照射在金属表面时，金属中有电子逸出，这种由光产生电的现象称为光电效应。

光电器件的作用主要是检测照射在其上的光通量。常见的光电器件有光发射型光电器件、光导型光电器件和光伏型光电器件等。光发射型光电器件主要包括光电管和光电倍增管。光导型光电器件主要包括光敏电阻、光敏二极管和光敏三极管。光伏型光电器件的代表是光电池。至于选择哪种光电器件，主要取决于被测参数、所需的灵敏度、传感器的反应速度、光源的特性，以及测量的环境和条件等因素。常见的光电传感器的类型主要包含有透射式、反射式、辐射式、遮挡式和开关式等类型。

光电传感器发展至今很多技术已经相当成熟，由于光电测量方法灵活多样，可测参数众多，同时又具有非接触、高精度、高可靠性和反应快等特点，使得光电传感器在检测和控制领域获得了广泛的应用，例如，红外避障传感器就广泛应用于机器人避障、流水线计件等众多场合。

6.2.3 磁敏型传感器

磁敏型传感器是指利用各种磁电物理效应，如磁电感应原理、霍尔效应等，将磁物理量转换为电信号的一类传感器。磁敏型传感器的种类很多，其中比较典型的有霍尔传感器、磁电传感器和磁光传感器等。

1．霍尔传感器

霍尔传感器基于霍尔效应原理，将静止或变化的磁场信息转换为直流或交变的霍尔电压，从而实现将被测量转换为电信号。霍尔效应是指将半导体薄片放置在磁场中，当有电流流过时，在垂直于电流和磁场的方向上就会产生电动势。

基于霍尔效应实现的传感器种类有很多，比较常见的有霍尔电流传感器、霍尔位移传感器和霍尔位置传感器等。

霍尔电流传感器能在电隔离条件下测量直流、交流、脉冲，以及各种不规则波形的电流，具有不与被测电路发生电接触、不影响被测电路、不消耗被测电源的功率等优点，特别适合于大电流传感测量。

霍尔位移传感器能够测量出微小的位移，其工作原理是令霍尔元件的工作电流保持不变，当其在一个均匀梯度磁场中移动时，其输出的霍尔电压值将只由它在该磁场中的位移量来决定。

霍尔位置传感器是一种检测物体位置的磁场传感器，通常使用4个霍尔元件定位被测物体的中心位置。由霍尔位置传感器制成的复位开关被广泛应用于直流无刷马达、汽车发动机管理系统（电喷系统）、机器人控制、线性/选择位置检测、流量测量和RPM（每分钟转速）测量等方面。

2．磁电传感器

磁电传感器利用电磁感应原理将被测量（如振动、位移和转速等）转换成电信号。电磁感应原理是指当导体在稳恒均匀磁场中沿垂直磁场方向运动时，导体内产生的感应电势同磁感应强度、导体有效长度及导体相对磁场的运动速度成正比。根据法拉第电磁感应定律，当线圈切割磁力线时，线圈产生的感应电势与通过线圈的磁通变化率成正比。

磁电传感器不需要辅助电源就能够把被测对象的机械量转换成易于测量的电信号，是一种有源类型的传感器，但只适合进行动态测量。这种传感器无须接触，就能够测量出各种导磁材料，如齿轮、叶轮、带孔（或槽、螺钉）圆盘的转速及线速度。

3. 磁光传感器

磁光式传感器的工作原理主要是磁光效应。磁光效应是指具有固有磁矩的物质在外磁场的作用下电磁特性发生变化，从而使光波在其内部的传输特性也发生变化的现象，主要包括法拉第效应、磁光克尔效应、塞曼效应和磁致线双折射效应。例如，应用比较广泛的磁光电流传感器是根据特定角度射出的偏振光的光强度来反映被测电流大小的，避免了与被测电流电路的电气接触，适用于大型电路电流的实时检测。

6.3 传感器的应用

传感器在物联网中的应用非常广泛，例如，近期比较热门的虚拟现实（VR）技术也与传感器有着密不可分的关系。VR 中的传感设备主要包括两部分：一是用于人机交互而穿戴在操作者身上的立体头盔显示器、数据手套和数据衣等；二是用于正确感知而设置在现实环境中的各种视觉、听觉、触觉和力觉等传感设置。下面以光纤传感器、湿敏传感器、气体传感器和生物传感器为例介绍传感器在物联网中的应用。

6.3.1 光纤传感器

光纤传感器是一种光电式传感器，它利用光导纤维的传光特性，把被测量转换为用光特性表征的物理量。根据光纤在传感器中的作用，光纤传感器可分为传感型传感器和传光型传感器两种，又称为功能型传感器和非功能型传感器。

传感型传感器的基本工作原理是利用光纤本身的特性把光纤作为敏感元件，被测量对光纤内传输的光进行调制，导致光的光学性质（如光的强度、波长、频率、相位和偏正态等）发生变化，再经过光纤送入光探测器，经解调后，获得原来的被测量。在传感型传感器中，光纤不仅是导光媒介，也是敏感元件，光在光纤内受被测量调制，多采用多模光纤。例如，光纤声传感器就是一种光纤传感型传感器。当声波到达光纤时，光纤受声波压力，产生微弱弯曲，通过弯曲的程度就能够得到声音的强弱。

传光型传感器是利用其他敏感元件感受被测量的变化，光纤仅作为信息的传输媒介，常采用单模光纤。

光纤传感器可用于磁、声、压力、温度、加速度、陀螺、位移、液面、转矩、光声、电流和应变等物理量的测量。光纤传感器的应用范围很广，尤其可以安全、有效地在恶劣环境中使用。

图 6-8 所示的光纤陀螺仪就是典型的光纤传感器的应用。光纤陀螺仪是一种测量物体相对于惯性空间的角速度或转动角度的无自转质量的新型光学陀螺仪，具有中低精度和高精度级别的多种产品，主要

图 6-8　光纤陀螺仪

应用于惯性导航等领域，如在地下探测、地面车辆定位定向、舰载、机载及航天惯导系统中都有广泛的应用。

6.3.2　湿敏传感器

湿敏传感器用于测量湿度。湿度是表示大气干燥程度的物理量，又分为绝对湿度和相对湿度两种。绝对湿度是指在标准状态下，每单位体积混合气体中水蒸气的质量，单位为 g/m^3。相对湿度是指气体中水汽压与饱和水汽压之比，即相同温度下气体的绝对湿度与可能达到的最大绝对湿度之比，是一个无量纲的物理量。实际生活中提到的“湿度”通常指相对湿度。

物联网中的湿敏传感器通常为阻抗式湿度计，其湿敏材料分为氯化锂湿敏电阻和半导体陶瓷湿敏电阻两种。

1．氯化锂湿敏电阻

氯化锂溶液的导电能力与离子浓度成正比，其中锂离子对水分子的吸引力较强，当氯化锂溶液被置于待测环境中时，若环境的相对湿度较高，则溶液将吸收水分，使离子浓度降低，从而使溶液电阻率增加，反之则相反。

氯化锂湿敏电阻不受待测环境风速的影响，但是其缺点是耐热性差，不能在零点以下的环境中进行测量。

2．半导体陶瓷湿敏电阻

半导体陶瓷湿敏电阻通常是由两种以上的金属氧化物半导体材料混合烧结而成的，分为负特性湿敏半导体陶瓷和正特性湿敏半导体陶瓷两种。

负特性湿敏半导体陶瓷的电阻率随湿度的增加而下降。如果半导体陶瓷是 P 型半导体，水分子吸附在陶瓷表面并且其中的氢原子具有很强的正电场，俘获陶瓷表面的电子使陶瓷表面带负电，从而吸引更多的空穴到达表面，使得电阻率下降；如果半导体陶瓷是 N 型半导体，则表面电势下降不仅使表面电子耗尽，还能够吸引更多的空穴，从而使空穴浓度大于电子浓度形成反型层，最终也使得电阻率下降。

正特性湿敏半导体陶瓷的电阻率随湿度的增加而上升。当水分子吸附在陶瓷表面使其带负电时，电子浓度下降，但是此时空穴浓度并没有增加到可以形成反型层，所以由于电子浓度下降使得电阻率增加。

6.3.3　气体传感器

气体传感器是能够感知气体种类及其浓度的传感器，主要用途有以下几个方面：在锅炉、焚烧炉和汽车发动机等燃烧监控中，检测排气中的氧气含量；在酒精探测仪中检测乙醇气体的含量；在易燃（如甲烷）、易爆（如氢气）和有毒气体（如一氧化碳）的泄漏报警装置中检测泄露气体；在食品芳香类型的识别和质量管理中，进行气体成分的检测和定量分析。

气体传感器的类型很多，主要包括半导体气体传感器和振动频率型气体传感器等。

1．半导体气体传感器

半导体气体传感器根据被测量的转换原理分为电阻型和非电阻型两种，典型代表分别是氧化物半导体气体传感器和金属氧化层半导体场效晶体管（Metal-Oxide-Semiconductor Field-Effect Transistor，MOSFET）气体传感器。

氧化物半导体气体传感器是电阻型传感器。当传感器处于充斥着氧化性气体的环境中时，传感器将吸入一定的氧化性气体，使氧化物半导体的电阻值增大。当传感器吸入还原气体时则阻值降低。在传感器的半导体金属氧化物中添加金属催化剂可以改变传感器的气体选择性，例如，在氧化锌中添加钯，会对氢气和一氧化碳产生较高的灵敏度；添加铂，则会对丙烷和异丁烷产生较高的敏感性。图 6-9 所示是一种氢气传感器，其主要成分是二氧化锡烧结体。当吸附到氢气时，电导率上升；当恢复到清洁空气中时，电导率恢复。根据电导率的相应变化，将其以电压的方式输出，从而检测出氢气的浓度。该传感器广泛应用于氢气报警器、氢气探测、变压器的维护和电池系统等领域。

图 6-9　氢气传感器

MOSFET 气体传感器是利用 MOS 二极管的电容-电压特性的变化，以及 MOS 场效应管的阈值电压的变化等物理特性制成的，属于典型的非电阻型半导体气体传感器。MOSFET 气体传感器具有灵敏度高的优点，但制作工艺比较复杂，成本高。

2. 振动频率型气体传感器

振动频率型气体传感器是将待检测气体属性转换为振荡频率，供检测电路辨别。根据振荡实现的方式不同，主要分为表面弹性波传感器和晶振膜传感器等。

表面弹性波气体传感器建立在一块压电材料基板之上，通过压电效应在基片表面激励起声表面波（沿物体表面传播的一种弹性波）。基板上有吸附膜，当传感器吸收被测气体时，吸附了气体分子的吸附膜的质量就发生了变化，从而使声波的频率随之发生变化。表面弹性波传感器中吸附的气体量与频率变化量的平方成比例，当传感器的工作频率为数百 MHz 时，具有极高的灵敏度。

晶振膜气体传感器基于石英晶体，晶体片在电极激励电压的作用下做横波振动，晶体片上有气体吸收膜的涂层，当吸附到被测气体的分子时，膜质量增加，谐振频率降低。由于频率变化与单位面积膜质量变化成比例，比例系数中含振动频率的二次方，因此对频率变化的灵敏度相当高。

6.3.4　生物传感器

生物传感器是将酶、抗体、抗原、微生物、细胞、组织和核酸等生物活性物质的浓度转换为电信号的检测仪器，包括微生物传感器、免疫传感器、组织传感器、细胞传感器、酶传感器和 DNA 传感器等。根据检测原理可分为热敏生物传感器、场效应管生物传感器、压电生物传感器、光学生物传感器、声波道生物传感器、酶电极生物传感器、介体生物传感器和巨磁阻（GMR）生物传感器等。

GMR 生物传感器是一种新型生物传感器，主要利用巨磁阻效应对磁标记的生物样本进行检测。巨磁阻效应就是磁性材料的电阻率在有外磁场作用时会产生巨大的变化。GMR 生物传感器识别生物分子的过程大致如下：首先把待测的样品溶液和磁微球溶液混合，完成待测分子的磁性标记；然后将已标记的待测溶液置入生物分子识别区，这里有特定的已知受体可以与相应的靶分子结合，去除未结合的样品，然后 GMR 生物传感器就能够检测到靶分子上标记的磁微球产生的磁场信号，达到生物分子识别的目的。GMR 生物传感器的另外一种应用就是利用磁性粒子与目标分子黏附在一起的特性来检测目标分子的分布特性。

6.4 新型传感器

新型传感器的问世往往可能只是为了解决特定的实际问题，如手机使用的指纹传感器、以生物活性材料作为感受器的酶传感器和基因传感器等。新型传感器会采用各种先进技术和先进思想，如表面等离子共振（SPR）传感器、光谱共焦位移传感器、时栅传感器、MEMS传感器、纳米传感器和超导传感器等。新型传感器是对传统传感器单一感测功能的改善和集成，可以同时感测到多种物理量，如多功能传感器和智能传感器等。

新型传感器之间目前并没有明显的界限，仅仅是新技术的应用叠加，随着科技的发展，它们最终都将走向拥有智能微处理传感系统功能的智能仪器方向。

6.4.1 多功能传感器

多功能传感器是指能够感受两个或两个以上被测物理量，并将其转换成可以用来输出的电信号的传感器。

多功能传感器是对传统传感器的继承和发展，传统的传感器通常情况下只能用来探测一种物理量，但在许多应用环境中，为了能够完美而准确地反映客观事物和环境，往往需要同时测量大量的物理量。由若干种敏感元件组成的多功能传感器则是一种体积小巧且兼具多种功能的新一代探测系统，它可以借助于敏感元件中不同的物理结构或化学物质及其各不相同的表征方式，用一个传感器系统来同时实现多种传感器的功能。

随着传感器技术和微机电系统技术的飞速发展，目前已经可以生产出将若干种敏感元件装在同一种材料或单独一块芯片上的一体化多功能传感器，并且逐步向高度集成化和智能化的方向发展。

多功能传感器的实现形式主要包括以下 3 种。

1）将几种不同的敏感元件组合在一起形成一个传感器，同时测量几个参数。各敏感元件是独立的。例如，把测温度和测湿度的敏感元件组合在一起，就可以同时测量温度和湿度。

2）利用同一敏感元件的不同效应，可以获得不同的测量信息。例如，用线圈作为敏感元件，在具有不同磁导率或介电常数物质的作用下，表现出不同的电容和电感。

3）利用同一敏感元件在不同的激励下所表现出的不同特性，可以同时测量多个物理量。例如，对传感器施加不同的激励电压、电流，或工作在不同的温度下，其特性不同，有时可相当于几个不同的传感器。

图 6-10 所示就是一种多功能传感器模块，广泛应用于汽车导航、GPS 盲区推估、手机个人导航应用、计步器和三维游戏控制等多种应用场合。该传感器模块为全数字量输出，包括一个三轴加速度传感器、一个气压传感器、两个磁阻传感器、内置的 ASIC 数字补偿芯片和 EEPROM 存储器，并具有外挂湿度电阻接口。该多功能传感器能够同时测量 X、Y、Z 这 3 种坐标轴方向、3 种坐标上的姿态变化及高度。其内部的磁阻传感器用于确定三轴方向，加速度传感器用于检测重力加速度，并求出传感器模块的倾斜角，在此基础上校正磁阻传感器的输出，由此保证在所有姿态下均可算出正确的方位。气压传感器可检测该传感器所放置的环境的大气压，

图 6-10 多功能传感器

通过与预先设定的基准值对比，求出高度。如果同时使用该传感器提供的外挂湿度电阻接口，为其外挂湿敏电阻，则可根据气压数据随时间产生的变化来预测天气。

6.4.2 MEMS 传感器

微机电系统（Micro Electro Mechanical System，MEMS）技术是微电子技术应用于多功能传感器领域的重要成果。MEMS 传感器就是应用了 MEMS 技术的多功能传感器，并且具有微小的体积和完整的执行系统。

MEMS 是以微电子、微机械及材料科学为基础，研究、设计并制造具有特定功能的微型装置，包括微型传感器、微型执行器和相应的处理电路等，在不同场合下也被称为微机械、微构造或微电子机械系统。MEMS 的特征尺度范围是 1 nm～1 μm，既有电子部件，又有机械部件。

完整的 MEMS 包括微传感器、微执行器、信号处理单元、通信接口和电源等部件，可集成在一个芯片中，其组成结构如图 6-11 所示。

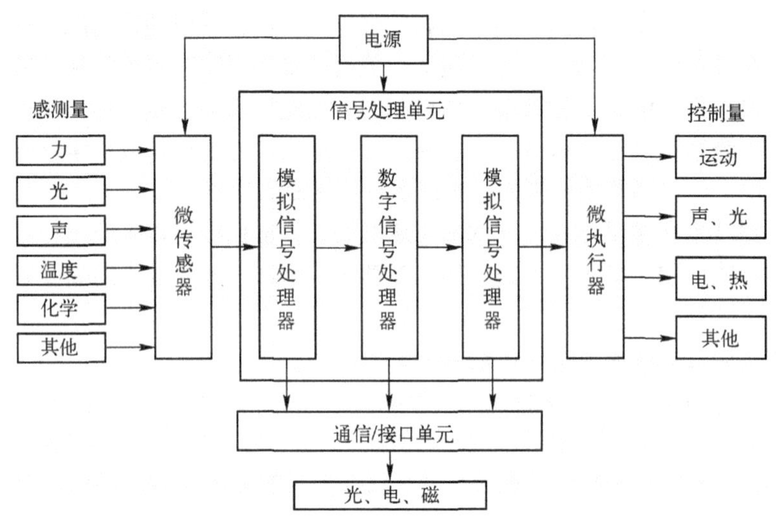

图 6-11　MEMS 系统组成及信号流图

微传感器是 MEMS 最重要的组成部分，它比传统传感器的性能要高几个数量级，国内外目前已实现的 MEMS 传感器主要包括微压力传感器、微加速度传感器、微陀螺、微流量传感器、微气体传感器和温度传感器等。其中微压力传感器是最早开始研制的 MEMS 产品。从信号检测方式来看，微压力传感器主要分为 MEMS 硅压阻式压力传感器和 MEMS 硅电容式压力传感器，两者都是在硅片上生成的微电子传感器。

信号处理单元含有信号处理器和控制电路。信号处理单元对来自微传感器的电信号进行 A-D 转换、放大和补偿等处理，以校正微传感器特性不理想和其他影响造成的信号失真，然通过 D-A 转换变成模拟电信号，送给微执行器。

微执行器将模拟电信号变成非电量，使被控对象产生平移、转动、发声、发光和发热等动作，自动完成人们所需要的各种功能。微执行器主要包括微电机、微开关、微谐振器、梳状位移驱动器、微阀门和微泵等几种类型。微执行器的驱动方式主要包括静电驱动、压电驱动、电磁驱动、形状记忆合金驱动、热双金属驱动和热气驱动等。把微执行器分布成阵列可以收到意想不到的效果，如可用于物体的搬送、定位等。

通信/接口单元能够以光、电及磁等形式与外界进行通信，或输出信号以供显示，或与其他微系统协同工作，或与高层的管理处理器通信，构成一个更完整的分布式信息采集、处理和控制系统。

电源部件一般有微型电池和微型发电装置两类。微型电池包括微型燃料电池、微型化学能电池、微型热电池和微型薄膜电池等，如薄膜锂电池的电池体厚度只有 15 μm，放电率为 5 mA/cm^2，容量为 130 μAh/cm^2。微型发电装置包括微型内燃机发电装置、微型旋转式发电装置和微型振动式发电装置，如微型涡轮发电装置的涡轮叶片直径只有 4 mm。

6.4.3 纳米传感器

纳米传感器是指应用了纳米材料的传感器。纳米是一个长度度量单位，又称为毫微米，是 2～3 个金属原子或者 10 个左右的氢原子排列在一起的长度。纳米技术是指在单个原子或者分子上进行操作的科学技术，研究尺寸范围通常在 1～100 nm 之间。

当物质达到纳米尺度以后，某些性能就会不同于宏观世界而产生一些改变形成新的特殊的性能。例如，在纳米尺寸范围金属的光学性质会发生改变，金属超微颗粒对光的反射率极低，所有的金属超微颗粒都表现为黑色；超微颗粒化的物质的熔点会显著降低，例如，常规状态的金熔点为 1064 ℃，当尺寸减小到 2 nm 时，其熔点降低到 327 ℃左右；此外在磁学、力学和电学方面纳米材料也表现出很多特殊的性质。利用纳米材料的这些特性可以发展出种类繁多的纳米传感器，如纳米电化学生物传感器、纳米化学传感器、纳米气敏传感器和向纳米尺度过渡的 MEMS 传感器等。

纳米电化学生物传感器以纳米材料为传感介质，与特异性分子识别物质（包括酶、抗体和 DNA 等）相结合，从而将生物量转换为电信号。纳米电化学生物传感器按照产生电信号的类别可以分为电流型和电位型两种；按照应用方向可以分为纳米颗粒生物传感器、纳米管（棒、线）生物传感器、纳米片及纳米阵列生物传感器等。这些纳米传感器可以大大提高生物传感器的灵敏度，并缩短反应时间。

6.4.4 智能传感器

智能传感器是一种具有单一或多种敏感功能，可以感测一种或多种外部物理量并将其转换为电信号，能够完成信号探测、变换处理、逻辑判断、数据存储、功能计算和数据双向通信，内部可以实现自检、自校、自补偿及自诊断，体积微小、高度集成的器件。简而言之，智能传感器就是具有信息处理能力的传感器。

智能传感器的组成及其信号处理流程模型如图 6-12 所示。

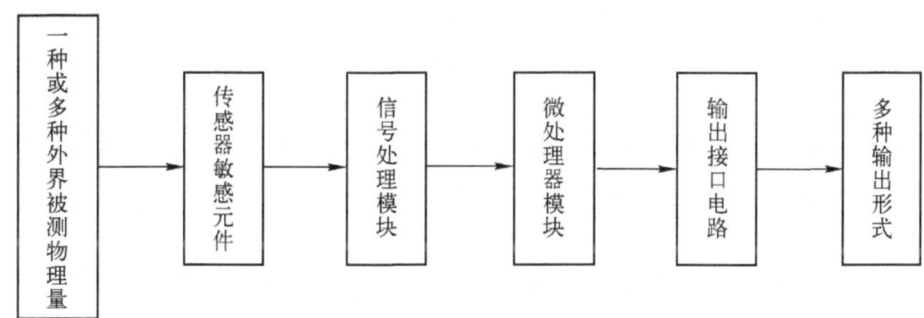

图 6-12 智能传感器的组成及其信号处理流程模型

智能传感器由传感器敏感元件、信号处理模块、微处理器模块和输出接口电路等部分组成，比 MEMS 多出了微处理器模块，使得智能传感器除具有一般的 MEMS 功能之外，还可以对信号进行计算和处理，以及支持用户编程控制，实现同单片机、DSP 等信息处理平台协同工作等功能。

智能传感器在工作时的信号流程大致为，一种或多种的外界物理量被智能传感器的敏感元件感测到并转换为模拟形式的电信号，然后通过信号调理电路，一方面将模拟信号转换为数字信号，另一方面将转换后的信号进行解析区分（在感测多种物理量的情况下）、变换和编码，以适合微处理器对其进行处理计算。信号在微处理模块中还可能被保存并做其他处理。处理后的结果通过输出接口电路转换为模拟电信号输出给用户，或直接以数字信号的形式显示在各种数字终端设备上，如 LED/LCD 显示器等。

图 6-13 给出了典型的智能压力传感器的结构图，主要包括微处理器主机模板、模拟量输入模板、并行总线模板和接口模板等。其他智能传感器的结构同智能压力传感器的结构大致相同或近似，主要模块基本相同。

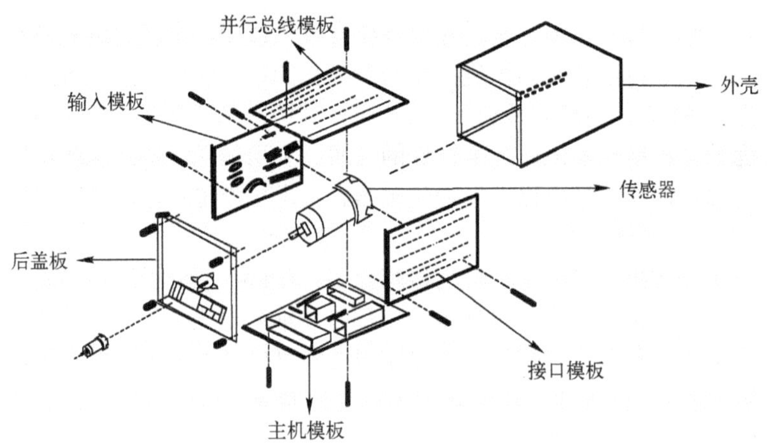

图 6-13　智能压力传感器各模块分解结构图

智能传感器的产品实物如图 6-14 所示。该智能传感器是一个智能微差压变送器（用于测量压力差的一种压力传感器），它能测量各种液体和气体的差压、流量、压力或液位，并输出对应的 4～20 mA 模拟信号和数字信号。它具有优良的自动修正功能，能满足多种苛刻的使用环境，还能通过数字增强（Digit Enhanced，DE）通信协议与控制系统实现双向数字通信，消除了模拟信号的传输误差，方便了变送器的调试、校验和故障诊断。

图 6-14　智能传感器产品实物

该智能压力传感器由检测和变送两部分组成，其工作原理如图 6-15 所示。被测的力通过隔离的膜片作用于扩散电阻上，引起阻值变化。扩散电阻接在惠斯顿电桥中，电桥的输出代表被测压力的大小。在硅片上制成两个辅助传感器，分别检测静压力和温度。该传感器能够同时在同一个芯片上检测出差压、静压和温度 3 个信号，信号随后经多路开关分时地接到 A-D 转换器，经过模数转换后，变成数字量送到变送部分。

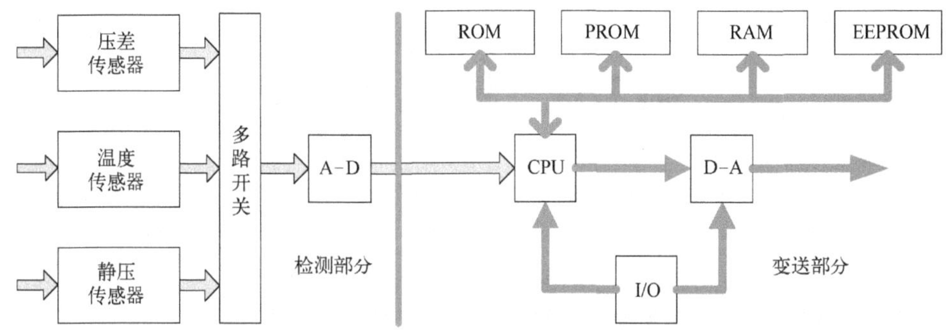

图 6-15 智能压力传感器原理框图

变送部分中的微处理器使传感器具有一定的智能，增强了传感器的功能，提高了技术指标。PROM 中存储有针对本传感器特性的修正公式，保证了传感器的高精度。

习题

1．什么是传感器？传感器在物联网中的作用是什么？传感器一般由哪几部分构成？各部分的功能是什么？

2．从传感器的能量角度，简述传感器的分类。

3．一般传感器的静态特性有哪些？

4．什么是阻抗型传感器？阻抗型传感器的分类有哪些？

5．常见的电阻式传感器分为哪几类？

6．什么是应变电阻效应？什么是应变片？

7．什么是压电效应？常见的压电材料可以分为哪几种类型？

8．什么是热电效应？列出几种常见的热电偶传感器。

9．什么是光电效应？常见的光电传感器的类型有哪几种？

10．什么是霍尔效应？列出几种常见的基于霍尔效应实现的传感器。

11．什么是磁光效应？磁光传感器有哪些优点？

12．什么是磁电传感器？磁电传感器的两种设计结构模式是什么？

13．湿度有哪几种表示法？列出半导体陶瓷湿敏电阻的种类并简述其区别。

14．简述气体传感器的主要特点。

15．什么是多功能传感器？它与传统传感器的主要区别是什么？

16．什么是 MEMS 技术？MEMS 的主要特点是什么？

17．简述 MEMS 传感器与多功能传感器的主要区别。

18．什么是智能传感器？智能传感器的主要特点有哪些？智能传感器与 MEMS 传感器有什么区别？智能传感器与嵌入式系统有什么区别？

19．什么是纳米技术？列出两种应用纳米技术的传感器并分析其用途。

第7章　传感器网络

传感器网络对物联网概念的形成起到了非常重要的作用。传感器网络是一种由传感器结点组成的网络，其中每个传感器结点都具有传感器、微处理器和通信接口电路，结点之间通过通信链路组成网络，共同协作来监测各种物理量和事件。

传感器网络根据传感器之间使用有线通信还是无线通信分为两种：有线传感器网络和无线传感器网络。在物联网中，最为关注的是采用低功耗、短距离的移动通信网络构成的无线传感器网络。

7.1　有线传感器网络

目前的物联网建设往往偏重于无线通信方式，但是有线通信方式同样在物联网产业中占据着举足轻重的地位，工业化和信息化的“两化融合”业务中大部分还是有线通信。计算机CPU的温度和冷却风扇的转数、汽车的时速和油耗等都是通过有线传感器网络获得的。

7.1.1　现场总线

在组建有线传感网方面，现场总线是典型的组网技术之一。现场总线系统可以在一对导线上挂接多个传感器、执行器、开关、按钮和控制设备等，这对导线称为总线，它是现场设备间数字信号的传输媒介，是数字信息的公共传输通道。现场总线工作在生产现场前端，是专为现场环境而设计的，可支持双绞线、同轴电缆、光缆、射频、红外线和电力线等，具有较强的抗干扰能力。

现场总线是当今自动化领域技术发展的热点之一，被誉为自动化领域的计算机局域网。它应用在生产现场，可以在测量控制设备之间实现双向串行多结点数字通信，是一种开放式的底层控制网络。利用现场总线可以构成网络控制系统，把单个分散的测量控制设备编程为网络结点，通过现场总线把它们连接起来，相互沟通信息，共同完成自动控制的任务。

现场总线是20世纪80年代中期发展起来的。现场总线的标准不统一，目前国际上流行且较有影响的现场总线有Profibus、FF、LonWorks、HART、CAN和M-bus等。

7.1.2　CAN总线

控制器局域网络（Controller Area Network，CAN）是最有名的一种现场总线，它是由德国Bosch公司推出的用于汽车内部测量与执行部件之间的现场总线。汽车内的现场总线连同其他线缆俗称线束。

CAN总线的国际标准为ISO 11898，其协议分为两层：物理层和数据链路层。

物理层传输媒介为双绞线，速率最高可达1 Mbit/s，通信距离最长为40 m，直接传输距离最远可达10 km（速率为5 kbit/s以下），可挂接的设备数最多可达110个。

数据链路层包括两个子层：媒介访问控制（Medium Access Control，MAC）子层和逻辑链路控制（LLC）子层。

MAC 子层的功能主要是实现帧的传送，即总线仲裁、帧同步、错误检测、出错标定和故障界定。总线仲裁采用与以太网基本相同的载波侦听多路访问/冲突检测（CSMA/CD）共享媒介控制方法，即在发送帧之前，先侦听线路上有无其他结点在发送数据，当线路空闲后才能发送帧，若检测到有冲突，则随机后退一段时间。CAN 采用短帧结构，每一帧的有效字节数为 8，因而传输时间短，受干扰的概率低。当结点严重错误时，具有自动关闭的功能，以切断该结点与总线的联系，使总线上的其他结点及其通信不受影响，具有较强的抗干扰能力。

LLC 子层的主要功能是为数据传送和远程数据请求提供服务，确认由 LLC 子层接收的报文实际已被接收，并为恢复管理和通知超载提供信息。

第 7 章有线传感器网络 M-Bus 7.1.3 节

7.1.3 M-Bus 总线

仪表总线（Meter-Bus，M-Bus）是一种专门为远程抄表系统设计的数据传输总线协议，广泛应用于各种消耗量仪表，如电表、热表、水表和气表等的计量。参见视频。

M-Bus 采用主叫/应答的方式进行通信，即只有处于中心地位的主站发出询问后，从站才能向主站传输数据。M-Bus 的协议模型分为物理层、链路层、网络层和应用层 4 层。

物理层定义了传输媒介、拓扑结构和接口。M-Bus 采用半双工、异步串行通信方式，数据速率为 300～9600 bit/s。M-Bus 通常采用总线型拓扑结构，由一个主站、若干个从站和两根连接电缆组成。由多组 M-Bus 构成的典型系统结构如图 7-1 所示。

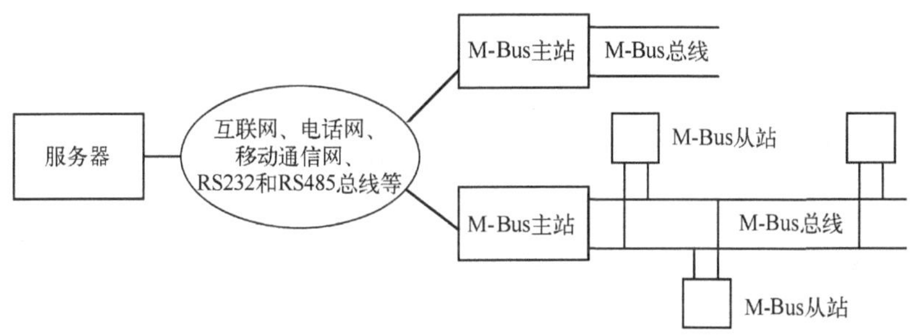

图 7-1　M-Bus 系统结构

主站是一个智能控制器，可为 M-Bus 总线提供电源，可以在几千米的距离上连接几百个从设备，保存从站的测量数据，还可以利用各种现有的通信手段与异地的计算机联网，构成一个完备的远程管理计量系统。从站是各种计量仪表，它们通过 M-Bus 接口并联在总线电缆上，该接口负责收发总线数据，控制总线电源和电池电源的切换。电缆通常采用标准的电话双绞线，没有正负极性之分。

数据链路层遵循国际电工委员会 IEC870-5（遥控装置和系统传输协议）标准，规定了 M-Bus 的信号传输方式、字节表示、帧格式，以及主从站的连接过程等。

网络层是可选的，原则上 M-Bus 可以构建任意一种拓扑结构，如星形、环形、总线型等，在复杂的拓扑结构下，网络层为数据传输提供最佳传输路径。

应用层定义了测量记录类型和数据结构，今后还将提供寻址、设定参数、报警，以及更为灵活的抄表方式等功能。

7.2　无线传感器网络概述

无线传感器网络（Wireless Sensor Network，WSN）就是由部署在监测区域内的大量廉价微型传感器结点组成的，并通过无线通信形成的一个多跳的自组织的网络系统，其目的是协作地感知、采集和处理网络覆盖区域中感知对象的信息，并发送给管理者。

在无线传感器网络中，智能的传感器结点感知信息，并自行组网传递到网关，网关通过各种通信网络将收集到的感应信息提交到管理结点进行处理。管理结点对数据进行处理和判断，根据处理结果发送执行命令到相应的执行机构，调整被控/被测对象的控制参数，达到远程监控的目的。

7.2.1　无线传感器网络的组成

无线传感器网络由无线传感器结点、汇聚结点和管理结点 3 部分组成，如图 7-2 所示。无线传感器结点通过人工布置、飞机撒播等方式大量部署在监测区域中，这些传感器结点通过自组织的方式构成网络，对监测区域中的特定信息进行采集、处理和分析。传感器结点既是信息的采集和发出者，也充当信息的路由者，采集的数据通过多个传感器结点的接力传递，到达汇聚（Sink）结点。汇聚结点是一个特殊的结点，数据通过汇聚结点接入到互联网、移动通信网络、卫星或无人机系统，最后提交给管理结点。管理结点一般位于用户所处的监控中心。参见视频。

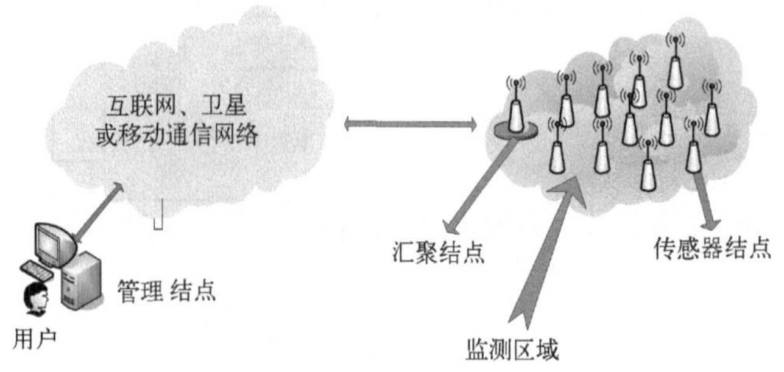

图 7-2　无线传感器网络的组成

第 7 章无线传感器的组成结点 7.2.1 节

1. 无线传感器结点

无线传感器结点通常是一个微型的嵌入式系统，安装有一个微型化的嵌入式操作系统，它的处理能力、存储能力和通信能力相对较弱，自身携带的能量有限，在无线传感器网络中既充当传感器又充当网络通信结点，起到了信息收集、处理、传递、存储、融合和转发等重要作用，同时，根据网络某些整体需要还要协同其他结点完成特定任务。

无线传感器结点由传感器模块、处理器模块、无线通信模块和电源模块 4 部分组成，如图 7-3 所示。所有这些模块通常组装成一个火柴盒大小甚至更小的装置，各装置相互协作以完成一项共同的任务。

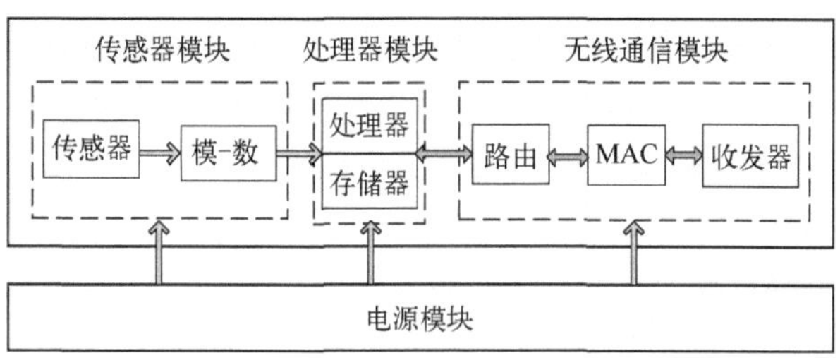

图 7-3　无线传感器结点结构

传感器模块负责监测区域内信息的采集和模数转换。传感器模块种类繁多，大部分传感器输出的是模拟量，需要模拟信号到数字信号的转换。无线传感器结点对于传感器的测量精度要求并不是很高，整个网络对精度的要求更多的是通过对整个网络各个结点数据的统计结果的数理统计和处理来实现的。

处理器模块负责控制整个传感器结点的操作，对本身采集的数据及其他结点发来的数据进行存储和处理。处理器模块是无线传感器结点的计算核心，所有的设备控制、任务调度、能量计算和功能协调等一系列操作都是在这个模块的支持下完成的。无线传感器结点对于其上的处理器有着特殊的要求，例如，微小的外形、高集成度、较低功耗且支持睡眠模式、运行速度尽量快、有足够的外部通用 I/O 接口、成本尽量低，以及安全性支持等。

无线通信模块负责与其他传感器结点进行无线通信，彼此交换控制信息和收发采集的数据。无线通信模块包括无线信号的收发、共享媒介的访问控制（MAC）和无线传感器网络中数据传递的路由选择。

电源模块为传感器结点提供运行所需的能量，通常采用电池或太阳能电池板供电。有些场合无法更换电池或者为了延长电池更换时间，一般采用睡眠机制，定期关闭某些模块的供电，从而延长整个网络的生存时间。

2. 汇聚结点

汇聚结点是一个特殊的无线传感器结点，一般为功能较为强大的嵌入式基站，主要负责收集和汇聚由其他传感器结点传输而来的数据，经过存储、融合等处理后，经由网关，通过互联网、卫星或者其他方式，将数据信息提交给管理结点。汇聚结点同时也负责将管理结点发送的控制信号及数据分发给所有或者指定的无线传感器结点。汇聚结点和网关通常集成在一个物理设备中。

汇聚结点的发射能力较强，具有较高的电能，可以将整个区域内的数据传送到远程控制中心进行集中处理。

3. 管理结点

管理结点通常是一台计算机或者功能强大的嵌入式处理设备，其任务是对汇聚结点传输回来的数据进行处理和判断，并向汇聚结点发送控制信号。用户通过管理结点对传感器网络进行配置和管理，发布监测任务并收集监测数据。

7.2.2　无线传感器网络的体系结构

无线传感器网络是一种无基础设施的、自组织的无线多跳网络。无基础设施是指整个网络无须任何基站、布线系统和服务器等组网设备，只存在无线传感器结点。自组织是指传感器结点能够各尽其责而又相互协调地自动形成有序的网络系统，也称为 Ad hoc 网络。多跳是指传感器结点之间的数据传输可能需要中间若干个其他传感器结点的转发。

无线传感器网络参照互联网的 TCP/IP 参考模型，把无线传感器网络的协议体系结构从下到上分为 5 层：物理层、数据链路层、网络层、传输层和应用层，如图 7-4 所示。值得注意的是，无线传感器网络各层使用的协议与互联网协议并不相同。

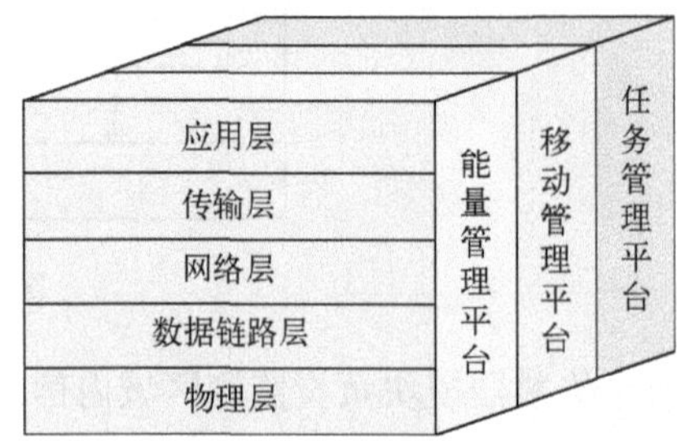

图 7-4　无线传感器网络的协议体系结构

物理层负责把用 0、1 表示的数据流调制成电磁波信号或把信号解调成数据，同时也负责射频收发器的激活和休眠、信道的频段选择等。物理层协议主要涉及无线传感器网络采用的物理媒介、频段选择和调制方式。目前，无线传感器网络采用的传输媒介主要包括无线电、红外线和光波等。其中，无线电传输是目前无线传感器网络采用的主流传输方式。

数据链路层负责数据帧的定界、帧监测、媒介访问控制（MAC）和差错控制。帧定界就是从物理层来的比特流中判定出预先指定的数据格式。媒介访问控制协议提供一种无线信道的分配方法，解决各传感器结点同时发送信号时的冲突问题。差错控制保证源结点发出的信息可以完整无误地到达目标结点。

网络层负责路由的发现和维护。通常，大多数结点无法直接与网关通信，需要通过中间结点以多跳路由的方式将数据传送至汇聚结点。网络层协议负责把各个独立的结点协调起来，利用路由协议决定数据的传输路径。

传输层负责把传感器结点采集的数据有效、无差错地送往汇聚结点，并通过各种通信网络送往应用软件。传输层是保证通信服务质量的重要部分，它采用差错恢复、流量控制和拥塞避免等机制，确保在拓扑结构和信道质量动态变化的条件下，为上层应用提供节能、可靠、实时性高的数据传输服务。

应用层协议与具体应用场合和环境密切相关，其主要功能是获取数据并进行处理，为管理人员运营和维护无线传感器网络提供操作界面。

除了按层次划分的协议栈外，利用无线传感器网络各层协议提供的功能，还可以提供对整个 WSN 的管理平台。管理平台包括能量管理平台、移动管理平台和任务管理平台。能量管理平台用来管理传感器结点如何使用能源，不仅仅是无线收发器的休眠与激活，在各个协议层都需要考虑节省能量。移动管理平台用来检测和控制结点的移动，维护到汇聚结点的路由，还可以使传感器结点能够动态跟踪其邻居的位置。任务管理平台则是在一个给定的区域内平衡和调度监测任务。

管理平台还可以提供安全、服务质量（QoS）等方面的管理功能。总之，管理平台的主要作用是使传感器结点能够按照能源高效的方式协同工作，能够在结点移动的传感器网络中转发数据，并支持多任务和资源共享。

7.2.3　无线传感器网络面临的挑战和发展趋势

鉴于无线传感器网络具有诸多不同于传统数据网络的特点，这对无线传感器网络的设计与实现提出了新的挑战，主要体现在低功耗、实时性、低成本、抗干扰、安全及协作等多个方面。这些挑战决定了 WSN 的设计方向和发展趋势。

1）设计灵活、自适应的网络协议体系结构。由于 WSN 面对的是大相径庭的应用背景，因此路由机制、数据传输模式、实时性和组网机制等都与传统网络有着极大的差异。设计一种功能可剪裁、灵活可重构并适用于不同应用需求的 WSN 协议体系结构是未来 WSN 发展的一个重要方向。

2）跨层设计。WSN 采用分层的体系结构，各层的设计相互独立并具有一定的局限性，因此各层的优化设计并不能保证整个网络的设计最优。跨层设计可以在不相邻的协议层之间实现互动，从而达到平衡整个 WSN 性能的目的。

3）与其他网络的融合。物联网就是将 WSN 与互联网、移动通信网络融合在一起，使 WSN 能够借助这两种传统网络传递信息，从而利用传感信息实现应用的创新。然而，WSN 与互联网的异构性决定了 WSN 无缝接入互联网的难度。

7.3　无线传感器网络的通信协议

按照无线传感器网络的分层模型，其协议也相应地分为物理层、数据链路层、网络层、传输层和应用层协议。由于节能是无线传感器网络设计中最重要的方面，而传统无线通信网络的协议对功耗考虑较少，因此无线传感器网络需要特定的 MAC 协议、路由协议和传输协议。

7.3.1　MAC 协议

媒介访问控制协议用于解决共享媒介网络中的媒介占用问题，也就是如何把共享信道分配给各个结点。无线传感器网络 MAC 协议的设计目标是充分利用网络结点的有限资源（能量、内存和计算能力）来尽可能延长网络的服务寿命，因此与传统无线网络不同，无线传感器网络 MAC 协议的设计在网络性能指标上有以下几个特殊之处。

1）能量有效性。能量有效性是无线传感器网络 MAC 协议最重要的一项性能指标，也是网络各层协议都要考虑的一个重要问题。在结点的能耗中，无线收发装置的能耗占绝大部分，而 MAC 层协议直接控制无线收发装置的行为。因此 MAC 协议的能量有效性直接影响网络结点的生存时间和网络寿命。

2）可扩展性。由于结点数目、结点分布密度等在网络生存过程中不断变化，结点位置也可能移动，还有新结点加入网络的问题，所以无线传感器网络的拓扑结构是动态的。MAC 协议应当适应这种动态变化的拓扑结构。

3）冲突避免。这是所有 MAC 协议的基本任务，它决定网络中的结点何时以何种方式占用媒介来发送数据。在无线传感器网络中，冲突避免的能力直接影响结点的能量消耗和网络性能。

4）信道利用率。信道利用率是指数据传输时间占总时间的比率。在蜂窝移动通信系统和无线局域网中，带宽是非常重要的资源，以便容纳更多的用户和传输更多的数据。在无线传感器网络中，处于通信状态的结点数量由一定的应用任务决定，因而信道利用率在无线传感器网络中处于次要位置。

5）时延。时延是指从发送端开始向接收端发送一个数据包，直到接收端成功接收这一数据包所经历的时间。在无线传感器网络中，时延的重要性取决于网络应用对实时性的要求。

6）吞吐量。吞吐量是指在给定的时间内发送端能够成功发送给接收端的数据量。网络的吞吐量受到诸多因素的影响，其重要性也取决于网络的应用。在许多应用中，为了延长结点的生存时间，往往允许适当牺牲数据传输的时延和吞吐量等性能指标。

7）公平性。公平性通常是指网络中各结点、用户和应用平等地共享信道的能力。在无线传感器网络中，所有的结点为了一个共同的任务相互协作，在特定时候，允许某个结点长时间占用信道来传送大量数据。因此 MAC 协议的公平性往往用网络能否成功实现某一应用来评价，而不是以每个结点能否平等地发送和接收数据来评价。

在上述所有指标中，节省能耗是重中之重。在无线传感器网络中，传感器结点通常靠干电池或纽扣电池供电，结点能量有限且难以补充。结点的能量消耗包括通信能耗、感知能耗和计算能耗，其中，通信能耗所占比重最大。传感器结点的无线通信模块通常具有发送、接收、空闲和休眠 4 种工作状态，其能耗依次递减，休眠状态的能耗远低于其他状态。因此在 MAC 协议中，常采用“侦听/休眠”交替的策略，结点一般处于休眠状态，定时唤醒查看有无通信任务。

通信过程中的能耗主要存在于：冲突导致重传和等待重传；非目的结点接收并处理数据形成串扰；发射和接收不同步导致分组空传；控制分组本身开销；无通信任务结点对信道的空闲侦听等。因此可以相应采取以下措施，以减少冲突、串扰和空闲侦听：通过协调结点间的侦听、休眠周期，以及结点发送、接收数据的时机，避免分组空传和减少过度侦听；通过限制控制分组长度和数量减少控制开销；尽量延长结点休眠时间，减少状态交换次数。

能量、通信能力、计算能力和存储能力的限制决定了无线传感器网络的 MAC 层不能使用过于复杂的协议，应尽量简单、高效。根据 MAC 协议分配信道的方式可以将 MAC 协议分为竞争型、调度型和混合型等几种类型。

1. 竞争型 MAC 协议

竞争型 MAC 协议的基本思想是，当结点需要发送数据时，通过竞争方式使用无线信道，若发送的数据产生冲突，就按照某种策略退避一段时间再重发数据，直到发送成功或放弃发送为止。在无线传感器网络中，睡眠/唤醒调度、握手机制设计和减少睡眠时间是竞争型协议需要重点考虑的。

典型的竞争型 MAC 协议是 IEEE 802.11 无线局域网和 ZigBee 网络使用的 CSMA/CA（带冲突避免的载波侦听多路访问）。CSMA/CA 的方法为：结点在发送数据前首先侦听信道是否空闲，即是否有其他结点在发送数据，如果有其他结点占用信道，则等待。当信道由忙转闲时，则发送请求发送（RTS）帧请求占用信道。如果收到接收方的允许发送（CTS）帧，则说明信道占用成功，就可以发送数据帧了。如果没有收到对方的 CTS 帧，说明与其他结点发送的 RTS 帧发生了冲突，于是随机退避一段时间，再侦听信道重新尝试。

在 CSMA/CA 的基础上，针对能耗问题，人们提出了多种用于无线传感器网络的竞争型 MAC 协议，如 S-MAC、T-MAC、PMAC、WiseMAC 和 Sift 等。

S-MAC 协议采用周期性的睡眠和侦听机制。在侦听状态，结点可以和它的相邻结点进行通信，侦听、接收或发送数据。在休眠状态，结点关闭发射接收器，以此减少能量的损耗。一般设置侦听的占空比为 10%，即 2 s 中有 200 ms 处于侦听状态。

T-MAC 协议对 S-MAC 协议进行了改进，使侦听占空比能够动态调整，从而适应动态变化的通信负载。

PMAC 只唤醒传输路径上的结点，减少了邻居结点过度侦听和分组冲突的状况。

WiseMAC 协议在数据确认帧中携带了下一次信道监听时间，这样结点就可以获得所有邻居结点的信道监听时间，从而在发送数据时可以将唤醒前导压缩到最短。

Sift 协议是基于事件驱动的 MAC 协议。大多数传感器网络是事件驱动的网络，多个邻近的结点会同时探测到某个事件，并开始传输相关信息，Sift 协议通过在不同时隙采用不同的发送概率，只保证短时间内部分结点能够无冲突地成功发送数据，并抑制其他结点的发送。

2．调度型 MAC 协议

调度型 MAC 协议就是按预先固定的方法把信道划分给或轮流分配给各个结点，例如，时分多址、时分复用（TDMA）、频分多址（FDMA）和码分多址（CDMA）等分配方法就是采用某种调度算法将时隙、频率或正交码映射到每个结点，使每个结点只能使用其特定的时隙、频率或正交码无冲突地访问信道。调度型协议有以下优点：无冲突、无隐藏终端问题、易于休眠、适合低功耗网络。缺点是必须具备中心控制结点来分配信道。调度型 MAC 协议有 TRAMA、SMACS、DMAC 和 LMAC 等。

流量自适应媒介访问（TRAMA）协议是较早提出的采用时分多址技术的调度型 MAC 协议。该协议根据局部两跳内的邻居信息，采用分布式选择算法确定每个时隙的无冲突发送者，同时避免把时隙分配给无流量的结点。

TRAMA 协议包括 3 部分：邻居协议、调度交换协议和自适应时隙选择算法（Adaptive Election Algorithm，AEA）。TRAMA 协议将时间划分为交替的随机访问周期和调度访问周期，其时隙数由具体应用决定。

邻居协议在随机访问周期内执行，它要求所有结点在随机访问周期内都处于激活状态，并周期性地通告自己的 ID 标识、是否有数据发送请求，以及一跳内的邻居结点等信息。邻居协议的目的是使结点获得两跳内的拓扑结构和结点流量信息，并实现时间的同步。

调度交换协议用来建立和维护发送者和接收者的调度信息。在调度访问周期内，结点周期性地广播其调度信息，每个结点根据报文产生速率和报文队列长度计算结点优先级。

自适应时隙选择算法根据当前两跳邻居结点内的结点优先级和一跳邻居的调度信息，决定结点在当前时隙的状态策略：接收、发送或睡眠。结点在调度周期的每个时隙上都需要运行 AEA 算法。由于 AEA 算法更适合于周期性数据采集任务，所以 TRAMA 协议非常适合周期性监测应用。

3．混合型 MAC 协议

竞争型 MAC 协议能很好地适应网络规模、拓扑结构和数据流量的变化，无需精确的时钟同步机制，实现简单，但是能量效率较低。调度型 MAC 协议的信道之间无冲突、无干扰，数据包在传输过程中不存在冲突重传，能量效率相对较高，但是需要网络中的结点形成簇，对网络拓扑结构变化的适应能力不强。混合型协议包含了以上两类协议的设计要素，取长避短。当时空域或某种网络条件改变时，混合型协议仍表现为以某类协议为主、其他协议为辅的特性。混合型 MAC 协议有 μ-MAC、Z-MAC 等。

μ-MAC 适合于周期性数据采集的无线传感器网络，它假设可以获得流量模式的信息，通过应用层的流量信息来提高 MAC 协议的性能。在 μ-MAC 中，有一个独立于 WSN 结点之外的固定基站提供信标源，实现时钟同步，并负责发出任务指令，汇聚各结点采集的数据。μ-MAC 的信道结构包含竞争期和无竞争期。竞争期采用分时隙的随机竞争接入方式，无竞争期采用 TDMA 调度接入方式。

Z-MAC 在低流量条件下使用 CSMA 信道访问方式，提高信道利用率，同时降低时延，而在高流量条件下使用 TDMA 信道方式，减少冲突和串扰。

7.3.2 路由协议

路由协议负责在源结点和目的结点之间寻找一条优化路径，并沿该路径正确转发数据。无线传感器网络路由协议除了能够满足传统路由协议对服务质量和带宽的要求外，其首要目标是高效节能，延长整个网络的生命周期。无线传感器路由协议可分为以下 4 类：以数据为中心的路由协议、基于簇结构的路由协议、基于地理位置信息的路由协议和基于 QoS 的路由协议。参见视频。

第 7 章无线传感器路由协议 7.3.2 节

1．以数据为中心的路由协议

此类路由协议对感知到的数据按照属性命名，对相同属性的数据在传输过程中进行融合操作，以减少网络中冗余数据的传输。典型协议有基于信息协商的传感器协议（Sensor Protocols for Information via Negotiation，SPIN）、定向扩散协议（Directed Diffusion，DD）等。

SPIN 主要是对泛洪路由协议的改进。在泛洪协议中，结点产生或收到数据后向所有邻居结点广播，数据包直到过期或到达目的地才停止传播。SPIN 协议考虑到了 WSN 中的数据冗余问题，即邻近的结点所感知的数据具有相似性，通过结点间的协商来减少网络中传输的数据量。结点只广播其他结点所没有的数据以减少冗余数据，从而有效减少能量消耗。

SPIN 协议假定网络中的所有结点都是汇聚结点，每个结点都有用户需要的信息，而且相邻的结点所感知的数据类似，所以只要发送其他结点没有的数据即可。SPIN 协议采用了 3 种数据包来通信：数据描述数据包 ADV 用于新数据的广播，当结点有数据要发送时，利用包含元数据（即数据属性，对数据进行命名，用于数据融合，以便减少数据的传输量）的 ADV 数据包向外广播；数据请求数据包 REQ 用于请求发送数据，当结点希望收到数据时，发送该数据包；DATA 数据包用于发送所采集的数据。

SPIN 协议不需要了解网络拓扑结构，当一个传感器结点在发送一个数据包之前，首先向其邻居结点广播发送 ADV 数据包，如果一个邻居希望接收该数据包，则向该结点发送 REQ 数据包，接着结点向其邻居结点发送 DATA 数据包。如果发送数据包的是汇聚结点，则工作流程如图 7-5a 所示。如果发送数据包的是普通结点，则工作流程如图 7-5b 所示。

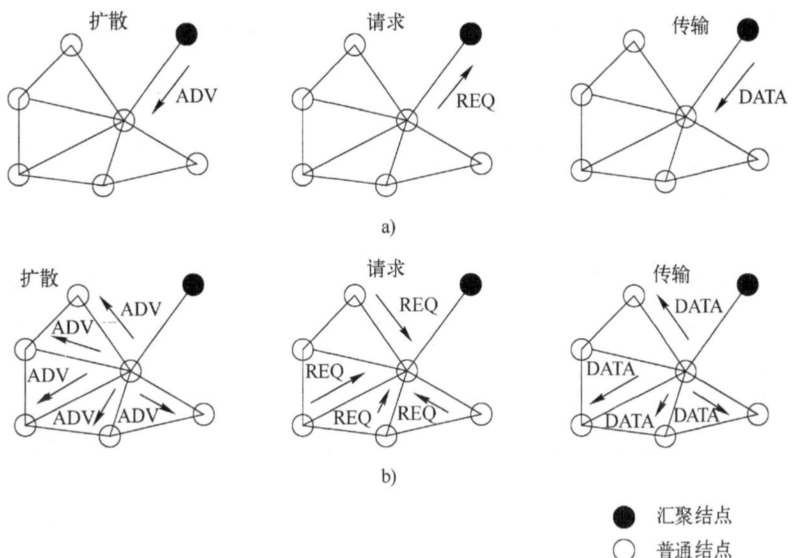

图 7-5　SPIN 协议的工作流程

a) 汇聚结点　b) 普通结点

DD 协议是一种基于查询的方法，汇聚结点周期性地广播一种被称为“兴趣”的数据包，告诉网络中的结点它需要收集什么样的信息。在“兴趣”数据包的传播过程中，DD 协议根据数据上报率、下一跳等信息，逐跳地在每个传感器结点上建立反向的从数据源到汇聚结点的梯度场，传感器结点将采集到的数据沿着梯度场传送到汇聚结点。

2. 基于簇结构的路由协议

簇结构路由协议是一种网络分层路由协议，重点考虑的是路由算法的可扩展性。它将传感器结点按照特定规则划分为多个集群（簇），每个簇由一个簇头和多个簇成员组成。多个簇头形成高一级的网络，在高一级的网络中，又可以分簇，从而形成更高一级的网络，直至最高级的汇聚结点。在这种结构（实际上就是多叉树结构，也称为簇树）中，簇头结点不仅负责管理簇内结点，还要负责簇内结点信息的收集和融合，并完成簇间数据的转发。

这类路由协议对簇头结点的依赖性较大，信息采集与处理均会大量消耗簇头的能量，簇头结点的可靠性与稳定性同样对全网性能有着很大的影响。簇结构路由协议使用的路由算法有低能耗自适应分簇结构（Low-Energy Adaptive Clustering Hierarchy，LEACH）、传感器信息系统的节能型采集方法（Power-Efficient Gathering in Sensor Information Systems，PEGASIS）、阈值敏感的节能的传感器网络协议（Threshold-Sensitive Energy Efficient Sensor Network，TEEN）和两层数据发布（Two-Tier Data Dissemination，TTDD）等。

LEACH 是最早提出的分层路由算法，它以簇内结点的能量消耗为出发点，旨在延长结点的工作时间，平衡结点能耗，其网络结构如图 7-6 所示。

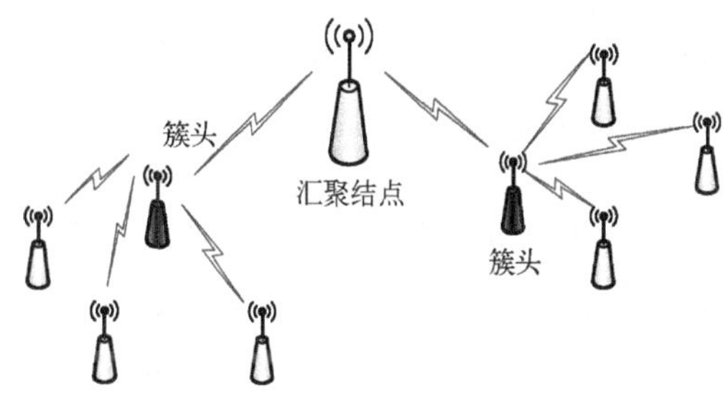

图 7-6　LEACH 协议网络结构图

LEACH算法定义了“轮”的概念，每一轮分为两个阶段：初始化阶段和稳定工作阶段。

在初始化阶段，网络以周期性循环的方式随机选择簇头结点，簇头结点向周围广播信息，其他结点依照所接收到的广播信号强度加入相应的簇头，形成虚拟簇。

在稳定工作阶段，簇头接收结点传来的数据，并进行数据融合处理，以减少网络数据量，并发送到汇聚结点。

簇头结点的选择是LEACH算法中的关键问题，它是根据网络中需要的簇头结点数及到目前为止每个结点成为簇头的次数来决定的。为了延长结点的工作时间，需要定期更换簇头结点，因此整个网络的能量负载被平均分配到每个结点上，从而实现平均分担转发通信业务。

3．基于地理位置信息的路由协议

基于地理位置的路由协议假设结点知道自身、目的结点或目的区域的地理位置，结点利用这些地理位置信息进行路由选择，将数据转发至目的结点。在路由协议中使用地理位置信息主要包括以下两种用途：将地理位置信息作为其他算法的辅助，从而限制网络中搜索路由的范围，减少了路由控制分组的数量；直接利用地理位置信息建立路由，结点直接根据位置信息指定数据转发策略。基于地理位置信息的路由协议使用的路由算法有GAF、GPSR等。

地理自适应保真（Geographical Adaptive Fidelity，GAF）路由算法是一种使用地理位置信息作为辅助的路由算法，它将监测区域划分成虚拟单元格，各结点按照位置信息划入相应的单元格，每个单元格中只有一个簇头结点保持活动，其他结点均处于睡眠状态。网格中的结点对于中继转发而言是等价的，它们通过分布式协商确定激活结点和激活时间。处于激活状态的结点周期性地唤醒睡眠结点，通过交换角色来平衡网络的能耗。

贪婪无状态周边路由（Greedy Perimeter Stateless Routing，GPSR）路由算法直接利用地理位置信息采用贪婪算法（贪婪算法就是不从整体考虑，而只从局部考虑找出当前的最优解）选择路径。GPSR 协议中的结点发送数据时，以实际地理距离计算与目的结点最近的邻居结点，将该邻居结点作为数据分组的下一跳。

4．基于服务质量的路由协议

基于 QoS 的路由协议在建立路由的同时，还考虑结点的剩余电量、每个数据包的优先级，以及端到端的时延的估计值，从而为数据包选择一条合适的发送路径，尽力满足网络的服务质量要求。具体的协议有SAR、SPEED等。

有序分配路由协议（Sequential Assignment Routing，SAR）综合考虑了能效和QoS，它维护多棵树结构，每棵树以落在汇聚结点的有效传输半径内的结点为根向外生长，树干的选择需要满足一定的 QoS 要求和能量储备。大多数结点可能同时属于多棵树，每个结点与汇聚结点之间有多条路径，可任选某一采集树回到汇聚结点。为了防止一些结点的死亡而导致网络拓扑结构的变化，汇聚结点会定期发起路径重建命令来保证网络的连通性。

SPEED 协议是一个实时路由协议。SPEED 中的每个结点记录所有邻结点的位置信息和转发速度，并设定一个速度门限，当结点接收到一个数据包时，根据这个数据包的目的位置把相邻结点中距离目的位置比该结点近的所有结点划分为转发结点候选集合，然后把转发结点候选集合中转发速度高于速度门限的结点划分为转发结点集合，在这个集合中，转发速度越高的结点被选为转发结点的概率越大。如果没有结点属于这个集合，则利用反馈机制重新路由。该协议在一定程度上实现了端到端的传输速率保证、网络拥塞控制及负载平衡机制，缺点是没有考虑在多条路径上传输以提高平均寿命，传输的报文没有优先级机制。

7.3.3　传输协议

传输层的主要目的是利用下层提供的服务向上层提供可靠、透明的数据传输服务，因此传输层必须实现流量控制和拥塞避免的功能，以实现无差错、无丢失、无重复、有序的数据传输功能。无线传感器网络的传输层技术应该充分协同多个传感器结点，在满足可靠性的要求下，传输最少的数据，从而降低能量消耗。目前的无线传感器网络传输协议一般都采用以下几项技术。

1）由传感器执行拥塞检测。源传感器根据自身的缓存状态判断是否发生拥塞，然后向汇聚结点发送当前的网络状态。

2）采用事件到汇聚结点的可靠性模型。一些传输协议定义了衡量当前传输可靠性程度的量化指标，由汇聚结点根据收到的报文数量或其他一些特征进行估算。汇聚结点根据当前的可靠性程度及网络状态自适应地进行流量控制。

3）消极确认机制。只有当结点发现缓存中的数据包并不是连续排列时，才认为数据丢失，并向邻居结点发送否认数据包，索取丢失的数据包。

4）局部缓存和错误恢复机制。每个中间结点都缓存数据包，丢失数据的结点快速地向邻居结点索取数据，直到数据完整后，该结点才会向下一跳结点发送数据。

以上几项技术可以保证传输协议利用较低的能量提供可靠的传输，并且具有良好的容错性和可扩展性。典型的无线传感器网络的传输协议有 PSFQ、ESRT 等。

1．PSFQ 传输协议

缓发快取（Pump Slowly Fetch Quickly，PSFQ）传输协议可以把用户数据可靠、低能耗地由汇聚结点传输到目的传感器结点。在 PSFQ 中，汇聚结点以较长的发送间隔将分组顺序地发布到网络中，中间结点在自己的缓冲区中存储这些分组并转发到下游结点。中间结点如果接收到一个乱序的帧，不是立刻转发，而是迅速向上游邻居索取缺失的数据帧。该协议采用的是本地点到点逐跳的差错恢复机制，而不是端到端恢复机制。PSFQ 传输协议适用于要求可靠管理传感器网络的应用。

2．ESRT 协议

事件到汇聚结点的可靠传输（Event-to-Sink Reliable Transport，ESRT）协议是把源传感器结点获取的事件可靠、低能耗地传输到汇聚结点。ESRT 协议规定汇聚结点采用基于当前传输状态的动态流量控制机制，确保传输稳定在最优工作状态。传输开始时，汇聚结点发送控制报文，命令源传感器结点以预定的速率回送事件消息报文。在每个决策周期结束时，汇聚结点计算当前传输的可靠性程度，结合源传感器结点回送的拥塞标志位，判断当前的传输状态。汇聚结点将根据当前的传输状态和报告频率计算下一个决策周期内的报告频率。最后汇聚结点发送控制报文，命令源传感器结点以新的报告频率回送事件消息报文。ESRT 传输协议具有良好的伸缩性和容错性，它在网络拓扑变化或传感器网络的密度和规模增大时能够保持良好的性能，适用于无线传感器网络进行可靠监测的应用。

7.4　无线传感器网络的组网技术

组建无线传感器网络首先分析应用需求，如数据采集频度、传输时延要求、有无基础设施支持，以及有无移动终端参与等，这些情况直接决定了无线传感器网络的组网模式，从而也就决定了网络的拓扑结构。无线传感器网络的组网模式通常有以下几种。

1）网状模式。网状模式分两种情况，一种是传统的 Ad Hoc 组网模式，另一种是 Mesh 模式。在传统的 Ad Hoc 组网模式下，所有结点的角色相同，通过相互协作完成数据的交流和汇聚，适合采用定向扩散路由协议。Mesh 模式是在传感器结点形成的网络上增加一层固定无线网络，用来收集传感结点数据，同时实现结点之间的信息通信和网内数据融合。

2）簇树模式。簇树模式是一种分层结构，结点分为普通传感结点和用于数据汇聚的簇头结点，传感结点将数据先发送到簇头结点，然后由簇头结点汇聚到后台。簇头结点需要完成更多的工作、消耗更多的能量。如果使用相同的结点实现分簇，则要按需更换簇头，避免簇头结点因为过度消耗能量而死亡。簇树模式适合采用树形路由算法，适用于结点静止或者移动较少的场合，属于静态路由，不需要路由表，对于传输数据包的响应较快，但缺点是不灵活，路由效率低。

3）星形模式。星形模式根据结点是否移动分为固定汇聚和移动汇聚两种情况。在固定汇聚模式中，中心结点汇聚其他结点的数据，网络覆盖半径比较小。移动汇聚模式是指使用移动终端收集目标区域的传感数据，并转发到后端服务器。移动汇聚可以提高网络的容量，但如何控制移动终端的轨迹和速率是其关键所在。

无线传感器网络中的应用一般不需要很高的信道带宽，却要求具有较低的传输时延和极低的功率消耗，使用户能在有限的电池寿命内完成任务。无线传感器网络的组建一般采用低功耗的个域网（PAN）技术，一些低功耗、短距离的无线传输技术都可以用于组建无线传感器网络，如 IEEE 802.15.4 低速无线个域网、ZigBee 网络、Z-WAVE、Thread、6LowPAN、蓝牙、UWB（超宽带）、红外线 IrDA、Halow（即低功耗的 IEEE 802.11ah 无线局域网）和普通射频芯片等，较长距离可采用 NB-IoT、LoRa 等。基于普通射频芯片组网时，需要用户自己设计相应的 MAC 协议、路由协议等。

7.4.1 ZigBee

第7章 ZigBee 网络 7.4.1 节

ZigBee 网络是由 ZigBee 联盟制定的一种低速率、低功耗、低价格的无线组网技术，它的基础是 IEEE 802.15.4 标准。IEEE 802.15.4 是一种个域网标准，ZigBee 在 IEEE 802.15.4 的基础上增加了网络层和应用层框架，成为无线传感器网络的主要组网技术之一。参见视频。

ZigBee 适合由电池供电的无线通信场合，并希望在不更换电池并且不充电的情况下能正常工作几个月甚至几年。ZigBee 无线设备工作在公共频段上（全球为 2.4 GHz，美国为 915 MHz，欧洲为 868 MHz），传输速率为 20～250 kbit/s，传输距离为 10～75 m。

1．ZigBee 网络的设备

根据设备的通信能力，ZigBee 把结点设备分为两种：全功能设备（Full-Function Device，FFD）和精简功能设备（Reduced-Function Device，RFD）。FFD 设备可以与所有其他 FFD 设备或 RFD 设备通信。RFD 设备之间不能直接通信，只能与 FFD 设备通信，或者通过一个 FFD 设备向外转发数据。RFD 设备传输的数据量较少，主要用于简单的控制应用，如灯的开关、被动式红外线传感器等。

根据设备的功能，ZigBee 网络定义了 3 种设备：协调器、路由器和终端设备。协调器和路由器必须是 FFD 设备，终端设备可以是 FFD 或 RFD 设备。

每个 ZigBee 网络都必须有且仅有一个协调器，充当无线传感器网络的汇聚结点。当一个全功能设备启动时，首先通过能量检测等方法确定有无网络存在，有则作为子设备加入，无则自己作为协调器，负责建立并启动网络，包括广播信标帧以提供同步信息、选择合适的射频信道，以及选择唯一的网络标识符等一系列操作。

路由器在结点设备之间提供中继功能，负责邻居发现、搜寻网络路径、维护路由和存储转发数据，以便在任意两个设备之间建立端到端的传输。路由器扩展了 ZigBee 网络的范围。

终端设备就是网络中的任务执行结点，负责采集、发送和接收数据，在不进行数据收发时进入休眠状态以节省能量。协调器和路由器也可以负责数据的采集。

ZigBee 网络有信标和非信标两种工作模式。在信标工作模式下，网络中的所有设备都同步工作、同步休眠，以减小能耗。网络协调器负责以一定的时间间隔广播信标帧，两个信标帧之间有 16 个时隙，这些时隙分为休眠区和活动区两部分，数据只能在网络活动区的各时隙内发送。在非信标模式下，只有终端设备进行周期性休眠，协调器和路由器一直处于工作状态。

2. ZigBee 网络的拓扑结构

ZigBee 网络的拓扑结构有星形、网状和簇树 3 种，如图 7-7 所示。在实际环境中，拓扑结构取决于结点设备的类型和地理环境位置，由协调器负责网络拓扑的形成和变化。

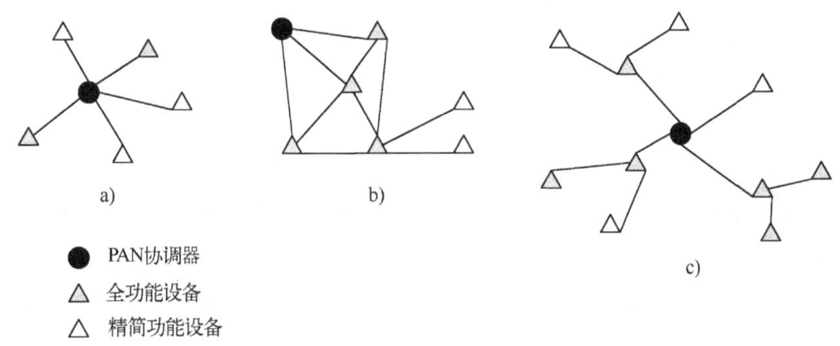

图 7-7　ZigBee 网络的拓扑结构

a) 星形拓扑　b) 网状拓扑　c) 簇树拓扑

星型拓扑组网简单、成本低、电池使用寿命长，但是网络覆盖范围有限，可靠性不如网状拓扑结构，对充当中心结点的 PAN 协调器依赖性较大。

网状拓扑中的每个全功能结点都具有路由功能，彼此可以通信，网络可靠性高、覆盖范围大，但是电池使用寿命短、管理复杂。

簇树拓扑是组建无线传感器网络常用的拓扑结构，它是无线传感器网络中信息采集树的物理体现。在组建无线传感器网络时，协调器既是树根，又是汇聚结点。中间结点由 ZigBee 路由器担任。叶结点用于采集数据，由 ZigBee 终端设备担任，是典型的无线传感器结点。

3. ZigBee 协议栈

ZigBee 协议栈自下而上由物理层、媒介访问控制（MAC）层、网络层和应用层构成，如图 7-8 所示。其中，物理层和媒介访问控制层采

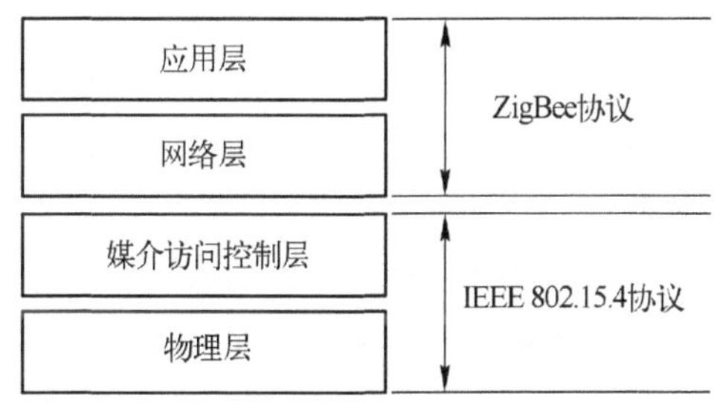

图 7-8　ZigBee 协议栈

用 IEEE 802.15.4 标准，ZigBee 联盟在 IEEE 802.15.4 基础上添加了网络层和应用层协议。

ZigBee 协议定义了各层帧的格式、意义和交换方式。当一个结点要把应用层的数据传输给另一个结点时，它会从上层向下层逐层进行封装，在每层给帧附加上帧首部（在 MAC 层还有尾部），以实现相应的协议功能，如图 7-9 所示。

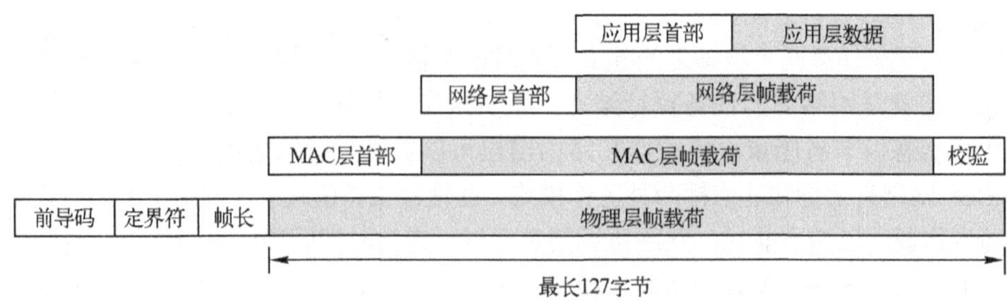

图 7-9　ZigBee 各层帧结构的封装关系

当结点从网络接收到数据帧时，它会从下层向上层逐层剥离首部，执行相应的协议功能，并把载荷部分提交给相邻的上层。ZigBee 各层的功能如下。

1）ZigBee 物理层规定了信号的工作频率范围、调制方式和传输速率。ZigBee 采用直接序列扩频技术，定义了 3 种工作频率。当采用 2.4 GHz 频率时，使用 16 信道，传输速率为 250 kbit/s。当频率为 915 MHz 时，使用 10 信道，传输速率为 40 kbit/s。当采用 868 MHz 时，使用单信道，可提供 20 kbit/s 的传输速率。

物理层协议数据单元中的前导码由 32 个 0 组成，接收设备根据接收到的前导码获取时钟同步信息，以识别每一位。定界符为 11100101（十六进制 0xA7，低位先发送），用来标识前导码的结束和载荷的开始。

2）ZigBee 媒介访问控制层提供信道接入控制、帧校验、预留时隙管理及广播信息管理等功能。MAC 协议使用 CSMA/CA。一个完整的 IEEE 802.15.4 的 MAC 帧由帧头、帧载荷和帧尾 3 部分构成，如图 7-10 所示。

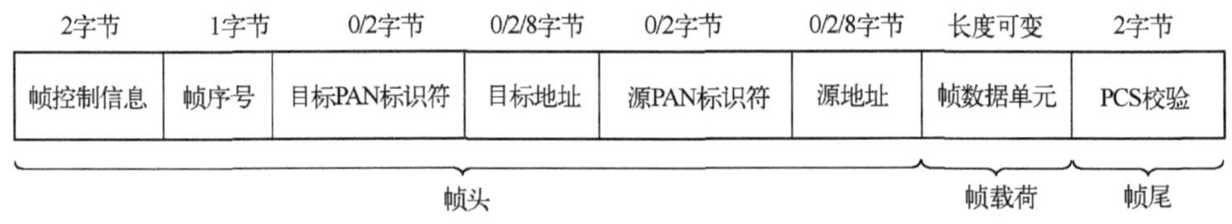

图 7-10　ZigBee 的 MAC 帧格式

帧头包括帧控制信息、序号、目的网络标识符、目的结点地址、源网络标识符和源结点地址。结点地址有两种：64 位的物理地址或网络层分配的 16 位短地址。载荷字段长度可变，由帧类型决定具体的内容。帧尾为 16 位的 CRC 校验码，校验范围包括帧头和负载字段。

3）ZigBee 网络层主要实现结点加入或离开网络、接收或抛弃其他结点、路由查找及传送数据等功能。ZigBee 没有指定组网的路由协议，这样就为用户提供了更为灵活的组网方式。

ZigBee 网络层的帧由网络层帧头和网络载荷组成，如图 7-11 所示。帧头部分的字段顺序是固定的，但不一定要包含所有的字段。

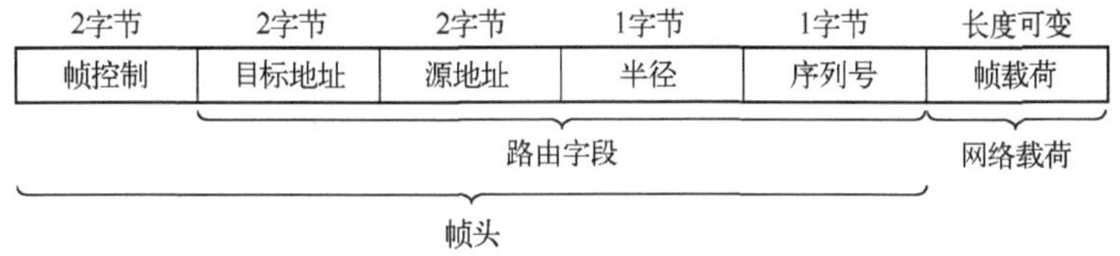

图 7-11　ZigBee 网络层帧格式

帧头中包括帧控制字段、目标地址字段、源地址字段、半径字段和序列号字段。其中帧控制字段由 16 位组成，包括帧种类、寻址和排序字段，以及其他的控制标志位。目的地址字段用来存放目标设备的 16 位网络地址。源地址字段用来存放发送设备的 16 位网络地址。半径字段用来设定广播半径，在传播时，每个设备接收一次广播帧，将该字段的值减 1。序号字段为 1 字节，每次发送帧时加 1。帧载荷字段存放应用层的首部和数据。

4）ZigBee 应用层定义了各种类型的应用业务，主要负责组网、安全服务等功能。2016 年正式推出的 ZigBee 3.0 解决了不同应用层协议之间互联互通的问题，协议栈使用 ZigBee PRO，兼容互联网的 IP。

7.4.2　Z-WAVE

Z-WAVE 是由 Z-WAVE 联盟推出的一种低功耗、低成本、高可靠性的无线组网技术，工作频率为 908.42 MHZ（美国）和 868.42 MHZ（欧洲），采用 FSK（BFSK/GFSK）调制方式，信号的有效覆盖范围在室内是 30 m，室外超过 100 m，传输速率为 9.6～40 kbit/s。Z-WAVE 的工作频段在中国属于工业频段，这也限制了 Z-WAVE 在中国的使用。

Z-WAVE 网络包括两种基本类型的结点：控制结点和子结点。

控制结点负责选择路由，初始化网络并向子结点发送网络命令。一个 Z-WAVE 网络中可以有多个控制结点，但只能有一个主控制器。网络内的所有结点的分配都由主控制结点控制，其他控制结点只是转发主控制结点的命令。只有主控制器可以管控结点，并通过管控实时改变网络的拓扑结构。

子结点则是输入和输出单元，提供传感数据或者实现功能。Z-WAVE 网络最多支持包括控制结点在内的 232 个结点。任何子结点都可以作为中继结点使用，一般由电源供电的结点充当，电池供电结点不作为中继结点。

Z-WAVE 采用动态路由的方式，每个子结点内部都存有一个路由表，这个路由表由控制结点写入，存储的信息是该结点入网时周边存在的其他结点的结点地址，这样一来，每个结点都知道周围有哪些结点，而控制结点存储了所有结点的路由信息。当控制结点与受控结点的距离超出最大控制距离，造成命令发送失败时，则重新选择路由。

在 Z-WAVE 网络中，路由表是在结点加入到网络时建立的，此后，如果用户不主动触发更新路由表，该结点的路由信息将一直保持最初的状态。如果该结点移动后，导致网络拓扑结构变化，路由表不会及时更新，若此时用户发送数据给该结点，控制结点会调用最后一次正确控制该结点的路径发送命令，如果这个路径失败，则从第一个结点开始重新检索新的路径。

Z-WAVE 路由器协议采用的是源路由机制，即由发送结点确定将数据包发送至目的结点所要经过的完整的结点序列，发送结点将完整的路径写入数据包头部，前进路上的每一跳都根据该路径进行转发。Z-WAVE 的数据包传输过程如图 7-12 所示。

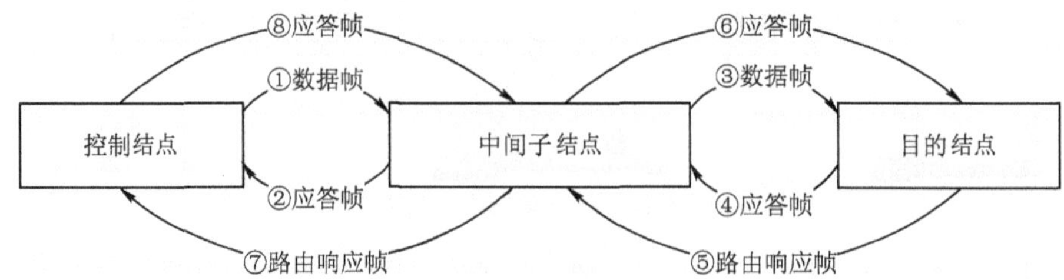

图 7-12　Z-WAVE 的数据包传输过程

控制结点想要给目的结点发送命令，先将数据帧发送给中间子结点，如图 7-12 所示的第①步。当中间子结点收到正确的数据帧后，予以应答，即向控制结点发送应答帧。由中间子结点再将控制结点发出的数据帧转发给目的结点，即③。目的结点收到数据帧后同样予以应答，即向中间子结点发送应答帧。之后发送路由响应帧给中间子结点，这个路由响应帧是对控制结点的应答，同样需要通过中间子结点转发一次。当中间子结点收到目的结点的路由响应帧时，也同样回以应答帧完成握手。中间子结点再将目的结点对控制结点的应答帧发送至控制结点，如图中的步骤⑦所示。数据校验正确后控制结点向中间子结点发送应答帧，至此，完成控制结点对目的结点的命令发送。通过这样的方法，控制结点发出的命令就通过子结点一级一级路由到了目的结点，动态延伸了 Z-WAVE 无线网络的覆盖范围。

Z-WAVE 协议栈包括射频层、媒介访问控制（MAC）层、传输层、路由层、安全层和应用层，如图 7-13 所示。其中安全层是可选的。

应用层
安全层
路由层
传输层
MAC层
射频层

图 7-13　Z-WAVE 协议栈

射频层规定了 Z-WAVE 射频频段、调制方式、调频频率、发射功率和接收机灵敏度等参数。

MAC 层的作用就是将从上层接收到的帧转化为曼彻斯特编码方式的比特流通过射频媒介发送出去，或者将收到的经过编码的比特流转化为数据帧交付给传输层。MAC 层的设计主要考虑到尽可能做到低功耗、低成本和高可靠性等，采用冲突避免（CSMA/CA）机制来避免结点间的信道竞争。MAC 层的所有帧均由前导报头、帧开始标志（SOF）、数据部分及帧结束标志（EOF）组成，并且以低字节在前的格式（或称反字节格式）进行传输。

传输层的主要功能是控制结点间数据的传递，如重传机制、校验和帧确认等，主要用于提供结点间可靠的、透明的数据传输。例如，一个消息序列的每个分组可能会通过不同的路由传输，到达目的地，传输层通过排序过程重新给分组排序，这样接收端就可以接收到完整的消息。传输层还能进行流量控制，通过流量控制，可以调整数据的传输速率，以免过量的数据使网络缓冲器超负载。

传输层有 4 种类型的数据帧用于在结点间交换信息，分别是单播帧、组播帧、广播帧和确认帧。单播帧用于控制器和从结点间的通信。控制器可以通过单播帧向从结点发送命令，从结点也可以通过单播帧向控制器发送信息。当控制器需要向特定设备组发送命令时，可以使用组播帧，这样可以避免重复地向设备组中的所有结点发送单播帧。同样，控制器可以使用广播帧向网络中的所有设备发送命令。确认帧是一种单播帧，用于消息的确认，如果发送消息的发送方收到了来自接收方的确认帧，就说明信息已经达到接收方路由层。

路由层的主要功能是控制路由帧在结点间的传播，无论是控制器还是子结点，只要它们的位置固定并且一直处于监听状态，就可以存储转发路由帧。路由层负责以正确的方式发送路由帧，并且保证帧能够在结点间顺利传递，路由层也负责收集网络拓扑信息，以便在控制器结点上生成路由表，通过这个路由表，路由层可以计算出通信结点之间的路由信息。

应用层主要包括厂家预制的应用软件。同时为了给用户提供更广泛的应用，该层还提供了面向仪器控制、信息电器及通信设备的嵌入式应用编程接口库，实现 Z-WAVE 网络中的译码和指令的执行，从而可以更广泛地实现设备与用户的应用软件之间的交互。应用层的主要功能包括指令识别、分配家庭 ID 和网络结点 ID、实现网络中控制服务器的复制，以及对传送和接收帧的有效载荷进行控制等。另外，还有一些功能取决于具体的实现细节，不同设备制造商的实现可能千差万别。

7.4.3 EnOcean

EnOcean 是由德国易能森公司开创的一种无线能量采集技术，其通信协议也称为无线短数据包协议（WSP），国际标准为“ISO/IEC14543-3-10-2012：信息技术——家用电子系统体系结构——用于能量收集的优化无线短数据包协议（WSP）——体系结构和低层协议”。EnOcean 主要应用于绿色智能楼宇控制领域，无须电池，即可将人、物及楼宇控制系统无线连接在一起。

1. EnOcean 的特点

EnOcean 提供了一种基于无线能量采集技术的无线开关传感解决方案，具有以下几个特点。

1）能量采集和转换。EnOcean 提供了各种能量采集模块，能够采集周围环境产生的能量，如机械能、室内的光能、温度差的能量和电磁波能量等。这些能量经过处理以后，用来供给 EnOcean 超低功耗的无线通信模块，实现真正的无数据线、无电源线和无电池的通信系统。机械能采集模块能够将手指按压开关的机械能转化为电能，供给模块工作，可应用于无线无源开关等产品中。光能采集模块能够采集并存储室内光能，可用于无线无源温湿度传感器、门窗状态传感器和人体红外传感器等。热能采集模块可将温度差的能量转化为电能，可用于无线无源暖气控制阀等产品中。电磁波能量采集模块的用途更为广泛，可以从无线传感器网络的结点微能量采集直到无尾电器（无须电源线、信号线和网络线）、无线充电等领域。

2）高质量的无线通信。EnOcean 使用 868 MHz 和 315 MHz 频段，仅仅用采集的能量来驱动低功耗的芯片组，发射功率符合中国无线电委员会限制要求，无须申请即可使用。每个无线电信号占用信道的时间是 1 ms，传输速率 125 KB/s。为避免传输错误，每个无电线信号都会在 30 ms 内随机重复 2 次。

3）超低功耗的芯片组。EnOcean 技术和同类技术相比，功耗最低，传输距离最远，可以组网并且支持中继等功能。EnOcean 传感器的数据传输距离在室外是 300 m，室内为 30 m。

2. EnOcean 协议栈

EnOcean 只定义了物理层、数据链路层和网络层 3 层协议。EnOcean 是一种开放协议，可以与 TCP/IP 协议、Wi-Fi 无线局域网、GSM 移动网、KNX 现场总线、Dali 照明控制协议、BACnet 楼宇自动控制网络或 LON 智能控制网等互联。

1）物理层的主要功能是使用幅移键控（ASK）调制方式对数据比特流进行无线发送和接收，传输每一比特占用的时间是 8 μs。数据以帧的形式传输，帧格式如图 7-14 所示。

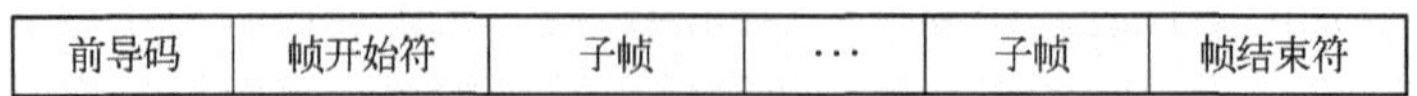

图 7-14　EnOcean 物理层帧格式

每个帧由前导码开始，对于 315 MHz 工作频率来说，长度为 16 位，比特模式为“1010101010101010”。对于 868 MHz 的工作频率来说则是 8 位的“10101010”。

帧开始符为“1001”，表示后面为一个或多个子帧。

子帧由一个数据字节、两个反比特和一个同步序列组成。数据字节的高位先被传输。反比特实际上与数据字节混杂在一起，在传输数据字节时，对数据字节的第 3 位和第 6 位取反，并分别插入到原数据字节的第 3 位和第 6 位后面。这样做的主要目的是防止数据中存在连续的长“0”或长“1”，造成接收器时钟不同步，影响数据位的采样，另一方面也可用于数据完整性的校验。同步序列为“01”，也是用于时钟同步的。

帧结束符为“1011”，表示此后再无信号。

2）数据链路层的协议数据单元称为子电报。子电报是从物理层帧中去除了前导码、帧开始符、反比特、同步序列和帧结束符后的那一部分，格式如图 7-15 所示。

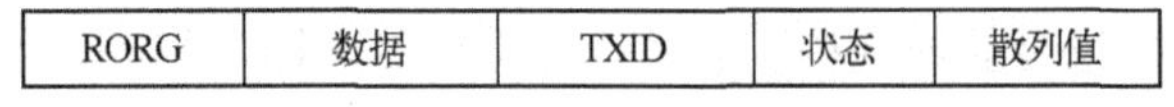

图 7-15　EnOcean 子电报格式

RORG 字段占 1 字节，表示子电报的类型，如开关电报或普通电报。

数据字段的字节长度可变。

TXID 字段占 4 字节，为发送器的标识号。

状态字段占 1 字节，表示子电报是发送器还是中继器发送的，经过的中继器数量，以及数据完整性校验的算法类型。

散列值字段用于数据的完整性校验。WSP 协议支持 3 种算法。前两者基于求和算法，一种是 4 位长的校验和，仅用于开关电报，另一种是 8 位长的校验和，第三种则使用 8 位长的循环冗余校验码（CRC）。

数据链路层的功能是检验数据的完整性，如果校验失败，则丢弃子电报。数据链路层的另一个功能是媒介访问控制，WSP 使用的是先听后说（Listen Before Talk，LBT）技术，也就是 CSMA 技术。

3）网络层的协议数据单元称为电报。一个电报由一个或多个子电报组成，其结构和内容与子电报相同。网络层执行 3 个任务：转换、中继和潜在的定位。

转换完成开关电报和普通电报之间的转换。开关电报是一种特别小的电报，因为它是第一次被使用在通过转动开关而被通电的能量收集设备中，这些设备仅在使用时产生少量电力并且不能接收消息，所以称为“开关电报”，开关电报的数据字段只有 1 字节，也没有状态字段。把开关电报转换成普通电报时，会添加状态字段，并重新计算散列值。

当无线信号太弱，不能直接到达接收机时，就需要在无线信号的发送者和最终接收者之间安装中继器，最多放置两个中继器。中继器在重新发送之前，会修改电报的状态字节，以限制在具有更多中继器的环境中中继电报的数量。

当电报不包含目的接收器标识符时，就对该电报进行广播。当一份电报包含目的标识符时，就对它进行封装，完成电报的寻址。

7.4.4 Thread

Thread 是一种基于 IP 的无线网络协议，是专门为连接家用智能设备而设计的。智能家居中的设备大多功耗敏感，资源受限，这些设备通过无线连接桥接到网络，能够被远程控制和自动化运行。目前已经有多种无线技术能够支持这种相互连接，如 Wi-Fi、蓝牙、ZigBee 和 Z-Wave 等，但这些无线技术多少都存在一些不尽如人意的地方，如功耗大、不支持 Mesh 网络和无法自我修复等，如表 7-1 所示。Thread 基于现有的 IPv6 协议和 IEEE 802.15.4 网络，改进上述协议的不足，为家用智能设备提供基于 IP 的无线 Mesh 网络连接，以图取而代之。

表 7-1　物联网短距离无线技术比较

比较项目	Wi-Fi	蓝牙 Smart	802.15.4	
			ZigBee PRO	Thread
带宽	150 Mbit/s+	1 Mbit/s	250 kbit/s	250 kbit/s
低功耗	×	√	√	√
固有的 IP 寻址能力	√	×	×	√
简单的 IP 桥接	√	×	×	√
网状网络	×	×	√	√
实际的网络容量限制	32	10	250+	250+
安全	AES-128/256	AES-128	AES-128	AES-128 ECC
没有单点故障	×	×	×	√

1. Thread 网络的特点

Thread 协议栈提供了一种可靠、高性价比、低功耗的无线 D2D（Device-to-Device）通信标准，Thread 网络具有以下几点基本特性。

1）网络的安装、启动和运行简单。Thread 网络的组建、加入及维护协议都很简单，使得网络系统能够自行修复并解决路由问题。

2）安全性高。Thread 在 MAC 层使用 AES-128 保护所有网络传输，并且利用了 ECC 公钥算法和 J-PAKE 密钥交换协议的逻辑组合。另外，应用程序可以选择基于 IP 的安全协议，如 DTLS，以实现应用层数据的安全传输。

3）网络的规模可大可小。Thread 网络可支持的结点数多于 250 个，并能够提供最大化的吞吐量和最小化的资源需求。家庭网络中的设备无论是几个还是上百个，都可以进行无缝通信。

4）通信覆盖范围大，支持网状（Mesh）网络。Thread 网络的通信范围足以覆盖一个正常的家庭，并且 Thread 协议栈的物理层使用扩频技术，抗干扰能力强。

5）无单点故障。即使网络中的个别设备出现了故障或者离开了网络，网络也会动态变向传输，绕过故障结点，不会对网络的可靠性和安全性造成影响。

6）低功耗。通过设置合适的占空比，Thread 网络中的主机设备可以使用 AA 型电池工作数年。

2. Thread 网络设备和拓扑

Thread 网络中的设备分为 4 种：边界路由器、路由器、有路由器资格的终端设备（Router-eligible End Devices，REED）和休眠的终端设备。

边界路由器是一种特殊类型的路由器，提供从 802.15.4 网络到其他网络的连接，如 Wi-Fi、以太网等。Thread 网络可能有一个或是多个边界路由器。

路由器为网络设备提供路由服务，同时为试图加入网络的设备提供连接和安全服务。路由器在运行时不能够休眠，在必要时可以被降级处理，成为 REED。

REED 在网络中不能提供路由器的路由和管理服务。但在必要的情况下，Thread 网络能够自动通过管理将 REED 变为路由器。

休眠的终端设备就是网络中的主机，这些类型的终端设备只与其父结点进行通信，而且不能为其他设备提供数据转发。

设备以 REED 或睡眠终端的身份加入网络，在自动构建网络时，第一个 REED 结点被指定为路由器，并作为 Leader。Leader 类似于 ZigBee 网络中的协调器。Leader 执行额外的网络管理任务并代表网络做决定。网络中的其他路由器也能够自动地担任 Leader 的角色，但是在同一时间内每一个网络中只能有一个 Leader。

Thread 网络支持网络中所有路由器之间的全网连接。实际中，Thread 网络的拓扑取决于网络中路由器的数量，如果只有一个路由器或是边缘路由器，那么就会形成一个单一路由器的星形拓扑。图 7-16 所示为一个基本的 Thread 网络拓扑，包括 2 个边界路由器、5 个路由器和 7 个终端设备。两个边界路由器连接到 Wi-Fi 网络，实现互联网的接入，路由器之间建立 6LoWPAN 链路，为各自连接的终端设备提供转发服务。

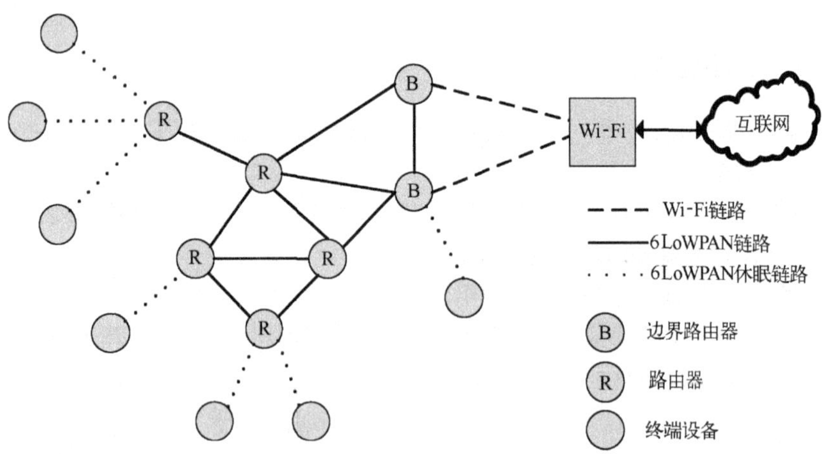

图 7-16　Thread 网络的拓扑结构

Thread 网络是典型的 Mesh 网络，Mesh 网络是一种多跳自组网络，这种网络结构使得无线系统更加可靠，当网络中的一个结点不能直接给另一个结点发送消息时，Mesh 网络可以通过一个或多个中间结点进行消息的转发。Thread 网络的一个本质特征就是网络中的所有路由结点能够和其他的结点维持路由与连通。另外，睡眠终端和 REED 不能为其他设备路由，并且这些设备只能将消息发送给他们的父路由结点，由父路由结点为其子结点进行路由转发。

3．Thread 协议栈模型

Thread 网络的协议栈模型的如图 7-17 所示。协议栈的物理层和 MAC 层采用的是 IEEE 802.15.4 标准的 2006 版本。MAC 层中消息的加密和完整性保护基于协议栈高层建立和分配的密钥，网络层在这些机制的基础上为网络中端到端的通信提供保障。

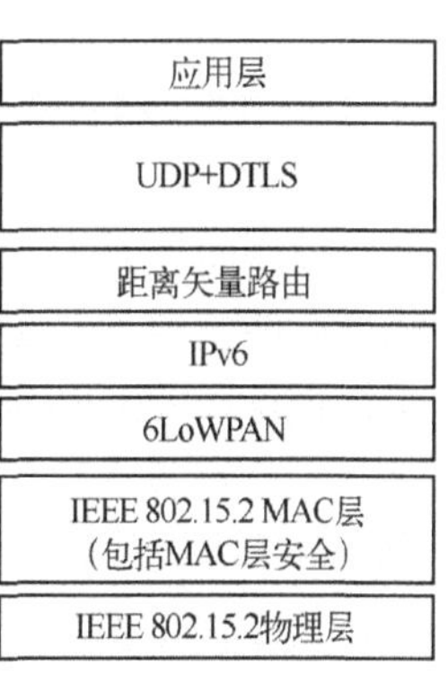

图 7-17　Thread 协议栈

Thread 协议栈的网络层主要由 IPv6 和 6LoWPAN 构成。Thread 全面支持 IPv6，Thread 网络中的所有设备都有一个 IPv6 地址，并且能够被家庭网络中的本地设备或者边界路由器直接访问。IPv6 相比与 IPv4，将地址长度增加到 128 位，大大解决了地址空间不足的问题。除此之外，每一个加入到 Thread 网络中的设备都会分配一个 16 位的短地址。短地址由路由器标识和子结点标识两部分组成。对于路由器而言，为其分配的地址主要是用到了高比特位的地址域，其低比特位设置成为 0，用于表明该地址是路由器地址。对于子结点所分配的 16 位短地址，是由其父结点的高比特位和适当的低比特位所构成的。这样就可以允许 Thread 网络中的任何其他设备通过地址域中的高比特位简单了解子结点的路由位置。

6LoWPAN 为 IPv6 数据包在 802.15.4 链路上传输提供适配，包括报文长度自适应、报头压缩和层间转发等。

Thread 协议栈的传输层使用 UDP 进行消息传输。UDP 是无连接的协议，它摒弃了一些 TCP 特性，如错误检测、报文排序和重传，以换取更快速、更高效的传输。这种效率相当于减少了传输成本，这对于电池供电、资源受限的设备来说是极其重要的。另外，传输层采用数据包传输层安全性协议（Datagram Transport Layer Security，DTLS）实现 UDP 报文的安全传输，DTLS 是对现有的 TLS 协议的扩展，用于支持 UDP 传输。

4．Thread 网络的路由

Thread 网络中通常最多有 32 个活跃的路由器，它们根据路由表信息进行数据包转发，路由表是协议栈根据路由协议（Routing Information Protocol，RIP）进行维护的。路由表信息需要保证网络中所有的路由器都是连通的，并且及时对链路状态的变化进行更新。Thread 网络中所有的路由器通过网状链路建立（Mesh Link Establishment，MLE）消息来传递路由信息。MLE 消息在 Thread 网络中用于建立和配置安全的无线链路、探测邻近设备、维护网络中设备之间传输路径的距离矢量，既可以单播也可以组播。

Thread 网络采用的是距离矢量路由算法，所有的路由器周期性地交换单跳的 MLE 广播包，MLE 广播包中包含了所有的邻居路由器的链路代价信息和到达 Thread 网络中其他路由器的路径代价。通过这些周期性的、本地更新的信息，可以使所有路由器获得到达网络中其他路由器的路径代价信息。当网络中的一个路由器无法使用时，其他的路由器可以根据路径代价信息在其他合适的路径上选择下一跳的路由结点。这种自我修复的机制允许路由器能够快速检测到其他路由器何时离开了 Thread 网络，同时计算出最佳的路径，保持和 Thread 网络中的其他设备的连通。另外，在 802.15.4 网络中常采用非对称链路，因此 Thread 网络的路由代价是建立在两个设备的双向链路质量的基础上的。

基于距离矢量的路由协议主要包括 RIP、IGRP 等，早期的互联网使用的就是 RIP。Thread 网络使用 RIP 进行内部路由，使用设备所分配的 16 位短地址，首先通过高 6 位地址路由到目的路由器，然后目的路由器根据目的地址的低 10 位地址转发到最终的目的地。当路由范围超越了 Thread 网络时，边界路由器负责进行相关的路由及地址转换工作。

5. Thread 网络的连接

设备加入 Thread 网络需要经过 3 个主要步骤：发现、调试和融合。

发现阶段是指设备通过与 Thread 网络的路由器建立连接以进行调试，加入设备可以扫描所有的信道，并在每个信道发送请求信标，并等待响应信标。响应信标中包括网络的服务集标识符（Service Set Identifier，SSID）和允许加入信标的指令。

一旦设备成功加入网络，它将使用 MLE 消息去建立一个邻居路由为调试阶段做准备。Thread 提供了两种调试的方法，第一种是使用一个带外的方法直接为加入设备配置调试信息。第二种是在加入设备和安装在智能手机或平板电脑上的应用之间建立一个调试会话，由调试会话安全地将调试信息传递给加入设备。

配置好调试信息的设备可以与其父路由建立连接，然后父路由通过交换 MLE 链路配置消息使设备融入 Thread 网络。设备作为终端结点或者 REED 融入 Thread 网络，然后由父路由分配一个 16 位的短地址。当一个 REED 融入 Thread 网络后，可以通过向 Leader 路由器发出地址请求，升级成为路由器并被分配一个路由器地址。

7.5　无线传感器网络的核心支撑技术

无线传感器网络的核心支撑技术屏蔽了硬件细节，为网络的组建、运行和维护提供支持，主要包括拓扑控制、时间同步和数据融合技术。

7.5.1　拓扑控制

拓扑控制是指通过某种机制自适应地将结点组织成特定的网络拓扑形式，以达到均衡结点能耗、优化数据传输的目的。

结点的移动、缺电、损坏或新结点的加入都会导致网络拓扑结构发生变化，这就要求拓扑控制算法具有较强的自适应能力，从而保证网络的服务质量。高效优化的拓扑控制可以降低结点能量消耗，可以为路由协议提供基础，有利于分布式算法的应用和数据的融合。无线传感器网络中的拓扑控制分为功率控制和层次拓扑结构控制两个方面。

1. 功率控制算法

功率控制在保证网络连通的条件下，通过改变结点发射功率的大小，动态调整网络的拓扑结构和选路，在满足性能要求的同时使全网的性能达到最优。

适当降低结点发射功率，不仅可以大大节约电池能量损耗，也可以提高信道的空间复用度，同时降低对邻近结点的干扰，最终提高整个网络的容量。空间复用就是指无线通信系统中若干正在同时进行的通信，由于信号的传播衰减，使得在空间上相隔一定距离的通信可以使用相同的频率资源，而互不影响。在收发机参数及信道条件一定的情况下，结点的发射功率决定了结点的通信距离。利用无线传感器网络的多跳方式，尽可能地降低结点的发射功率，使得接收端和发送端的结点可以使用比两者直接通信小得多的功率进行通信，从而提高了网络的生存时间和系统的能量效率。

功率控制与无线传感器网络的各个协议层都紧密相关，是一个跨层的技术。它影响物理层的链路质量，影响 MAC 层的带宽和空间复用度，影响网络层的可选路由和转接跳数，还影响传输层的拥塞事件。

2．层次拓扑结构控制算法

层次拓扑控制就是利用分簇思想，依据一定的算法，将网络中的传感器结点划分成两类：簇内结点和簇头结点。

簇头结点构建成一个连通的网络，用来处理和传输网络中的数据。簇头结点需要协调其簇内结点的工作，并执行数据的融合与转发，能量消耗相对较大。

簇内结点只需将采集到的数据信息发送给其所在簇的簇头结点，在没有转发任务时就可以暂时关闭通信模块，进入低功耗的休眠状态。

基于层次划分的拓扑控制算法能够定期或不定期地重新选择簇头结点，以均衡网络中结点的能量消耗。根据簇头产生方式的不同，分簇算法又可分为分布式和集中式两种。

分布式分簇算法又可分为两类：一类是结点根据随机数与阈值的大小关系自主决定是否成为簇头，如 LEACH 算法；另一类是通过结点间的交互信息产生簇头，如 HEED 算法、最小 ID 算法及组合加权算法等。

集中式分簇算法是指由基站根据整个网络信息决定簇头，如 LEACH-C 算法、LEACH-F 算法等。

7.5.2　时间同步

时间同步就是利用时间同步协议，把时间信息传送到各个结点，使网络内的所有结点的本地时间保持一致。在无线传感器网络中，每个结点都有自己的本地时钟，一方面用于处理器工作，另一方面也用来为发送和接收数据提供定时信号。传感器结点的时钟信号通常由晶体振荡器产生，各个结点的晶体振荡器的频率差异、晶体老化、供电电压变化和温度变化等会使时钟产生偏差。

时钟的性能以时钟偏移和时钟漂移两个参数来衡量。时钟偏移是指本地时间与真实时间的差值，用于衡量时钟的准确度。时钟漂移是指本地时间的变化速率（时钟波动的频率大于 10 Hz 也称为时间抖动），用于衡量时钟的稳定性。

1．时间同步的分类

时间同步按同步层次分为排序、相对同步和绝对同步 3 个层次；按时钟源分为外同步与内同步两种；按所有结点是否同步分为局部同步与全网同步两种。

1）排序、相对同步和绝对同步。这 3 种时间同步方法分别用于对时间精度要求差异非常大的应用场合。要求最低的是位于第一层次的排序，时间同步只需能够判断事件发生的先后顺序即可。第二层次是相对同步，结点维持其本地时钟的独立运行，动态获取并存储它与其他结点之间的时钟偏移，根据这些信息进行时钟转换，达到时间同步的目的。相对同步并不直接修改结点本地时间，保持了本地时间的持续运行。第三个层次是绝对同步，结点的本地时间与参考基准时间时刻保持一致，需要利用时间同步协议对结点本地时间进行修改。

2）外同步与内同步。外同步是指同步时间参考源来自于网络外部。例如，时间基准结点通过外界 GPS 接收机获得世界协调时（Universal Time Coordinated，UTC），而网内的其他结点通过时间基准结点实现与 UTC 时间的间接同步，或者为每个结点都外接 GPS 接收机，从而实现与 UTC 时间的直接同步。内同步是指同步时间参考源来源于网络内部，如网内某个结点的本地时间。

3）局部同步与全网同步。根据不同应用的需要，若需要网内所有结点时间的同步，则称为全网同步。某些结点往往只需要部分与该事件相关的结点同步即可，这称为局部同步。

2. 无线传感器网络的时间同步协议

时间同步协议用于把时钟信息准确地传输给各个结点。每台计算机上的 Internet 时间就是利用网络时间协议（NTP）修正本地计算机时间的。在无线传感器网络中，时间同步协议有 RBS、TPSN、DMTS、LTS 和 FTSP 等。

参考广播时钟同步（Reference Broadcast Synchronization，RBS）协议属于第二层次的接收方-接收方时间同步模式。发送结点广播一个信标分组，接收到这个广播信息的一组结点构成一个广播域，每个结点接到信标分组后，用自己的本地时间记录接收到分组的时刻，然后交换它们记录的信标分组接收时间。两个接收时间的差值相当于两个接收结点之间的时间差值，其中一个接收结点可以根据这个时间差值更改它的本地时间，从而达到两个接收结点的时间同步。

传感网络时间同步协议（Timing-sync Protocol for Sensor Networks，TPSN）能够提供整个网络范围内的结点时间同步，它采用层次型的网络结构，协议分为两个阶段。在层次发现阶段通过广播分级数据包对所有结点进行分级。在同步阶段，根结点向全网广播时间同步数据包，网络中的所有结点最终达到与根结点同步。

延迟测量时间同步（Delay Measurement Time Synchronization，DMTS）是一种单向同步协议。它要求网络中的接收结点通过测量从发送结点到接收结点的单向时间延迟来计算时间调整值。

轻量级时间同步（Lightweight Time Synchronization，LTS）协议的目的是通过找到一个最小复杂度的方法来达到最终的同步精度。LTS 算法提出集中式和分布式两种同步算法，两种算法都要求网络中的结点和相应的参考结点同步。

泛洪时间同步协议（Flooding Time Synchronization Protocol，FTSP）的目标是实现整个网络的时间同步并且误差控制在微秒级。该算法使用单个广播消息实现发送结点与接收结点之间的时间同步。

7.5.3 数据融合

传感器结点在收集信息的过程中，采用各个结点单独传送数据到汇聚结点的方法是不合适的，一是冗余的信息造成通信带宽和能量的浪费，二是多个结点同时传送数据造成的信号冲突会影响信息收集的及时性。因此无线传感器网络普遍采用数据融合的方法，对数据进行初步的处理。

数据融合是指将多份数据进行处理，组合出更有效、更符合用户需求的数据的过程。数据融合的方法普遍应用在日常生活中，例如，在辨别一个事物时，通常会综合各种感官信息，包括视觉、触觉、嗅觉和听觉等。单独以某一种感官获得的信息往往不足以对事物做出准确判断，而综合多种感官数据，对事物的描述会更准确。

1. 数据融合的作用

在传感器网络中，数据融合起着十分重要的作用，主要是用于处理同一类型的数据，以减少数据的冗余性。数据融合可以达到以下 3 个目的。

1）节省能量。鉴于单个传感器结点的检测范围和可靠性有限，在部署网络时，常使用大量传感器结点，以增强整个网络的健壮性和监测信息的准确性，有时甚至需要使多个结点的监测范围互相交叠，这就导致邻近结点报告的信息存在一定程度的冗余。针对这种情况，数据融合对冗余数据进行网内处理，即中间结点在转发传感器数据前，先对数据进行综合，去掉冗余信息，再送往汇聚结点。

2）获得更准确的信息。传感器结点部署在各种各样的环境中，仅收集少数几个分散的传感器结点的数据难以确保信息的正确性，这就需要通过对监测同一对象的多个传感器所采集的数据进行综合，来有效地提高信息的精度和可信度。另外，由于邻近的传感器结点监测同一区域，其获得的信息之间差异性很小，如果个别结点报告了错误的或误差较大的信息，很容易在本地处理中通过简单的比较算法进行排除。例如，在森林防火的应用中，需要对多个温度传感器探测到的环境温度数据进行融合。

3）提高数据收集效率。在网内进行数据融合，可以在一定程度上提高网络收集数据的整体效率。例如，在目标自动跟踪和自动识别应用中，需要对图像检测传感器采集的图像数据进行融合处理。数据融合减少了需要传输的数据量，可以减轻网络的传输拥塞，降低数据的传输延迟。即使有效数据量并未减少，但通过对多个数据分组进行合并减少了数据分组个数，可以减少传输中的冲突碰撞现象，也能提高无线信道的利用率。

2. 数据融合的种类和方法

数据融合根据融合前后信息量的变化分为有损融合和无损融合两种；根据数据来源分为局部融合和全局融合两种；根据融合的操作级别分为数据级融合、特征级融合和决策级融合。

局部或自备式融合收集来自单个平台上多个传感器的数据。全局融合或区域融合对来自空间和时间上不相同的多个平台、多个传感器的数据进行优化组合。

数据级融合是最底层的融合，操作对象是传感器采集的数据，数据融合大多依赖于传感器，不依赖于用户需求，在结点处进行。

特征级融合是通过某些特征提取手段，将数据表示为一系列特征向量，用来表示事物的属性，通常在基站处进行。它对多个传感器结点传输的数据进行数据校准和状态估计，常采用加权平均、卡尔曼滤波、模糊逻辑和神经网络等方法。

决策级融合是最高级的融合，在基站处进行，它依据特征级融合提供的特征向量，对检测对象进行判别与分类，通过简单的逻辑运算，执行满足应用需求的决策。

数据融合可以在网络协议栈的各个层次中进行。在应用层，可以利用分布式数据库技术，对采集的数据进行逐步筛选，达到融合效果，根据是否与应用数据的语义有关分为应用依赖性的数据融合和独立于应用的数据融合两种。在网络层，很多路由协议都结合了数据融合机制，可以将多个数据包合并成一个简单的数据包，以减少数据传输量。在 MAC 层进行数据融合可以减少发送数据的冲突次数。

数据融合最简单的处理方法是从多个数据中任选一个，或者计算数据的平均值、最大值或最小值，从而将多个数据合并为一个数据。目前用于数据融合的方法有很多，常用的有贝叶斯方法、神经网络法和D-S证据理论等。

7.6 无线传感器网络的应用开发

无线传感器网络具有很强的应用相关性，在不同的应用要求下，需要配套不同的网络模型、硬件平台、操作系统和编程语言，开发过程大致可以分为硬件选型、操作系统移植和应用软件开发3个阶段。

7.6.1 无线传感器网络的硬件开发

无线传感器网络的硬件开发主要针对传感器结点的设计。在传感器结点设计中，需要从微型化、扩展性、灵活性、稳定性、安全性和低成本等几方面考虑。

1. 无线传感器网络的硬件产品分类

典型的无线传感器网络结点的硬件平台有 Mica、Sensoria WINS、Toles、μAMPS 和 XYZnode 等，这些结点选择了不同的处理器、组网技术等。针对无线传感器网络的不同应用领域，无线传感器网络的硬件产品分为以下4个等级。

1）H1 级。硬币大小的轻量级小型传感器结点，典型代表是 Atmel 公司的8位 Atmel 传感器结点，它由本地电池供电，但不包括本地数据存储，采用 ZigBee 通信协议组网。

2）H2 级。除了具有 H1 的功能外，它还使用闪存实现本地数据存储，采用16位的微控制器。

3）H3 级。除了具有 H2 的功能外，它还采用32位系统级微控制处理器芯片，如 ARM 芯片，可实现高级感应和电源线供电，带有便宜的显示器，并利用嵌入式 Linux 作为操作系统，允许采用802.11组网。

4）H4 级。除大部分功能与 H3 类似外，它带有昂贵的显示器，一般用在机顶盒或家庭网关之类的设备上。

2. 传感器结点的设计

无线传感器结点由处理器模块、传感器模块、无线通信模块和电源模块4部分组成。作为一个完整的嵌入式系统，要求其组成部分的性能必须是协调和高效的，各个模块实现技术的选择需要根据实际的应用系统要求而进行权衡和取舍。

1）处理器模块。处理器模块是无线传感器结点的计算核心，所有的设备控制、任务调度、能量计算和功能协调、通信协议、数据整合和数据存储程序都将在处理器模块的支持下完成。典型的处理器有 Atmel 公司的 ATmega 系列单片机、TI 公司的 MSP430 系列单片机和 Intel 公司的8051单片机等。

2）传感器模块。传感器种类很多，具体型号有温敏电阻 ERT-J1VR103J、加速度传感器 ADI ADXL202、磁传感器 HMC1002 和温湿度传感器 SHT 系列等。需要考虑的是，传感器是否可以在采集完数据后自动转入休眠模式。

3）无线通信模块。无线通信模块主要关心无线通信协议中的物理层和 MAC 层技术。物理层主要考虑编码调制技术、通信速率和通信频段等问题。编码调制技术影响占用频率带宽、通信速率和收发功率等一系列技术参数，比较常见的编码调制技术包括开关键控、幅移键控、频移键控、相移键控和各种扩频技术。传感器结点常用的无线通信芯片有 RFM 公司的 TR1000 和 Chipcon 公司的 CC1000 等。

4）电源模块。无线传感器结点目前使用的大部分都是自身存储一定能量的化学电池，常见的有铅酸、镍镉、镍氢、锂锰、银锌、锂离子和聚合物电池等。除了化学电池外，有些场合可以使用太阳能电池和交流电。

7.6.2　无线传感器网络操作系统的移植

无线传感器网络的操作系统是运行在每个传感器结点上的基础核心软件，其目的是有效地管理硬件资源和任务的执行，并提供 API（应用程序编程接口），使开发人员不用直接在硬件上编程，这不仅提高了开发效率，而且能够增强软件的重用性。无线传感器网络的操作系统通常采用轻量级的实时嵌入式操作系统，把操作系统移植到传感器结点的硬件平台后，可能还需要安装特定的协议栈软件。典型的无线传感器网络操作系统有 TinyOS、TRON、SOS 和 MANTIS OS 等。

TRON 是广泛应用于消费电子产品的嵌入式操作系统，也可用于无线传感器结点。

SOS 是由加州大学洛杉矶分校网络和嵌入式实验室为无线传感器网络结点开发的操作系统。使用了一个通用内核，可以实现消息传递、动态内存管理、模块装载和卸载，以及其他的一些服务功能。应用开发使用标准的 C 语言和编译器。

MANTIS OS 是由美国科罗拉多大学开发的开源多线程操作系统，提供 Linux 和 Windows 下的开发环境，它的内核和 API 采用标准的 C 语言，整个内核占用内存小于 500 字节。

TinyOS 是由美国加州大学伯克利分校开发的一个事件驱动的、基于组件的、开源的、专门为无线传感器网络设计的操作系统。TinyOS 的系统和应用程序都是使用 nesC 语言编写的，并提供了 TOSSIM 模拟器，支持 Python 和 C++两种编程接口。

TinyOS 中的组件分为配件和模块。模块是具有特定功能的子系统，配件将多个模块连接成为具有更强功能的子系统。模块包括 4 部分：用来存储模块当前状态的数据变量；该模块提供的接口对应的命令处理程序的实现代码；该模块使用的接口对应的事件处理程序的实现代码；任务的实现代码。

基于 TinyOS 的应用程序通常由 Main 配件、应用组件、感知组件、执行组件、通信组件和硬件抽象组件构成。硬件抽象组件将实际硬件模拟建模成为一个软件组件，其中实现了直接处理硬件终端的事件处理程序及驱动硬件执行操作的命令处理程序。通过接口和硬件抽象组件连接，感知组件、执行组件和通信组件分别实现了测量监测目标、执行具体动作和通信传输功能，并且提供了接口便于同应用组件连接。应用组件负责根据具体的应用环境，并且基于感知组件、执行组件和通信组件提供的服务，实现满足应用需求的功能。Main 配件实现了轻量级线程技术和基于先进先出的任务队列调度方法，以及对硬件和其他组件的初始化、启动和停止功能。在这些组件的基础上，用户可以定制开发应用组件，然后将所有组件连接起来，就能构成整个应用程序。

TinyOS 采用主动消息通信方式，目的是让应用程序避免使用阻塞方式等待消息数据的到来，从而使传感器结点可以同时进行计算和通信，提高了 CPU 的使用效率，降低了能耗。

7.6.3　无线传感器网络的软件开发

无线传感器网络的软件系统用于控制底层硬件的工作行为，为各种算法和协议的设计提供一个可控的操作环境，同时便于用户有效管理网络，实现网络的自组织、协作、安全和能量优化等功能，从而降低无线传感器网络的使用复杂度。无线网络的广播特性可以实现多结点的自动同步升级，应用程序的开发可以使用 C、nesC 等编程语言。

1. 软件开发层次

无线传感器网络软件系统的开发设计通常使用基于框架的组件来实现，利用自适应的中间件系统，通过动态地交换和运行组件，为高层应用提供编程接口，从而加速和简化应用的开发。

无线传感器网络设计的主要内容就是开发这些基于框架的组件，以支持以下 3 个层次的应用。

1）传感器应用。即提供传感器结点必要的本地基本功能，包括数据采集、本地存储、硬件访问和直接存取操作系统等。

2）结点应用。包括针对专门应用的任务，以及用于建立和维护网络的中间件功能。

3）网络应用。即描述整个网络应用的任务和所需要的服务，为用户提供操作界面来管理网络并评估运行效果。

2. nesC 编程语言简介

nesC 语言是一种嵌入式编程语言，是 C 语言的一个扩展，主要用于传感器网络的编程开发，其最大的特点就是支持组件化的编程模式，将组件化、模块化的思想和事件驱动的执行模型结合起来，采用基于任务和事件的并发模型来开发应用程序。nesC 语言的基本思想如下。

1）组件的创建和使用相分离。用 nesC 语言编写的程序文件以“nc”为扩展名。每个 nc 文件实现一个组件功能。nesC 程序由多个组件连接而成。Gather M 是一个用户组件，为用户提供完整的数据采集应用。CTimer、OTimer 和 Multihop 等都是通用组件，为 Gather M 提供服务。

2）组件使用接口进行功能描述。组件通过接口静态相连，这样有利于提高程序的运行效果，增强程序的鲁棒性。每个组件都分为两部分，首先是对该组件的说明，然后才是具体的执行部分，即该组件的实现部分。组件说明使用接口来描述该组件使用了哪些服务，以及能够使用哪些服务，可以将 nesC 程序看作由若干接口“连接”而成的一系列组件。

3）接口是双向的。组件的接口是实现组件间联系的通道。接口要列出其使用者可以调用的命令或者必须处理的事件，从而在不同的组件之间架起桥梁。

4）组件按功能不同分为模块和配件两种。模块主要用于描述组件的接口函数功能及具体的实现过程，每个模块的具体执行都由 4 个相关部分组成：命令函数、事件函数、数据帧和一组执行线程。其中，命令函数可直接执行，也可调用底层模块的命令，但必须有返回值来表示命令是否完成。返回值有 3 种可能：成功、失败和分步执行。事件函数是由硬件事件触发执行的，底层模块的事件函数与硬件中断直接关联，包括外部事件、时钟事件和计数器事件。一个事件函数将事件信息放置在自己的数据帧中，然后通过产生线程、触发上层模块的事件函数，以及调用底层模块的命令函数等方式进行相应的处理，因此结点的硬件事件会触发两条可能的执行方向：模块间向上的事件函数调用和模块间向下的命令函数调用。

配件主要是描述组件不同接口的关系，完成各个组件接口之间的相互连接和调用。相关执行部分主要包含提供给其他组件的接口、配件要使用的接口的组件接口列表，以及如何将各个组件接口连接在一起的执行连接列表。

5）nesC 的并发模型是基于“运行到底”的任务构建的。事件处理程序能中断任务，也能被其他的事件处理程序所中断。由于事件处理程序只做少量工作，很快就会执行完毕，所以被中断的任务不会被无限期挂起。

习题

1．如何理解物联网、传感网和互联网三者之间的关系？

2．什么是现场总线？请列举出几种现场总线技术。

3．描述 CAN 总线的分层结构。CAN 协议为什么需要执行总线仲裁？CAN 总线和以太网都采用 CSMA/CD 的方法，请查找相关资料，描述其具体实现机制。

4．M-Bus 总线采用什么样的通信方式？

5．WSN、Ad hoc 网络和无线宽带网络之间的关系是什么？

6．请画出无线传感器网络的协议栈，并简述各层的功能。

7．请简要介绍无线传感器网络协议的分层，并概述每层所研究的内容。

8．请指出无线传感器网络 MAC 协议的性能指标，按照信道分配的方式将 MAC 协议进行分类，并简要阐述各种类型协议的基本思想。

9．概述路由协议的主要任务，并简述路由协议的分类。

10．请画出 ZigBee 规范的协议框架，并简述各层的作用。

11．ZigBee 规范与 IEEE 802.15.4 标准有什么联系和区别？

12．Z-WAVE 技术有哪些特点？其高可靠性是如何实现的？举例说明 Z-WAVE 的使用场合。

13．与其他低功耗无线技术相比，EnOcean 技术的主要区别是什么？

14．在无线传感器网络中，拓扑控制研究的主要问题是什么？

15．无线传感器网络中的拓扑控制可以分为功率控制和层次拓扑结构控制两个研究方向，简要介绍这两种控制策略。

16．时间同步消息的传输时延可以分为哪几部分？哪几部分对时间同步的影响最大？

17．请阐述数据融合的概念及其在无线传感器网络中的作用。

18．无线传感器网络的操作系统需要具备哪些功能？

第 8 章　互　联　网

物联网中的数据最终要被送往互联网进行远程传输，并利用互联网中的计算设备对数据进行处理。互联网是全球范围内计算机网络的集合，连接这些网络的通信协议是特定的，这就是 TCP/IP 协议栈。

互联网目前正处在从 IPv4 向 IPv6 过渡的阶段，移动互联网的快速发展也拓宽了物联网的应用范围。

8.1　互联网体系结构

互联网（Internet，也称为因特网）与所有的通信网络一样，也采取了分层结构的管理和组织方式。分层结构可以将复杂的工作简单化、模块化，每个层次只负责网络的一部分工作，各个层次之间设置通信接口，每层的协议只需完成自己的工作，而不用顾及其他层次的功能是如何具体实现的。互联网体系结构采用 TCP/IP 协议模型。

8.1.1　TCP/IP 协议模型

TCP/IP 协议没有官方的模型，一般认为由 4 个层次组成，从下到上分别为网络接入层、互联网络层、传输层和应用层，如图 8-1 所示，图中的英文缩写表示各层具有代表性的协议。

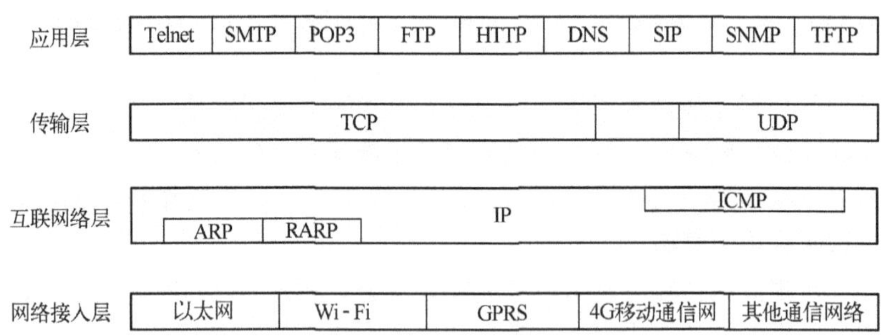

图 8-1　TCP/IP 体系模型

网络接入层主要负责两个直接相连的网络设备间的通信。这里所说的直接相连，既可以是以有线的方式连接，如以太网和 ADSL；也可以是无线的方式，如蓝牙和 Wi-Fi。接入层的主要功能是将上层的 IP 数据报封装到各种通信网络的不同格式的帧中。网络接入层的基本功能是为互联网络层发送和接收 IP 数据报，同时处理传输媒介的物理接口问题。

互联网的网络接入层功能与物联网的接入功能本质上是完全一致的。物联网把所有通信网络看作承载网络，传感网和 RFID 中的设备通过各种接入技术连接到承载网络。同样，互联网把所有的通信网络都看作承载网络，网络接入层就是提供各种连接方式，利用各种通信网络，把世界各地的计算机局域网或计算机连接起来。从这一点也可以看出，互联网实际上并不关心数据是通过哪种网络传输的，其重点是上层协议，也就是如何提供更好的信息服务，网络接入层的功能和实现基本上是由通信网络方面的技术来考虑的。

互联网络层的任务是路由选择，也就是为通信双方选择一条合适的通信路径。该层最主要的协议是 IP，另外还有一些辅助协议，如地址解析协议（ARP）、互联网控制报文协议（ICMP）和互联网组管理协议（IGMP）等。

传输层提供端到端之间的进程通信机制，使上层协议感觉不到底层网络的存在，使应用程序不受硬件技术变化的影响。

应用层直接向用户提供服务或者为应用程序提供支持，如熟知的电子邮件、域名服务、WWW 服务和多媒体通信等。

8.1.2　数据传输的封装关系

在分层模型中，每个层次都有若干种协议，每种协议都有自己的数据格式，称为协议数据单元（Protocol Data Unit，PDU），也就是所谓的数据包。在不同协议中，PDU 通常有自己特定的名称，如报文（消息）、报文段、数据报、分组（包）和帧等。PDU 由数据字段和控制字段两部分组成。数据字段即用户数据或上层传递来的数据。控制字段用于装载本层协议进行通信时需要的控制信息，如地址、序号和校验码等。控制字段一般位于数据字段的前面，所以称为首部或报头，不过，校验码通常位于数据字段的后面。

当上层协议想要实现自己的功能时，必须依靠下层协议来提供服务，上层协议需要通过层间接口把自己的 PDU 和参数送给下层。下层协议把上层的 PDU 封装到自己 PDU 的数据字段中，然后填写自己的控制字段，最后一层一层地发送到网络中传送，这个过程称为封装。例如，利用以太网接入方式登录互联网网站时，账号和密码在以太网上传输的封装过程如图 8-2 所示。图中以太网 MAC 帧实际上还应该附上帧尾，其帧尾是 32 位的 CRC 校验码。

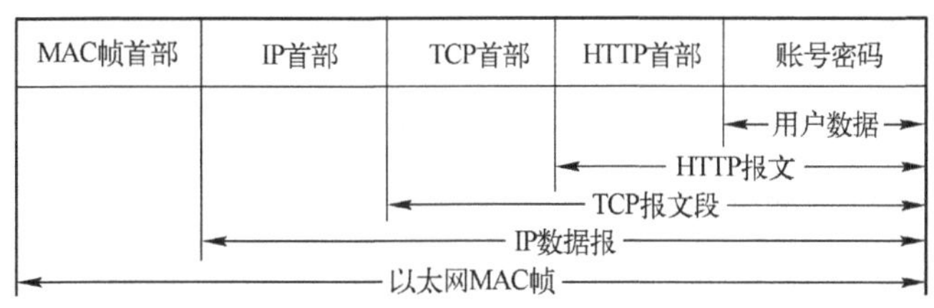

图 8-2　各层协议 PDU 的封装关系

计算机网卡接收服务器的网页内容时，网页数据同样被层层封装在以太网 MAC 帧中，计算机需要逐层解析各层的 PDU，剥离各层的首部，最后把网页数据交付给浏览器，显示在屏幕上。封装实例参见视频。

第 8 章互联网数据包封装实例 8.1.2 节

8.2　IP

互联网协议（Internet Protocol，IP）是互联网的标志性协议，是

TCP/IP 协议模型中互联网络层的主要协议。IP 的主要功能是根据目的终端的 IP 地址，按照路由表把 IP 数据报转发到下一个路由器，经过若干路由器的转发，最终到达目的终端，完成数据的传输。

IP 是一种不可靠、无连接的数据报传送协议，提供尽力而为的服务，也就是有数据时就立即发送到网上，并不管对方是否存在或是否正确接收，其可靠性由上层的传输层协议或应用程序来解决。目前，IP 处于 IPv4 版本向 IPv6 过渡的阶段，主要是解决 IPv4 地址不够用的问题。

8.2.1 IPv4

IPv4 协议当初是由美国国防部为组建 ARPANET 网络而设计的，其思想是利用各种通信网络把数据传输给对方，而这些通信网络的任何部分都可能随时遭受损坏。因此在设计 IP 时，把数据分成若干个数据报，路由器对每个数据报独立进行路由，尽力传送给对方。如果数据报出错，路由器就直接丢弃数据报，并且不发出任何信息，也不提供差错控制或流量控制。这种设计方法使得 IP 协议可以面对任何异构的物理网络，ARPANET 也迅速扩张并更新，演变为今天的互联网。

IPv4 数据报分为报头和数据两部分，这两部分的长度都是可变的，其格式如图 8-3 所示。IPv4 数据报前 5 行（共 20 字节）是每一个报头必须有的字段，其后是选项字段，长度可变，最后是数据字段，长度也是可变的。

	0	4	8	16	19　　　31位
报头	版本	报头长度	服务类型	总长度	
	标识符			标志	分片偏移量
	生存期		协议	报头校验和	
	源地址				
	目的地址				
	选项+填充				
数据	数据				

图 8-3　IPv4 数据报格式

IPv4 数据报各字段的含义如下。

1）版本。表示 IP 的版本号，在 IPv4 中，其值为 4。版本字段用于确保发送者、接收者和路由器使用一致的数据报格式。

2）服务类型。IPv4 试图通过该字段提供一些服务质量功能，但几乎所有的路由器都对该字段置之不理。

3）报头长度和总长度。报头长度字段规定了 IPv4 数据报报头部分的长度，其值以 4 字节为一个单位。总长度字段指出了整个 IP 数据报的字节数，包括报头部分和数据部分。通过报头长度字段和总长度字段，可以知道 IP 数据报中数据内容的起始位置和长度。

4）标识符。用于标识一个从源主机发出的数据报。标识符、标志和分片偏移量这 3 个字段与分片有关。每种物理网络都有一个最大传输单元，如果 IP 数据报超过该物理网络的最大传输单元，则必须把 IP 数据报分成若干个较小的分片，才能放入物理网络的帧中进行传输。每个分片都要重新添加上报头，构成新的 IP 数据报。

5）标志。标志字段有 3 位：第 1 位保留；第 2 位称为“不可分片标志”，其值为 1 时，路由器不能对该数据报进行分片，如果该数据报超过物理网络的最大传输单元，则丢弃；第 3 位称为“后续标志”，其值为 1 时，该数据报不是最后的分片，后面还有更多的分片，其值为 0 时，则表示它是最后的分片或该数据报没有进行分片。

6）分片偏移量字段表示分片在原始数据报中的位置。接收端根据标识符、后续标志和分片偏移量，把各个分片重新组装回原始的数据报。

7）生存期。生存期规定了一个数据报可以在互联网上存活的时间。生存期的初始值由源主机设置，每经过一个路由器该字段减 1，减到 0 时，丢弃数据报，以防止数据报在互联网中无休止地巡游。由此可见，生存期在实际中是按最大跳数来计算的，不是按时间计算的。

8）协议。协议字段标识 IPv4 层所服务的高层协议，即数据字段中放入的是哪个协议的 PDU。

9）报头校验和。该字段用于对 IPv4 数据报的报头部分进行差错校验，若发现错误，则扔掉数据报。IP 不对数据字段进行校验。校验和的一般方法是把数据按字节相加，其和作为校验码。IP 的报头校验和在计算方法上都做了一些变通。

10）源地址和目的地址。这两个字段分别定义了源端和目的端的 IPv4 地址。在数据报的整个传输期间，这两个字段的值不能改变。IP 地址是互联网的全局网络地址，唯一地标识了互联网中的一台主机或路由器。计算机获取 IP 地址的方法参见视频。

第 8 章计算机如何获得 IP 地址 8.2.1 节

11）选项和填充。提供一些可选功能，选项字段的长度必须是 4 字节的整数倍，若有零头，则填充额外的字节。

12）数据字段。用于存放上层协议的 PDU。

8.2.2　IPv6

IPv6 是下一代互联网的主要协议，用于取代 IPv4。与 IPv4 相比，IPv6 具有更大的地址空间、更合适的头部和更强的安全性保障，并提供服务质量保证机制。

IPv6 的协议数据单元称为分组或包。IPv6 分组由一个 IPv6 首部、多个扩展首部和一个数据字段组成，具体格式如图 8-4 所示。首部部分为固定的 40 字节。扩展首部可有可无，个数不限，长度不固定。IPv6 分组的净荷部分包括扩展首部和数据字段。

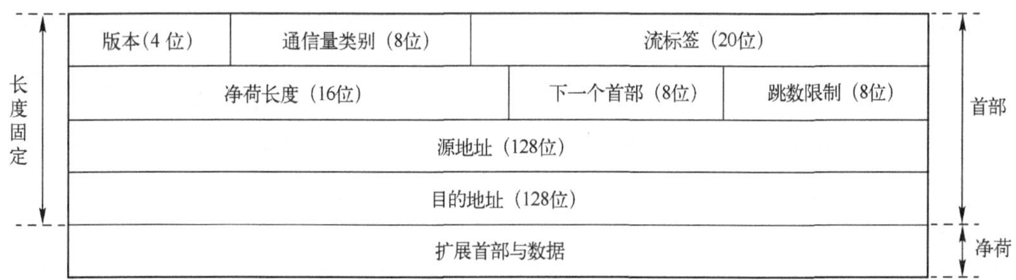

图 8-4　IPv6 分组格式

IPv6 分组各字段的含义如下。

1）版本。其值为 6，表示所使用的 IP 协议的版本号。

2）通信量类别。用于区分在发生拥塞时 IPv6 分组的类别或优先级。

3）流标签。用于标识需要由路由器特殊处理的分组序列，主要用于多媒体传输，以便加速路由器对分组的处理速度。对路由器来说，一个流就是共享某些特性的分组序列，如这些分组序列经过相同路径、使用相同的资源、具有相同的安全性等。在支持流标签处理的路由器中都有一个流标签表，当路由器收到一个分组时，不用进行路由选择，在流标签表中就可以找到下一跳地址。

4）净荷长度。整个 IP 分组除去首部 40 字节后所含的字节数，即扩展首部与数据字段的长度。

5）下一个首部。是一种标识号或协议号，指出跟随在基本首部之后的扩展首部的类型或上层协议的种类。

6）跳数限制。与 IPv4 报头中的生存期字段相同，IPv6 更加名副其实。

7）源地址和目的地址。128 位的 IPv6 地址。

8）扩展首部与数据。IPv6 的扩展首部有以下几类：逐跳选项首部、目的选项首部、路由首部、分片首部、认证首部和封装安全净荷首部等。每个扩展首部都有一个“下一个首部”字段，当 IPv6 分组包含多个扩展首部时，由“下一个首部”字段担当链接任务，如图 8-5 所示。图中的 IPv6 分组带有两个扩展首部，分别为逐跳选项首部和路由首部，最后的数据部分承载的是上层协议的 PDU，这里是 TCP 报文段。括号中的数字表示扩展首部的类型号或上层协议的协议号。

IPv6分组首部 下一个首部：逐跳选项首部（0）	逐跳选项首部 下一个首部：路由首部（43）	路由首部 下一个首部：TCP（6）	TCP报文段

图 8-5　IP 首部、扩展首部与上层协议的封装方法

8.2.3　ICMP

IP 缺少差错控制和查询机制，不能反映网络的任何状况。IP 数据包（IPv4 数据报或 IPv6 分组，简称包）在网络传输过程中可能会出现很多问题，例如，路由器找不到可以到达最终目的结点的路由器、数据包因超过最大跳数被丢弃，以及目的主机在预定时间内没有收到所有数据包的分片等。如果发送方能够及时了解这种情况，就能采取相应的措施加以解决。互联网控制报文协议（Internet Control Message Protocol，ICMP）就是为了弥补 IP 的不足而专门设计的协议，它提供了一种差错报告与查询机制来了解网络的信息。参见视频。

第 8 章 ICMP 及其应用 8.2.3 节

IPv4 中的地址解析协议（Address Resolution Protocol，ARP）则提供了由计算机的 IP 地址查询其物理地址（MAC 地址）的机制，反向地址解析协议（RARP）则提供了由物理地址查询其 IP 地址的机制。在 IPv6 中，ARP 和 RARP 的功能被纳入到 ICMP 中，并增加了邻居发现协议和组播侦听发现协议。具体的 ICMPv6 报文类型如图 8-6 所示。

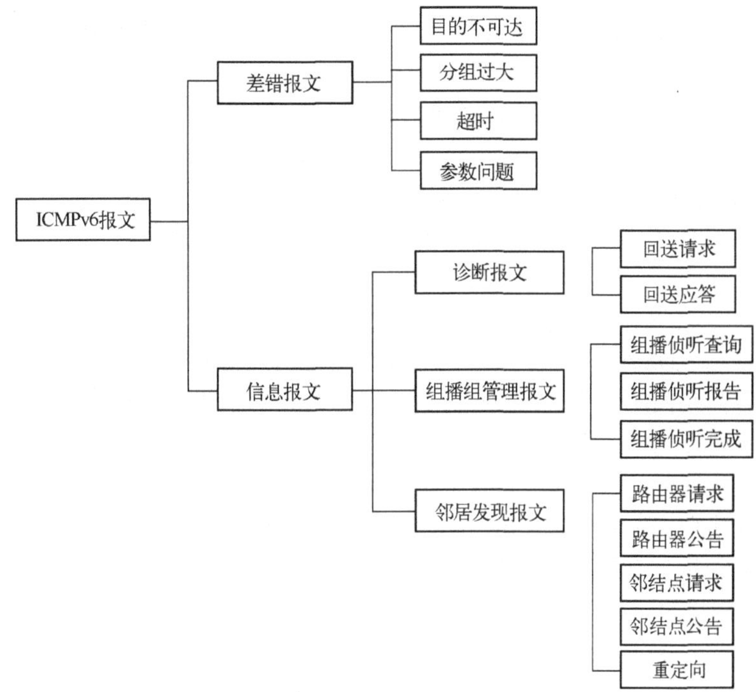

图 8-6　ICMPv6 的报文类型

差错报文主要用于报告 IPv6 分组在传输过程中出现的错误，具体的 ICMPv6 差错报文类型有：目的不可达、分组过大、超时和参数问题。ICMP 只报告错误，但不纠正差错，差错处理仍需要由高层协议去完成。

信息报文主要用于提供网络诊断功能和附加的主机功能，如网络通达性诊断、组播侦听发现和邻居发现等。计算机上用于检查网络连通性的 Ping 命令就是利用 ICMP 回送请求报文和回送应答报文实现的。邻居发现用来确定相邻结点之间关系，如所连接的路由器、网络地址前缀、邻居不可达检测和重复地址检测等。IP 组播技术允许主机发送单一数据包给多台主机。IPv4 一般采用互联网组管理协议（Internet Group Management Protocol，IGMP），而 IPv6 则采用组播侦听发现（Multicast Listener Discovery，MLD）协议。MLD 是在 IGMPv2 的基础上改进的，它采用了 IGMP 的思想，却没有使用 IGMP 的报文格式，而是使用 ICMPv6 的信息报文来实现组播功能，因此 MLD 实际上是 ICMPv6 的一个子集。

8.2.4　路由选择协议

IP 数据包是按照逐跳转发的形式在互联网中传递的，所谓的“跳”就是路由器。每个路由器都需要维护一张路由表，路由表项一般为<目的 IP 地址，下一跳路由器的 IP 地址，标志>，其中标志用来指明是主机地址还是网络地址、是真正下一跳路由器还是接口等。网络上的路由器并不知道数据包到达最终目的地的完整路径，它只负责按路由表把数据包发送给下一个路由器。路由表是由网络管理员设置的或根据路由协议生成的。

互联网路由协议分为内部路由协议和外部路由协议两大类。所谓内、外部是针对自治系统（AS）而言的，自治系统是指一个机构管理的一组路由器和网络的集合，也称为域。每个自治系统都有唯一的自治系统编号，这个编号由互联网管理机构 ICANN 分配，该机构也负责分配 IP 地址，参见视频。互联网最常使用的内部路由协议是 OSPF，外部路由协议是 BGP。

第8章IP地址及其子网掩码的作用8.2.4节

1．OSPF 路由协议

开放最短路径优先（OSPF）协议用于在单一自治系统内进行路由选择，适应范围十分广泛，最多可支持几百台路由器。

OSPF 采用链路状态路由方法，路由器之间交换的信息不是路由信息，而是链路信息。OSPF 的每个路由器都会广播自己到相邻路由器的链路状态，直到所有路由器都有完整而相同的链路状态数据库为止。这时，每个路由器就能获得完整的网络拓扑结构，然后，以自己为根，把自己到其他路由器的最短或费用最少的路径作为分支，每个路由器就可以构造一棵树，从而避免自我环路。每个 OSPF 路由器使用这些最短路径构造路由表，这就是最短路径优先名称的来由。OSPF 中的 O（开放）只是意味着 OSPF 标准是对公共开放的，而不是私有的专用路由协议。

2．BGP 路由协议

边界网关协议（BGP）是用来连接各个自治系统的路由选择协议，它发送的是路径矢量（网络，下一跳路由器，路径），其中“路径”给出了到达目的网络所经过的自治系统列表。

BGP 是一种外部路由协议，与 OSPF、RIP 等内部路由协议不同，其着眼点不在于发现和计算路由，而在于控制路由的传播和选择最好的路径。

8.3　互联网传输层协议

传输层负责数据从一个进程到另一个进程的传递，进程就是主机上正在运行着的应用程序，可见传输层协议提供的是端到端的数据传输服务。传输层可以保证服务传输的质量，同时也可以提供流量控制和差错控制机制。

传输层为上层的应用层协议和应用程序屏蔽了下层的网络细节，使上层应用认为它们在直接通信。互联网的传输层协议有两个：UDP 和 TCP，分别提供无连接的不可靠服务和面向连接的可靠服务。在无连接服务中，数据从一方直接发送给另一方，不保证对方能否收到。在面向连接的服务中，发送方和接收方之间需要先建立一个连接，然后再传送数据，并确保数据的正确交付。

8.3.1　UDP

用户数据报协议（User Datagram Protocol，UDP）可以为上层应用提供简单、不可靠的无连接传输服务。UDP 的协议数据单元常称为报文，其格式如图 8-7 所示。源端口号字段用于标识发送方的应用程序。目的端口号字段用于标识接收方的应用程序。长度字段用于表示整个 UDP 报文的长度。校验和字段用于检验 UDP 报文（还包括 IP 的一些字段）是否传输出错，由于 UDP 提供的是不可靠服务，校验和字段实际上就是一个摆设。数据字段用于封装应用程序的数据。

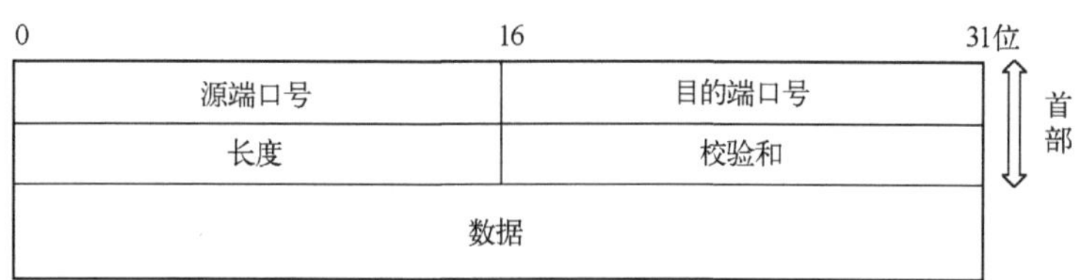

图 8-7　UDP 报文格式

可以看出，UDP 很简单，它只是简单地把上层来的数据封装成 UDP 报文，交给 IP 发送出去，并把收到的 UDP 报文根据端口号交付给相应的应用程序。这种简单性为物联网的数据传输带来很多好处，虽然它并不是一个可靠的协议，但在语音、视频和感测数据等要求实时传输的应用上，UDP 显示了其不可替代的必要性。

8.3.2　TCP

传输控制协议（Transmission Control Protocol，TCP）可以为上层应用程序提供可靠、面向连接、基于字节流的服务。通过 TCP 面向连接的控制机制，数据通信的双方可以保证数据不会出现错误，更不会出现数据的丢失或者乱序现象。

当应用程序想要发送数据时，首先与对方建立 TCP 连接，然后把数据放入缓冲区中。TCP 把缓冲区中的数据看作是字节流，并对每个字节进行按序编号。TCP 根据自己的判断或应用程序的要求，在合适的时候把缓冲区中的数据封装成报文段（TCP 的协议数据单元称为报文段），交给 IP 发送出去。TCP 报文段的首部包含源端口号、目的端口号、序号和标志位等控制字段，用于连接控制、差错控制、流量控制和拥塞控制。

1. 连接控制

任何面向连接的协议都需要 3 个过程：连接建立、数据传输和连接终止。建立连接的目的有以下几点：确认对方的存在；分配系统资源，如数据缓冲区；互相告知自己的初始参数，如初始序号等。TCP 采用一种带有序号确认的三次握手方式建立连接，如图 8-8 所示。

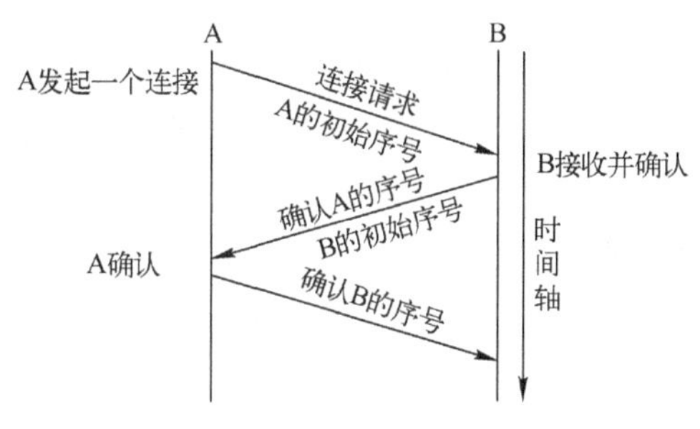

图 8-8　三次握手

第一次握手是由连接的请求者（图中的 A）发起的。在表示连接请求的报文段中，包含有请求者的初始序号。接收方从该初始序号开始，对收到的数据字节进行排序，从而解决乱序问题。

第二次握手是接收方发出的表示同意的报文段，同时包含了接收方自己的初始序号，以及对请求方初始序号的确认。如果接收方没有运行相应的应用程序或系统资源不够，则会发送表示连接终止的报文段，告诉请求方不同意建立连接。

第三次握手是请求方对接收方初始序号的确认。接收方收到第三次握手报文段后，意味着 TCP 的连接已成功建立，接下来就可以按序发送数据了。

数据传输完成后，通信双方的任何一方都可以选择关闭连接。关闭连接需要三次握手甚至四次握手过程，以确保双方都已正确收到对方的最后 1 字节。连接终止后，系统会收回分配给该次连接的资源。由于系统资源有限，而 TCP 可以同时建立很多连接，因此系统或应用程序通常会限制 TCP 的最大连接数。

2. 差错控制

TCP 处理的差错包括报文段失序、丢失、重复和损坏。与常见的差错控制方法不同，TCP 不反馈任何差错情况，而是采用超时重发的机制纠正错误。

TCP 只对已接收到的正确报文段提供确认反馈，表示截至某一序号之前的所有数据字节都已正确接收，对于校验错误的报文段一律无视，对于乱序到达的报文段暂不确认，直到接收到按序达到的报文段后，再一起确认。对于乱序的报文段，暂时存储起来，并标记为乱序，待到齐后，一并提交给应用程序。对于长时间没有得到确认的报文段，发送方的重传计时器就会超时，这时发送方会重传这个 TCP 报文段。

3. 流量控制

流量控制是用于确保发送方发送的数据不会超出接收方接收能力的一种技术。TCP 采用的是信用量流量控制方法，在这种方法中，通信双方会根据自己接收缓冲区的使用情况，告诉对方自己还能接收多少字节的数据，即信用量，对方发送的数据量不应超过信用量。TCP 报文段首部中的窗口字段就是表示信用量的。

4. 拥塞控制

拥塞是指各计算机发送的数据量超过路由器的处理能力，造成网络拥挤堵塞，从而丢弃数据包的现象。流量控制有助于解决拥塞问题，但流量控制只能限制两台计算机之间的通信量，不能限制其他计算机的通信量，而且判决依据的是计算机自己的状况，并非网络的状况。拥塞控制就是发送方根据网络状况调整自己的发包速率，从而减轻路由器的负担。

TCP 从发送频率和发送数量两个方面对拥塞进行控制。一方面根据报文段及其确认的往返时间调整重传计时器的值，防止网络拥塞时仍快速地重发报文段。另一方面设置一个拥塞窗口，根据网络状况，动态地调整窗口大小，从而限制 TCP 报文段的最大发送数量。

8.4　互联网应用层协议

互联网应用层定义了很多协议，这些协议为用户的应用程序提供支持，常见的协议有文件传输协议 FTP、超文本传输协议 HTTP、简单邮件传输协议 SMTP、域名系统 DNS、会话初始化协议 SIP 和简单网络管理协议 SNMP 等。

互联网应用层提供了用于支撑特定应用功能的各种协议，互联网或物联网的应用系统可以利用这些协议提供的基本功能编写自己的应用程序。

8.4.1　域名系统

在互联网中，计算机是由 IP 地址标识的。通信双方是按照 IP 地址进行路由选择和寻找对方的。应用层面对的是用户，人们难以记住用数字表示的 IP 地址，因此采用名字或网址来标识一台计算机比较合乎人们的习惯，也容易进行管理。域名系统（Domain Name System，DNS）的功能就是根据网址给出所对应的 IP 地址。

域是指按地理位置或业务类型而联系在一起的一组计算机集合，是为了便于管理而进行的管理区域划分。域名不仅包括网址，也包括主机名等其他标识符，用于定位网上的一台或一组计算机。域名是由互联网名称和号码分配机构（ICANN）负责管理的。域名是按树形等级结构组织的，ICANN 负责顶级域名的管理，以及授权其他区域的机构来管理域名。

由域名得到 IP 地址的过程称为域名解析。域名解析是由互联网上的一系列域名服务器（也称为名字服务器）完成的，采用的协议称为 DNS 协议。RFC 1035 规定了 DNS 协议的报文类型和格式。DNS 协议是一种客户机/服务器协议，由客户机提出请求，由域名服务器负责解析。

域名系统中最重要的域名服务器是根域名服务器。根域名服务器知道所有二级域中的每个授权域名服务器的网址和 IP 地址。全世界目前只有 13 台根域名服务器，其中 1 台为主根服务器，网址为 a.root-servers.net，IPv4 地址为 198.41.0.4，IPv6 地址为 2001:503:BA3E::2:30。其余 12 台均为辅根服务器。中国只有根域名镜像服务器。对于一个新建立的域名服务器，只要知道了根域名服务器的 IP 地址，它就可以通过根域名服务器获得其他的域名服务器信息。

域名解析存在两种查询方式：递归查询和迭代查询。具体使用哪种查询方式，由 DNS 查询报文中的标志字段指定。

递归查询是最常见的查询方式。当客户机申请域名解析时，若域名服务器不能直接回答，则域名服务器会向上级域名服务器发出请求，以此类推，直至把最后的查询结果送给客户机，即使结果是“主机不存在”。

迭代查询则是当域名服务器不能给出查询结果时，它就给出若干个其他域名服务器的地址，让请求方去查询其他域名服务器。

8.4.2 HTTP

超文本传输协议（HyperText Transfer Protocol，HTTP）是一种文本协议，采用客户机/服务器模型，主要用来在浏览器和 Web 服务器之间传输超文本，如图 8-9 所示。

图 8-9 HTTP 的通信模型

超文本就是在普通文本中加入指针（超链接），指向文本的其他位置或其他文档，使文档内部或文档之间在内容上建立起联系。超文本通常使用超文本标记语言（HyperText Markup Language，HTML）或可扩展标记语言（Extensible Markup Language，XML）来描述。网页就是一种超文本，因此网页的版式、字体大小和图片位置等都是由 HTML 规定的，而如何传输网页则是由 HTTP 规定的。

HTTP 是一种无状态协议，服务器不需要记录先前的信息。HTTP 的报文类型有两种：请求报文和响应报文。请求报文包括用户的一些请求，如请求显示图像、下载可执行程序、播放语音或提交登录账号和密码等。响应报文是服务器返回给客户端的请求结果，包括网页内容、登录认证结果和错误指示等。

8.4.3 CoAP

2010 年，IETF 成立了受限 REST 环境（Constrained Restful Environment，CoRE）工作组，致力于研究物联网基于 IPv6 的应用层协议。表述性状态转换（Representational State Transfer，REST）是一种用于超媒体（Hypermedia，交互式的超文本+多媒体）分布式系统的软件体系结构设计风格，采用以下设计概念和准则：网络上的所有对象都被抽象为资源；每个资源对应一个唯一的资源标识；通过通用的连接器接口连接；对资源的各种操作不会改变资源标识，并且对资源的所有操作是无状态的。

HTTP 是一种典型的 REST 协议，但它过于复杂，开销过大，不适合资源受限的传感器网络，于是提出了受限应用协议（Constrained Application Protocol，CoAP）。

CoAP 是为传感器网络和受限 M2M（机器到机器）通信而制定的一种应用层协议，具有以下特点：使用 UDP 作为传输层协议并配有可选择的可靠性措施；轻量级的头部开销和解析复杂度；支持网址和 HTTP 的内容类型；简单的代理和缓存功能。

CoAP 与 HTTP 一样，也采用请求/响应的客户机/服务器交互模式。CoAP 客户机可以直接访问互联网中的 CoAP 服务器。当一个 CoAP 端点（如传感器结点）与一个 HTTP 端点（如 Web 服务器）进行通信时，需要通过转换网关进行协议的转换，如图 8-10 所示。

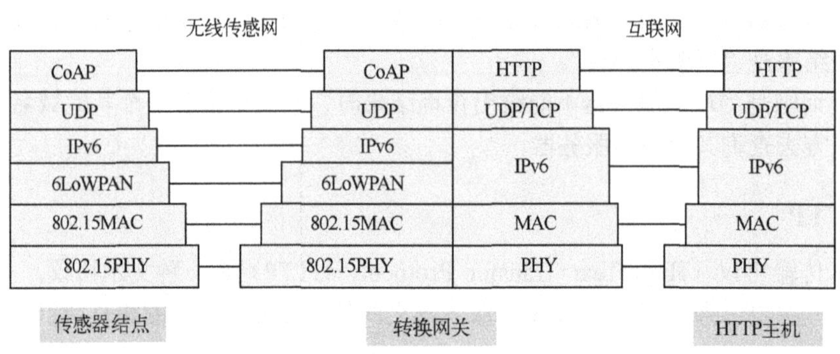

图 8-10　CoAP 与 HTTP 的协议转换

图中也给出了在 IEEE 802.15.4 无线个域网（WPAN）上使用 CoAP 时的协议栈。传感网中的结点使用 CoAP 时，CoAP 报文在传输层使用 UDP 发送，但网络层并没有直接使用 IPv6 协议，而是把 IPv6 封装在 6LoWPAN 中。6LoWPAN 的功能是把 IPv6 适配到 IEEE 802.15.4 的 MAC 层和物理层上，其原因是，对于资源有限的传感器结点、某些 M2M 终端和低功耗低速的 WPAN 来说，IPv6 对内存和带宽的要求显得过高，因此 6LoWPAN 重点解决了 IPv6 在路由、报头压缩、分片、网络接入、网络管理和邻居发现等方面的问题，使之适应于低功耗、低存储容量和低运算能力的环境。

CoAP 共定义了 4 种报文类型，分别为证实、非证实、确认和复位报文。值得注意的是，这 4 种报文类型均通过请求/响应的方式进行交互，即使收到一个非证实的请求报文，接收方也需要响应一个非证实报文或一个证实报文。

证实报文必须携带一个请求消息或一个响应消息，其内容不能为空，其作用是提供传输的可靠性，通过时间间隔按指数增长的重发机制，直至收到对方回送的确认报文或复位报文。非证实报文不需要确认，例如，重复读取传感器上的数据时，不必对每次读取都进行确认。确认报文用于对证实报文的确认。复位报文用于指出收到了一个证实报文，但却无法处理。

8.4.4 SIP

会话初始化协议（Session Initiation Protocol，SIP）是 IETF 在 1999 年提出的一个基于 IP 网络的信令控制协议。SIP 是下一代网络（NGN）的核心协议之一，它将电信网和互联网融合在一起，提供基于 IP 的多媒体业务，具有开放性、可扩展性、简单、安全的特点。作为信令控制协议，它可以建立、配置和管理任何类型的点对点通信会话，而无须关心媒体类型是文字、语音还是短信、视频等。SIP 协议作为应用层协议，常用于多媒体会议、远程教学、即时通信和 IP 电话等各种应用。

1．SIP 的组成实体

SIP 采用客户机/服务器模型，客户机称为 SIP 用户代理，服务器有 3 种类型：SIP 注册服务器、SIP 代理服务器和 SIP 重定向服务器。

SIP 用户代理通常为用户终端设备，如手机、多媒体手持设备和计算机等。当用户想要发起一个会话时，用户代理就发出一个 SIP 请求消息，指出要与谁进行通信，进行什么类型的通信等。

SIP 代理服务器接收 SIP 用户代理的会话请求后，查询 SIP 注册服务器，获取接收方用户代理的地址信息，然后将会话邀请信息发给下一个代理服务器，直至接收方用户代理。每个代理服务器都要进行路由决策，并在将请求信息转发到下一个实体之前对其进行相应的修改。

SIP 注册服务器是一个数据库，保存了同一域中所有用户代理的地址和相关信息，用来为双方的会话提供认证等服务。

SIP 重定向服务器接受用户代理或代理服务器的请求，并对这些请求发送重定向响应，在响应消息中包含请求的目标用户的可能地址的列表，以便用户代理或代理服务器重新发送请求消息。SIP 重定向服务器可以与 SIP 注册服务器和 SIP 代理服务器同在一个硬件上。

2．SIP 消息类型

SIP 协议是一个基于文本的协议，其消息（也称为报文）分为两种类型：请求消息和响应消息。

请求消息是指从客户机到服务器的消息。常用的 SIP 请求消息有 INTVITE 消息（邀请用户加入呼叫）、BYE 消息（终止两个用户之间的呼叫）、OPTIONS 消息（请求关于服务器能力的信息）、ACK 消息（确认客户机已经收到对 INVITE 的最终响应）、REGISTER 消息（把用户地址和其他信息登记到注册服务器中）和 CANCEL 消息（取消一个 INVITE 请求）等。

响应消息是指从服务器到客户机的消息。SIP 定义了 6 类状态码，分别为 1XX、2XX、3XX、4XX、5XX 和 6XX，其含义与 HTTP 的响应码相同，用于指出用户请求的处理结果，如临时响应、成功响应、重定向、未找到和无法处理等。

SIP 只用于建立和终止会话。当会话建立后，通信双方则使用其他协议传输多媒体数据，对于语音聊天、视频会议等实时性要求比较高的通信场合，一般使用实时传输协议（RTP）来传输音、视频数据。RTP 报文是封装在 UDP 中传输的。

8.4.5 SDP

会话描述协议（Session Description Protocol，SDP）为会话通知、会话邀请和其他形式的多媒体会话初始化等提供多媒体会话描述。对会话进行描述的目的是告知某会话的存在，并给出参与该会话所必需的信息。

SDP 可以传递多媒体会话的媒体流信息，例如，多媒体会议通过会议公告机制将会议的地址、时间、媒体和建立等信息告知每个可能的参会者。

SDP 描述的内容可分为 3 类：会话信息、媒体信息和时间信息。

会话信息包含以下内容：会话名和目的；会话激活的时间区段；构成会话的媒体；接收这些媒体所需的信息（地址、端口和格式等）；会话所用的带宽信息；会话负责人的联系信息等。

媒体信息包含以下内容：媒体类型（文本、视频和音频等）；传送协议 （RTP/UDP/IP 等）；媒体格式（G.711 μ 律编码音频、H.261 视频和 MPEG 视频等）；媒体地址和端口。

时间信息包含会话的时间和结束时间。会话时间可有多组时间段，对于每个时间段，可以指定重复时间。

SDP 是一种文本协议，其报文格式非常简单，报文中每行文本的格式都是<类型> = <值>。其中，类型为单个字符，区分大小写。值是结构化的文本串，一般由多个字段组成，字段之间由一个空格符隔开。类型与值之间的“=”号两侧不能有空白字符。例如，下面是一个 SDP 报文中的一行文本。

m= m=video 51372 RTP/AVP 31

其中，类型为 m，表示描述的是媒体类型，m 的值是“m=video 51372 RTP/AVP 31”，表示本次会话是视频通信，在 51372 端口接收视频数据，使用实时传输协议（RTP），属性值 31 表示视频数据为 H.261 视频压缩编码格式。

SDP 协议可以用在不同的协议中，如会话通知协议（SAP）、会话初始协议（SIP）、实时流协议（RTSP）、多用途互联网邮件扩展协议（MIME）和超文本传输协议（HTTP）等。

在 SIP 协议中，SIP 消息分为首部和消息体两部分，消息体部分就是 SDP 协议的报文。也就是说，SIP 在建立会话时，实际上是由 SDP 告知和协商会话细节的。

8.5 移动互联网

移动互联网是一个以宽带 IP 为技术核心的可同时提供语音、传真、图像和多媒体等高品质电信服务的新一代开放的电信基础网络。移动互联网将移动通信网和互联网二者结合起来，使其成为一体，是移动通信网和互联网从技术到业务的融合。移动互联网的核心是互联网，是互联网的补充和延伸，但也继承了移动通信网的实时性、隐私性、便捷性和可定位等特点。

8.5.1　移动互联网的组成

移动互联网是架构在移动通信网络之上的互联网，除了能在移动环境下提供传统互联网的业务，如网页浏览、文件下载和在线游戏等，还能提供基于位置的服务（LBS）、手机电视等业务。移动互联网实际上是电信运营商进军互联网的结果，以此来摆脱被管道化的窘境，即随着电信网中数据业务对话音业务量的超越，电信网的作用越来越被看作仅仅是互联网的承载网络。移动互联网就是电信运营商利用自己的无线接入优势，为大量的手机用户提供具有移动特征的互联网业务。移动互联网的组成结构如图 8-11 所示。

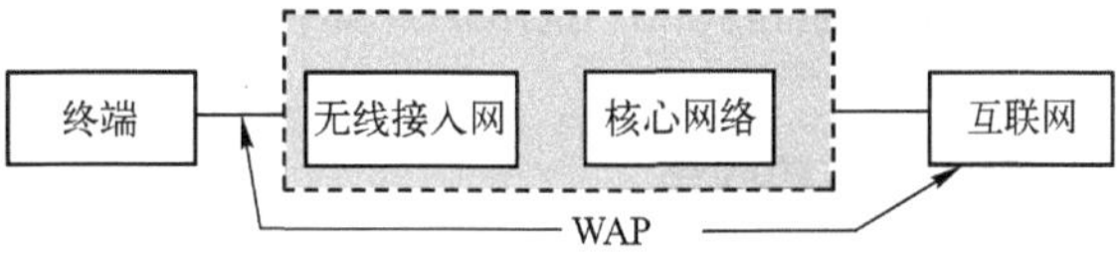

图 8-11　移动互联网的组成结构

终端可以是手机、便携式计算机等可移动计算设备，内容涉及手机卡、操作系统、音视频编码和软件标准等。

无线接入网提供无线 IP 接入技术，如 GPRS、EDGE、3G 和 4G 等，内容主要涉及移动通信网的基站收发器和基站控制器。

核心网络是一个有线长途通信网络，可以是采用 7 号信令系统 MAP（移动应用部分）协议的电路交换网络，也可以是采用分组交换技术的 NGN（下一代网络）。3G 核心网络采用的是 IP 交换网络，实现了与互联网的无缝连接。

互联网利用无线应用协议（Wireless Application Protocol，WAP）为移动用户提供各种互联网业务。WAP 是参照 TCP/IP 协议栈定义的一套适应于无线应用环境下的开放通信标准。通常支持 WAP1.0 的终端只能访问专门的 WAP 网站，而支持 WAP 2.0 的终端则既可以访问 WAP 网站，也可以访问 Web 网站。

8.5.2　移动互联网的体系结构

目前，移动互联网的参与者已不仅仅是电信运营商，一些互联网公司以原来的互联网业务为核心，一些终端公司以移动上网为特征，开始向移动互联网领域扩展，提出了各种移动互联网的体系结构。这些体系结构从表面上看可能差异很大，但其共同点都是采用分层的网络协议设计，通过中间件技术在移动应用程序与 TCP/IP 之间提供适配性。比较典型的体系结构是由无线世界研究论坛（Wireless World Research Forum，WWRF）和开放移动体系结构（Open Mobile Architecture，OMA）组织分别给出的移动互联网参考模型。

以 WWRF 为例，WWRF 认为移动互联网应该是一种自适应、个性化、知晓周围环境的服务。WWRF 给出的移动互联网参考模型如图 8-12 所示。

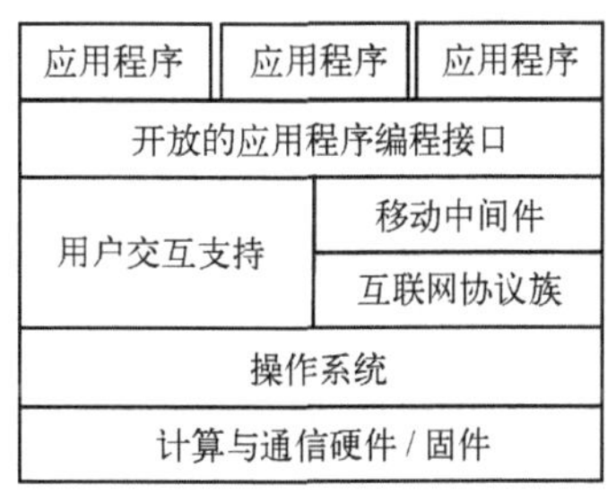

图 8-12　WWRF 的移动互联网参考模型

在该模型中，各应用程序通过开放的应用程序编程接口（API）获得用户交互支持或移动中间件的服务。移动中间件层由多个通用服务元素构成，包括建模服务、存在服务、移动数据管理、配置管理、服务发现、事件通知和环境监测等。互联网协议族就是由

IETF 制定的 TCP/IP 模型中的各种协议，如 SIP、HTTP、DNS、TCP、UDP、IPv6 和 RSVP 等。操作系统层负责与硬件资源的交互，包括应用程序接口、内存管理、资源管理、文件系统、进程管理和设备驱动等。硬件与固件由通过总线进行互联的各单元组成，包括内存、外部存储设备、网络接口和传感器等。

8.5.3 移动互联网的服务质量

目前，“一切基于 IP（或 All IP）”已经是各种通信网的必然选择，但 IP 的尽力而为型服务也凸显出其在服务质量方面的天然缺陷。人们已经习惯了电信运营商在话音业务的服务质量，当电信网转向 IP 技术后，如何保证各种多媒体业务的服务质量，成为电信运营商必须解决的问题。

1. QoS 的概念

服务质量（Quality of Service，QoS）是指发送和接收信息的用户之间、用户与传输信息的网络之间关于信息传输的质量约定。服务质量包括用户和网络两个方面。

从用户角度来说，QoS 是用户对网络提供的业务性能的满意程度，如图像的清晰程度、等待响应的耐心程度等，是一种主观指标，目前也称为体验质量（QoE）。

从网络角度来说，网络只能识别客观指标，如带宽、延时和丢失率等参数，需要把用户对 QoS 的主观感受映射成相应的网络性能参数，网络通过这些参数来提供不同的服务质量等级。由于网络的每个层次都有自己的性能参数，如物理层的采样率、链路层的连接失败率、网络层的分组丢失率和传输层的平均往返时间等，因此，QoS 常常需要各层的配合，甚至跨层配合。

2. IP QoS 的实现方式

IP QoS 的实现需要路由器的支持，路由器必须能够处理不同业务类型的 IP 分组，进而相应地控制网络上的传输时延、时延抖动和分组丢失率等特性。互联网中 IP QoS 的实现方式有以下两种基本类型：集成服务和区分服务。

集成服务（IntServ）属于资源预留类型，即依照应用程序的服务质量需求，事先规划和预留网络资源。在 IPv4 网络中，常使用资源预留协议（Resource Reservation Protocol，RSVP）提供集成服务类型的 QoS 保证。在 RSVP 中，用户发送信息时，发送端给接收端发送一个路径消息，以指定通信的特性。沿途的每个中间路由器可以拒绝或接受信息请求，如果接受，则为该业务流分配带宽和缓冲区空间，并把相关的业务流状态信息装入路由器中，路由器为每一个业务流维护状态，同时基于这个状态执行数据报的分类、流量监管和排队调度等。

区分服务（DiffServ）属于优先等级化类型，是指网络依据事先规划好的分类规则将业务分组分类，再根据分类后的优先等级处理业务分组。在 IPv6 分组的首部，专门有一个区分服务字段，用于将用户的数据流按照服务质量的要求划分成不同的等级。在区分服务机制下，用户和网络管理部门之间需要预先商定服务等级合约（Service Level Agreement，SLA），根据 SLA 的值，用户的数据流被赋予一个特定的优先等级，当分组流通过网络时，路由器会采用相应的方式来处理流内的分组。

3. 移动互联网的 QoS 技术

移动网络本身有很多提供 QoS 保证的方法。物理层主要通过降低误码率来提高信道容量，如信道编码、调制技术等。链路层侧重于无线资源的管理和利用，包括无线媒体接入控制协议、无线连接的呼叫接纳控制和无线连接的调度等。网络层主要是通过本地重传、路由优化等提供 QoS 保证，具体有快速无缝的越区切换、动态路由和带宽分配等。

在移动互联网中，除了更复杂的无线传输信道外，还要考虑由越区切换和动态网络引起的 QoS 的问题。越区切换会导致移动终端更换默认网关（即下一跳路由器），这段时间移动终端接收不到数据包。在 IPv6 中，当发现接收到的路由前缀发生了变化时，移动终端就会知道自己已经移动到了新的网络中。动态网络表现在当移动终端到达新网络后，网络拓扑也随之变化，移动终端的数据包会重新选择路由。

移动互联网的 QoS 解决方案主要基于 IP QoS 的实现技术，对集成服务和区分服务进行改进和扩展，使之适应移动环境。

针对集成服务，人们提出了移动主机资源预留协议（RSVP with Mobile Hosts，MRSVP）、动态资源预留协议（Dynamic RSVP，DRSVP）等，以解决 RSVP 在移动环境下的缺陷。MRSVP 通过预测主机未来可能到达的位置，并在这些位置提前预留资源，从而保证移动主机的服务质量，解决了 RSVP 无法感知主机移动的缺陷。DRSVP 使用户能够根据网络带宽的变化，动态调整服务质量的要求，解决了 RSVP 在无线链路中即使预留了资源，也会因干扰和衰落导致带宽不确定的问题。

针对区分服务，主要改进了其没有信令、不能动态配置服务质量参数等缺陷。

还有一些移动互联网的 QoS 解决方案是把集成服务和区分服务综合起来，在核心网络上采用区分服务，在无线接入网上采用集成服务。

8.5.4　移动 IP 技术

移动互联网离不开移动 IP 技术的支持。移动 IP 技术是一种在互联网上提供透明移动功能的解决方案，使主机在切换链路后也能保持正常通信。

在移动互联网中，当主机移动到另一个网络时，该网络的连接点（基站、AP 和路由器等）会为该主机分配一个新的 IP 地址。为了使通信不中断，通信双方仍需要使用原来的 IP 地址传输数据。移动 IP 技术就是通过采用代理+隧道的方法，自动转交移动主机漫游时的数据包，从而使通信双方觉察不到 IP 地址的变化。

移动 IP 的工作机制包括家乡代理注册、绑定管理、三角路由和家乡代理发现等。假设主机 A 与主机 B 进行移动通信，移动 IP 技术的具体工作过程如下。

1）当主机 A 处于家乡网络时，其 IP 地址为家乡地址，主机 B 与主机 A 按正常的 IP 进行通信。A 的家乡网络就是 A 注册的网络，也称为归属网络，例如，天津联通用户使用的本地 4G 网络等。

2）当 A 移动到外地网络时，利用 IP 的邻居发现协议，得知已到外地网络，然后利用地址自动配置方法，获得外地链路上的新的 IP 地址，该地址称为转交地址。

3）A 将转交地址通知其家乡代理，家乡代理通常是位于家乡网络中的一台路由器。在保证安全的前提下，也可以通知 B。

4）家乡代理截获家乡链路上发给 A 的数据包，采用隧道技术进行封装，再转发给 A。隧道技术就是家乡代理与 A 之间使用家乡代理的 IP 地址和 A 的转交地址进行通信，而把要转发的 B 与 A 之间的 IP 数据包封装到家乡代理与 A 通信的 IP 数据包的数据字段中。

5）B 若不知道 A 的转交地址，则不用进行任何处理，仍然使用 A 的家乡地址进行三角路由通信，即 B-家乡代理-A。通信伙伴若知道 A 的转交地址，则采用源路由技术直接与 A 通信。源路由是 IP 的一项可选功能，它在 IP 包中列出了到达目的地的路由器列表，路由器根据该列表进行转发即可。

8.6 互联网的发展与应用开发

互联网从虚拟空间向真实空间的延伸是必然的，互联网的发展将会为人们提供越来越便捷的生活方式。例如，从终端而言，不同设备之间将实现更为便捷的连接；从内容而言，网站将具备更加丰富的功能；从社会生活而言，各行各业将变得更加“互联网化”等。

8.6.1 多屏互动

多屏互动是指基于一定的通信协议，通过 Wi-Fi、宽带等网络连接，在不同操作系统的不同多媒体终端之间，进行多媒体内容的传输、解析、展示和控制等一系列操作。多屏互动可以在不同的平台设备上同时共享和展示内容，从而丰富用户的多媒体生活，典型的例子是“三屏互动”，即电视、计算机和手机 3 个设备的内容展示。

多屏互动从功能而言可以分为 3 种模式：内容分享模式、屏幕分享模式及远程控制模式。内容分享模式是指不同设备间共享多媒体文件内容。屏幕分享模式则是直接共享设备屏幕显示，例如，把手机上播放的视频同步在电视上播放。远程控制模式是指用一个设备控制另外一个设备，例如，手机就可以作为一个方便的遥控器来使用。

多屏互动可以利用不同的技术体系和协议集来实现，其中具有代表性的技术有 DLNA、Miracast、AirPlay 和闪联 4 个体系。

1．DLNA

数字生活网络联盟（Digital Living Network Alliance，DLNA）成立于 2003 年，目前成员公司已经超过了 150 家。DLNA 并不是专为多屏互动制定的技术，而是旨在解决包括个人计算机、消费电器及移动设备在内的无线网络和有线网络的互联互通问题，因此采用了一些通用的网络协议和技术来实现，以形成通用的解决方案，这也使之成为当今应用范围最广泛的多屏互动技术。

DLNA 经过发展，已经形成了完整的技术体系，目前可以归纳为 7 个功能组件，如表 8-1 所示。

表 8-1　DLNA 技术体系

功 能 组 件	具体技术和类型
网络连接	以太网、802.11（包括 Wi-Fi 直连）、MoCA、HD-PLC、HomePlug-AV、HPNA 和蓝牙
网络协议栈	IPv4、IPV6
设备发现和控制	UPnP* Device Architecture
媒体管理	UPnP AV、EnergyManagement、DeviceManagement、Printer
媒体传输	HTTP、DASH、RTP
媒体格式	JPEG、LPCM、MPEG 系列
远程用户接口	CEA-2014-A、HTML 5

DLNA 的网络连接目前主要以 Wi-Fi 连接为主，同时也支持其他的连接方式。网络协议栈在最初设计时只是基于 IPv4 协议的，由于 IPv6 的不断发展，DLNA 也逐步对其进行了支持。

设备管理和媒体管理的基础是通用即插即用（Universal Plug and Play，UPnP）协议族。UPnP 是一个 TCP/IP 协议栈的开放体系，包括简单服务发现协议（Simple Service Discovery Protocol，SSDP）、通用事件通知结构（Generic Event Notification Architecture，GENA）和简单对象访问协议（Simple Object Access Protocol，SOAP）等，可以实现设备之间的互相连接、媒体文件交互等，是 DLNA 体系的核心。媒体传输则直接采用了最为通用的 HTTP。

DLNA 技术主要以实现内容分享为主，通过扩展，也可以支持远程控制模式。DLNA 技术可以灵活地实现链接和媒体流的推送，特点是连接速度快，协议比较轻量，由于只是提供内容分享功能，不需要在发送端进行屏幕的抓取、编码等工作，因而对发送端的处理能力要求较低。但由于多媒体文件格式较多，且链接推送的方式十分灵活，所以在实现兼容性上比较困难，最初 DLNA 仅仅支持几种格式，这也成为 DLNA 技术发展的一大制约，但随着技术发展，已经可以覆盖主流的多种文件格式。

除此之外，DLNA 还规定了远程用户接口，即用户控制的界面，CEA-2014-A 规定了一种专门用于 UPnP 的 Web 界面规范，称为 CE-HTML。随着 HTML 5 标准的确定，DLNA 的远程用户接口同样也可以用 HTML 5 来实现。

2. Miracast

Miracast 是由 Wi-Fi 联盟于 2012 年制定的，以 Wi-Fi 直连为基础的无线显示标准，可以形象地将其理解为基于 Wi-Fi 的高清多媒体接口（High Definition Multimedia Interface，HDMI）。该标准的制定参考了 Intel 公司之前的英特尔无线高清技术（Intel WirelessDisplay，WiDi）标准。

Miracast 采用了屏幕分享模式，直接抓取屏幕编码发送，具有很好的兼容性，但同时会占用很多的 CPU 资源，需要较好的配置才能实现。

3. AirPlay

AirPlay 是苹果公司为其终端设备开发的一组流媒体传输协议，功能设计很强大，不同设备之间不仅可以使用此协议互相传输多媒体文件，还可以实现镜像（AirPlay Mirroring）功能，可以将平板或者手机的整个屏幕投放到大屏的电视上，即支持内容分享与屏幕分享两种模式。

AirPlay 协议的基础是组播域名系统（Multicast Domain Name System，mDNS）协议和 DNS 服务发现（DNS Service Discovery，DNS-SD）协议。AirPlay 协议消息发送格式及规则基于 mDNS 协议，该协议参考了互联网的 DNS 协议，但做出了一些修改以用于实现家庭设备之间的互相发现。由于使用了组播技术，mDNS 协议也在网络拥塞和消息冗余等方面做了改进，尽量降低了资源的占用。DNS-SD 协议基于 mDNS 协议，并不是用来发现网络中的设备，而是发现网络中的服务，其规定了一个服务声明及使用的完整过程，从而实现了智能设备之间的媒体共享功能。

4. 闪联

闪联技术体系标准是由联想公司主导的闪联标准工作组制定的，是我国多屏互动技术的第一个国家标准，目前闪联制定的7项标准已经被ISO/IEC正式发布。

闪联协议的全称是信息设备资源共享协同服务标准（Interlligent Grouping and Resource Sharing，IGRS），该标准为应用提供统一的网络资源发现、使用和管理机制，它由3部分构成：闪联基础协议、闪联智能应用框架和闪联基础应用。

8.6.2 Web的发展趋势

万维网（World Wide Web，简称Web）是一种建立在互联网上的、全球性的、交互的、动态的、多平台的、分布式图形信息系统。Web服务器使用网页的形式把信息呈现给用户，人们所熟知的上网浏览网页操作，其实就是访问Web服务器上的文件。微博、社交网络等都是WWW的服务类型。

Web的发展可归纳为Web 1.0、Web 2.0和Web 3.0这3个阶段。

1）Web 1.0始于1994年，主要特征是大量使用静态HTML网页来发布信息，并开始使用浏览器来获取信息。静态页面是指没有服务端程序处理、不可交互的页面，用户请求网页，服务端就直接响应固定的一个网页内容。

2）Web 2.0始于2004年，主要特征是用户的参与、在线的网络协作、数据储存的网络化及文件的共享等，如微博、P2P、即时通信和互动百科等都是Web 2.0时代的典型应用。Web 2.0的技术主要有用于设计网页页面的CSS（Cascading Style Sheets，层叠样式表）、实现网页动态交互的AJAX（Asynchronous Javascript And XML，异步JavaScript和XML）和支持信息推送的RSS（Really Simple Syndication，简易信息聚合）等。

3）Web 3.0以智能处理为特征，与物联网不谋而合，这也是人们把物联网看作是互联网的延伸的理由之一。Web 3.0源于语义网或语义Web。现今的互联网中的数据其实是非常庞杂的，绝大部分数据是非结构化的，人可以理解识别，但是计算机很难进行处理。语义网的目标就是让机器理解人，或者说让计算机理解Web上的信息。

语义Web的结构可以分为以下7层。

第1层是资源编码和标识，使用Unicode处理资源的编码，使用URI标识资源。

第2层是数据内容和结构，采用XML进行描述。

第3层是资源描述和类型，采用资源描述框架（Resource Description Framework，RDF）将元数据描述为数据模型。

第4层是本体层，描述各类资源及资源之间的关系。

第5层是逻辑层，进行逻辑推理操作。

第6层是证明层，根据逻辑陈述进行验证以得出结论。

第7层是信任层，在用户间建立信任关系。

语义Web可以根据语义信息进行逻辑推理与证明，让计算机也能理解数据，从而创建智能的搜索引擎，使Web成为用户的智能助手，最终智能化地实现用户需求。

8.6.3 “互联网+”及其应用开发

由我国政府推出的“互联网+”行动通俗地讲就是“互联网+各个传统行业”，它将移动互联网、云计算和物联网等各项技术应用到传统行业中，诞生了大量改变人们生活方式的新应用，例如网上订餐、网上订票和网约车等，都是备受关注的应用热点。

各种“互联网+”的应用开发虽然依据行业和应用场景的不同而有所区别，但核心原理都是相同的，即通过网络编程完成移动终端和服务端之间的通信，从而发送订单、定位等信息。这里以“互联网+餐饮”的网上订餐系统为例，介绍“互联网+”应用的开发过程。

1. 订餐系统架构

网上订餐系统的架构如图 8-13 所示，采用客户机/服务器的开发模式。订餐系统的客户端和服务端通过应用层的 HTTP 交互数据。订餐用户通过手机浏览菜单，向商家提交订单，商家通过手机查询订单，然后派送。系统的其他功能还包括注册、登录、收货人信息、定位和评价等。

本系统的客户端分为两类：一类是订餐用户使用的用户端，可以提交订单请求；另一类是收单商家使用的商家端，可以查询订单请求。用户端向用户展示一个用户界面，用户可以在上面选择需要的菜品及数量，连同联系方式、送餐地址等信息生成订单，向服务器发起请求。商家端向商家展示一个管理界面，可以查询当前的订单信息，向服务器发起请求。服务端进行数据处理，一旦收到用户端发送来的订单数据，就记录在数据库中并响应下单成功的信息；一旦收到商家端发来的查询请求，就读取数据库中的订单信息返回给商家端。

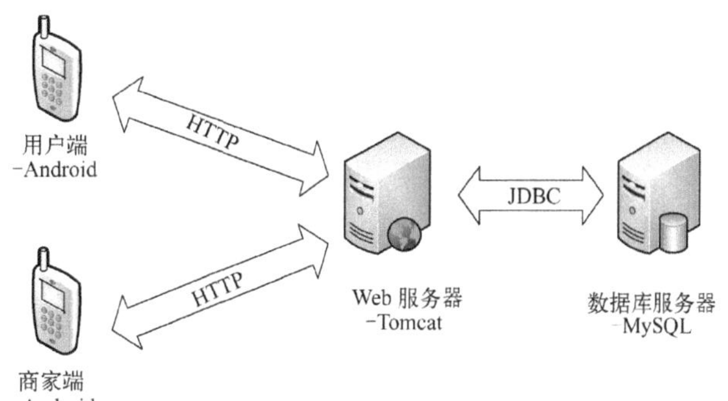

图 8-13　网上订餐系统架构

2. 订餐系统的数据传输

网上订餐系统的通信模型如图 8-14 所示，客户端和服务端共同接入互联网，通过应用层的 HTTP 交互数据，是典型的 C/S 结构的应用系统。

HTTP 采用请求-响应的工作方式。HTTP 发起请求时，要通过统一资源标识符（URI）来定位互联网中的一个资源，其中常用的形式是 URL，用于指定主机名（域名或者 IP 地址）、端口号（默认为 80 端口）和路径（通过/来表示目录结构），并且可以在最后附带一些用户信息（通过“?”分隔），如“http://www.baidu.com/s?ie=utf-8&wd=百度”。HTTP 请求还需要确定请求方法，常用的为 GET 和 POST 两种。GET 方式主要用于请求数据，附带的用户数据可以通过“?”分隔添加在 URL 后面。POST 方式主要用来提交数据，附带的用户数据会放在 HTTP 请求的正文部分。

客户端与服务端之间交互的数据格式可以任意定义，但是如果消息内容庞杂，自定义格式的处理也会更复杂。广泛采用的数据格式为 JSON（JavaScript Object Notation）格式，JSON 结构语法简单，很多主流的语言都可以方便地对其进行生成和读取。所有的数据对象都用“名称/值”对来表示，中间以“:”分隔，用花括号“{}”括起对象，中括号“[]”括起数组。一个订单消息可以用以下 JSON 格式消息表示。

{"菜单":[{"名称":"米饭","数量":2},{"名称":"面条","数量":3}],"联系方式":1234567, "地址":"XX 路 XX 号"}

整个系统开发的步骤如下。

1）配置客户端 Android 开发环境，包括 SDK 开发包和 Eclipse 开发工具等。

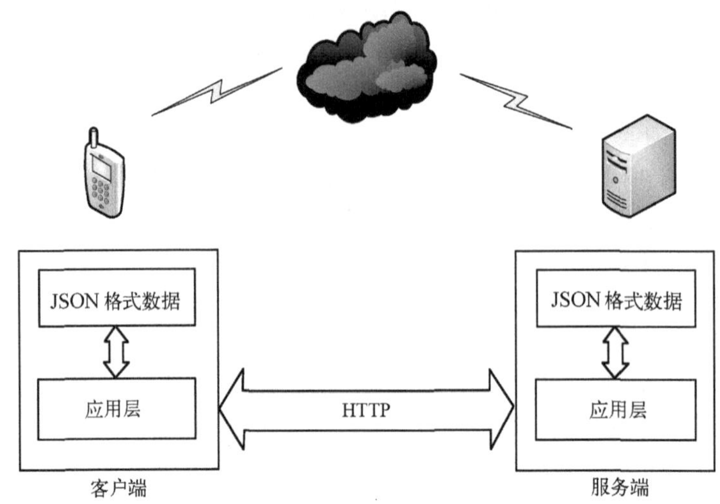

图 8-14　网上订餐系统通信模型

2）开发客户端 Android 应用界面，包括菜单界面和订单界面等。

3）开发客户端业务逻辑，实现已点菜品、联系方式和送餐地址等记录功能。

4）进行客户端 Android 网络编程，实现通过 HTTP 请求发送订单信息。

5）配置服务端 Java EE 开发环境，配置 Tomcat 服务器与 MySQL 服务器。

6）开发服务端业务逻辑，针对来自用户端和商家端的不同请求进行不同的响应，并完成对于数据库的增、删、改、查。

7）整合系统的客户端和服务端，测试完善系统功能。

3．客户端的具体开发步骤

客户端一般是智能手机等移动终端设备，这里选取 Android 手机为客户端设备，客户端的开发需要基于 Android 系统使用 Java 语言进行开发。Android 下使用 HTTP 的网络编程，可以使用 HttpURLConnection 类，这是一个 Java 中自带的支持 HTTP 功能的类，已经封装好了很多方便的函数，可以快速建立 HTTP 连接并交互数据。客户端网络编程的步骤如下。

1）新建 URL 对象设置为要访问服务器的 URL。

2）新建 HttpURLConnection 对象设置为目标 URL 的连接。

3）设置 HttpURLConnection 对象的各项参数，指定 HTTP 连接的相关设定，如请求方法、连接超时时间和读取超时时间等。如果是发送订单信息，推荐将请求方法设置为 POST。

4）按照 JSON 格式，向 httpURLConnection 对象的输出流中写入待发送数据。

5）调用 getInputStream()函数建立连接，发送数据，并获取返回的输入数据。

6）解析返回的 JSON 格式数据并进行处理。可以使用现成的 JSON 库以减少工作量，例如谷歌公司提供的 GSON 库，需要提前导入。

4．服务端的具体开发步骤

关于 Web 服务器软件、开发语言和数据库软件有很多种选择，本系统选择常用的 Tomcat 服务器、Java EE（Java Platform, Enterprise Edition）和 MySQL 数据库来开发。

Java EE 并不是一门新的编程语言，而是 Java 的一个平台规范，包含了很多有用的组件，常用来开发网络应用。其中包括 Java Servlet 和 Java Server Pages（JSP），是开发基于 Java 的 Web 服务器所需要的组件，Servlet 使 Java 语言可以处理响应 HTTP 请求，JSP 基于 Servlet 进行了简化，可以方便地开发基于 Java 的动态网页。但是一些流行的 Web 服务器软件如 Apache 是不能直接支持 Java 语言的，需要专门的 Java 应用服务器。

Tomcat 就是一个开源的 Web 服务器软件，支持 Servlet 和 JSP 的运行。

MySQL 是最流行的数据库管理系统，也是开源免费的，可以通过 Java 提供的 Java 数据库连接（Java Data Base Connectivity，JDBC）接口方便地连接到 MySQL 数据库进行数据的增、删、查、改。

服务端配置的步骤如下。

1）下载安装 JDK，配置 Java 运行环境（同 Android 开发步骤）。

2）下载安装 Tomcat，添加系统环境变量，完成 Tomcat 的目录、端口等参数配置。

3）下载安装 MySQL，完成 MySQL 的端口、连接数量和管理员账户等参数配置。

4）根据需求在 MySQL 中建立数据库并添加数据表。

5）启动 Tomcat 与 MySQL，测试服务器基本功能。

习题

1．目前互联网所采用的协议模型是什么？一共包括几层？

2．IPv6 协议与 IPv4 的协议有何不同，改进后有什么好处？

3．IPv6 协议的 ICMP 报文分为几种，具体用途是什么？

4．在 TCP 的三次握手中，通信双方为接下来的数据传输做了哪些准备？

5．域名解析 DNS 与对象名解析 ONS 有什么区别？

6．互联网和物联网体系结构都采用 4 层模型，都有应用层和传输层，这两个层次对于互联网和物联网来说是否一样？

7．IP 数据报出错后，发送方是否重传？

8．传输文件时需要保证文件数据的正确性，文件传输是否必须使用 TCP？能否使用 UDP？

9．TCP 是通过调整发包速率进行拥塞控制的，发包速率与传输速率有什么区别？TCP 是如何知道网络发生了拥塞的？

10．6LoWPAN 与 ZigBee 的关系是什么？

11．移动 IP 技术与移动互联网的关系是什么？在移动 IP 技术中，移动主机应具有哪两种地址，具体在何处使用？

12．WAP 与 HTTP 的关系是什么？如何看待 WAP 的发展？

13．网站的购物车功能是如何实现的？这种实现方式有什么缺陷？

14．HTTP/2 与 HTTP/1.1 相比，主要解决了哪些问题？

15．多屏互动有哪 3 种实现模式？比较其优缺点。

16．Web 2.0 的核心是什么？

17．请列出 3 个“互联网+”在日常生活中的应用实例。

第9章　物联网的接入和承载

物联网中的无线传感网、RFID 系统和智能设备等需要通过各种接入技术连接到承载网络上。物联网的承载网络主要有 3 种：互联网、电信网和行业专网。行业专网包括有线电视网、铁路通信网和军用网络等，这些网络也可以作为互联网的承载网络。实际上，电信网的核心网络是互联网的主要承载网络。

物联网感知层设备接入到承载网络大致可分为 4 种情况：利用各种有线接入技术接入互联网；利用各种无线 IP 接入技术无缝接入互联网；物联网中的设备结点直接接入公共移动通信网络或行业专网；传感器网络通过网关接入互联网。

从物联网传输层的数据流动过程来看，可以把通信网络分为接入网络、移动通信网络、核心传输网络、核心交换网络和互联网。除接入网络外，其他几种都处于城域网或广域网范围内，这几种网络的关系如图 9-1 所示。

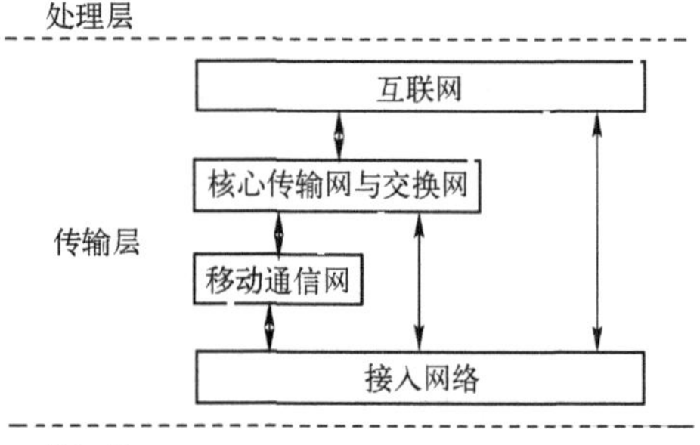

图 9-1　物联网传输层中的通信网络

接入网络是指用户设备到电信局或互联网服务提供商（ISP）设备之间的通信网络，这部分也俗称为通信网络的“最后一公里”。接入网络使用的接入技术分为有线接入和无线接入两大类。不特别指出的话，接入技术通常是指接入互联网的技术，即 IP 接入技术。

移动通信网有第二代（2G 网络）的全球移动通信系统（GSM）、码分多址（CDMA）网络，第三代（3G 网络）的 WCDMA、CDMA2000、TD-SCDMA 网络，第四代（4G 网络）的 LTE-Advanced 和 WiMAX，以及第五代（5G 网络）等。移动通信网为物联网的数据传输提供接入和交换功能，整个移动通信网只在终端（手机、便携式计算机等）与基站之间使用无线通信，长途通信则使用核心传输网和核心交换网。

核心传输网是各种中、长距离通信网络的基础网络，主要功能是利用光、电信号来传输二进制数据流，其传输媒介主要是光纤，另外，卫星通信和微波中继系统也提供了一部分传输线路。电信运营商传输机房中核心传输网的传输设备有同步数字体系（SDH）、光传输网（OTN）等不同体制。

核心交换网通常建立在核心传输网之上，根据通信双方的地址，把数据从发送方传送到接收方，如公用电话交换网络（PSTN）、IP 交换网络等。

互联网就是利用各种各样的通信网络把计算机连接起来，以达到信息资源的共享。互联网把所有通信网络都看作是承载网络，由这些网络负责数据的传输，互联网本身则关注信息资源的交互。

从行业角度更容易理解互联网与移动通信网络、核心传输网络、核心交换网络之间的关系。移动通信网络、核心传输网络和核心交换网络都属于电信网，由通信行业建设。计算机行业关注的是计算机局域网，互联网就是利用电信网的基础设施把世界各地的计算机或计算机局域网连接起来组成的网络。

在长距离通信的基础设施方面，互联网除了使用核心传输网、核心交换网、移动通信网和有线电视网等基础设施外，也会利用交换机、路由器和光纤等设备建立自己独有的基础设施。电信行业不甘心自己沦为互联网的承载网络角色，一方面建设公用互联网，如中国公用计算机互联网 ChinaNet，另一方面也积极提供互联网的业务，如移动互联网业务。

在物联网建设中，某些行业专网的基础设施可以是独有的，如智能电网，也可以利用电信网或互联网提供的虚拟专网技术来建设自己的行业网络。

从物联网的角度看，包括互联网在内的各种通信网络都是物联网的承载网络，为物联网的数据提供传输服务。物联网的建设思路与互联网很相似。建设互联网时，首先把计算机组织成计算机局域网，再通过已有的电信网，把各个计算机局域网连接起来。物联网则是把传感器（对应于计算机）连接成传感网（对应于计算机局域网），然后再通过现有的互联网（对应于电信网）相互连接起来，最后构成一个全球性的网络。

9.1　有线接入技术

互联网有线接入技术有以太网接入、铜线接入、HFC 接入、光纤接入和电力线接入等几种。有线接入技术的发展趋势是铺设的光纤离用户越来越近，最终的目标是代替双绞线和同轴电缆。

9.1.1　以太网接入

以太网是典型的计算机局域网，目前其范围已从局域网延伸到了城域网和广域网，并且也从组网技术延伸到了接入技术。把计算机连接到 ISP 的以太网中，也就是接入到了互联网。

以太网标准是由 IEEE 802.3 制定的，其体系结构分为两层：物理层和媒介访问控制（MAC）层。

物理层规定以太网的接口和速率等。以太网的接口为 RJ-45，由 4 对双绞线构成。最初的以太网速率是 10 Mbit/s，此后的以太网速率以 10 倍增加，分别称为快速以太网（100 Mbit/s）、千兆以太网（1 Gbit/s，简称 GE）、万兆以太网（10 Gbit/s，10 GE）和 100 GE（100 Gbit/s）。唯一的例外是 40 GE（40 Gbit/s）。

MAC 层规定了以太网的媒介访问控制方法（即 CSMA/CD）和 MAC 帧的格式。目前以太网基本上都使用交换机组网，构成星形拓扑结构的交换式局域网，再通过 ISP 的交换机或路由器接入到互联网中，如图 9-2 所示。交换式以太网采用点到点的全双工通信方

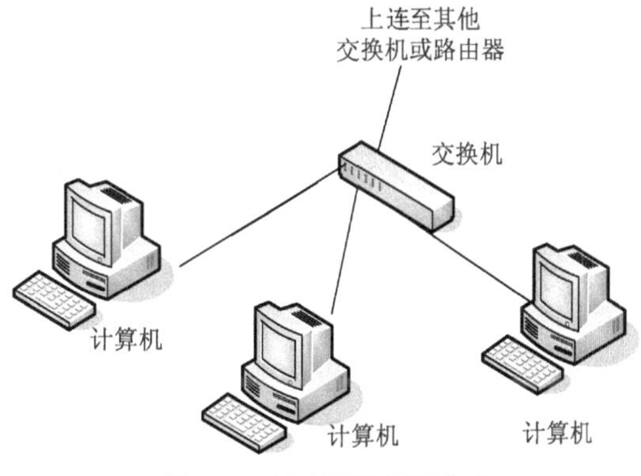

图 9-2　以太网的组网方式

式，没有共享媒介问题，也就无需任何媒介访问控制方法。

交换机的类型主要有直通式和存储转发式两种。直通式交换机收到 MAC 帧时，检查 MAC 帧中的目的 MAC 地址，查询端口-地址映射表，如果与某计算机的 MAC 地址相符，就将帧转发到相应端口，不做其他处理。存储转发式交换机增加了一个高速缓冲存储器，在接收到帧后先将帧放到高速缓冲器中缓存，进行错误校验后，把出错的帧扔掉，把正确的帧转发到相应的端口。

9.1.2 铜线接入

铜线接入使用普通电话线接入互联网，能够做到上网和打电话同时进行，互不干扰。铜线接入也称为 *x*DSL 接入技术，*x* 代表不同的技术类型，其中非对称数字用户线（ADSL）是最常使用的一种。"非对称"是指上下行速率不一样。

ADSL 利用频分多路复用技术把 1.1 MHz 容量的普通电话线的频谱分成 3 个不同频段：电话信道、上行数据信道和下行数据信道。

ADSL 系统的具体设备有 ADSL 调制解调器、分离器和 DSLAM（DSL 接入复用器）。ADSL 调制解调器放置在用户端，利用 QAM、CAP 或 DMT 等调制技术传输来自计算机的数字信号。DSLAM 放置在局端，用于复用多个用户的数据信号，并利用以太网或 ATM 网络接入到 Internet。分离器用于分开话音信道和数据信道，每个用户端和局端各对应放置一个。

G.992.1 标准规定 ADSL 的下行速率至少为 6 Mbit/s，上行速率至少为 640 kbit/s。ADSL 2+的最高下行速率可达到 25 Mbit/s，在 1.5 km 时下行速率为 20 Mbit/s，上行速率为 800 kbit/s，在 5 km 时下行速率为 384 kbit/s。

9.1.3 光纤接入

光纤接入技术就是把从电信局交换机到用户设备之间的铜线换成光纤。由于交换机和用户接收的均为电信号，因此要进行光/电和电/光转换才能实现中间光纤线路的光信号传输。在交换机一侧的局端，实现光/电转换的设备称为光线路终端（OLT），靠近用户侧的光/电转换设备称为光网络单元（ONU）。

根据 ONU 与用户的距离，光纤接入网可分为多种类型，统称为 FTT*x*，其中 *x* 代表 R/B/C/Z/H 等，如光纤到远端（FTTR）、光纤到大楼（FTTB）、光纤到路边（FTTC）、光纤到小区（FTTZ）和光纤到户（FTTH）。

光纤接入可分为两大类：有源光网络（AON）和无源光网络（PON）。主要区别是前者采用电复用器分路，后者采用光分路器。有源光网络从局端设备到用户分配单元之间均采用有源光纤传输设备，即光电转换设备、有源光电器等。无源光网络不采用有源光器件，而是利用无源分光技术传输信号。在无源光网络中，局端设备使用 OLT，远端设备使用 ONU，其间设置无源光分路器。

家庭上网目前已从 ADSL 转向了 FTTH，一般采用的是以太网无源光网络（EPON）技术，其网络结构如图 9-3 所示。光纤传输采用单纤双向方式。光分路器放置在光交接箱或光分纤箱中，可安装在室外或室内的电信交接间、小区中心机房、楼内弱电井或楼层壁龛箱等地点。ONU 放置在用户室内，每户一个。ONU 也可以提供多个接口，用以连接电话机、智能家电等设备。

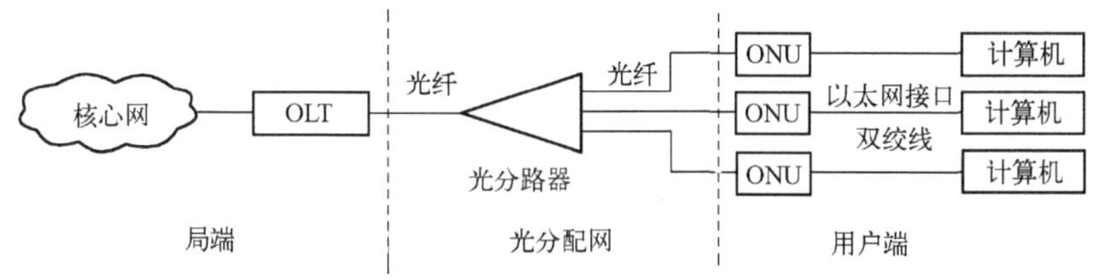

图 9-3　FTTH 接入的网络结构

FTTH 并不是光纤接入的最终解决方案，如果计算机配置有光纤接口，则可进一步实现光纤到桌面，从技术上彻底解决接入技术中的带宽问题。

9.1.4 HFC 接入

光纤同轴电缆混合接入（HFC）技术利用有线电视网的同轴电缆连接到互联网，它是一种集频分复用和时分复用、模拟传输和数字传输、光纤和同轴电缆技术、射频调制和解调技术于一身的接入技术。

有线电视网的同轴电缆带宽高达 1 GHz，其中，5～65 MHz 频段为上行数据信道，采用 16QAM 调制和 TDMA（时分复用）等技术，上行速率一般在 200 kbit/s～2 Mbit/s 之间，最高可达 10 Mbit/s。87～550 MHz 频段为模拟电视信道，采用残留边带调制技术提供普通广播电视业务。550～860 MHz 频段为下行数据信道，采用 64QAM 调制和 TDMA 等技术提供下行数据通信业务，如数字电视和视频点播（VOD）等，下行速率一般在 3～10 Mbit/s，最高可达 36 Mbit/s。860 MHz 以上频段保留给个人通信。

HFC 接入网可以分成 3 部分：前端、传输线路和用户端。HFC 接入网以有线电视台的前端设备为中心，呈星形或树形分布，由光分配网络（ODN）和同轴电缆构成传输线路，用户端的计算机通过电缆调制解调器（Cable Modem，CM）或 EoC（Ethernet over COAX，同轴电缆的以太网）终端传输数据。

HFC 接入的实现方案主要有两种：CMTS+CM 和 EPON+EoC。

CMTS+CM 接入技术是传统的 HFC 接入方案。前端配置有电缆调制解调器终端系统（Cable Modem Terminal System，CMTS）。CMTS 不仅提供用户接入互联网的通道，还能对用户端的电缆调制解调器进行认证、配置和管理。

EPON+EoC 的用户设备使用 EoC 终端连接同轴电缆，同轴电缆再连接以太网无源光网络（EPON）。EoC 接入技术是下一代广播电视网（NGB）的关键技术。在物联网智能家居的应用中，用户的计算机、普通电视机和智能家电等电器通过家庭网关连接在一起，再利用 EoC 技术，就可以把家庭网络中的各种设备接入到互联网中。

9.1.5 电力线接入

电力线接入（Power Line Communication，PLC）就是使用普通电线通过电网连接到互联网，数据传输速率在 2～200 Mbit/s 之间。电力线接入的最大优势是：哪里通电，哪里就能上网。

使用电力线接入时，用户端需要配置 PLC 调制解调器，ISP 需要配置局端设备。通信时，来自用户的数据进入调制解调器后，调制解调器利用高斯滤波最小频移键控（GMSK）或正交频分复用（OFDM）调制技术对用户数据进行调制，频带范围为 4.5～21.5 MHz。调制后的信号在电力线上进行传输。在接收端，局端设备先通过滤波器将调制信号滤出，再经过解调，得到用户数据，送往互联网。

9.2　短距离无线 IP 接入技术

无线 IP 接入技术处在用户终端和骨干网之间，能将互联网上的各种业务以无线通信的方式延伸到用户终端，也是物联网的主要接入方式。

无线 IP 接入技术可分为两种：短距离无线 IP 接入技术和长距离无线 IP 接入技术。

短距离无线 IP 接入技术是利用无线局域网和无线个域网作为接入技术，适合短距离无线通信的应用场合。长距离无线 IP 接入技术通常是利用公用移动通信网络接入到互联网中，具体的技术标准有 IEEE 制定的 WiMAX（IEEE 802.16）、MBWA（IEEE 802.20），以及 ITU-T 制定的 2.5G、3G、4G 和 5G 移动通信网等。

IEEE 制定的短距离无线传输技术标准有 WLAN（IEEE 802.11，即 Wi-Fi）、蓝牙（IEEE 802.15.1）、UWB（IEEE 802.15.3a）和 ZigBee（IEEE 802.15.4）等。这些无线传输技术的使用场合不同，其中 Wi-Fi 用于组建无线的计算机局域网，蓝牙为设备之间的数据传输提供一条无线数据通道，UWB 用于连接高速多媒体设备，ZigBee 用于传感器网络。

Wi-Fi、蓝牙和 UWB 是典型的无线局域网和无线个域网组网技术，可用于组建计算机网络或无线传感器网络，也可以作为无线 IP 接入技术与互联网无缝连接。传统 ZigBee 的协议栈与 TCP/IP 不同，不能用作无线 IP 接入技术，但最新推出的 ZigBee 3.0 兼容 IP，可以与互联网无缝连接。

9.2.1　Wi-Fi

无线保真（Wireless Fidelity，Wi-Fi）是 Wi-Fi 联盟为使用 Wi-Fi 技术的设备提供的产品认证商标。Wi-Fi 的核心技术包括 IEEE 802.11a、802.11b、802.11g、802.11n、802.11ah、802.11ac、 802.11ax 和 802.11ad 等。

IEEE 在 1997 年发布了最原始的 IEEE 802.11 标准，定义了无线局域网的物理层和媒介访问控制（MAC）层。该标准工作在频率为 2.4 GHz 的 ISM 频段，速率为 2 Mbit/s。1999 年推出了改进版的 802.11a 和 802.11b。

2003 年发布的 IEEE 802.11g 采用正交频分复用（OFDM）技术，传输速率可达 54 Mbit/s。OFDM 是一种特殊的多载波传输技术，高速的信息数据流通过串并变换，分配到速率相对较低的若干子信道中传输。各子信道的副载波相互正交，其频谱可相互重叠，大大提高了频谱利用率。

2009 年发布的 802.11n 支持多入多出（MIMO）技术，通过多个发射天线和接收天线来提高性能，使用 4×4 MIMO（4 个输入天线和 4 个输出天线）时，最高速率为 300 Mbit/s。当使用 40 MHz 带宽和 4×4 MIMO 时，速率最高可达 600 Mbit/s。

IEEE 802.11ac 是 802.11n 的改进，802.11ax 是 802.11ac 的改进，二者的最高速率分别是 1 Gbit/s 和 10.53 Gbit/s。IEEE 802.11ad 又称为 WiGig，其工作频率为 60 GHz，速率高达 7 Gbit/s。

2016 年发布的 802.11ah 是专门为物联网设计的低功耗、长距离组网技术，取名为

HaLow，工作频率为 900 MHz，在 1 km 的距离下数据速率不低于 100 kbit/s。

Wi-Fi 无线局域网的组网方式有两种，一种是中心制的接入点（Access Point，AP）网络，另一种是无需任何网络设备的分布式的 Ad Hoc 网络（自组网络）。参见视频。

第 9 章 Wi-Fi 组网模式和接入举例 9.2.1 节

1．AP 组网模式

无线局域网的最小构成模块称为基本服务集（Basic Service Set，BSS），它由一组使用相同 MAC 协议和共享媒介的站点组成，每个 BSS 都有一个 ID，也就是网络名。AP 组网模式也称为基础设施模式，是最常见的 Wi-Fi 组网模式，它由一个或多个 BSS 组成，每个 BSS 中都有一个 AP。AP 通常是一个无线的集线器或路由器，它提供无线站点与有线或无线的主干网络的连接，以便站点对主干网进行访问。

如果一个基本服务集由一个分布式系统（Distribution System，DS）通过无线接入点 AP 与其他的基本服务集（BSS）互联在一起，就构成了扩展服务集（Extended Service Set，ESS），如图 9-4 所示。分布式系统提供多个 BSS 之间的互联，可以是一个有线的以太网，也可以通过 Wi-Fi 本身直接连接各 AP。

AP 设备通常既有无线接口，可以与无线站点建立无线连接，又有有线接口，可以通过有线的以太网接口、ADSL 调制解调器或光端机等连接到互联网，图 9-5 所示。

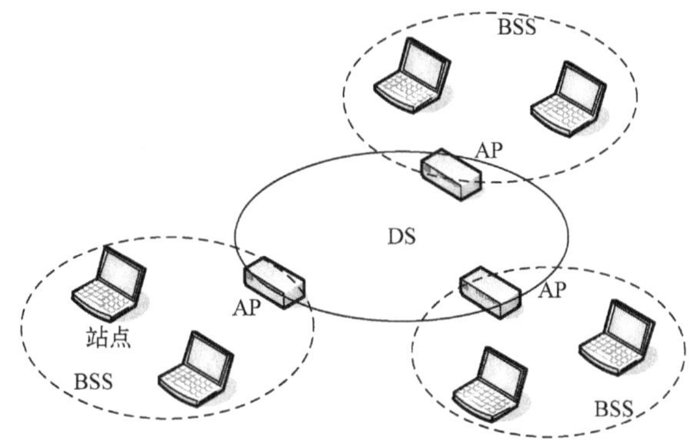

图 9-4　扩展服务集（ESS）

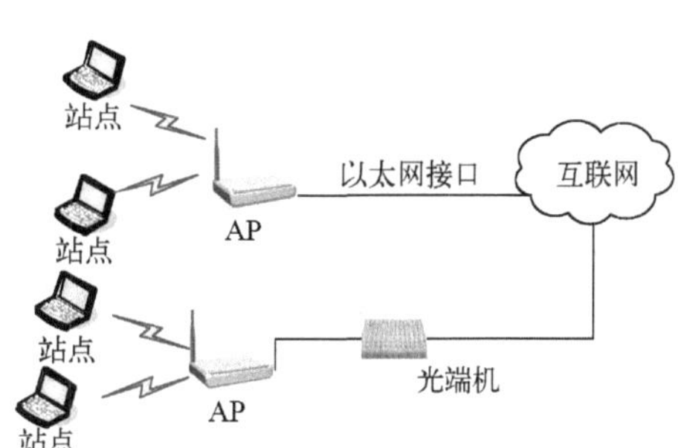

图 9-5　无线局域网的接入方式

2．Ad Hoc 组网模式

Ad Hoc 网络是一种点对点的对等式移动网络。它没有有线基础设施的支持，网络中的结点均由移动主机构成，在 802.11 中称为独立基本服务集（Independent BSS，IBSS），如图 9-6 所示。在 Windows 操作系统下，对网络连接和无线网卡进行适当配置就能组成 Ad Hoc 网络。单击“网络邻居”图标，就可以查看联网的计算机，通过共享文件可以实现计算机之间的数据交换。Ad Hoc 网络也是典型的无线传感器网络的组网形式。

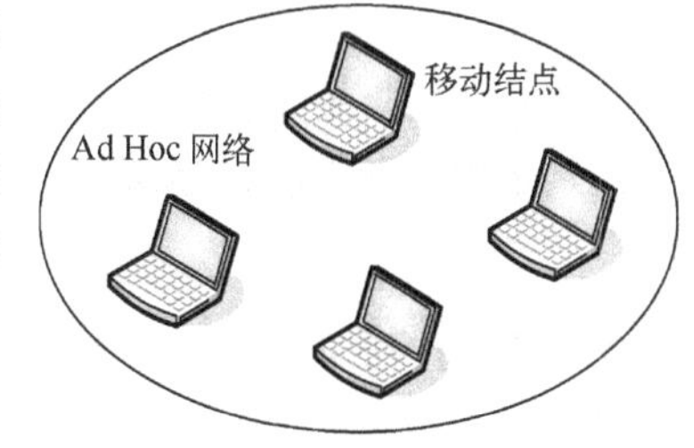

图 9-6　Wi-Fi 的 Ad Hoc 组网模式

9.2.2　蓝牙

蓝牙是一种短距离的无线通信技术，已经应用在生活的各个方面，如家庭娱乐、车内系统和移动电子商务等。蓝牙技术产品如蓝牙耳机、蓝牙手机等也随处可见。对于物联网，蓝牙是一项实用的接入技术。

蓝牙的工作频段为2.4～2.4835 GHz，距离为10～100 m，速率一般为1 Mbit/s。2009年推出蓝牙3.0高速模式，通过借用Wi-Fi通道，速率高达24 Mbit/s。2010年推出低功耗蓝牙4.0（Bluetooth Low Energy，BLE）。2016年推出蓝牙5，重点关注了物联网的低功耗应用，覆盖范围是300 m，速率可达2 Mbit/s。

蓝牙可采用灵活的组网方式，其网络拓扑结构也有多种形式，如微微网（Piconet）、PC对PC组网方式和PC对蓝牙接入点的组网方式。

微微网是一种采用蓝牙技术、以特定方式连接起来的微型网络。一个微微网可以由2台或8台相连的设备构成。在微微网中，所有设备的级别相同，具有相同的权限。微微网采用Ad Hoc组网方式，由主设备（发起连接的设备）单元和从设备（接收连接的设备）单元构成。主设备单元负责提供同步时钟信号和跳频序列；从设备单元是受控同步的设备单元，接受主设备单元的控制。例如，PC可作为一个主设备单元，而蓝牙无线键盘、无线鼠标和无线打印机就是从设备单元，接受PC的控制。

微微网的功能只是将两台或多台蓝牙设备相连，并不具备将蓝牙设备接入互联网的功能。将蓝牙设备接入互联网需要专门的蓝牙网关设备。

9.2.3　UWB

超宽带（Ultra Wide-Band，UWB）是一种应用于无线个域网（WPAN）的短距离无线通信技术，其传输距离通常在10 m以内，传输速率可达100 Mbit/s～1 Gbit/s。UWB不采用载波，而是直接利用非正弦波的窄脉冲传输数据，因此，所占的频谱范围很宽，适合高速、近距离的无线个人通信。

无线通信技术分为窄带、宽带和超宽带3种。从频域来看，相对带宽（信号带宽与中心频率之比）小于1%的无线通信技术称为窄带，相对带宽在1%～25%之间的称为宽带，相对带宽大于25%且中心频率大于500 MHz的称为超宽带。美国联邦通信委员会（FCC）规定，UWB的工作频段范围为3.1～10.6 GHz，最小工作频宽为500 MHz。

由于UWB发射的载波功率比较小，频率范围很广，所以，UWB相对于传统的无线电波而言，相当于噪声，对传统无线电波的影响相当小。

UWB技术主要有两种：由飞思卡尔建议的直接序列超宽带技术（DUWB）和由WiMedia联盟提出的多频带正交频分复用（MB-OFDM）。由于争执不下，2006年，IEEE 802.15.3a UWB任务组宣布解散。

UWB主要是为多媒体数据的高速传输而设计的，目前的应用领域主要有雷达、定位、家庭娱乐中心和无线传感器网络等。

9.3　基于移动通信网的接入技术

移动通信网络是由电信运营商管理维护的公用通信网络，它具有泛在性、覆盖广域性和终端移动性等特点，是物联网重要的现有基础设施之一，为物联网的数据传输提供承载和接入功能。

第一代移动通信网络是模拟通信网络，已被淘汰。第二代移动通信网络（2G网络）采用电路交换技术。第三、四、五代移动通信网络（3G、4G、5G 网络）全面采用分组交换技术，实现了与互联网的无缝接入，从而使移动通信网络在物联网中的地位从承载网络延伸至接入网络。参见视频。

第 9 章移动通信网络的更新换代 9.3 节

基于移动通信网络的无线 IP 接入技术主要有 GPRS、3G、4G 和 5G 等，这些技术的标准主要由 ITU-R 制定。

9.3.1　移动通信网的组成结构

移动通信网主要由移动台、基站、交换系统和运维中心 4 部分组成，如图 9-7 所示。从移动台到基站为无线通信，其他都是有线通信。

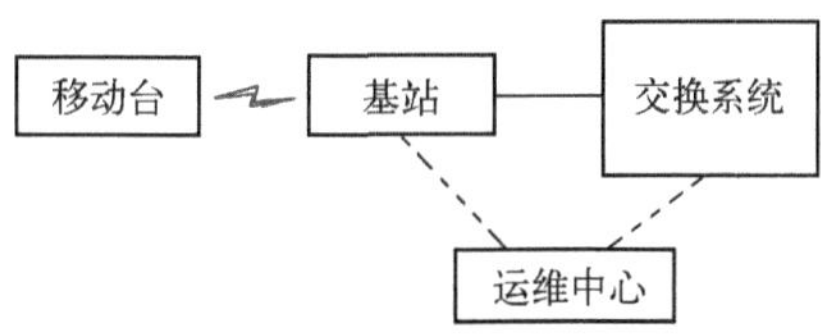

图 9-7　移动通信网的组成

移动台是用户使用的终端设备。移动台有车载式、手持式、便携式、船舶及特殊地区需要的固定式等类型。它由移动用户控制，与基站间建立双向无线通信。移动台主要完成语音编码、信道编码、信息的调制解调、信息加密，以及信息的发送与接收等功能。移动台通常由移动终端（手机）和用户识别模块（Subscriber Identity Module，SIM，即电话卡）两部分组成。每个移动台都有一个唯一的设备识别号，存储在 SIM 卡中。

基站（Base Station，BS）是与移动台进行通信的无线电设备的总称，一般由多个信道收信机、发信机和天线系统组成，其主要功能是发送和接收射频信号。

交换系统完成网络交换功能、用户数据管理、用户移动性管理和安全性管理，由移动交换中心和各种数据库组成。

运营维护中心对整个移动网络进行管理和监控。OMC 可以对网内的各种设备进行功能监视、系统自检、故障诊断、报警、故障处理、备用设备激活、话务量统计、计费数据记录，以及各种信息的收集、分析和显示等。

9.3.2　第二代移动通信网络（2G）

2G 网络有两种体制：全球移动通信系统（Global System for Mobile Communications，GSM）和码分多址（CDMA）。这两种网络都是电路交换网络，不能直接作为 IP 接入技术连接到互联网。在物联网的某些应用中，可以通过 2G 网络中的短信功能发送数据，监测和控制智能设备。

为了使 2G 网络作为无线 IP 接入技术，需要把 2G 网络升级到 2.5G，方法是在 2G 电路交换网络中铺设分组交换设备，使之能提供互联网接入功能。

GSM 采用通用分组无线服务技术（General Packet Radio Service，GPRS）升级到 2.5G，还可再升级到 2.75G 的增强型数据速率 GSM 演进技术（Enhanced Data Rate for GSM Evolution，EDGE）。CDMA 网络则采用 CDMA 1X 技术升级到 2.5G。

GPRS 通过利用 GSM 网络中未使用的时分多路复用（TDMA）信道，采用分组交换技术，提供高达 115.2 kbit/s 的空中接口传输速率。GPRS 系统本身采用 IP 网络结构，为用户分配独立地址，其组网结构如图 9-8 所示。

GPRS 网络中的移动台、基站（BTS）、基站控制器（BSC）、移动业务交换中心（MSC）、归属位置寄存器（HLR）和拜访位置寄存器（VLR）等都沿用了 GSM 网络的设备，GPRS 网络新增的设备包括 GPRS 寄存器和 GPRS 支持结点。

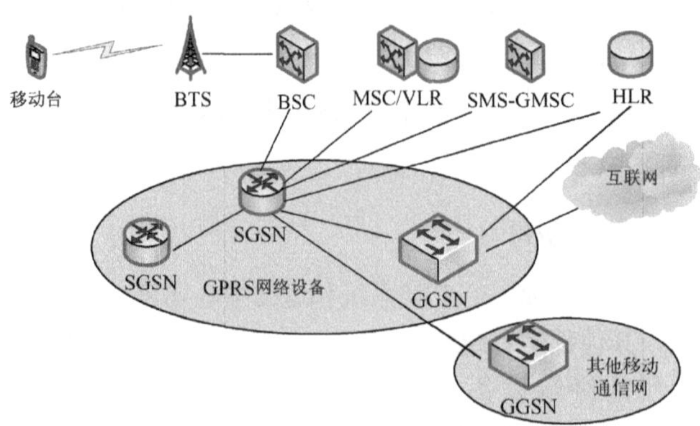

图 9-8　GPRS 的组网结构

GPRS 寄存器是一个新的数据库，它与 GSM 网络原有的归属位置寄存器放在一起，存储路由信息，并将用户标识映射为互联网 IP 地址。

GPRS 支持结点分为两种：GPRS 服务支持结点（SGSN）和 GPRS 网关支持结点（GGSN），它们对移动基站和外部分组网络间的数据分组进行路由和传输。

SGSN 与基站控制器 BSC 相连，进行移动数据的管理，如用户身份识别及加密操作。SGSN 通过 GGSN 提供 IP 数据报到无线单元的传输通路和协议变换等功能。另外，SGSN 还与移动交换中心及短消息服务接口局相连，用来支持数据业务与电路业务的协同工作和短信的收发。

GGSN 起到路由器的作用，负责 GPRS 网络与外部数据网的连接，它与其他 SGSN 设备协同工作，实现数据的接入和传送等功能。GGSN 与 SGSN 之间采用 GPRS 通道协议（GPRS Tunnel Protocol，GTP）进行信息传输，与互联网之间的接口采用 IP。

9.3.3　第三代移动通信网络（3G）

3G 网络的基础是码分多址（CDMA）扩频通信技术。3G 标准有 4 个：W-CDMA、TD-SCDMA、CDMA2000 和 WiMAX。在中国，中国移动的 3G 网络采用 TD-SCDMA，中国联通采用 W-CDMA，中国电信采用 CDMA2000。

以 W-CDMA 为例，3G 网络分为核心网（CN）、无线接入网络（UTRAN）和终端用户设备（UE）三大部分，如图 9-9 所示。

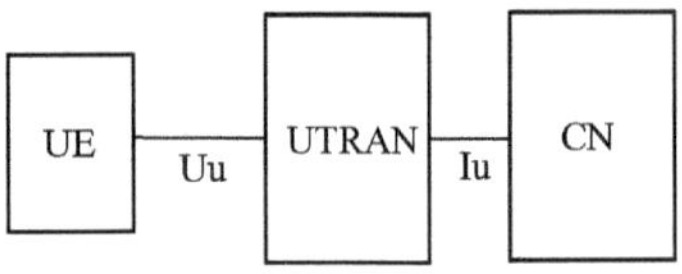

UE　Uu　UTRAN　Iu　CN

图 9-9　W-CDMA 网络总体结构

核心网处理用户的语音呼叫、数据连接，以及与外部网络的交换和路由。无线接入网络处理所有与无线有关的功能，主要功能有无线资源管理与控制、接入控制、移动性处理、功率控制、随机接入的检测和处理，以及无线信道的编/解码等。用户终端设备 UE 就是移动台。

核心网、无线接入网络和终端用户设备三大部分由两个开放的接口 Uu 和 Iu 连接起来。其中 Uu 接口就是空中接口，连接 UE 和 UTRAN。Iu 接口是有线接口，连接 UTRAN 和 CN。

9.3.4　第四代移动通信网络（4G）

根据 ITU 的规定，4G 网络应满足以下条件：固定状态下，数据传输速度必须达到 1 Gbit/s；移动状态下，数据传输速度可达到 100 Mbit/s。4G 标准有两个：LTE-Advanced 和

WiMAX（IEEE 802.16m）。

LTE-Advanced 的下行峰值速率为 1 Gbit/s，上行峰值速率为 500 Mbit/s，支持多种应用场景，提供从宏蜂窝到室内场景的无缝覆盖。

WiMAX（IEEE 802.16m）原本是一种城域网 IP 无线接入技术，传输速率为固定状态下 1 Gbit/s，移动状态下 100 Mbit/s，在广播、多媒体和 VoIP 业务方面性能优异。

从技术特性上看，LTE-Advance 支持大范围的网络覆盖，适合于移动通信系统大面积覆盖。而 WiMAX 速度快，移动性好，适合部署无线局域网或者无线城域网。

以 LTE 为例，4G 网络由 3 部分组成：演进型分组核心网（Evolved Packet Core，EPC）、演进型无线接入网（evolved Radio Access Network，eRAN）和用户设备（UE），如图 9-10 所示。LTE-Uu 为用户到基站之间的空中接口，X2 为基站之间的通信接口，S1 为基站与分组核心网之间的通信接口。

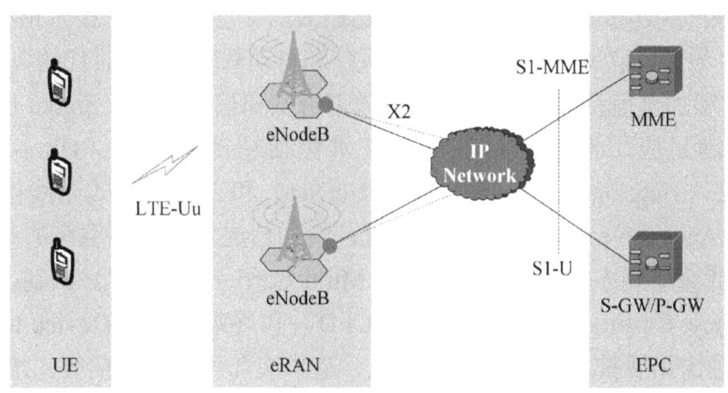

图 9-10　LTE 网络结构

eRAN 由 eNodeB（也简写为 eNB）和接入网关（aGW）两部分组成。aGW 是一个边界结点，通常也把它看作是核心网的一部分。eNodeB 是 4G 网络的基站，相比 3G 网络中的 NodeB，eNodeB 除了具有原来 NodeB 的功能外，还承担了 3G 网络中无线网络控制器的大部分功能。eNodeB 的功能包括自动重发请求（Automatic Repeat ReQuest，ARQ）差错控制、无线资源控制、无线接入许可、接入移动性管理、小区无线资源管理、IP 头压缩和用户数据流加密等。eNodeB 合并了 3G 网络中的 NodeB 和 RNC 结点，减少了通信协议的层次，这就是所谓的网络扁平化。

EPC 由 3 部分组成：移动性管理设备（Mobility Management Entity，MME）、业务网关（Serving GateWay，S-GW）和分组数据网网关（PDN GateWay，P-GW）。4G 核心网秉承了控制与承载分离的理念，将 3G 网络分组域中的 GPRS 服务支持结点（Serving GPRS Support Node，SGSN）的移动性管理、信令控制功能和媒体转发功能分离出来，分别由 MME 和 S-GW 两个网元来完成，其中，MME 负责移动性管理、鉴权和信令处理等功能；S-GW 负责媒体流处理、路由转发和计费等功能；P-GW 承担原来 3G 网络中的网关 GPRS 支持结点（Gateway GPRS Support Node，GGSN）职能，负责与其他各种数据网络的连接。

9.3.5　第五代移动通信网络（5G）

5G 网络作为新一代移动通信网络还没有一个确切的定义，按照惯例，移动通信网是根据空中接口的不同而化代的，而目前对 5G 的定义主要是从网络融合的角度定义的，即，5G 网络应该是一个真正意义上的融合网络，是现有无线接入技术和多种新型无线接入技术结合后的新型解决方案的总称，受移动互联网和物联网两大驱动力的影响，5G 网络将从人与人通信延伸到人与物、物与物通信。

5G 在数据流量、传输速率、传输时延、频谱效率和设备连接支持数等方面都比 4G 提高很多。相比 4G 网络，5G 的数据流量将增长 1000 倍，峰值传输速率将达到 10 Gbit/s，典型的用户速率可达 100 Mbit/s，端到端时延缩短 5～10 倍，平均频谱效率提升 5～10 倍，同时接入的终端数量提高 100 倍。

ITU 定义了 5G 网络的 3 大应用场景：增强型移动宽带（enhanced Mobile BroadBand，eMBB）、海量机器通信（massive Machine Type Communication，mMTC）和超可靠低时延通信（Ultra-reliable and Low Latency Communications，uRLLC）。这 3 种典型应用场景对终端上网峰值速率、单位面积终端连接数量和高可靠低时延通信均提出了相应的技术指标，从而满足增强现实、视频直播、海量物联网设备接入、远程医疗和自动驾驶等 5G 时代的典型应用。

5G 网络通过增加覆盖范围、信道数量、频带带宽和信干噪比（Signal to Interference plus Noise Ratio）来满足应用需求。覆盖增强技术包括超密集网络（Ultra-Dense Network，UDN）、异构网络（Heterogeneous Network，HetNet）和高级集中式无线接入网（Advanced Centralized-Radio Access Network，C-RAN）等。增加信道数量或利用率的频效提升技术包括大规模 MIMO、滤波器组多载波（Filter Bank Multi Carrier，FBMC）调制、同时同频全双工通信（Co-frequency Co-time Full Duplex，CCFD）和终端直通（Device-to-Device，D2D）等。增加频宽的频谱拓展技术包括认知无线电、毫米波和可见光通信等。增加 SINR 的能效提升技术包括干扰管理和绿色通信技术等。

1. 超密集网络

从第一代到第四代移动通信网的发展来看，小区半径越来越小，小区密度越来越大，直到 5G 网络形成超密集网络 UDN。

UDN 不仅仅是小区半径的进一步缩减，而是一个多层异构网络。1G、2G 和 3G 网络是同构网络，整个网络由同一种基站小区组成。4G 网络出现了异构网络的概念，网络中除了宏蜂窝外，还包括微蜂窝和小蜂窝等，用于覆盖人员密集的地区。在 5G 网络中，引进了非传统的低功耗结点，如微微蜂窝基站（Picocell）、家庭小区基站（Femtocell）和中继结点等，这些低功率结点部署在宏小区内，对室内及热点地区形成重叠覆盖，与宏基站一起进行多层部署，形成一种多层异构超密集网络。微微蜂窝基站通常部署在用户密度大的区域。家庭基站具有低成本、低功率、接入简单、即插即用的特点，通常部署在社区、办公室等室内场景。

UDN 微型基站的发射功率在 10～100 mW 之间，一般能够支持 4～6 个用户，用户的最大移动速度为 10 km/s，基站覆盖范围通常为 50～200 m，随着技术的发展，覆盖范围会进一步缩小到 10 m。

UDN 有封闭模式、开放模式和混合模式 3 种应用模式，分别对应家庭部署、热点部署和企业部署。

封闭模式部署的是家庭基站，家庭基站属于用户的私有基站，用户可以直接在室内自主部署，基站的鉴权列表中只有授权用户，只为本地的封闭用户群提供服务，拒绝其他用户终端的接入请求。

在开放模式中，基站通常由运营商安装，为所有用户服务，用户具有相同的优先级，通常部署在地铁站、飞机场或商务中心等人流密集或远离宏基站的热点区域，用于平衡与分流宏小区的负载。

在混合模式中，基站为高优先级授权用户提供服务，同时在资源充足的条件下也允许一些非授权用户的接入，这类基站通常比工作在封闭模式的基站有更强的服务能力，支持更多用户。例如，在一个企业安装一个微型基站，企业的员工可以使用它进行通信，当有客户来企业洽谈时，客户也应该能够接入该微型基站，获得比在宏小区下更高质量的通信服务。

UDN 的网络结构如图 9-11 所示。在现有网络下，UDN 属于 E-UTRAN。3GPP TS 36.300 规定了家庭基站 HeNB 和家庭基站网关 HeNB GW 能够通过 S1 接口接入到核心网的 MME 和 S-GW，家庭基站之间或家庭基站与其他基站之间能够通过 X2 接口进行通信。家庭基站网关通过光纤链路或数字用户线接入到网络运营商的核心网中。

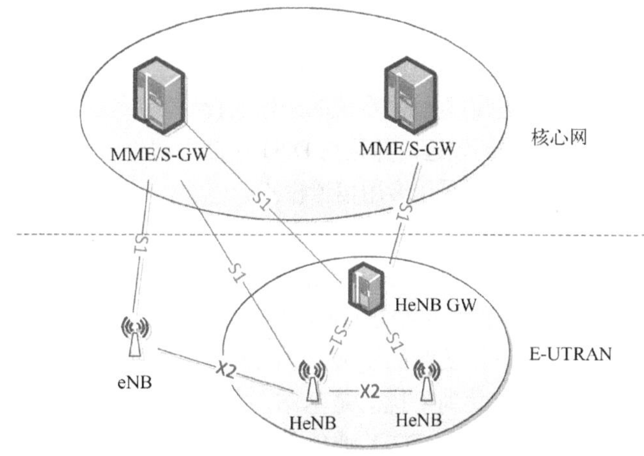

图 9-11　UDN 网络结构

UDN 需要妥善处理干扰抑制和移动性管理等各种挑战，为用户提供可靠、连续的服务。UDN 是一种多层异构网络，这种多层网络主要存在两大类干扰：层内干扰和层间干扰。层内干扰是处于同一层的小小区之间的干扰。层间干扰位于小小区与宏小区之间。本质上，这两种干扰都是因频率复用距离过小而导致的同频干扰。

在 UDN 中，一个用户设备可以从多个基站接收信号，用户可以自主地选择自己接入到哪层网络或哪个基站下，使自身获得最好的性能。用户移动性管理的基础是如何制定网络选择或者切换的准则，使网络性能达到最优。

2. D2D 技术

终端直通技术是对传统蜂窝网络的改善。在传统蜂窝网络中，两个用户终端通信时所传输的数据都必须经过基站进行转发。如果两个相距很近的用户终端需要进行通信，就可以考虑让这两个终端直接进行通信，所传输的数据不再经过基站进行转发。

D2D 通信需要在小区基站的链路控制下，利用基站分配的无线资源和发射功率值进行直接通信。D2D 技术能够增加蜂窝系统的频谱利用效率，减轻蜂窝小区基站的负荷，降低终端发射功率，提升系统整体吞吐量，在一定程度上解决蜂窝网络频谱资源匮乏的问题。

D2D 技术可分为带内 D2D 和带外 D2D 两种。带内 D2D 利用蜂窝网络自身的频谱资源，终端之间通过复用小区资源直接进行通信。带外 D2D 利用不同于蜂窝链路的非认证频谱，以便消除与蜂窝链路之间的干扰问题。进行带外 D2D 通信的设备必须至少具备两个无线接口，例如，一个无线接口是 LTE，另一个是 Wi-Fi，此时，该用户能够同时进行 D2D 通信和蜂窝网络通信。

带外 D2D 的工作模式分为可控和自治两种。可控 D2D 的通信过程由基站控制，自治 D2D 的通信过程则不受基站的控制。

带内 D2D 用户可以采用 3 种工作模式进行端到端通信：蜂窝模式、专用信道模式和复用信道模式。如图 9-12 所示。

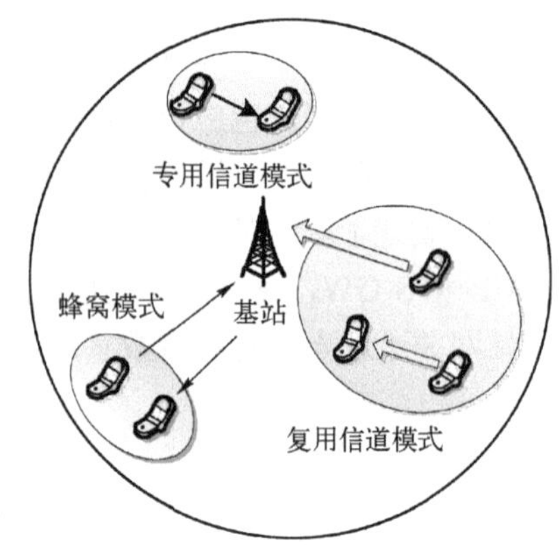

图 9-12　D2D 工作模式

1）蜂窝模式就是传统的蜂窝通信模式，即通过基站的中继来实现两个用户之间的信息传输。当两个用户的距离较远时，通常会选择蜂窝模式。在蜂窝模式下，上行链路和下行链路都由基站负责管理。

2）专用信道模式不需要通过基站中继，两个用户使用专用的信道直接通信，这条专用信道为蜂窝系统的一条上行或下行链路。当两个 D2D 终端距离较近，并且在 D2D 通信终端间存在空闲的通信信道时，可以采用专用信道模式。

3）在复用信道模式下，D2D 终端之间的通信共用小区内其他蜂窝通信用户的无线资源。复用信道模式会对原有的蜂窝终端用户会话产生干扰，因此，为保证原有蜂窝用户的服务质量，D2D 通信产生的信干噪比必须在规定的准入域之内。D2D 通信可以共用蜂窝通信的上行链路资源，也可以共用下行链路的资源。当 D2D 通信共用蜂窝通信用户的上行通信链路资源时，在蜂窝通信链路中受到干扰的是基站，此时可以通过限制 D2D 通信的最大发射功率来减小对蜂窝通信的干扰。当 D2D 通信共用蜂窝通信用户的下行通信链路资源时，受到干扰的是蜂窝小区内处于任意位置的蜂窝通信用户，此时可以通过功率控制和无线资源分配限制 D2D 通信与蜂窝通信之间的干扰。

D2D 用户会根据网络负载情况进行模式选择，当小区负载较低，在满足小区用户通信后有剩余的频谱资源时，可分配正交频谱资源给 D2D 通信，二者不会相互干扰。当小区负载较高时，D2D 通信复用小区用户的资源。此时 D2D 通信和小区通信将相互干扰，基站通过控制 D2D 通信所分配的资源和发射功率来控制对小区带来的干扰。进一步的选择算法是哪种模式的速率大或者频率效率高，就选择哪种模式。

当 D2D 通信模式选择蜂窝模式时，会从空闲的上行信道和下行信道中各自选择任意一条信道作为通信信道，完成传统蜂窝模式的通信。此时的 D2D 终端与传统蜂窝网络下的终端通信模式没有任何差别。

当 D2D 通信模式选择专用模式时，会从空闲的上行信道和下行信道中选择任意一条信道来实现两个 D2D 终端间的通信。

当 D2D 通信模式选择复用模式时，为便于对复用的信道进行控制，会从传统的蜂窝通信中选择上行链路进行复用，此时，D2D 终端会对基站及被复用的蜂窝终端产生干扰，因而需要对普通蜂窝终端和 D2D 终端的发射功率进行控制，以确保用户的通话服务质量。

D2D 的通信过程是在基站的控制下进行的，当用户终端设备 UE1 想要与 UE2 进行通信时，通信会话的建立过程如下。

1）UE1 向基站发送与 UE2 之间进行 D2D 通信的会话请求报告。

2）基站根据 D2D 对网络通信的影响，判断是否允许这两个终端进行 D2D 直接通信。

3）如果判断结果显示这两个终端可以进行 D2D 通信，那么基站就会分别向 UE1 和 UE2 发送测量请求，让这两个终端检测它们之间的通信环境。

4）这两个终端相互发送探测信号，测量相互之间的信道状态信息，然后把测量结果发送给基站。

5）如果基站检测结果显示 D2D 模式可以取得比普通蜂窝通信模式更好的系统性能，那么基站就会给这两个用户终端分配无线资源并配置相应的发送功率。

6）这两个终端进行 D2D 直接通信。

5G 网络中的 D2D 技术研究焦点是组网增强技术，如联合编码技术、多天线技术和中继技术等。

3. 云无线接入网

云无线接入网（Cloud Radio Access Network，C-RAN）是中国移动通信研究院提出的一种未来无线接入网形态，被认为是有望解决 5G 网络服务需求问题的核心技术方案之一，以帮助网络运营商应对移动互联网带来的各种挑战。

C-RAN 是分布式基站体系结构的一种演化形态，其基本思想是将基带处理资源集中起来，形成一个基带资源池并对其进行统一管理和动态分配。C-RAN 是基于集中化处理、协作式无线电和实时云计算的绿色无线接入网架构，采用基于云计算的开放平台和实时虚拟化技术实现动态资源共享，提供多厂商和多技术环境支持。由于采用协作化技术，可以有效地减少系统能量消耗，提高频谱效率，降低组网成本。

C-RAN 的组网思路是通过采用低成本高速光传输网络，直接在集中式网络中心结点与远端接收天线之间传输无线数据信号，构建一个覆盖范围达到数百个发射基站的无线通信系统，覆盖面积甚至可以达到上百平方千米。

C-RAN 由分布式射频拉远单元（Remote Radio Unit，RRU）、光纤回程链路和虚拟基带池组成，其网络结构如图 9-13 所示。

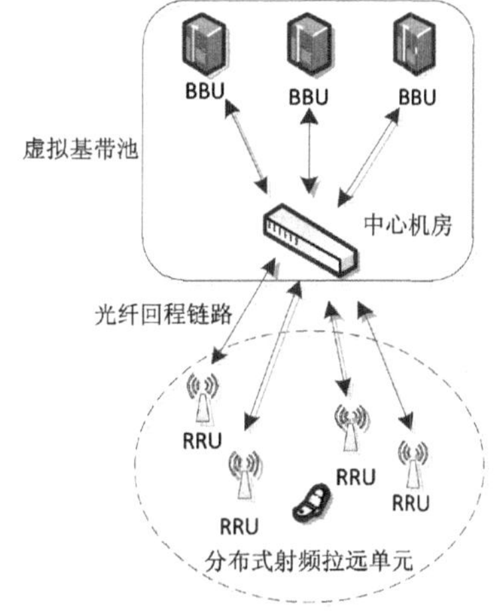

图 9-13　C-RAN 网络结构

C-RAN 采用分布式基站架构，将基站分为室内基带处理单（Building Baseband Unit，BBU）和 RRU 两部分。RRU 只负责数字/模拟变换后的射频收发功能，放置在室外或楼顶。BBU 集中了所有的数字基带处理功能，包括机架和处理板等设备，放置在机房。RRU 与 BBU 之间通过光纤回程链路（Backhaul）连接起来。回程链路是指从接入网或小区站点到交换中心的连接线路，可以是点到点光纤、波分复用（WDM）线路或光传送网（OTN）。

在 C-RAN 中，多达几十到几百个 BBU 被集中部署在一个大型中心机房里，组成一个 BBU 池。BBU 池内的各个 BBU 通过内部互联机构快速交换调度信息、信道信息和用户数据。对于典型 TD-LTE 宏基站，集中式交换矩阵需要支持 300 个 TD-LTE 载波。如果集中化基带池的覆盖范围进一步提高到 15 km×15 km，集中式基带池可能需要支持多达 1000 个基站的载波处理能力。受电信号高速差分传输的速率和距离限制，传统 BBU 架构无法简单通过扩大背板尺寸来提供这样大的交换容量，只能借鉴数据中心存储区域网（SAN）的思想，将多个 BBU 连接起来，构成一个集中式的 BBU 池。

C-RAN 架构中的 RRU 不再属于任何一个固定的 BBU，基带计算资源不再单独属于某个 BBU，而是属于整个资源池。相应地，资源分配也不再像传统网络那样在单独的基站内部进行，而是引入实时云计算，将 BBU 池虚拟化，形成一个虚拟基带池，资源分配在“池”的层次上进行。在云架构集中式基带池内，实时虚拟操作系统统一管理和分配所有物理处理器的处理资源，根据各个虚拟基站的业务负载情况，调配资源池的处理资源，进行信号处理、编解码、加解密和运维管理等基带处理功能，以满足各个虚拟基站的需求。通过 BBU 之间的协作，虚拟基带池模糊化了小区的概念。

在 5G 网络中，基于 C-RAN 无线接入网架构不仅可以使得基带池虚拟化，还可以进一步利用后台云服务器形成不同的虚拟专用网，用来支持虚拟物联网、虚拟置顶（OTT）业务网和虚拟网络运营商等业务。

9.4 核心通信网络

核心通信网络是一种公用的通信网络，由各个电信运营商承建和维护，承载着全球范围内的各种通信业务，如固定电话、手机和互联网等之间的通信。核心网络是一种长途网络，物联网中的远程数据传输归根到底是由核心网络承载的。各种通信网之间的关系参考视频。

第 9 章各种通信网络之间的关系 9.4 节

核心网络可以分为两层，低层的核心传输网络通过各种光电信号传输数据，高层的核心交换网络通过网络结点设备把通信双方连接起来。

9.4.1 核心传输网络

传输网只具备物理层的功能，为通信双方提供传输信道，但是目前传输网传输的并不是非结构化的比特流，而是以帧为单位传输数据的，并且具备网络管理功能。目前传输网基本采用的是 SDH 技术，某些区域采用了更先进的 OTN 技术。参见视频。

第 9 章核心传输网 9.4.1 节

1. SDH 传输网

同步数字体系（Synchronous Digital Hierarchy，SDH）是对早期准同步数字体系（PDH）的改进，它使用光纤取代了 PDH 所用的同轴电缆，并且全网采用了统一时钟。

SDH 的帧结构是块状帧，由 9 行 270×N 列个字节组成，N 为 4 的倍数，传输时按照从左到右、从上到下的顺序串行传输。无论 N 为多少，每秒都传输 8000 个帧。传输 SDH 信号最小的帧是 STM-1，STM-1 帧由 9 行 270 列组成，共 9×270 = 2430 字节，因此，STM-1 线路的传送速率为 9 行×270 列×8 bit×8000 帧/s = 155.52 Mbit/s。更高等级的 STM-N 是将 STM-1 同步复用而成的，4 个 STM-1 构成 STM-4，4 个 STM-4 构成 STM-16 等。目前 SDH 网络以 2.5 Gbit/s 的 STM-16 光纤线路和 10 Gbit/s 的 STM-64 为主，一些主干网已铺设了 40 Gbit/s 的 STM-256 光纤线路。

SDH 的网元（网络单元，即网络设备）有终端复用器、中继器、分插复用器（ADM）和数字交叉连接设备（DXC）等。SDH 的所有设备都是电设备，而 SDH 的线路又是光纤，因此，从输入光纤来的光信号必须经过光电转换变成电信号，对 SDH 帧中的开销字段进行处理，再经过电光转换发送到输出光纤上。

目前在 SDH 网络中常使用多业务传输平台（MSTP）设备，用来把其他各种网络接入到 SDH 网络中。

2. OTN

光传送网（Optical Transport Network，OTN）是向全光网发展过程中的过渡产物，OTN 在子网内是全光传输，而在子网边界处采用光/电/光（光传输，电处理）转换技术。OTN 采用的关键技术是光交叉连接（OXC）技术、波分复用（WDM）传输技术、光域内的性能监测和故障管理技术。

ITU-T 把 OTN 定义为一组功能实体，能够在光域上为客户层信号提供传送、复用、选路、监控和主/备切换功能。ITU-T G.709 定义了 OTN 的帧格式，标准的帧格式是 4 行 4080 列，帧头部提供了用于运营、管理、监测和保护（OAM&P）的开销字节，帧尾提供了前向纠错（FEC）字节。

OTN 由光传输段（OTS）、光复用段（OMS）、光通道（OCH）、光传输设备（OUT）、光数据单元（ODU）和光通道净荷单元（OPU）组成。最新定义的 ODU4 考虑了 100 Gbit/s 以太网的封装。

9.4.2　核心交换网络

交换网络是一种点到点通信的网络，由端接设备、交换设备和传输链路组成。端接设备有计算机、手机和智能终端等。交换设备有交换机、路由器等。交换网的实例有公用交换电话网（PSTN）、X.25 公用分组交换网、综合业务数字网（ISDN）、帧中继网络、异步传输模式（ATM）网络和 IP 交换网络等，这些网络分为电路交换网络和分组交换网络两种。

在电路交换网络中，用户开始通信前必须先呼叫对方，向沿路的交换机申请建立一条从发送端到接收端的物理通路。通信期间这条信道始终被双方独占，即使通信双方都没有数据传输，其他用户也不能使用该信道。通信结束后，该信道变为空闲状态，可以供另一次呼叫使用。

电路交换网络的典型例子是固定电话交换网络 PSTN 和第二代的移动电话网络 GSM。PSTN 主要由电话、分支交换机 PBX、程控交换机、业务控制结点和通信链路等组成。用户利用普通调制解调器可以通过 PSTN 接入互联网或彼此直接通信，但速率最高只有 56 kbit/s，优点是 PSTN 无需做任何改动。

在分组交换网中，用户数据被分割成若干个数据段，再加上控制信息，构成一个分组。交换机根据分组中的目的地址，进行路由选择，等线路空闲时，将分组传送出去。每个分组可以走不同的路径，也可以多个分组走相同的路径。根据分组交换网对分组流的不同处理方式，分组交换技术分为虚电路和数据报两种类型。

虚电路分组交换网络在传输数据前，通过呼叫建立一条通路。与电路交换网的最大区别是，这条物理通路不是独占的，而是与其他用户共享的，因此称为虚电路。不同用户的分组靠分配给用户的虚电路号来区别。通信行业以前建设的数据通信网络都是虚电路分组交换网络，目前都已转向数据报分组交换网络。

数据报分组交换网络是一种无连接网络，当用户有数据要发送时，就把数据封装成若干个分组，然后立即把分组发送到网络中，而不用管接收方的状态。每个分组都带有源地址和目的地址，交换机对每个分组独立进行路由选择。由于分组可以使用任何一条当前可用的路由，每个分组的传输路径可能不同，使得分组可能不按顺序到达，也可能会丢失，这就需要接收方负责分组的重新排序，检测丢失的分组，以及进行纠错等。典型的数据报分组交换网络就是 IP 网络。

电路交换网络和虚电路交换网都是面向连接的。面向连接的网络对服务质量 QoS 的支持比较好，但控制比较复杂，通信双方的数据交换过程需要分为 3 个阶段：（虚）电路的建立、数据的传输和（虚）电路的拆除。

数据报分组交换网灵活性好，比较强健，网络上的某个结点发生故障对全局影响不大，只要网络上有路径能够到达接收方，网络就能把分组传输到接收方，缺点是无法保证数据的实时传输。

交换技术目前已从电路交换方式转向了分组交换方式，并且“一切基于 IP”，从终端、接入到核心网全部采用 IP 技术。下一代网络（NGN）的两大支撑技术——软交换和 IP 多媒体子系统（IMS），采用的都是互联网技术，目前都已铺设在用。

9.5 物联网数据传输的设计开发

物联网感知层产生的数据需要通过各种接入技术送往互联网，也可以与智能手机、计算机等设备直接连接，进行数据传输。物联网的数据传输涉及各种通信模块、处理器（通常是单片机）和操作系统等嵌入式系统的软硬件设计开发。市面上的通信模块一般都具有完善的功能和技术文档，开发时遵循技术文档，完成通信模块与处理器的硬件连接，并进行软件调试，即可接入承载网络。

9.5.1 互联网接入协议

互联网接入技术种类繁多，除了在各种网络中传输 IP 数据包外，还需要对接入互联网的用户进行管理，以防非法用户无偿或恶意地使用互联网通信资源。

互联网的接入协议可分为两大类：链路接入协议和用户接入管理协议。

链路接入协议负责把 IP 数据包封装在相应接入线路所传输的帧中，常见的链路接入协议有点到点协议（Point-to-Point Protocol，PPP）、基于以太网的 PPP（PPP over Ethernet，PPPoE）等。

用户接入管理协议负责用户身份的认证和资源管理，常见的用户接入管理协议有远程用户拨号认证协议（Remote Authentication Dial In User Service，RADIUS）等。

链路接入协议和用户接入管理协议并不是截然分开的，常常会把两者的功能结合在一个协议中，例如，PPP 等协议就同时具备链路管理和用户身份认证的功能。

PPP 最初是为在点到点链路上传输 IP 数据报而设计的，现在可以传输多种上层协议。PPP 常用于用户通过拨号线路或专用线路与因特网服务提供商（ISP）的连接，这种情况下，除了物理线路的连接外，用户还需提供账号、密码等认证信息。PPP 提供了一整套方案来解决链路建立、维护、拆除、上层协议协商和认证等问题。

PPP 包含以下几部分：链路控制协议（Link Control Protocol，LCP）、网络控制协议（Network Control Protocol，NCP）和认证协议。

LCP 负责创建、维护或终止一次物理连接，配置和测试数据链路。链路两端设备通过

LCP 向对方发送配置信息报文，协商一些选项。在链路创建阶段，对认证协议进行选择。最常用的认证协议包括口令验证协议（Password Authentication Protocol，PAP）和挑战握手验证协议（Challenge-Handshake Authentication Protocol，CHAP）。PAP 使用明文验证方式，用户账号和密码都使用明文传送。CHAP 对 PAP 进行了改进，使用三次握手和密文传送方式实现用户的身份认证，不再直接通过链路发送明文口令。

链路创建后，进入认证阶段。在这个阶段，客户端将自己的账号和密码发送给远端的接入服务器。该阶段使用一种安全验证方式，避免第三方窃取数据或冒充远程客户接管与客户端的连接。在认证完成之前，禁止从认证阶段前进到网络层协议阶段。如果认证失败，则跳到链路终止阶段。

NCP 是一族协议，用于创建和配置网络层协议，解决 PPP 链路之上的网络层协议问题，如给用户分配 IP 地址等。

PPP 的帧结构如图 9-14 所示，由标志、地址、控制、协议、信息和帧校验等几个字段组成。

标志	地址	控制	协议	信息	帧校验	标志

图 9-14 PPP 帧结构

标志字段为 011111110，用于帧的定界。地址字段为 1 字节，由于是点到点链路，实际上无需地址，PPP 使用了广播地址 11111111。控制字段固定为 03，没有序号等信息。协议字段指示了在信息字段中封装的是哪个协议，例如，0x0021 表示信息字段是 IP 数据报，0xC021 表示链路控制数据 LCP，0x8021 表示网络控制数据 NCP，0xC023 表示密码认证协议 PAP，0xC223 表示询问握手认证协议 CHAP 等。帧校验字段采用 CRC 校验。

PPP 比较简单，具备用户认证功能，并可以分配 IP 地址，已成为多种互联网链路接入协议的基础，比较适合拨号和专线上网的场合。例如，利用蓝牙接入互联网时，蓝牙应用层运行的就是 PPP 和互联网的 TCP/IP 协议栈。

9.5.2 传感器网络的网关设计

传感器网络需要把传感器监测的数据通过互联网发送到服务器上进行分析和处理，服务器也会将相关命令下发到无线传感器网络中的各个结点以实现相关任务操作，这些功能的实现都需要将传感器网络与不同类型的网络尤其是互联网连接起来。

传感器网络与互联网的组网技术和通信协议差异很大，这种异构性决定了二者之间的互连必须进行接口和通信协议的转换，承担这种转换任务的设备称为网关。

一般传感器网络的接入方法是，首先将传感器中的数据送往网关，网关再通过各种有线或无线接入技术将数据送往互联网。

1．无线传感器网络的接入

无线传感器网络（WSN）通常通过网关与提供远程通信的各种通信网络相连。WSN 网关作为传感器网络和外部网络数据通信的桥梁，处于承上启下的地位，它包括两部分功能：一是通过汇聚结点获取传感网络的信息并进行转换；二是利用外部网络进行数据转发。

WSN 网关的系统结构如图 9-15 所示，通常与汇聚结点放置在同一个设备内。传感器结点采集感知区域内的数据，如温度、加速度和坐标等，进行简单的处理后发送至汇聚结点，网关利用串行方式读取数据，并转换成用户可知的信息，然后由网关通过各种接入方式连接到外部网络，进行远距离传输。外部网络可以是任意的通信网络，如以太网、SDH 等有线网络，或者 Wi-Fi、GSM、GPRS 和 4G 等无线网络。

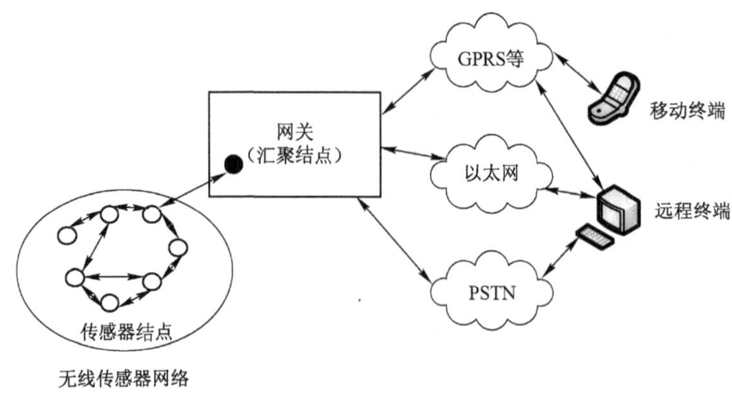

图 9-15　WSN 网关系统结构

根据网关的功能，可以将网关分为两个模块：网关与汇聚结点的通信模块；网关与外部网络的通信模块。

网关与汇聚结点间的通信主要是读取汇聚结点的数据，一般采用串行接口通信方式，如 RS-232 串行接口等。网关软件需要设置串行通信的波特率、数据位数和奇偶校验方式等属性，最后对串行口进行读写，读入并储存汇聚结点送过来的数据。在数据读取完成后，网关调用相应的转换函数将这些原始数据解析为用户可知的信息，如温度、光强和坐标值等，并存储在发送缓冲区内，准备发送到外部网络。

网关与外部网络通信模块的主要功能是转发 WSN 网关转换后的数据。网关与外部网络的接入方式可以分为有线和无线两种，网关具体选择哪种接入方式与实际情况有关。

WSN 网关的软硬件设计实际上就是嵌入式系统的设计，例如，软件可基于 μClinux 操作系统开发，硬件可采用 ARM 系列处理器体系结构，并根据接入方式配置相应的通信接口。

2. 现场总线的接入

传感器可以通过现场总线连接在一起，组成有线传感器网络，再通过网关连接到以太网或互联网中。

图 9-16 给出了一种现场总线分布式接入结构，它可以把多个由现场总线组成的传感器网络连接到以太网中。现场总线网络与以太网的结合使得现代工厂的管理可以深入到控制现场，在这种工业控制网络中，以太网不仅是主干网，而且还可以与现场总线相互交换数据。如果采用工业以太网，则可以把以太网直接部署到现场。

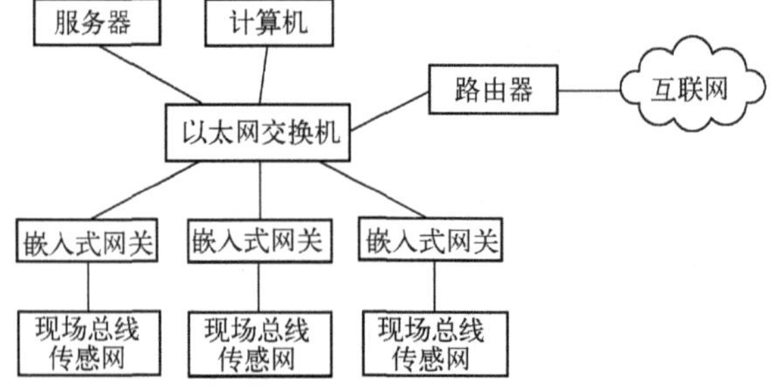

图 9-16　现场总线分布式接入结构

工业以太网主要有 4 种协议：HSE、Modbus TCP/IP、ProfiNet 和 Ethernet/IP。高速以太网（HSE）是现场总线 FF 协议、以太网 IEEE 802.3 协议和 TCP/IP 协议族的结合体。ProfINet 则是 Profibus 现场总线、以太网和 TCP/IP 的结合体，传统的 Profibus 网段可以通过一个代理设备连接到 ProfiNet 网络，这样就可以同时挂接传统的 Profibus 系统和新型的智能现场设备。

在现场总线接入中，关键是嵌入式网关的设计。嵌入式网关是以微控制器为核心的软硬件系统，以 CAN 现场总线的接入为例，嵌入式网关主要包括微控制器、以太网接口、CAN

现场总线接口和控制译码电路等几部分，如图 9-17 所示。

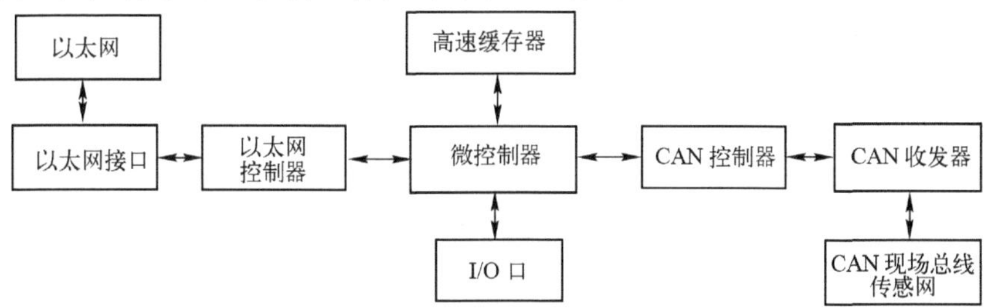

图 9-17　嵌入式网关框图

微控制器通过以太网控制器的接口与以太网上的操作站相连，通过 CAN 控制器的接口与现场总线相连。微控制器中驻有 TCP/IP 互联网协议和 CAN 协议，用来完成以太网和 CAN 总线间的数据交换与协议转换，并负责对各个控制器的控制。CAN 控制器内部集成了 CAN 协议的物理层与数据链路层，主要依靠发送输出命令和接收测量数据来实现与 CAN 总线上传感器结点的数据交换。

9.5.3　蓝牙模块与计算机之间的通信程序开发

利用蓝牙模块实现数据传输开发是无线接入技术中较为简便实用的方案，具有设备成本低、设置简单、功耗低等优点。下面以常用的 HC-05 蓝牙模块与 MCS-51 系列单片机组成的具有无线数据传输功能的系统为例，说明数据传输的开发流程。

1. 硬件选择与连接

可供选择的蓝牙模块有很多，单片机开发中常选用 HC-05 蓝牙模块。HC-05 是一款主从一体的蓝牙串口模块，数据速率为 4800～1382400 bit/s，采用 CSR 公司的 BC417143 蓝牙芯片，支持蓝牙 2.0 通信协议，可以和具备蓝牙功能的各种智能终端配对。同时模块还自带状态指示灯 STA，可以显示工作状态。

51 系列单片机型号繁多，如 STC89C52 单片机等，该单片机具有 8 KB 闪存，512 字节 RAM，32 位 I/O 口，看门狗定时器，内置 4 KB EEPROM 存储空间，MAX810 复位电路，3 个 16 位定时/计数器，4 个外部中断，一个 7 向量 4 级终端结构，全双工串行口。51 单片机的性能在单片机中并不出色，但技术非常成熟，开发高效，具有高可靠性和高兼容性。

蓝牙模块和单片机的连接比较简单。HC-05 蓝牙模块接口为 TTL 电平，工作电压 3.3～5 V，可以直接与 STC89C52 单片机的引脚相接。HC-05 的引脚有 6 个引出的排针，分别是 VCC、GND、TXD、RXD、KEY 和 LED。这 6 个引脚的功能如表 9-1 所示。

表 9-1　HC-05 模块引脚

引 脚 名 称	引脚功能说明
VCC	接电源（3.3～5 V）
GND	接地
TXD	串口发送引脚
RXD	串口接收引脚
KEY	用来进入不同的工作模式
LED	用高低电平来表示是否已经成功配对

2. 蓝牙模块设置

HC-05 蓝牙模块正常上电之后就会进入自动连接模式，按照预定的设置进行工作，而在此之前可以将蓝牙模块连接至计算机串口，通过 AT 命令对蓝牙模块进行工作参数的设置。设置时需要使蓝牙模块进入命令响应模式，将 KEY 引脚接高电平后上电即可，此时默认的通信波特率为 38400Bd。

需要注意的是，HC-05 蓝牙模块接口为 TTL 电平，虽然可以直接和单片机系统相互连接，但是不能和计算机上的 RS232 串口或者 USB 接口连接。可以通过 USB 转 TTL 模块进行连接，使用时需要在计算机上安装相应的驱动程序及串口调试软件，然后就可以通过串口发送 AT 命令，设置蓝牙名称、密码和工作角色等参数，也可以查询配置信息等。

AT 命令的指令结构为：AT+<CMD><=PARAM>。其中，CMD 是指令，PARAM 是参数。例如，输入“AT+NAME=MyGateWay”即可将蓝牙名称设置为“MyGateWay”。完成了 HC-05 蓝牙模块的设置后，就可以连接到 STC89C52 单片机上工作。

3. 单片机应用开发

硬件连接完成后，蓝牙模块和单片机就可以通过串口进行 TTL 电平的串行通信。51 单片机上的 P3.0 与 P3.1 引脚为专门的串口引脚，只要在单片机上编写程序，完成串口的初始化和波特率设置，就可以发送并读取数据。如果该串口被占用，也可以连接普通的引脚，通过定时器软件模拟串口，与蓝牙模块进行通信。HC-05 蓝牙模块一般配有厂家提供的基本通信库文件，封装好了初始化及收发数据的函数，便于用户直接完成业务逻辑的开发，可以下载后导入项目，根据硬件情况进行适当修改直接调用。

在实现了基本的数据收发功能后，再根据系统需求设计不同的消息并进行对应的响应，从而完成应用所需的业务逻辑。基于蓝牙无线通信可以由智能终端自由下发指令，实现各种拓展功能，例如，智能家居中有很多蓝牙遥控设备，就是单片机接收到智能终端通过蓝牙发送的控制指令，再控制智能家居设备完成指定的动作。

4. 无线连接调试

以智能手机为例测试蓝牙数据传输功能。智能手机中的蓝牙串口通信有很多工具软件可供选择，如安卓系统下的蓝牙串口助手等。运行手机工具软件后，开启手机蓝牙功能，搜索并连接系统的 HC-05 蓝牙模块，输入设置的密码进行配对。连接成功后即可发送规定好的消息，测试是否能够正常实现系统的各种功能。

9.5.4 基于 GSM 模块的通信程序开发

由于第二代移动通信网络已经实现了广泛的覆盖，基础设施完善，不需要额外进行通信线路架设，所以在长距离通信中利用 GSM 模块实现数据传输具有很多优势，可以适用于一些数据量少、环境恶劣、时效性要求不高的场合。GSM 模块可以使用 GSM 网络的短信（SMS）业务，通过收发短信，完成与手机等移动终端的远程通信。下面以常用的 SIM900A GSM 模块与 MCS-51 系列单片机组成的具有无线数据传输功能的系统为例，说明 GSM 无线通信的开发流程。

1. 硬件选择与连接

SIM900A 是一款 GSM/GPRS 模块，除了 GSM 通信外，还可以通过 GPRS 网络接入互联网通信。芯片内置了 ARM 芯片 AMR926EJ-S，通过 AT 指令集来进行控制。该模块可以工作在 4 个频带上，当在美国和北美地区使用时，使用的频段是 1900 MHz 和 850 MHz，当在欧洲和中国使用时，用到的频段是 1800 MHz 和 900 MHz。

51 单片机仍然可以选择 STC89C52 等常用型号。GSM 模块和 51 单片机通过串口相连。需要注意的是，SIM900A GSM 模块的工作电压为 3.4～4.5 V，信号传输时峰值电流较大，需要配备相应的电源模块，并且不能直接与 51 单片机的引脚相接，可以外接上拉电阻通过开漏方式输出，连接方式如图 9-18 所示。现成的 SIM900A 模块一般集成了 5 V 电源模块、SIM 卡卡座和指示灯等外设，开发调试更为便捷。使用前需要连接好可以正常工作的 SIM 卡。

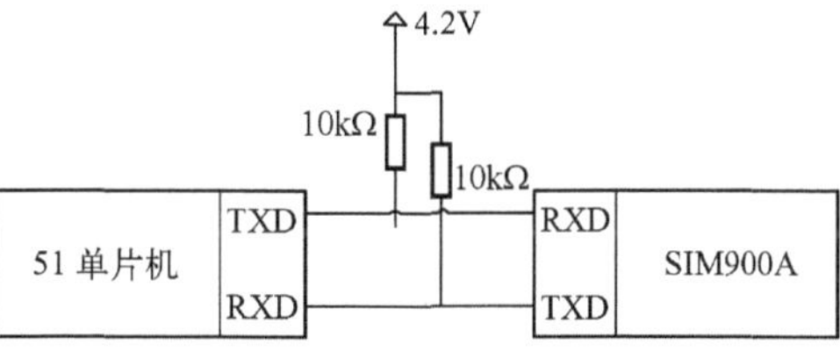

图 9-18　51 单片机与 SIM900A 模块的连接

2．软件调试与开发

SIM900A GSM 模块的调试可以通过将其连接至计算机串口来进行。SIM900A 的各项功能都是通过 AT 命令控制完成的。

在收发短信的工作模式上，一般有文本模式和 PDU 模式两种。文本模式比较简单，PDU 模式格式复杂但能够进行灵活的设置。PDU 模式将短消息中心信息、编码方案信息和用户数据等进行统一的编码，形成一个规定格式的 PDU 串，最后以二进制方式来进行收发，使用时可以参考 PDU 串格式。常用的与短信功能相关的 AT 命令如表 9-2 所示。

表 9-2　与短信功能相关的 AT 命令

命　令	功 能 说 明
AT+CMGD	删除短消息
AT+CMGF	选择短消息格式
AT+CMGR	读取短消息
AT+CMGS	发送短消息
AT+CSDH	显示文本格式参数
AT+CSMP	设置文本模式参数

以文本模式发送中文短信为例，首先发送“AT+CMGF=1”设为文本模式，然后发送“AT+CSMP=17,167,0,8”配置发送参数（发送状态回报、保留时间和语言等）。比较特殊的一点是中文短信必须使用 UCS2 编码，属于 Unicode 编码的一种，发送“AT+CSCS=UCS2”设置为 UCS2 编码。接着发送指令“AT+CMGS=X”后即可输入短信内容，X 为目标手机号，需转换为 UCS2 编码，后续输入的短信内容也需要转换为 UCS2 编码，输入完成后发送十六进制的“1A”代表输入结束符，GSM 模块就会启动一次短信发送。

计算机串口连接调试完成后，就可以将 GSM 模块和单片机的串口进行连接。与蓝牙通信程序类似，首先需要在单片机侧编写程序完成串口的初始化和波特率设置等工作，然后再根据 GSM 模块具体的 AT 命令格式进行通信。在实际开发中，开发者应按照 SIM900A 模块的通信数据格式封装好收发短信等功能的函数，方便后续调用与修改。

习题

1．简述 WSN 网关的主要功能。

2．简述 CAN 与以太网的数据交换的原理。

3．如何理解 UWB 协议的分层模型？

4．简述蓝牙的功能。蓝牙协议栈中常用的协议有哪些？

5．简述 Wi-Fi 无线局域网的几种组网方式。

6．蓝牙、ZigBee、Wi-Fi、红外、UWB 和 NFC 都是短距离无线通信技术，请比较它们的性能和应用场合。

7．在众多接入技术中，哪些技术既可以作为组网技术，也可以作为接入技术？在要求超低功耗的应用场景下，可以选择什么接入方式？

8．GSM 网络由哪些部分组成？GSM 系统采用哪种多址接入方式？GSM 与 GPRS 的关系是什么？

9．3G 标准有哪几种？中国采用哪种标准？

10．简述 4G 移动通信系统总的技术目标和特点。

11．4G 和 NGN 的关系是什么？

12．除了串口通信外，单片机与其他外设还有哪些通信方式？

第 10 章　物联网的数据处理

物联网的数据处理体现了数字世界与物理世界的融合，是物联网智能特征的关键所在。物联网数据被采集并传输到应用系统后，如何解决数据计算速度的问题、海量异构数据的存储问题、必要数据的搜索问题，以及管理决策的数据挖掘问题等，就成为物联网系统要关注的重点。

物联网的数据处理大部分依赖于互联网提供的基础设施、服务和技术，例如，数据中心和通信线路等基础设施，云计算、网格计算等服务模式，以及数据存储和数据挖掘等技术。普适计算则进一步把计算能力延伸至感知层的设备中。

10.1　数据中心

数据中心是信息资源整合的物理载体，在物联网应用和维护企业数据等方面，有着严格的标准和广泛的使用。数据中心不单是一个简单的服务器统一托管、维护的场所，而变成了一个包含大量计算设备和存储设备的数据处理集中地。

数据中心包含服务器集群、高性能计算和存储区域网等重点技术，其未来发展方向主要以绿色、大规模虚拟化、云计算及自身的智能化等为主，是物联网大规模数据处理的理想场所。

10.1.1　数据中心的组成

数据中心通常是指可以实现信息的集中处理、存储、传输、交换和管理等功能的基础设施，一般含有计算机设备、服务器、网络设备、通信设备和存储设备等关键设备。

一个完整的数据中心由支撑系统、计算设备和业务信息系统 3 个逻辑部分组成，如图 10-1 所示。支撑系统主要包括建筑、电力设备、环境调节设备、机柜系统、照明设备和监控设备。计算设备主要包括服务器、存储设备、网络设备和通信设备等，支撑着上层的业务信息系统。业务信息系统是为企业或公众提供特定信息服务的软件系统，信息服务的质量依赖于底层支撑系统和计算设备的服务能力。

10.1.2　数据中心的分类与分级

依据业务信息系统在规模类型、服务的对象和服务质量等方面的要求不同，数据中心的规模、配置也有很大的不同。

1．数据中心分类

数据中心的分类有很多种，按照服务的对象来分，可以分为企业数据中心（Enterprise Data Center，EDC）和互联网数据中心（Internet Data Center，IDC）。

企业数据中心是指由企业或机构构建并所有，服务于企业或机构自身业务的数据中心。它为企业、客户及合作伙伴提供数据处理、数据访问等信息服务。

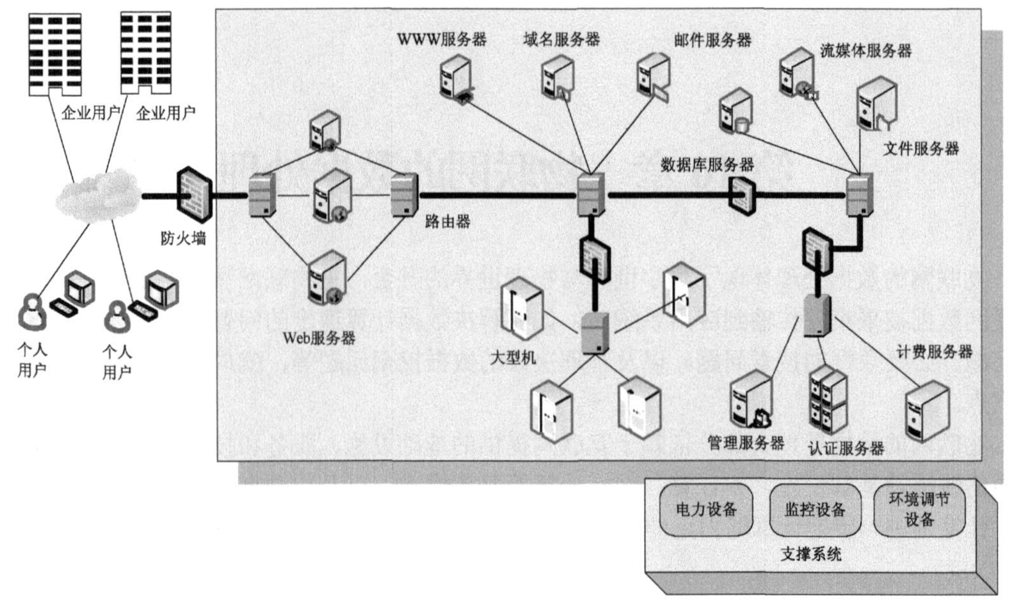

图 10-1　数据中心的逻辑组成示意图

互联网数据中心由服务提供商所有，此类数据中心必须具备大规模的场地及机房设施，高速可靠的内外部网络环境，以及系统化的监控支持手段。

2. 数据中心分级

业界通常采用等级划分的方式来规划和评估数据中心的可用性和整体性能。目前，世界上使用最广泛的数据中心标准是美国 TIA-942 标准。TIA-942《数据中心的通信基础设施标准》根据数据中心基础设施的可用性、稳定性和安全性，将数据中心分为 4 个等级：Tier Ⅰ、Tier Ⅱ、Tier Ⅲ和 Tier Ⅳ。

1）Tier Ⅰ——基本数据中心。Tier Ⅰ 的数据中心由一条有效的电力和冷却分配通路组成，没有多余的组成部分，能提供 99.671%的可用性。

2）Tier Ⅱ——基础设施部件冗余。Tier Ⅱ 的数据中心由一条有效的电力和冷却分配通路组成，带有多余的组成部分，能提供 99.749%的可用性。

3）Tier Ⅲ——基础设施同时可维修。Tier Ⅲ的数据中心由多条有效的电力和冷却分配通路组成，但是只有一条道路活跃，有多余的组成部分，并且同时是可维修的，能提供 99.982%的可用性。

4）Tier Ⅳ——基础设施故障容错。Tier Ⅳ的数据中心由多条有效的电力和冷却分配通路组成，有多余的组成部分，并且是故障容错，能提供 99.995%的可用性。

10.1.3　数据中心的建设

数据中心建设工程是一个集电工、电子、建筑装饰、美学、暖通净化、计算机、弱电控制和消防等多学科、多领域的综合工程。在数据中心的设计施工过程中应对供配电方式、空气净化、安全防范措施、防静电、防电磁辐射、抗干扰、防水、防雷、防火、防潮和防鼠诸多方面给予高度重视，以确保计算机系统长期正常地工作。

数据中心可以占用一个房间、一个和多个楼层或整栋建筑。服务器设备一般安装在 19 英寸机柜中，通常布置成一排，每排机柜之间是人行通道，方便人们操作机柜，如图 10-2 所示。根据服务器的尺寸大小，服务器机柜分为 1U 机柜、刀片服务器机柜和大型独立机柜（有些设备本身就是一个柜状物体，如大型机和存储设备）等几种类型。一些数据中心还可能采用集装箱，仅每个集装箱就可以装下 1000 台甚至更多服务器。实际上，一个集装箱就是一个独立的数据中心，而且采用标准的货运集装箱，以便在应急情况下快速建立数据中心。

图 10-2　数据中心部分机柜

数据中心的建设需要根据用户提出的技术要求，对选址进行实地勘查，依据国家有关标准和规范，结合所建计算机系统的运行特点进行总体设计。在设计数据中心时，需要考虑以下几个方面。

1）装修设计。从整体上考虑，数据中心的设计应遵循简洁、明快、大方的宗旨，强调实用性，整个区域以中性色为基调，所选材料外表最好为亚光，既能使材料的质感得到充分体现，又避免了在机房内产生各种干扰光。

2）环境控制设备。环境控制设施保证了数据中心的设备有一个适宜的运行环境，包括温度、湿度及灰尘的控制。冷却和通风系统的效能对建造绿色数据中心非常重要，通常采用冷、热通道互相隔离的多级新风过滤系统，如图 10-3 所示。该系统采用下送上回的送风方式，可将室外新鲜空气送入机房，同时避免把热空气再回送到冷却后的设备中。

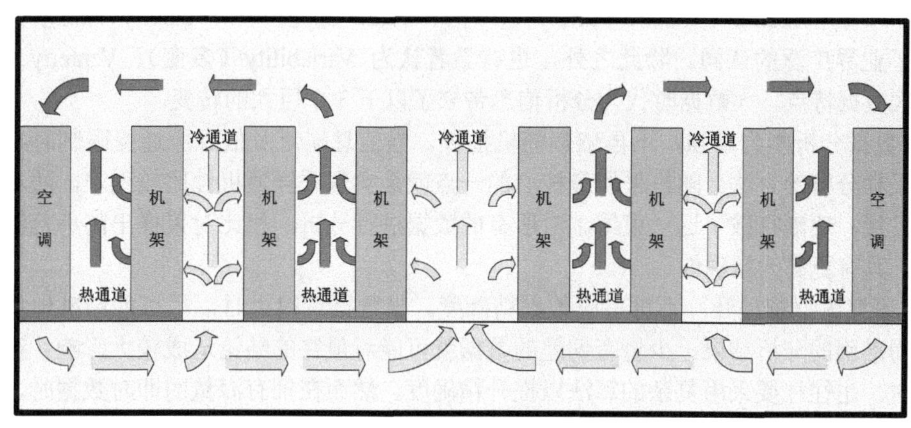

图 10-3　数据中心风冷示意图

3）机房供电系统。电力系统的设计是数据中心基础设施设计中最为关键的部分，关系到数据中心能否持续、稳定地运行。

4）照明系统。优良的光质能减少数据中心工作人员的疲劳，保证操作的准确性。数据中心的照明系统要求灯光不闪烁、不眩光，照明度大，光线分布均匀，不直接照射光面。

5）消防系统。数据中心的消防系统分为消防自动报警系统和消防灭火系统。由于数据中心机房内部火灾主要为电气火灾，而机房的吊顶上、地板下有大量的配电线路，因此需设置吊顶上、吊顶下和地板下 3 层报警。同时，由于机房内存放有大量的计算机及外联设备，因此灭火时要使用气体灭火。

6）防电磁干扰。抑制电磁干扰的主要办法是系统接地。数据中心机房应安装一个良好的接地系统，使电源中有一个稳定的零电位，作为供电系统电压的参考电压。

10.2 大数据与物联网

物联网时代是一个大规模生产、分享和应用数据的“大数据”时代，数据开始以 PB（1 PB=1024 TB）为单位，远远超过了传统计算机的处理能力。这些数据包含了各类有价值的信息，通过数据挖掘技术，发掘大数据的潜在内容，将对人们的社会生活产生深远影响。参见视频。

第 10 章大数据与物联网 10.2.1 节

10.2.1 大数据的概念

大数据是一种规模大到在获取、存储、管理、分析方面大大超出了传统数据库软件工具能力范围的数据集合。它的数据规模和传输速度要求很高，并且具有结构多样性，不适合原本的数据库系统。为了获取大数据中的价值，需要通过专门的分析方式来处理它。传统的方式将耗费相当多的时间和资源成本才能提取这些信息，而当今的各种资源，如硬件、云架构和开源软件，使得大数据的处理更为方便和廉价。

大数据有 4 个主要特点：数据体量巨大；数据类型繁多；价值密度低，但总体价值高；对数据的高速处理要求高。2011 年，国际数据公司（IDC）发布报告，将大数据的特点归纳为 4 个 V，即 Volume（大量）、Variety（多样）、Value（价值）和 Velocity（高速），这种定义得到了业界广泛的认同。除此之外，也有学者认为 Variability（多变）、Veracity（真实）等也是大数据特点。大数据时代为分析信息带来了以下 3 个巨大的转变。

1）数据分析能力增强，不再依赖随机抽样。当信息缺乏及信息流通受限制时，才不得已选择采样分析的方法。随机采样最核心的一点就是实现采样随机性比较困难。随着高性能计算的发展，逐渐打破了这一束缚。对所有的数据进行分析，相比对采样出的小范围数据进行分析，具有更高的精确性。

2）研究数据量提升，不再追求数据精确度。当数据量很少时，尽可能精准地量化数据才能获得准确的分析结果，少量有偏差的数据就可能对最终的结论造成较大影响。在分析少量数据时，也往往要采用复杂的算法以提升精确度。然而在拥有海量的即时数据时，绝对的精准不再那么重要，少量的偏差对分析结果的影响可以忽略，更重要的是在宏观层面对数据进行合理分析处理。

3）分析事物的相关关系成为核心，不必强调因果关系。传统的数据分析需要设立假设并进行验证，即从原因推导数据结果，这种方法有其局限性。借助大数据分析，可以在不需要准确阐述事件发生原因的情况下，寻找事物之间的相关关系。建立在相关关系分析基础上的预测是大数据的核心应用之一。

10.2.2 物联网与大数据的关系

随着物联网技术的日益成熟，大数据也在物联网技术的带动下发展到了新高度。物联网和大数据之间有着密切联系，简单来说，物联网为大数据提供了重要来源，而反过来在决策支持及数据应用方面，大数据又为物联网提供了巨大帮助，所以，可以说大数据是物联网领域内在的灵魂和血液，而且是物联网不断发展的未来趋势。实际上，应用物联网，也可以理解为大数据的利用，物联网的发展和应用需要大数据来为其提供有利资源，正因为这样，物联网的发展离不开大数据。

物联网催生了大数据：随着物联网技术的快速发展，各种不同领域的传感设备和终端设备被广泛部署，将各式各样的物理信息转换为电信号，再通过不同的接入方式接入到互联网等传输系统，最终上层的监控感知系统收集到感知系统的数据。由于越来越多的传感器会被研制、生产并最终投入使用，并且很多新的传感器会支持更高的数据精度与更多的数据类型，未来物联网产生的数据量将急速增长。这些数据量的增长不会是匀速的，随着更多新的传感设备的投产，数据量很可能呈现指数性的爆炸增长。这些来自物联网设备的数据是大数据的重要来源之一。

大数据丰富了物联网应用：物联网是大数据潜在应用价值得以很好体现的重要领域。在很多物联网技术的应用中都可以用到大数据分析技术，从而带来更加良好的用户体验，让物联网应用更加丰富多彩。例如，构建智能建筑、数字化医疗、遥感勘测、车联网和智能环保等应用，可以收集相应传感器产生的大数据，通过云计算技术分析数据，进行数据挖掘，得到有用的信息，从而对现有的技术进行改进，创造更大价值。

10.2.3　物联网大数据的特点

物联网的大数据主要包括社交网络数据和传感器感知数据，各项设备在运行过程中会产生海量数据，但是与传统意义的大数据相比，这些大数据还是有很大差异的。

相比传统的互联网，在物联网中，对大数据技术具有更高的要求，主要体现在以下几个方面。

1）数据量更大。物联网具有海量的结点，其数量规模远大于互联网；物联网结点源源不断地采集数据，数据生成频率远高于互联网。

2）数据速率更高。物联网中的数据海量性必然要通过高数据传输速率来汇聚更多的数据；由于物联网数据很多时候需要实时访问处理，要配备高数据传输速率来支持相应的实时性。

3）数据更加多样化。物联网涉及的应用范围广泛，在不同领域、不同行业，需要面对不同类型、不同格式的应用数据。可以说物联网的大数据多样性、异构性、有噪声及非结构性体现更加明显。一般来说，物联网的数据通常来说包括时间、位置、环境和行为等信息，处理过程中需要考虑多个维度。这样一些差异使得物联网的大数据处理具有更大的难度。

4）物联网对数据真实性的要求更高。物联网是真实物理世界与虚拟信息世界的结合，其对数据的处理及基于此进行的决策将直接影响物理世界，物联网中数据的真实性显得尤为重要。

10.2.4　大数据的分析与处理

大数据体量庞大，看起来杂乱无章，但其中往往隐含着价值巨大的内在规律，要从其中提炼并分析出有价值的信息，需要借助一些高效的数据分析方法。除了传统的统计学、计算机科学方法外，针对一些庞大复杂的大数据实例，还需要用到专门的大数据处理方法。

传统处理方法包括各个学科的数据处理方法，例如，聚类分析，将相似的数据分为一类；因子分析，通过少数几个因子反映原数据的大部分信息；相关分析，测定事物之间相互的数量关系；回归分析，研究一个变量与其他变量之间的数学关系；深度学习，利用深层次、复杂的架构来学习对象在不同层次上的表达等。各种传统的数据处理技术都可以直接应用于大数据的处理中。

传统的数据分析方法面对规模很大的数据集合时，效率往往会非常低，这就需要结合一些针对大数据的高速处理方法。常用的方法包括：散列法（Hash），将数据转化为短的定长数据，从而实现快速的读写和查询；布隆过滤器（Bloom Filter），利用多个散列函数形成位数组进行判断，大大节省空间，但有一定的错误率；索引，额外存储索引信息便于迅速定位，但引入了较高的额外开销；字典树（Tire 树），利用字符串的公共前缀提升字符串比较的效率；并行计算，将计算问题进行分解，同时使用多个计算资源协同处理等。

常见的大数据的处理形式可以分为三大类：对静态数据的批量处理，对在线数据的实时处理，以及对图数据的综合处理。其中在线数据的实时处理又可以分为两种类型，包括对流数据的处理和实时交互计算。因此，可归纳为以下 4 种处理形式。

1）批量数据处理系统。批量数据是指巨量的、静态储存于硬盘、可以重复利用、精确度高、价值密度低的数据。由于这些数据已经静态存储，对实时性要求不高，可以综合利用各种数据分析方法进行处理，选择高效合理的算法可以避免耗费大量时间。

2）流式数据处理系统。流式数据是连续的数据序列，而且往往序列中的元素多样，并且包含时序等特征，在传感器数据众多的物联网中应用广泛。这种数据处理起来更为复杂，需要系统快速响应并即时输出结果，要求处理系统具有高性能、实时和可扩展等特性。

3）交互式数据处理系统。交互式数据强调人机交互，系统与操作人员一步一步地进行数据交互，根据操作人员的需求逐步完成处理，直至获得结果。这种处理方式灵活、直观、便于控制，但对于系统的性能也有更高的要求，数据必须被即时处理修改，同时完成反馈。

4）图数据处理系统。图数据是一类通过结点和边直观展示事物之间关系的数据类型。图数据处理相比常见的文本数据，具有更高的复杂性，尤其互联网中上千万级别的图数据，对现有的数据处理系统提出了严峻挑战。图数据对于语义网、计算机视觉和智能交通等领域意义重大，已成为大数据相关学科研究的重点。

10.3 数据库系统

物联网需要采集、存储和处理海量的数据。如何对数据进行稳定的存储、高效的处理和便捷的查询，是实现物联网应用系统的一个富有挑战性的课题。数据库系统作为一项有着近半个世纪历史的数据处理技术，成为支撑物联网应用系统的重要工具。

10.3.1 数据库的类型

数据库（DataBase，DB）就是存放数据的仓库，具体而言，就是长期存放在计算机内的、有组织的、可共享的数据集合。在数据库系统中，数据模型是数据库系统的核心和基础，按照数据模型中数据之间的关系，传统数据库系统可分成网状数据库、层次数据库和关系数据库 3 类。其中最常见的是关系数据库系统。

随着数据处理的需求的发展，统一的数据模型已经不能满足数据管理方法的不同要求，因而产生了演绎数据库、面向对象数据库、分布式数据库、工程数据库、时态数据库、模糊数据库和主动数据库等新型数据库。

物联网中的数据很多都具有时效性，采用分布式实时数据库技术势在必行。分布式实时数据库最大的特点在于，事务和数据都可能有时限性，即限制事务所存取的数据必须在规定的时间范围内，一旦超过时限就失去了价值。

10.3.2　数据库的操作

用户对数据库的操作是通过数据库管理系统（Database Management System，DBMS）进行的。DBMS 是一种操纵和管理数据库的大型软件，用于建立、使用和维护数据库。它对数据库进行统一的管理和控制，以保证数据库的安全性和完整性。用户通过 DBMS 访问数据库中的数据，数据库管理员也通过 DBMS 进行数据库的维护工作。数据库、数据库管理系统和数据库管理员合在一起，统称为数据库系统。参见视频。

第 10 章数据库系统 10.3.2 节

针对关系数据库，常用的 DBMS 分为两类，一类是桌面数据库，如 Access、FoxPro 和 dBase 等；另一类是客户机/服务器数据库，如 SQL Server、Oracle 和 Sybase 等。桌面数据库用于小型的、单机的应用程序，它不需要网络和服务器，实现起来比较方便，但它只提供数据的存取功能。客户机/服务器数据库主要适用于大型的、多用户的数据库管理系统。应用程序包括两部分：客户机部分主要用于向用户显示信息及实现与用户的交互；服务器部分主要用来实现对数据库的操作和对数据的计算处理。

DBMS 采用结构化查询语言（Structured Query Language，SQL）供用户操作数据库。SQL 用于对数据库中的数据进行查询、更新、添加和删除操作。SQL 用户可以是应用程序，也可以是终端用户。SQL 语句可嵌入在宿主语言的程序中使用，宿主语言可以是常用的高级语言，如 Java、C#等，也可以是网页脚本语言，如 PHP、JSP 等。这些语言通过 ODBC、JDBC 和 ADO 等 API 提供的接口访问数据库。

10.3.3　数据库与物联网

数据库系统在物联网中起着数据存储和数据挖掘的关键性作用，然而由于物联网包含着从泛在的小型的传感器设备到大型的超级计算机集群等数以亿计的结点，这必然要求对数量巨大的数据进行快速的存储、分析、共享和搜索，如今的关系数据库系统及模型已不再适用，于是出现了类似亚马逊的 Dynamo、脸谱的 Cassandra 和阿帕奇的 HBase 等非 SQL 实现的非关系数据库系统——NoSQL 数据库。

NoSQL 数据库不是字面意义上的非 SQL 接口数据库，在逐步的发展中，NoSQL 数据库的概念越来越宽泛，成为“Not only SQL”，是非关系型数据库的代称。为了改变关系型数据库对于数据结构的限制，NoSQL 数据库摒弃了数据之间的关联，不再存储复杂严谨的数据表，而是自定义数据格式。这种简单的数据模型带来了高度可扩展的能力，读写性能也大大提升，同时具有低成本的好处。在存储、处理海量大数据方面，NoSQL 数据库可以灵活存储各类非结构化数据，并且不需要复杂的数据库维护操作，具有无可比拟的优势。

由于数据模型的不同，常见的 NoSQL 数据库可分为以下 4 种。

1）键-值（Key-Value）存储系统。这是最简单、最广泛的 NoSQL 系统。原理非常简单，即每个数据存储一个 Key 作为索引，数据无论是什么格式，都存放在 Value 中。由于不关心数据内容照单全收，具有极高的可扩展性，使用时依靠 Key 可以快速实现查询。

2）列存储系统。传统的关系型数据库是行存储，每个数据存储一行，包含其各种属性字段，且属性字段需要提前定义好。按列存储则是以属性为核心，同属性的数据聚合存储。由于大数据实际使用中多为简单的查询，只关心少数属性字段，这种存储方式效率更高，并且很好地支持动态扩展。

3）文档存储系统。这种数据库类型可以看作是键-值型 NoSQL 数据库与关系型数据库的一个平衡，数据由键值对来存储，值存储为类似 JSON 格式的文档。其吸取了键-值存储系统的优点，文档格式自行定义，比关系型数据库具有更好的可扩展性。同时也保留了关系型数据库的规范性，更好地描述了数据内容的内部格式，比键-值型数据库功能更强大。

4）图数据管理系统。使用图结构（结点和边）和属性来表示和存储数据，可以存储任意的图，对于图数据的处理效率大大高于传统数据库。

NoSQL 优秀的性能使得该数据库得到了众多开发者的青睐，目前市面上已经有了很多可用的 NoSQL 数据库产品，例如，键-值数据库 Redis 和 Dynamo；列存储数据库 HBase 和 GBase 8a；文档存储数据库 MongoDB 和 CouchDB；图数据管理系统 Neo4j、OrientDB 等。

NoSQL 数据库并不是要取代传统的关系型数据库，因为缺乏了严格的数据关系模型，无法完成一些复杂的数据库功能，在传统的应用场景中并不能完全通用。总体而言，NoSQL 数据库是在大数据存储管理的需求下新兴的数据库技术，突破了关系型数据库的限制，在海量数据应用中性能更高。现在 NoSQL 数据库就成熟度、稳定性而言，还不及传统数据库，正处于快速发展的时期。

10.4 数据挖掘

物联网技术采用 RFID、全球定位系统和传感器等设备采集物体信息，使物品与互联网连接起来，进行信息交换和通信，实现智能化识别、定位、跟踪、监控和管理。可以看出，物联网数据的类型十分复杂，包括传感器数据、RFID 数据、二维码、视频数据、音频数据和图像数据等。物联网数据的产生与采集过程具有实时不间断到达的特征，数据量随时间的延续而不断增长，具有潜在的无限性。如何从大量的数据中获得有价值的信息，从而达到为决策服务的目的，是物联网运用数据挖掘技术的主要目的。

10.4.1 数据挖掘的过程

数据挖掘是指从大量的、不完全的、有噪声的、模糊的、随机的数据中提取隐含在其中的、人们事先不知道的但又是潜在有用的信息和知识的过程。

数据挖掘是一个反复迭代的人机交互和处理的过程，历经多个步骤，并且在一些步骤中需要由用户提供决策。数据挖掘的过程主要由 3 个阶段组成：数据处理、数据挖掘，以及对挖掘结果的评估与表示。其中每个阶段的输出结果都将成为下一个阶段的输入。

1. 数据处理

数据处理是进行数据挖掘工作的准备阶段。该阶段需要对物联网中大量格式不一、杂乱无章的数据进行处理和转换，主要包含以下 4 方面。

1）数据准备。确定用户需求和总体目标，并了解数据挖掘在该领域应用的相关情况和背景知识。

2）数据选取。搜索所有与业务对象有关的内部和外部数据信息，确定需要关注的目标数据，根据用户的需要，从原始数据库中筛选相关数据或样本。

3）数据预处理。对数据选择后得到的目标数据进行再处理，包括检查数据的完整性和一致性，滤去无关数据，以及根据时间序列填补丢失数据等。

4）数据变换。将数据转换成一个针对挖掘算法建立的分析模型，主要是通过投影或利用数据库的其他操作减少数据量。

2. 数据挖掘

数据挖掘阶段对经过处理的数据进行挖掘。数据挖掘的目标一般可以分为两类：描述和预测。描述挖掘是指刻画数据库中数据的一般特性（相关、趋势、聚类和异常等）。预测挖掘是指根据当前数据进行推断。数据挖掘主要包含以下两部分。

1）选择算法。根据用户的要求和目标选择合适的数据挖掘算法、模型和参数，如分类决策树算法、聚类算法、最大期望算法和 PageRank 算法等。

2）数据挖掘。运用所选择的算法，从数据中提取用户感兴趣的知识，并以一定的方式表示出来，这是整个数据挖掘过程的核心。

3. 知识评估与表示

数据挖掘结束后，需要对挖掘的结果（发现的模式）进行测试和评估。经过评估，系统能去掉冗余的或者无关的模式。如果模式不满足用户的要求，就需要返回到前面的某些处理步骤中反复提取，有的则可能需要重新选择数据、采用新的数据变换方法、设定新的参数值，甚至换一种算法。另外，还需要将挖掘出来的结果可视化，或者把结果转化成用户容易理解的表示方法。

10.4.2　数据挖掘的方法

数据挖掘融合了人工智能、统计和数据库等多种学科的理论、方法和技术，挖掘方法有很多：基于信息论，如决策树；基于集合论，如模糊集和粗糙集；基于仿生学，如神经网络、遗传算法和机器发现；基于其他方法，如分形。其中主要的挖掘方法及其重点如下。

1）统计分析方法。主要用于完成知识总结和关系型知识挖掘，对关系表中的各属性进行统计分析，找到它们之间存在的关系。

2）决策树。决策树是一种采用树形结构展现数据受各变量影响情况的分析预测模型。它是建立在信息论基础之上对数据进行分类的一种方法。它首先通过一批已知的训练数据建立一棵决策树，然后采用建好的决策树对数据进行预测。

3）神经网络。是一种模拟人脑思考结构的数据分析模式，即从输入变量或数值中获取经验，并根据学习经验所得的知识不断调整参数，从而得到资料。神经网络法可以对大量复杂的数据进行分析，并能完成对人脑或计算机来说极为复杂的模式抽取及趋势分析。

4）遗传算法。是一类模拟生物进化过程的智能优化算法，模拟生物进化过程中的“物竞天择，适者生存”规律，利用生物进化的一系列概念进行问题的搜索。

5）粗糙集。这种方法是将知识理解为对数据的划分，每一个被划分的集合称为概念，其主要思想是利用已知的知识库，将不精确或不确定的知识用已知知识库中的知识来近似刻画处理。

6）联机分析处理技术。这种方法是用具体图形将信息模式、数据的关联或趋势呈现给决策者，使用户能交互式地分析数据的关系。

10.4.3　物联网中的数据挖掘

物联网中的数据特征明显不同于互联网。相对于传统的数据挖掘技术，物联网的数据挖掘技术应该具备以下两个最重要的特点。

1．异构数据的处理

物联网数据的最大特点就是异构性，物联网感知层产生的数据来自各种设备和环境，存在大量的结构化数据、半结构化数据和非结构化数据，无法用特定的模型来描述。这种海量多源异构数据的挖掘是目前物联网数据挖掘的一个难题，严重影响着物联网应用中的数据汇总分析和处理工作。

2．分布式数据挖掘

大量的物联网数据储存在不同的地点，中央模式系统很难处理这种分布式数据。同时，物联网中的海量数据需要实时处理，采用中央结构的话，对硬件中央结点的要求非常高。

采用分布式数据挖掘可以有效地解决分布式存储带来的问题。分布式数据挖掘技术是数据挖掘与分布式计算的有机结合。按照数据模型的生成方式，分布式数据挖掘可分为集中式和局部式两种。集中式是先把数据集中于中心点，再分发给局部结点进行处理的模式，这种模式只适用于数据量较小的情况。在物联网应用中，更多使用的是局部式数据模式。在局部式数据模式中，有一个全局控制结点和多个辅助结点。全局控制结点是整个数据挖掘系统的核心，由它选择数据挖掘算法和挖掘数据集合。而辅助结点则从各种智能对象中接收原始数据，再对这些数据进行过滤、抽象和压缩等预处理，然后保存在局部数据库。这些辅助结点之间可以互相交换对象数据，处理数据和信息，去除冗余和错误信息。同时，辅助结点还受控于全局控制结点，它们将已经预处理过的信息集合交由全局结点做进一步处理。

10.5　搜索引擎

面向物联网的搜索服务将物联网所感知的客观物理世界的浩瀚信息进行整理分类，帮助人们更快、更高效地找到所需要的内容和信息。因此，只有能提供“普适性的数据分析与服务”的搜索引擎才能够诠释出物联网“更深入的智能化”的内涵。

10.5.1　搜索引擎的分类

搜索引擎是一种帮助互联网用户查询信息的搜索工具，它以一定的策略在互联网中搜集、发现信息，对信息进行理解、提取、组织和处理，并为用户提供检索服务，从而起到信息导航的目的。它的主要任务是在互联网上主动搜索网页信息并将其自动索引，其索引内容存储于可供查询的大型数据库中。当用户输入关键字查询时，搜索引擎会向用户提供包含该关键字信息的所有网址，并对这些信息进行组织和处理后，以一定的方式排列展示到用户面前。

搜索引擎的种类有很多，根据索引方式、检索内容和检索方式的不同，分为全文搜索引擎、目录索引类搜索引擎和元搜索引擎。

全文搜索引擎是指收集了互联网上所有的网页并对网页中的每一个词（即关键词）建立索引数据库。从搜索结果来源的角度，全文搜索引擎又可细分为两种：一种是拥有自己的检索程序，俗称“蜘蛛”程序或“机器人”程序，并自建网页数据库，搜索结果直接从自身的数据库中调用，如百度网站；另一种是租用其他引擎的数据库，并按自定的需求排列搜索结果，如 Lycos 中国、21CN 等搜索引擎。

目录索引类搜索引擎虽然有搜索功能，但在严格意义上算不上是真正的搜索引擎，仅仅是按目录分类的网站链接列表而已，用户不用输入关键词，仅靠分类目录也可找到需要的信息。它是由网站专业人员人工形成信息摘要，并将信息置于事先确定的分类框架中。导航网站通常使用这种方法，如“网址之家”等。

元搜索引擎没有自己的数据，而是将用户的查询请求同时递交给多个搜索引擎，再将返回的结果进行重复排除、重新排序后，作为自己的结果返回给用户。这类搜索引擎的优点是返回结果的信息量更大、更全，缺点是不能够充分使用搜索引擎的功能，用户需要做更多的筛选。其典型应用有搜魅网、抓虾聚搜等网站。

10.5.2　搜索引擎的组成和工作原理

搜索引擎的工作一般包括以下 3 个过程：在互联网中发现、搜索信息；整理信息，建立索引；根据用户信息进行检索并对检索结果排序。

搜索引擎的系统结构如图 10-4 所示，可分为搜索器、索引器、检索器和用户接口 4 部分。

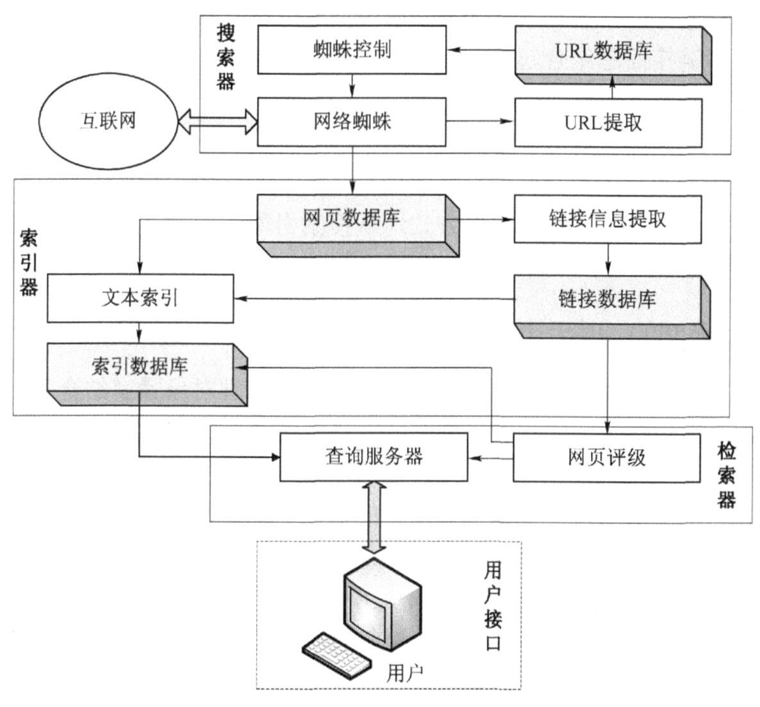

图 10-4　搜索引擎的系统结构

1．搜索器

搜索器也称为网络蜘蛛或网络爬虫，其功能是在互联网中漫游，发现和搜集信息。它通常是一个计算机程序，能自动访问互联网，并沿着任何网页中的所有 URL（即网页中的链接）爬到其他网页，并把从网页中提取的 URL 送入 URL 数据库，同时把爬过的所有网页收集回来送往网页数据库。

目前有两种搜集信息的策略：一种是从一个起始 URL 集合开始，顺着这些 URL 中的超级链接，以宽度优先、深度优先或启发式方式循环地在互联网中发现信息。这些起始 URL 可以是任意的 URL，但通常是一些非常流行、包含很多链接的站点，如 Yahoo 等；另一种是将 Web 空间按照域名、IP 地址或国家域名划分，每个搜索器负责一个子空间的穷尽搜索。

搜索器搜集的信息类型多种多样，包括 HTML、XML、FTP 文件、字处理文档和多媒体信息等。现在常用分布式、并行计算技术来提高信息发现和更新的速度。商业搜索引擎的信息发现可以达到每天几百万网页。

2．索引器

索引器的功能是理解搜索器所搜索的信息，从中抽取出索引项，用于表示文档，生成文档库的索引表。在图 10-4 中，索引器把来自网页数据库的文本信息送入文本索引模块，以建立索引，形成索引数据库。同时进行链接信息提取，把链接信息（包括超文本、链接本身等）送入链接数据库，为网页评级提供依据。

3．检索器

检索器的功能是根据用户的查询在索引库中快速检出文档，进行文档与查询的相关度评价，对将要输出的结果进行排序，并实现某种用户相关性反馈机制。具体来说就是，用户提交查询请求给查询服务器，查询服务器在索引数据库中进行相关网页的查找，同时网页评级模块把查询请求和链接信息结合起来，对搜索结果进行相关度的评价，并提取关键词的内容摘要，形成最后的显示页面返回给用户。

4．用户接口

用户接口的作用是输入用户查询、显示查询结果、提供用户相关性反馈机制，主要目的是方便用户使用搜索引擎，高效率、多方式地从搜索引擎中得到有效、及时的信息。典型的用户接口就是浏览器。

10.5.3　面向物联网的搜索引擎

物联网时代的搜索引擎应该是将物联网技术与各种物理对象紧密结合的产物，能够主动识别物体并提取其有用信息，同时能够提供给用户更精确、更智能的查询结果。

目前的搜索引擎是由人工输入关键字，获取的是静态或缓慢变化的内容，而物联网搜索引擎面对的是由传感器等自动生成的快速变化的信息，二者面对的信息内容和数据特征差异极大。面向物联网的搜索引擎具有以下几个特点。

1）搜索内容的时空性强。与网页搜索一般不考虑网页出处的特征相比，实体搜索的查询内容有很强的区域性，所以无需对所有的实体进行查询，只需在指定区域范围查找实体即可。此外，需要检索的信息具有高度的时效性，只有实时的或预测将来的数据对用户才有意义。

2）实体搜索。物联网面对的是物品和移动终端，信息源的处理能力和带宽有限。针对存储资源、能量及通信能力均受限的感知层设备进行搜索时，搜索引擎必须采用轻量计算技术。搜索实体的位置是物联网搜索引擎必须提供的服务，而实体的移动性使其在网络中始终维持注册最新的信息成为一个很大的挑战。

3）查询输入方式多样。物联网下的搜索系统应具有识别不同用户用不同表达方式输入的查询语句的功能，能够处理使用各种自然语言的查询语句，方便地查找对应实体。

4）安全和隐私问题。与网页搜索相比，物联网搜索服务的安全和隐私问题变得更加重要。与 Web 服务器相比，传感器的资源受限，使得在其上实现安全管理功能更加困难。

5）多媒体搜索。物联网搜索引擎应该能够为用户提供文本、音频和视频等多媒体信息。多媒体搜索技术主要包括基于文本描述的多媒体搜索技术和基于内容的多媒体搜索技术两种，而物联网中的多源异构数据需要依赖各种基于特征和上下文的智能多媒体搜索技术，甚至需要依靠数据挖掘技术反过来改善搜索的性能。

总之，面向物联网的搜索服务和基于 Web 的网页搜索服务在数据形式、时效性及存储检索方法等方面均存在较大差异。

10.6　海量数据存储

在物联网中，无所不在的移动终端、RFID 设备和无线传感器每分每秒都在产生数据，与互联网相比，数据量提升了几个量级。随着数据从 GB、TB 到 PB 量级的海量急速增长，存储系统由单一的磁盘、磁带、磁盘阵列转向网络存储、云存储等，一批批新的存储技术和服务模式不断涌现。

10.6.1　磁盘阵列

磁盘阵列的原理是将多个硬盘相互连接在一起，由一个硬盘控制器控制多个硬盘的读写同步。图 10-5 显示了一个典型的磁盘阵列。磁盘阵列中比较著名的是独立冗余磁盘阵列（Redundant Arrays of Inexpensive Disks，RAID）。

1. RAID 级别

组成磁盘阵列的不同方式称为 RAID 级别，不同的 RAID 级别代表着不同的存储性能、数据安全性和存储成本。目前 RAID 分为 0～7 个级别，还有一些基本 RAID 级别的组合形式，如 RAID 10（RAID 0 与 RAID 1 的组合）、RAID 50（RAID 0 与 RAID 5 的组合）等。

图 10-5　磁盘阵列

RAID 0 无数据冗余，存储空间条带化，即对各硬盘的相同磁道并行读写。RAID 0 具有成本低、读写性能极高、存储空间利用率高等特点，适用于音视频信号存储、临时文件的转储等对速度要求极其严格的特殊应用。

RAID 1 是两块硬盘数据完全镜像，安全性好，技术简单，管理方便，读写性能良好。因为它是一一对应的，所以必须同时对镜像的双方进行同容量的扩展，磁盘空间浪费较多。

RAID 5 对各块独立硬盘进行条带化分割，对相同的条带区进行奇偶校验，校验数据平均分布在每块硬盘上。RAID 5 具有数据安全、读写速度快、空间利用率高等优点，是目前商业中应用最广泛的 RAID 技术，其不足之处是如果一块硬盘出现故障，整个系统的性能将大大降低。

2. RAID 技术特点

RAID 最大的优点是提高了数据存储的传输速率和容错功能。

在提高数据传输速率方面，RAID 把数据分成多个数据块，并行写入/读出多个磁盘，可以让很多磁盘驱动器同时传输数据，以提高访问磁盘的速度。而这些磁盘驱动器在逻辑上又是一个磁盘驱动器，所以使用 RAID 可以达到单个的磁盘驱动器几倍、几十倍甚至上百倍的速率。

在容错方面，RAID 通过镜像或校验操作来提供容错能力。由于部分 RAID 级别是镜像结构的，如 RAID 1，在一组盘出现问题时，可以使用镜像，从而大大提高了系统的容错能力。而另一些 RAID 级别，如 2、3、4、5 则通过数据校验来提供容错功能。当发生磁盘失效情况时，校验功能结合完好磁盘中的数据，可以重建失效磁盘上的数据。

3．RAID 的实现

RAID 的具体实现分为软件 RAID 和硬件 RAID。

软件 RAID 是指通过网络操作系统自身提供的磁盘管理功能，将连接的普通 SCSI 卡上的多块硬盘组成逻辑盘，形成阵列。软件 RAID 不需要另外添加任何硬件设备，所有操作皆由中央处理器负责，所以系统资源的利用率会很高，但是也会因此使系统性能降低。

硬件 RAID 是使用专门的磁盘阵列卡来实现的，提供了在线扩容、动态修改 RAID 级别、自动数据恢复和超高速缓冲等功能。同时，还能提供数据保护、可靠性、可用性和可管理性的解决方案。

10.6.2　网络存储

由于直接连接磁盘阵列无法进行高效的使用和管理，网络存储便应运而生。网络存储技术将“存储”和“网络”结合起来，通过网络连接各存储设备，实现存储设备之间、存储设备和服务器之间的数据在网络上的高性能传输，主要用于数据的异地存储。网络存储有 3 种方式：直接附加存储（Direct Attached Storage，DAS）、网络附加存储（Network Attached Storage，NAS）和存储区域网（Storage Area Network，SAN）。参见视频。

第 10 章网络存储 10.6.2 节

1．直接附加存储 DAS

DAS 存储设备是通过电缆直接连接至一台服务器上，I/O 请求直接发送到存储设备。DAS 的数据存储是整个服务器结构的一部分，其本身不带有任何操作系统，存储设备中的信息必须通过系统服务器才能提供信息共享服务。

DAS 的优点是结构简单，不需要复杂的软件和技术，维护和运行成本较低，对网络没有影响，但它同时也具有扩展性差、资源利用率较低、不易共享等缺点。因此，DAS 存储一般用于服务器在地理分布上很分散，通过 SAN 或 NAS 在它们之间进行互连非常困难或存储系统必须被直接连接到应用服务器的场合。

2．网络附加存储 NAS

在 NAS 存储结构中，存储系统不再通过 I/O 总线附属于某个服务器或客户机，而直接通过网络接口与网络直接相连，由用户通过网络访问。NAS 实际上是一个带有服务器的存储设备，其作用类似于一个专用的文件服务器。这种专用存储服务器去掉了通用服务器的大多数计算功能，而仅仅提供文件系统功能。与 DAS 相比，数据不再通过服务器内存转发，而是直接在客户机和存储设备间传送，服务器仅起控制管理的作用。

3．存储区域网 SAN

存储区域网是存储设备与服务器通过高速网络设备连接而形成的存储专用网络，是一个独立的、专门用于数据存取的局域网。SAN 通过专用的交换机或总线建立起服务器和存储设备之间的直接连接，数据完全通过 SAN 网络在相关服务器和存储设备之间高速传输，对于计算机局域网（LAN）的带宽占用几乎为零，其连接方式如图 10-6 所示。

SAN 按照组网技术主要分为 3 种：基于光纤通道的 FC-SAN、基于 iSCSI 技术的 IP-SAN 和基于 InfiniBand 总线的 IB-SAN。图中的 LAN 部分一般采用以太网交换机组网。

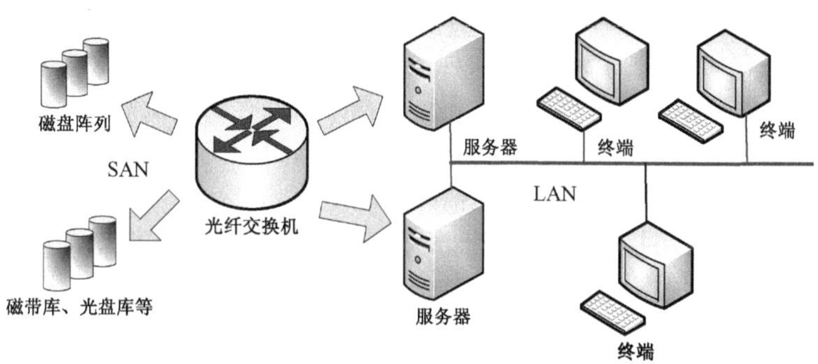

图 10-6　SAN 的网络连接方式

在 SAN 方式下，存储设备已经从服务器上分离出来，服务器与存储设备之间是多对多的关系，存储设备成为网上所有服务器的共享设备，任何服务器都可以访问 SAN 上的存储设备，提高了数据的可用性。SAN 提供了一种本质上物理集中而逻辑上又彼此独立的数据管理环境，主要应用于对数据安全性、存储性能和容量扩展性要求比较高的场合。

10.6.3　云存储

云存储是在云计算的基础上发展而来的，它是指通过集群应用、网格技术或分布式文件系统等功能，将网络中大量各种不同类型的存储设备通过应用软件集合起来协同工作，共同对外提供数据存储和业务访问的存储系统。云存储承担着最底层的数据收集、存储和处理任务，对上层提供云平台、云服务等业务。

云存储通常由具有完备数据中心的第三方提供，企业用户和个人将数据托管给第三方。云存储服务主要面向个人用户和企业用户。在个人云存储方面，主要是一些云存储服务商向个人用户提供的云端存储空间，如阿里云向每个天语云手机用户提供 100 GB 免费的云存储空间。在企业级云存储方面，通过高性能、大容量云存储系统，数据业务运营商和 IDC 数据中心可以为无法单独购买大容量存储设备的企业提供方便快捷的存储空间租赁服务。

与传统的存储设备相比，云存储是一个由网络设备、存储设备、服务器、应用软件、公用访问接口、接入网和客户端程序等多个部分组成的复杂系统。各部分以存储设备为核心，通过应用软件对外提供数据存储和业务访问服务。

云存储系统的结构模型由存储层、基础管理层、应用接口层和访问层组成。

1）存储层。存储层是云存储的基础，它将多种存储设备互连起来，形成一个海量的数据池，进行海量数据的统一管理。存储层可使用任何网络存储方式。

2）基础管理层。基础管理层是云存储最核心的部分，该层通过集群、分布式文件系统、网格计算、文件分发、P2P、数据压缩、数据加密和数据备份等技术，实现云存储中多个存储设备之间的协同工作，利用分布式存储技术使多个存储设备可以对外提供同一种服务，并提供更大、更强、更好的数据访问性能。

分布式存储技术是将海量数据分布存储于多台服务器，并进行统一管理的技术，能够将地理上分散的数据库系统进行逻辑上的联合。分布式存储需要解决的问题有：文件定位，能够快速定位文件存储于哪些结点上；可靠性，通过备份机制提高数据安全性，避免因单点故障引发的系统瘫痪；可扩展性，能方便地动态增加磁盘空间及数据结点；负载均衡，平衡各个结点的磁盘利用率，降低故障发生的概率。

常见的分布式存储技术主要有两种实现模式：非对称式和对称式。非对称的分布模式设置了一些目录服务器，集中记录着数据在不同数据结点储存的目录信息，结构简单，应用广泛；对称模式没有中心目录结点，各结点通信协作，自组织完成资源共享，具有更强的扩展性，但实现更为复杂，且引入了更大的通信开销。

3）应用接口层。应用接口层是云存储运营商提供的应用服务接口，直接面向用户。不同的云存储运营商可以根据实际业务类型，开发不同的应用服务接口，提供不同的应用服务。比如数据存储服务、空间租赁服务和数据备份服务等。

4）访问层。任何一个授权用户都可以通过标准的公用应用接口来登录云存储系统，享受云存储服务。当然，云存储运营商不同，云存储提供的访问类型和访问手段也不同。

10.7　云计算

云计算是近年来兴起的一种技术和服务模式。云计算是一种基于互联网的高性能计算模式，它是分布式处理、并行处理和网格计算的融合发展。在云计算中，对数据的处理、存储等都是在互联网数据中心的多台服务器上进行的。“云”指的就是提供资源的网络，它可以为用户提供按需服务。

云计算延伸的概念还有云存储、云安全、云电视和云手机等，涉及服务交付模式和虚拟化技术等各个领域。

10.7.1　云计算的概念

云计算目前没有统一的定义，较一致的观点是认为它描述了一种基于互联网的新的 IT 服务增加、使用和交付模式，这种模式能够提供按需的、动态的、易扩展的、虚拟化的资源。

从用户角度来看，采用云计算服务模式，用户不再面对实际的物理设备，不再为租用运营商的整个物理设备（如服务器）付费，而是为运营商提供的计算能力和存储能力付费，用户使用多少计算能力就支付多少费用，就像支付电费、水费那样实现按需付费。

从运营商角度来看，运营商将大量的计算资源用网络连接起来，统一进行管理和调度，构成一个计算资源池为用户服务。运营商采用虚拟化技术把一台服务器或服务器集群的计算能力分配给多个用户，也可以根据用户需求关闭或开启物理设备，以节省运营成本。

云计算提供的服务模式可分为3类：基础设施即服务（Infrastructure as a Service，IaaS）、平台即服务（Platform as a Service，PaaS）和软件即服务（Software as a Service，SaaS）。

IaaS 将硬件设备等基础资源封装成服务供用户使用，典型的 IaaS 例子有亚马逊云计算系统的弹性云 EC2 和简单存储服务 S3。

PaaS 提供用户应用程序的运行环境，如微软的云计算操作系统（Microsoft Windows Azure，MWA）。PaaS 的实质是将互联网的资源服务转化为可编程接口，为第三方开发者提供有商业价值的资源和服务平台。

SaaS 将应用软件作为服务项目。它的针对性较强，只提供较为单一的软件化服务。典型的如 Salesforce 公司提供的在线客户关系管理（Client Relationship Management，CRM）服务。

云计算在商业应用上又分为公共云、私有云、社区云和混合云等。

公共云的基础设施归云服务商所有，针对某个市场而非特定企业而设计，提供近似标准化服务，向不受限的广大客户群开放。用户可以在无需硬件基础的情况下直接进行资源和应用系统的快速部署。

私有云是针对单个企业设计的基础设施，可由企业或第三方进行管理，仅限企业成员接入，在安全性、私密性和自由性上比公共云更具优势。

社区云介于公共云和私有云之间，基础设施为同一社区的多个企业所共享。适用于多家企业具有相似的云服务需求的情况，既能满足同社区企业的特色要求，也能够实现资源的高效共享。

混合云的基础设施由上述的多种云部署模式组成，一般情况下既有内部私有云，也有外部公共云，可以灵活结合不同云的优势，但实现架构上也更为复杂。

10.7.2　云计算的体系结构

云计算系统是为用户提供服务的硬件及系统软件的集合体。云计算系统首要考虑的问题是，如何充分利用互联网上的软硬件设施处理数据，以及如何发挥并行系统中各个设备的最大功能。

目前，云计算系统还没有一个统一的技术架构，导致各个大型公司对云计算的实现形式差别较大。云计算系统的体系结构大致如图 10-7 所示，这种体系结构体现了云计算与面向服务的体系结构（Service Oriented Architecture，SOA）的融合。SOA 是一种软件设计体系结构，常用于构建企业 IT 应用。基于 SOA 的应用程序的功能单元能够通过统一的方式进行互操作。

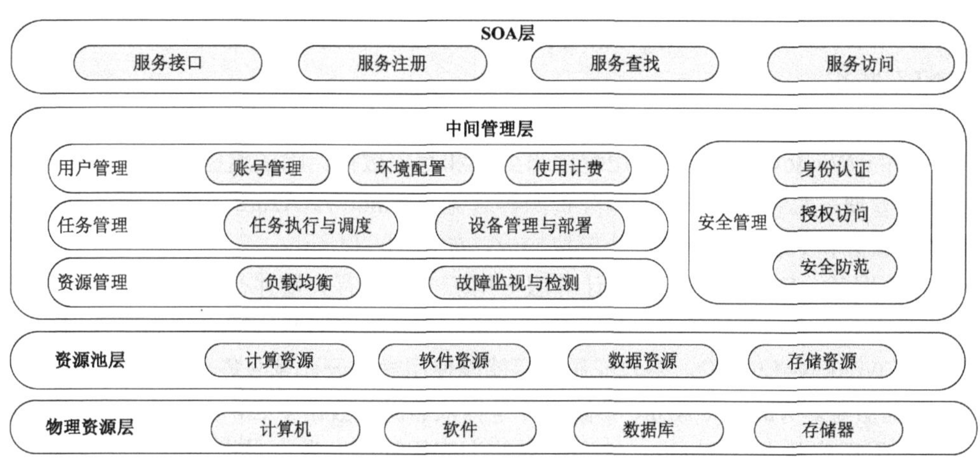

图 10-7　云计算体系结构

云计算体系结构大致分为 4 层：物理资源层、资源池层、中间管理层和 SOA 层。物理资源层由一些包括计算机、存储器等在内的基础设施组成。资源池层通过将大量的物理资源层设备进行同构整合，结合成庞大、高效的服务器集群。中间管理层负责对分布式的服务器群进行统一管理和调度，使资源能够高效、安全地提供服务。SOA 层封装了下面 3 层的服务，并以友好的界面形式传递给用户，提供丰富的服务。

10.7.3　云计算系统实例

主导云计算发展方向的主要有互联网公司和电信运营商。目前云计算已进入实用阶段，例如阿里巴巴公司启动的“阿里云”计划主要面向国内中小企业，利用低成本计算机集群构建互联网上的分布式存储。中国移动的“大云”计划构建了大规模的虚拟主机、网络存储和搜索引擎等多层次的云计算业务。亚马逊（Amazon）是最早进入云计算领域的厂商之一，其云计算平台能够为用户提供强大的计算能力、存储空间和其他服务。微软公司的云计算平台（Windows Azure）则被认为是谜 Windows NT 之后最重要的产品。

1．亚马逊云计算

亚马逊 Web 服务（Amazon Web Services，AWS）是目前业内应用最为广泛的公有云产品，它能够为各种规模的企业提供云计算设备服务，以满足公司 IT 业务的弹性需求。

AWS 云计算平台主要包括弹性计算云（Elastic Compute Cloud，EC2）、简单存储服务（Simple Storage Service，S3）和简单数据库服务（SimpleDB）3 个云计算基础设施服务。

EC2 是亚马逊提供的云计算环境的基本平台。利用亚马逊提供的各种 API 接口，用户可以按照自己的需求随时创建、增加或删除实例，也可以随时运行和终止自己的虚拟服务器。

S3 是亚马逊推出的一个公开存储服务。Web 应用程序开发人员可以使用它临时或永久存储任意类型的数字资产，包括图片、视频、音乐和文档。

SimpleDB 是基于 Web Service 技术的一种扩展，提供了建立在云存储基础上的类似于关系型数据库的基本功能。通过这种方式，软件开发人员可以将数据库完全托管在云上，节省了开发时间与成本。SimpleDB 支持 Java、C#、Perl 和 PHP 这 4 种编程语言，并提供了相应的 API 函数库和开发工具包。

2．微软云计算 Windows Azure

微软的 Windows Azure 云计算系统提供的服务有云计算操作系统、SQL Azure 云计算数据库和.NET 服务。

微软云计算操作系统 Windows Azure OS 是一个服务平台，用户可以通过互联网访问微软数据中心的 Windows 系统或应用程序来处理和存储数据。除了这些操作以外，微软还提供对平台的管理、负载均衡和动态分配资源等服务。Windows Azure 中最主要的部分由计算服务、存储服务和 Fabric 控制器 3 个模块构成，如图 10-8 所示。

1）计算服务。Windows Azure 计算服务用于支持拥有大量并行用户的大型应用程序。Windows Azure 应用程序的访问，只需要用户通过互联网登录 Windows Azure 入口，注册或输入用户的 Windows Live ID，待验证通过后就能使用微软云计算服务。

2）存储服务。Windows Azure 存储服务是指依靠微软数据中心，允许应用程序开发者在云端存储应用程序数据。Windows Azure 存储为应用程序开发人员提供了 3 种数据存储方式：Blob、Table 和 Queue。

二进制大文件存储（Binary large objects，Blob）提供了一个简单的接口存储文件及文件的元数据，可以用来存储影像、视频等。

表格（Table）提供了大规模可扩展的结构化存储。一个 Table 就是包含一组属性的一组实体，应用程序可以操作这些实体，并可以查询存储在 Table 中的任何属性。每个存储账户都可以申请创建一个或多个 Table。Table 没有固定模式，所有的属性都是以<名称，类型值>

的形式存储的。

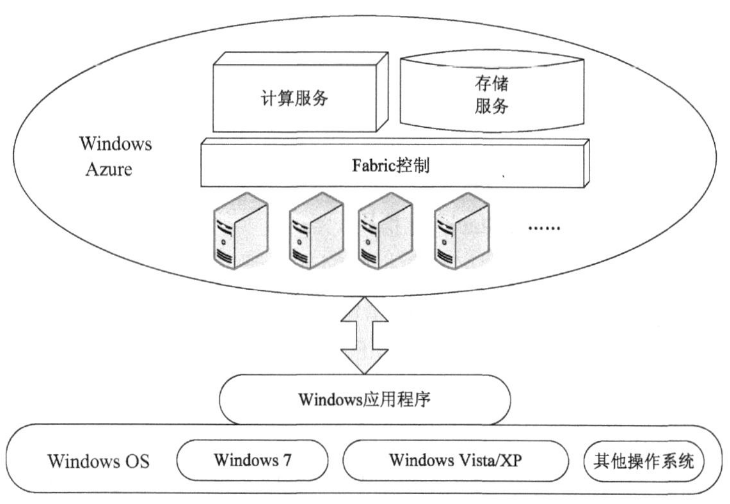

图 10-8　Windows Azure 主要部分

Queue 不同于 Table 和 Blob，后两种主要用于数据的存储访问，而 Queue 主要用于 Windows Azure 不同部分之间的通信。

3）Fabric 控制器。Fabric 控制器是 Windows Azure 的大脑，负责平台中各种资源的统一管理和调配。Fabric 由位于微软数据中心的大量服务器组成，由被称为 Fabric 控制器的软件来管理。当用户通过开发者门户把应用程序上传到 Windows Azure 平台时，由 Fabric 控制器读取其配置文件，然后根据配置文件中指定的方式进行服务部署。

Windows Azure 面向的是软件开发商，属于典型的平台即服务模式，支持各种程序开发语言。开发者可将自己的 Windows Azure 应用程序通过微软提供的开发者入口部署到云端运行。Windows Azure 会自动为该应用程序分配一个 URL，通过这个 URL 用户就能够访问 Windows Azure 应用程序。

另外，微软云计算服务平台不仅为用户提供了云端应用程序的基础设施，还提供了一系列基于云的服务，如 SQL 服务、.NET 服务等，这些服务可以被云端应用程序和本地程序访问。

3. 开源云计算 OpenStack

OpenStack 是一个云计算管理平台项目，由美国国家航空航天局 NASA 与云服务厂商 Rackspace 合作研发，并于 2010 年宣布开源。凭借强大的社区服务，以及 Red Hat、Cisco、IBM、HP 和华为等开发商的支持，OpenStack 已经成为当前最主流的开源云计算系统。

OpenStack 最初设计的目标就是对于云计算系统的开源实现，使得每一个公司都可以自己部署云计算系统，不需要依赖于亚马逊、微软等云计算厂商的任何服务，打破了技术壁垒。OpenStack 使得开源、标准化的特性其在私有云部署上非常自由，越来越多的用户开始采用 OpenStack 自行部署私有云平台。

OpenStack 包含了一组项目，分别实现云计算系统的多种功能，其中最主要的 4 大组件为计算组件 Nova、网络组件 Neutron、存储组件 Swift 和 Cinder、镜像服务组件 Glance，如图 10-9 所示。除此之外，还有认证授权服务组件 KeyStone、管理面板组件 Horizon 等，提升了运行的安全性和操作的便捷性。OpenStack 组件由 Python 语言开发，并发处理能力高，系统资源占用率低，易于维护和扩展。

计算组件 Nova 是 OpenStack 的核心组成部分，是一套控制器。Nova 提供了诸多核心功能，诸如启动运行虚拟机实例、管理网络和控制用户对云的访问等，这些功能又通过 nova-api、nova-compute 和 nova-volume 等子组件实现。

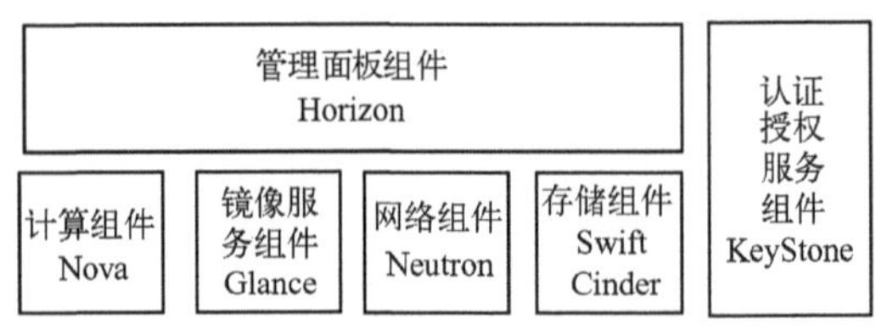

图 10-9　OpenStack 架构图

网络组件 Neutron 解决 OpenStack 虚拟网络配置的问题。Neutron 分为外部网络、数据网络和管理网络 3 个模块。外部网络部分负责对外网的访问及外网对内部的连接；数据网络部分负责虚拟机之间的数据交换，需要解决路由问题；管理网络实现 OpenStack 各模块之间的数据通信，如数据库连接等。

Swift 和 Cinder 都是存储组件，但是适用于不同的存储方式。Swift 用于可扩展的对象存储，用于大规模可扩展系统中，这种存储方式可用性和可扩展性很高。Swift 通过内置冗余及容错机制实现，有效防止数据意外丢失。Cinder 组件于 2012 年引入 OpenStack，用于块存储，即实现了传统的存储方式，为虚拟机实例提供持久的磁盘卷设备。

镜像服务组件 Glance 负责云计算虚拟机的磁盘镜像的相关功能。Glance 可以实现虚拟机镜像的查询与检索，镜像在配置时可以采用 OpenStack 的对象存储机制，也可以采用 Amazon 的 S3 存储解决方案。Glance 组件支持多种虚拟机的镜像格式，包括常用的 VMware、VirtualBox 虚拟机所支持的磁盘格式及 Amazon 镜像格式等。

10.7.4　云计算系统的开发

云计算的技术主要包括分布式并行计算技术和虚拟化技术。对于研究人员来说，开源的 Hadoop、Spark 等提供了一个云计算研究平台，VMware 等虚拟化软件可以在一台计算机上搭建和运行多种操作系统平台，CloudSim 云计算仿真器则为开发云计算系统提供了仿真运行环境。

1．开源云计算系统 Hadoop

Hadoop 是 Apache 开源组织的一个分布式的计算框架，可以在大量廉价的硬件设备组成的集群上运行应用程序，为应用程序提供稳定、可靠的接口。Hadoop 开源云计算平台包括 HDFS 分布式文档系统、MapReduce 分布式平行计算框架和 Hbase 分布式数据库。Hadoop 的云计算架构如图 10-10 所示。

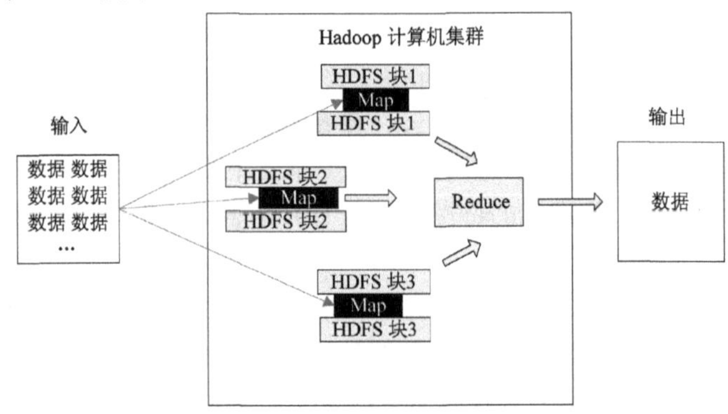

图 10-10　Hadoop 的云计算架构

Hadoop 分布式文件系统（Hadoop Distributed File System，HDFS）是分布式计算的存储基础，具有高容错性和极高的数据处理功能。当 HDFS 检测到错误时，会自动运行数据恢复。这种机制是由于其内部的 NameNode（名称结点）。NameNode 负责记录文档与存储块的对应关系，并定期进行文档区块的备份工作。另外，HDFS 数据采用一次写入、多次读出的访问模式，提供单一的目录系统，可以处理高达 10 PB 的数据量。

MapReduce 是大型数据的分布式处理模型架构，也是一种编程模型，通过映射（Map）和化简（Reduce），把数据分割成若干块，分配给各个计算机进行运算处理。MapReduce 代表了在大型计算机集群上执行分布式数据处理的方式，这种数据处理方式适合海量数据的并行处理。

Hbase 是一个开源的、基于列存储模型的分布式数据库。它是由 Java 语言开发的，以 HDFS 文档系统为存储基础，提供类似于分布式数据库的功能。

Hadoop 2.0 之后新引入了 YARN 资源管理系统，架构如图 10-11 所示。YARN 具有很好的通用性，可为上层应用提供统一的资源管理和调度功能。原有的资源管理器仅仅支持 MapReduce 处理架构，缺乏拓展性，资源利用率低，而且一个结点的故障会对整个集群产生严重影响。引入了 YARN 后可以运行如 Spark、Storm 等更多种类的处理框架，资源调度机制更灵活，并且具有很好的容错性，单点故障可以快速重启并恢复。

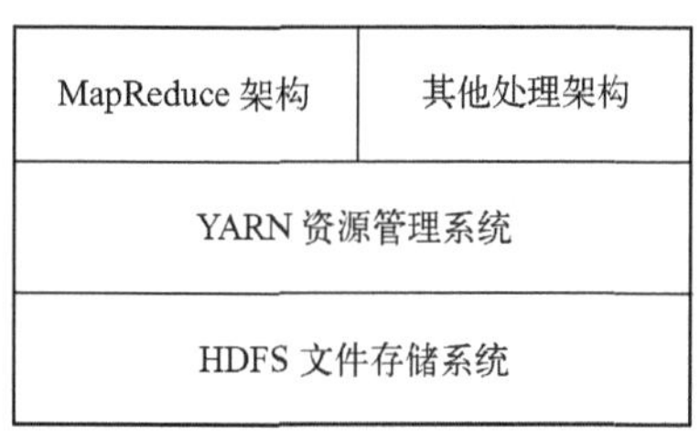

图 10-11　Hadoop 2.0 架构

2．开源云计算系统 Spark

Spark 与 Hadoop 类似，同属于 Apache 组织的开源分布式计算框架，由美国加州大学伯克利分校的 AMP 实验室开发，是新一代的大数据处理引擎。与 Hadoop 相比，Spark 主要具有高速、通用和多资源管理器支持 3 个特点。

在速度方面，Spark 扩展了广泛使用的 MapReduce 计算模型，而且高效地支持更多计算模式，包括交互式查询和流处理。这一特性使 Spark 在处理大数据时，具有更好的性能，带来了更好的实时性。研究表明，Spark 在诸如机器学习、大规模图处理和分布式数据处理的一些计算中，相比 Hadoop 有了几倍乃至几十倍的速度提升。Spark 高速的关键就是能够在内存中进行计算，大大减少了读写硬盘这一耗时工序。Spark 中对于数据的核心抽象称为弹性分布式数据集（Resilient Distributed Dataset，RDD），可以包含任意类型的对象。在计算过程中，数据会被分割为多个子集，分发到集群中的任意结点进行处理，计算的中间结果都可以保存在内存中，无需每做一步都写回到硬盘，方便了中间结果的重用。

在通用性方面，Spark 所提供的接口非常丰富。Spark（Spark 本身由 Scala 语言编写）提供基于 Python、Java 和 Scala 3 种语言的简单易用的 API，内建的丰富的程序库。Spark 还有 4 个主要的组件用于不同的应用，分别为：操作结构化数据的 Spark SQL，对实时数据进行流式计算的 Spark Streaming，实现常见机器学习功能的 MLlib，以及操作图的 GraphX。这些组件还在不断地拓展完善之中，用户基于 Spark 一套软件系统即可实现各种功能，大大减少了运行多套软件的开销。

在资源管理器上，Spark 可以在各种集群管理器（Cluster Manager）上运行，其软件栈如图 10-12 所示。在集群管理器上运行，不提供文件管理系统，也是 Spark 和 Hadoop 的一大区别。这一特性使得 Spark 的部署更为灵活，剥离了对于集群底层的关注，也导致 Spark 需要依赖其他系统提供分布式文件系统。目前，与 Spark 结合的最主流的两种集群管理器就是 Hadoop YARN 及 Apache Mesos。另外，Spark 也自带了一个简易的调度器，但仅仅支持一个独立集群，一般只作为入门使用。

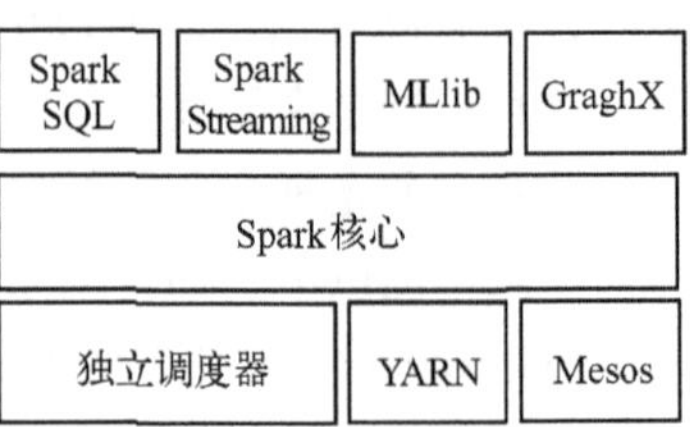

图 10-12　Spark 软件栈

Spark 和 Hadoop 并不是对立竞争的关系，而是可以相互兼容。二者可以分离，Hadoop 可以独立运行，Spark 也可以基于其他集群管理器运行。但二者更适于结合，可以将 Spark 看作 Hadoop 的一个计算功能组件，也可以将 Hadoop 看作 Spark 的运行基础。Spark 设计之初就很好地考虑到了与 Hadoop 的结合，基于 YARN 部署 Spark 云计算平台，既可以运行 Spark 作业，也可以运行 Hadoop MapReduce 作业，适用于不同的数据处理任务，目前的使用非常广泛。

3．云计算虚拟化技术

虚拟化技术是云计算系统的核心组成部分之一，是将各种计算及存储资源充分整合和高效利用的关键技术。虚拟化技术中的核心内容是虚拟机。虚拟机是指在一台物理主机上虚拟出多个虚拟计算机，其上能同时运行多个独立的操作系统，这些客户操作系统通过虚拟机管理器访问实际的物理资源。

虚拟化的目的在于实现 IT 资源利用效率和灵活性的最大化。虚拟化技术是云计算、云存储服务得以实现的关键技术之一。云计算之所以采用虚拟化技术，首要因素是节约成本、便于管理。对于个人用户使用桌面虚拟机来说，可能感觉不是很明显。然而对于 IDC 等运营场景来说，虚拟化所带来的便捷则是革命性的，比如烦琐的装机过程从传统的安装操作系统变成了简单的系统镜像文件拷贝，节约了大量的时间和人力。对于动辄需要上万台机器的云计算服务运营来说，低成本效果显而易见。另外，每个虚拟机都是在给定的资源容器中工作的，相互之间实现了资源隔离，为云计算的安全提供了一定的保证。

虚拟化技术的类型有全虚拟化、半虚拟化和硬件辅助虚拟化 3 种。

1）全虚拟化也称为原始虚拟化技术，全虚拟化是指虚拟机模拟了完整的底层硬件，包括处理器、物理内存、时钟和外设等，使得为原始硬件设计的操作系统或其他系统软件完全不做任何修改就可以在虚拟机中运行。

2）半虚拟化是另一种类似于全虚拟化的热门技术。它使用虚拟机管理程序分享存取底层的硬件。半虚拟化技术使得操作系统知道自身运行在一个虚拟机管理程序上，它的客户操作系统集成了虚拟化方面的代码。操作系统自身能够与虚拟进程进行很好的协作。

3）硬件辅助虚拟化也称为硬件虚拟机，主要是指操作系统在虚拟机上运行时，必须靠系统的硬件来完成虚拟化的过程。硬件辅助虚拟技术不但能够提高全虚拟的效率（虚拟机的产品都加入该类功能），而且使用半虚拟技术的 Xen 软件也通过该项技术做到支持 Windows、Mac 之类闭源的操作系统。

目前在云计算中常用的虚拟机产品有 VMware、Xen 和 KVM 等。

VMware 是全球最大的虚拟化厂商，主要产品包括桌面版的 VMware workstation 和企业版的 VMWare　ESX server。

Xen 虚拟化技术由剑桥大学计算机实验室发明，随后成立公司，投入商业化发展。

Xen.org 提供了 Xen 云计算平台软件——Xen 云平台（Xen Cloud Platform，XCP）。Xen 云平台提供虚拟化装置，由大量安装 XCP 软件的计算机组成庞大的 Xen Server 集群，负责提供所有的计算和存储资源。

KVM 是基于 Linux 内核的虚拟机，是以色列的一个开源组织提出的一种新的虚拟机解决方案，也称为内核虚拟机。

4．云计算仿真器 CloudSim

CloudSim 仿真软件模拟的是一个支持数据中心、服务代理人、调度和分配策略的云计算平台，帮助研究人员加快云计算有关算法、方法和规范的发展。

CloudSim 能够提供虚拟化引擎，用来在数据中心结点上帮助建立和管理多重的、独立的、协同的虚拟化服务。在对虚拟化服务分配处理器内核时，CloudSim 能够在时间共享和空间共享之间灵活切换。

CloudSim 提供基于数据中心的虚拟化技术、虚拟化云的建模和仿真功能，支持云计算的资源管理和调度模拟。用户可以根据自己的研究对平台进行扩展，重新生成平台后，就可以在仿真程序中调用自己编写的类、方法及成员变量等。

10.8　普适计算

随着计算、通信和数字媒体技术的互相渗透和结合，计算机在计算能力和存储容量提高的同时，体积也越来越小。今后计算机的发展趋势是把计算能力嵌入到各种设备中去，并且可以联网使用。在这种情况下，人们提出了一种全新的计算模式，即普适计算。

在普适计算模式中，人与计算机的关系将发生革命性的改变，变成一对多、一对数十甚至数百，同时，计算机也将不再局限于桌面，它将被嵌入到人们的工作和生活空间中，变为手持或可穿戴的设备，甚至与日常生活中使用的各种器具融合在一起。

在物联网中，处理层负责信息的分析和处理。由于物品的种类不计其数，属性千差万别，感知、传递和处理信息的过程要因物、因地、因目的而异，而且每一个环节都充斥了大量的计算，因此，物联网必须首先解决计算方法和原理问题，而普适计算能够在间歇性连接和计算资源相对有限的情况下处理事务和数据，从而解决了物联网计算的难题。可以说，普适计算和云计算是物联网最重要的两种计算模式，普适计算侧重于分散，云计算侧重于集中，普适计算注重嵌入式系统，云计算注重数据中心。物联网通过普适计算延伸了互联网的范围，使各种嵌入式设备连接到网络中，通过传感器和 RFID 技术感知物体的存在及其性状变化，并将捕获的信息通过网络传递到应用系统。

10.8.1　普适计算技术的特征

普适计算为人们提供了一种随时、随地、随环境自适应的信息服务，其思想强调把计算机嵌入到环境或日常工具中去，让计算机本身从人们的视线中消失，让人们的注意力回归到要完成的任务本身。普适计算的根本特征是将由通信和计算机构成的信息空间与人们生活和工作的物理空间融为一体，这正是物联网追求的目标，实际上普适计算概念的提出也早于物联网。

图 10-13 所示为普适计算下信息空间与物理空间的相互融合，融合需要两个过程：绑定和交互。

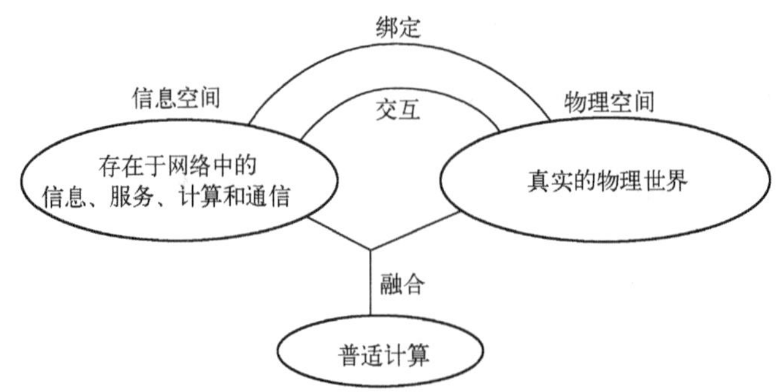

图 10-13　普适计算下物理空间和信息空间的融合

信息空间中的对象与物理空间中的物体的绑定使物体成为访问信息空间中服务的直接入口。实现绑定的途径有两种：一是直接在物体表面或内部嵌入一定的感知、计算和通信能力，使其同时具有物理空间和信息空间中的用途。例如，美国麻省理工媒体实验室的 Things That Think 项目，可以让计算机主动提供帮助，而无需人去特意关注。二是为每个物体添加可以被计算机自动识别的标签，标签可以是条码、NFC 或 RFID 电子标签。如 HP 的 Cool Town 计划，该计划基于现有的 Web 网络技术的普适计算环境，通过在物理世界中的所有物体上附着一个编码有 URL 信息的条形码来建立物体与其在 Web 上的表示之间的对应，从而建立一个数字化的城市。

物理空间和信息空间之间的交互可以从两个相对方向看。一是信息空间的状态改变映射到物理空间中，其主要形式是数字化信息可以无缝地叠加在物理空间中，如已经广泛采用的各种电器上的显示屏。二是信息空间也可以自动地觉察物理空间中状态的改变，从而改变相应对象的状态或触发某些事件，如清华大学的 Smart Classroom 研究，就是采用视觉跟踪、姿态识别等方法来判断目前教室中老师的状态。物理空间和信息空间之间无需人的干预，即其中任一个空间状态的改变可以引起另一个空间的状态的相应改变。

在物理空间和信息空间的交互过程中，普适计算还要具备间断连接与轻量计算两个特征。间断连接是服务器能不时地与用户保持联系，用户必须能够存取服务器信息，在中断联系的情况下，仍可以处理这些信息。所以，企业计算中心的数据和应用服务器能否与用户保持有效的联系就成为一个十分关键的因素。由于部分数据要存储在普适计算设备上，使得普适计算中的数据库成为一个关键的软件基础部件。

轻量计算就是在计算资源相对有限的设备上进行计算。普适计算面对的是大量的嵌入式设备，这些设备不仅要感知和控制外部环境，还要彼此协同合作，既要主动为用户“出谋划策”，又要“隐身不见”；既要提供极高的智能处理，又不能运行复杂的算法。

10.8.2　普适计算的系统组成

普适计算的系统组成主要包括普适计算设备、普适计算网络和普适计算软件 3 部分。

1）普适计算设备。普适计算设备可以包含不同类型的设备，典型的普适计算设备是部署在环境周围的各种嵌入式智能设备，一方面自动感测和处理周围环境的信息，另一方面建立隐式人机交互通道，通过自然的方式，如语音、手势等，自动识别人的意图，并根据判断结果做出相应的行动。目前，智能手机、摄像机和智能家电等都可以作为普适计算设备。

2）普适计算网络。普适计算网络是一种泛在网络，能够支持异构网络和多种设备的自动互连，提供人与物、物与物的通信服务。除了常见的电信网、互联网和电视网外，RFID网络、GPS 网络和无线传感器网络等都可以构成普适计算的网络环境。

3）普适计算软件。普适计算的软件系统体现了普适计算的关键所在——智能。普适计算软件不仅需要管理大量联网的智能设备，而且需要对设备感测到的人、物信息进行智能处理，以便为设备和人员的进一步行动提供决策支持。

10.8.3　普适计算的体系结构

普适计算还没有统一的体系结构标准，人们定义了多种层次参考模型。有人把普适计算分为设备层、通信层、协同处理层和人机接口层 4 层。也有人把普适计算分为 8 层：物理层、操作系统层、移动计算层、互操作计算层、情感计算层、上下文感知计算层、应用程序编程接口层和应用层。

物理层是普适计算操作的硬件平台，包括微处理器、存储器、I/O 接口、网络接口和传感器等。

操作系统层负责计算任务的调度、数据的接收和发送，以及内部设备的管理，主要包括传统的嵌入式实时操作系统。

移动计算层负责计算的移动性，提供在移动情况下计算的不间断能力。

互操作计算层负责服务的互操作性，提供协同工作的能力。

情感计算层负责人机的智能交互，赋予计算机人一样的观察、理解和生成各种情感特征的能力，使人机交互最终达到像人与人交流一样自然、亲切。

上下文感知计算层负责服务交付的恰当性，能够根据当前情景做出判断，形成决策，自动地提供相应的服务。

应用程序编程接口层负责向应用层提供标准的编程接口函数。

应用层提供普适计算下的新型服务，如移动会议、普遍信息访问、智能空间、灵感捕捉和经验捕获等。

10.8.4　普适计算的关键技术

普适计算是多种技术的结合，它集移动通信、计算技术、小型计算设备制造技术、小型计算设备上的操作系统及软件技术等多种关键技术于一身。由于普适计算是一个庞大而又复杂的系统，因此，普适计算需要运用多种技术对自身系统进行支持。关键的几种技术包括人机接口技术、上下文感知计算、服务的组合和自适应技术等。

人机接口技术实现普适计算的不可见性和以人为中心的计算思想，系统必须给用户提供一种接近于访问物理世界的自然接口，如语音输入、眼睛显示等。

上下文感知计算是指每当用户需要时，系统能利用上下文向用户提供适合于当时任务、地点、时间和人物的信息或服务。

服务的组合用于解决单一服务难以满足用户服务需求的问题。

自适应技术用于解决设备、计算能力、存储量和移动性等方面的差异性，使系统能够根据自身的资源状态，采取一定的策略来保证应用程序平滑执行。

10.9 数据呈现

物联网在工作过程中会生成海量数据，如何将这些数据及数据处理后的结果有效地通过互联网呈现给管理者或者目标用户，对于物联网数据的实际应用至关重要。

用户可以采用推送技术或拉取技术来获取数据，呈现在用户面前的数据形式可以是多种多样的，数据可视化是目前数据呈现的热点技术，而新推出的 HTML 5 为互联网数据呈现提供了一种很好的途径。参见视频。

第 10 章数据呈现 10.9 节

10.9.1 实时推送技术

物联网产生的海量数据及这些数据的处理结果很多都具有时效性，物联网获取数据的技术也从拉取技术、传统推送技术发展到实时推送技术。

1．拉取技术

信息拉取技术是指用户有目的地在网络上主动查询信息，例如，用户从浏览器给 Web 服务器发起请求，从 Web 服务器获取所需信息。搜索引擎是信息拉取技术的典型代表。

2．传统推送技术

信息推送技术的关键是能够主动地根据用户的需求，将最新的信息分门别类地传送到相应的用户设备中，以减少信息的过载。传统的信息推送的实现方式主要有消息、代理和频道 3 种方式。

1）消息方式是指根据用户提交的信息需求，利用电子邮件或其他消息系统将有关信息发送给用户。

2）代理方式是指通过使用代理服务器定期或根据用户指定的时间间隔在网上搜索用户感兴趣的信息内容，将结果推送给用户。

3）频道方式则需提供完整的推送服务器、客户端部件及相关开发工具等一整套集成应用环境，将某些站点定义为浏览器中的频道，推送服务器负责收集信息，形成频道内容后推送给用户。

3．Web 实时推送技术

传统推送技术实现的是定期推送消息，而新兴的 Web 实时推送技术实现的是 Web 界面中消息的即时更新，从而可以在线完成一些实时性很强的任务，如在线游戏、即时通信、物联网实时监控和体育赛事直播等。

传统 Web 应用客户端与服务端之间的信息交互都是通过 HTTP 请求-响应机制实现的，浏览器与服务器之间没有持久连接，毫无交互性可言。因此，一些基于不同技术的实时推送解决方案应运而生。

Web 实时推送技术主要有 3 类：基于浏览器插件的技术、基于 HTTP 长连接的技术，以及基于 WebSocket 的技术，如图 10-14 所示。

1）基于浏览器插件的技术是一项成本较高的解决方案。客户端在浏览器安装插件，以套接字方式与服务器建立 TCP 连接，来实现服务器推送数据。这种方式具有较高的性能，但是引入插件本身又带来了问题，如跨平台问题和插件版本兼容性问题。另外，客户端必须安装相应的插件，这无疑失去了浏览器/服务器（B/S）结构的一些优点，系统的升级和维护都加大了成本。基于浏览器插件的技术主要有 ActiveX、Applet 和 Flash 等。

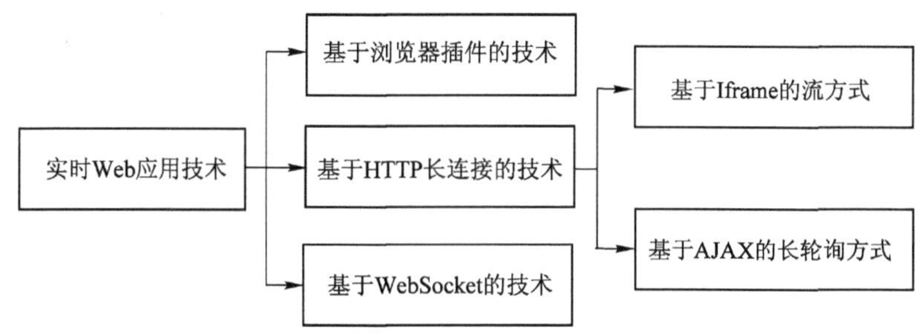

图 10-14　主流实时 Web 应用技术

2）基于 HTTP 长连接的技术是目前使用最为广泛的技术。该技术可以实现服务器在事件发生时发送消息给客户端的功能，不需要客户端周期性地检查服务器，降低了不必要的通信开销。现在的服务器推送技术是保持原有的 HTTP 不变，在服务器端改变处理方式，使得服务器能够使用浏览器原先打开的 HTTP 连接，主动向浏览器发送消息。这里的关键技术是改变原有“请求-应答”的简单服务模式，持久保持原有的 HTTP 连接，使服务器可以根据自己的数据更新，及时向客户端响应最新的信息。软件工程师习惯将这种基于 HTTP 长连接、无需在浏览器端安装插件、事件驱动的服务器推送技术称为 Comet。基于 HTTP 长连接的技术主要有 AJAX 长轮询与 Iframe 流方式两种。

3）基于 WebSocket 的技术是一种新的高效解决方案。WebSocket 协议是 HTML 5 标准中提出的一项新的服务器和浏览器通信协议，该协议支持在服务器和浏览器之间构建一条全双工的通信连接，使通信双方能够更加高效地互相发送信息。以在线聊天应用为例，传统的情况下必须刷新自己的浏览器，重新向服务器发起请求以获得最新页面，才可以更新页面的内容。而通过 WebSocket 技术构建的 HTML 5 应用，新数据会自动由服务器端推送至用户的计算机屏幕上，无需用户刷新页面，这样就可以用网页实现即时聊天、实时展示监控内容等。

WebSocket 协议规范由两部分组成：一部分是客户端实现规范，即基于 JavaScript 实现的 WebSocket API，该部分标准由 W3C 制定；另一部分是 WebSocket 协议，由 IETF 制定。

WebSocket 和 HTTP 一样是一种应用层协议，都是基于 TCP 的一种通信协议。WebSocket 虽然称为 Socket，但其本身和用于建立 TCP/UDP 连接的 Socket 套接字并不一样。WebSocket 的工作原理就是在服务端与客户端建立 WebSocket 连接，连接建立时也有一个三次握手的过程，类似 TCP 的三次握手。

WebSocket 允许服务器与客户端、浏览器之间实现双向连接，这个连接是实时的，可以实现数据的及时推送，并且该长连接持续开放，直到关闭它为止。为了达到兼容性，握手的过程是通过 HTTP 实现的，但与一般的 HTTP 请求略有差异，具体过程如下。

1）客户端发起请求申请升级 WebSocket 协议，验证信息为长度 24 位字符的随机字符串。

2）服务端响应请求，按照一定的加密算法根据验证字符串生成新的应答字符串。

3）客户端验证字符串，若正确则建立连接。

建立连接后，客户端与服务端会一直保持连接，直至一方发送断开连接请求或者网络出错。连接建立后客户端与服务端之间通过 WebSocket 数据帧来发送数据。WebSocket 数据帧非常简单，控制信息少，避免了不必要的开销。目前 WebSocket 协议已经得到了大部分浏览器的支持，服务器端的支持也在不断完善中。

10.9.2　数据可视化

一幅图胜过千言万语，人类从外界获得的信息约有 80%以上来自于视觉系统。以直观的可视化的图形形式展示数据挖掘的结果，是最容易被人理解与接受的。

数据可视化研究的是数据的视觉表现形式，这种视觉表现形式被定义为一种以某种概要形式抽取出来的信息，包括相应信息单位的各种属性和变量。数据可视化弥补了数据分析工具的不足，数据分析工具一般仅为专业工程师熟练使用，难以让普通业务人员自主获取有价值的信息。

数据可视化的内容随着数据可视化技术应用的不断发展而变化，目前是指通过特定软件工具以图表、地图、标签云、动画或任何使内容更容易理解的图形方式来呈现数据。数据可视化不仅能够帮助数据的最终呈现，对发现数据中新的信息也起到非常关键的作用。

1．数据可视化的过程和评判指标

数据可视化的过程分为两个阶段：数据转换和视觉转换。数据可视化首先需要对复杂的数据进行压缩、简化，去除不重要的冗余数据，提取出关键的统计特性。然后选择或设计出直观、简洁的视觉展示方式，使之准确反映出数据中的重要信息。

为了实现将信息有效地传达给受众，数据可视化需要追求兼顾美学形式与功能的需要，并且突出数据的关键特征，即一个优秀的数据可视化成果，需要能在将数据进行有意义的呈现的同时，拥有美观的数据呈现形式。评判一个可视化技术应用可以从以下 4 方面来分析。

1）直观化：直观、高效、形象地呈现数据。

2）关联化：挖掘并突出呈现数据之间的关联。

3）艺术化：增强数据呈现的艺术效果，符合审美规则。

4）交互性：实现用户与数据的交互，增强用户对数据的控制。

直观化和关联化强调数据可视化的功能性；艺术化则强调数据可视化的美学设计；交互性扩展了数据可视化的形式，通常交互性好的可视化成果可以综合多尺度、多层次的展示方法，根据用户需求全面显示数据的特征。

2．数据可视化的常用技术

根据信息的特征，信息可视化技术分为一维信息、二维信息、三维信息、多维信息、层次信息（Tree）、网络信息（Network）和时序信息（Temporal）可视化等几种。随着大数据的兴起与发展，互联网、社交网络、地理信息系统、企业商业智能和社会公共服务等主流应用领域逐渐催生了几类特征鲜明的信息类型，主要包括文本、网络（图）、时空和多维数据可视化等。

1）文本可视化。文本信息是大数据时代非结构化数据类型的典型代表，是互联网中最主要的信息类型，也是物联网各种传感器采集后生成的主要信息类型。人们日常工作和生活中接触最多的电子文档也是以文本形式存在的。典型的文本可视化技术是标签云，即将关键词根据词频或其他规则进行排序，按照一定的规律进行布局排列，用大小、颜色和字体等图形属性对关键词进行可视化。文本可视化的意义在于，能够将文本中蕴含的语义特征（如词频与重要度、逻辑结构、主题聚类、动态演化规律等）直观地展示出来。

2）网络（图）可视化。网络关联关系是大数据中最常见的关系，如互联网与社交网络。基于网络结点和连接的拓扑关系，直观地展示网络中潜在的模式关系，如结点或边聚集性，是网络可视化的主要内容之一，这也可以看作是图数据结构可视化的一类。对于具有海量结点和边的大规模网络，如何在有限的屏幕空间中进行可视化，将是大数据时代面临的难点和重点。经典的基于结点和边的可视化，是图可视化的主要形式。除了对静态的网络拓扑关系进行可视化外，大数据相关的网络往往具有动态演化性，因此，如何对动态网络的特征进行可视化，也是不可或缺的研究内容。

3）时空数据可视化。时空数据是指带有地理位置与时间标签的数据。传感器与移动终端的迅速普及，使得时空数据成为大数据时代典型的数据类型。时空数据可视化与地理制图学相结合，重点对时间与空间维度，以及与之相关的信息对象属性建立可视化表征，对与时间和空间密切相关的模式及规律进行展示。大数据环境下时空数据的高维性、实时性等特点，也是时空数据可视化的重点。为了反映信息对象随时间进展与空间位置所发生的行为变化，通常通过信息对象的属性可视化来展现。流式地图是一种典型的方法，它将时间事件流与地图进行融合，如图 10-15 所示。

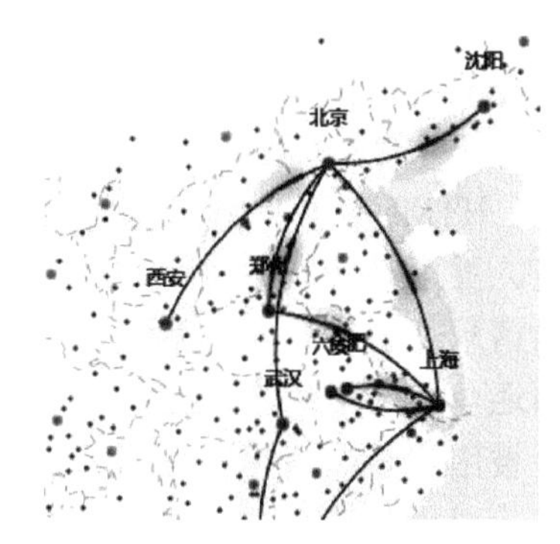

图 10-15　流式地图（百度迁徙数据）

4）多维数据可视化。多维数据是指具有多个维度属性的数据变量，广泛存在于基于传统关系数据库及数据仓库的应用中，如企业信息系统及商业智能系统。多维数据分析的目标是探索多维数据项的分布规律和模式，并揭示不同维度属性之间的隐含关系。多维可视化的基本方法有基于几何图形、基于图标、基于像素、基于层次结构、基于图结构及混合方法等。另外，散点图、投影和平行坐标等也是最为常用的多维可视化方法。

10.9.3　HTML 5

通信网络从单一业务网、综合业务网、互联网发展到物联网，网络上传输的媒体信息也从话音、数据发展到多媒体，流媒体、富媒体和 HTML 5 等技术，为媒体数据的呈现提供了全新的解决方案。

流媒体关注的是音频、视频等实时数据在网络上的传输质量。富媒体关注的是多媒体数据与用户的交互性。HTML 是构建及呈现互联网内容的描述语言，HTML 5 广义上是指包括 HTML、CSS 和 Java Script 在内的一套技术组合。

2014 年 W3C 推出的 HTML 5 规范对多媒体和移动设备提供了更好的支持，除了 WebSocket 外，还具有以下新特性。

1）Canvas 画布。HTML 5 提供了 Canvas 标记元素来实现画布功能，这项特性对于需要绘制各项数据图表的数据呈现过程而言尤为重要，可以说是 HTML 5 能够应用于数据呈现的核心因素。

HTML 在设计之初并未很好地支持图形绘制和处理功能，传统的图像绘制和处理都是先在服务端完成，然后发送至客户端借助 Flash 等插件来显示。这种方式由于依赖插件，跨平台性和可维护性差。Canvas 元素可以创建一块画布区域，使用浏览器脚本语言（通常是 JavaScript）进行图形绘制，例如可以用它来画矢量图，合成栅格图，或者绘制复杂的动画及文本文字，这些图形将直接渲染在浏览器上，省去了调用插件的过程，同时也可以更便捷地与其他 Web 元素交互，如通过 Web 图形库 WebGL 标准即可在 Canvas 画布上绘制三维图形。

2）地理定位。现今网络中定位用户地理位置的技术主要是通过 IP 地址来探测的，精度较差。HTML 5 的地理定位是一个精确定位用户的替代方法，通过加入新的 API 来实现，使得 Web 第一次能真正在浏览器里实现地理定位，尤其是在移动端有很好的定位效果，可以在此基础上开发基于用户定位的 Web 应用，完成显示地图、导航和用户位置信息的功能。原理上其综合利用了 GPS、IP 地址和 Wi-Fi 热点等多种定位方式得到位置信息，具有较高的精度。并且定位的具体过程都是由浏览器完成的，开发者不需要关注底层实现即可获得经纬度、定位精度乃至海拔、速度（需要设备支持）等位置信息，非常方便易用。

3）多线程支持。由于 JavaScript 不是一种支持并发编程的语言，所以长期以来 Web 应用程序被局限在单线程开发。但随着基于 Web 开发的应用程序逐渐增多，使用 JavaScript 完成的任务的复杂程度已经大大增加，这些复杂的 JavaScript 存在应用程序死锁的风险。

HTML 5 利用 WebWorkers 将多线程引入 Web 应用程序，使这些复杂的应用成为可能。页面动态加载 JavaScript 文件之后，它就可以在后台处理诸如复杂的数学运算、发送请求或者操作本地数据库这样的代码，而不影响用户界面和响应速度，与此同时，页面还可以响应用户的滚屏、单击或者输入操作。这就使得那些需要长时间运行的脚本不会被用户单击或交互而运行的脚本中断，此外还可以不必为考虑页面响应的问题，而去终止对于那些需要长时间执行的任务。在后台处理结束相应的任务后，前台只要接收处理返回的结果即可。

4）本地存储。对于一些网页功能的需求，如自动登录等，需要在客户端本地储存一些数据。传统的存储方式主要是 Cookie，在客户端的 Cookie 文件中保存少量数据，作为 HTTP 这种无状态协议的补充，以保持服务器和客户端的连续状态，完成用户身份识别等功能。但是由于其局限性，Cookie 已经不能适应新的 Web 应用的需求。例如，大多数浏览器对 Cookie 的大小和存储数量都有限制。与传统的 Cookie 相比，HTML 5 的本地存储功能具有存储空间更大、存储内容不会每次都发送到服务器、操作更为简便，以及存储空间独立等优势。HTML 5 标准提出了 3 种新的本地数据存储方式：Web SQL 数据库、客户端存储方式和应用程序缓存。

Web SQL 数据库方式将 Web 数据存储为数据库形式，开发者可以基于 SQL 语法来对这些数据进行查询、插入等操作。目前还有 IndexedDB 数据库，同样是 HTML 5 标准中浏览器内置的数据库。

客户端存储方式又分为本地存储和对话期存储两种。本地存储可以永久保存数据，而对话期存储只在当前的会话中可用，用户关闭浏览器窗口后，数据将被清除。

应用程序缓存可以直接缓存 Web 应用，实现没有网络连接也可以使用的离线应用。

10.9.4　数据呈现开发实例

数据呈现的可视化是物联网应用系统的发展趋势。例如，在交通事故可视化分析系统中，对交通事故信息进行大数据分析，将分析的结果通过颜色编码展示出来，就可以方便地查看任何地区、任何路段的车辆事故详细信息。

基于 Web 的前端数据可视化工具有很多，例如，图表类的有 eCharts、iCharts、HighCharts、Google Charts 和 D3 等；图谱类的有 Arbor.js、Sigma.js、Processing.js 等；三维图形的有 PhiloGL、Three.js 等；地图类的有 Google Map、百度地图、高德地图和 PolyMap 等。

下面使用 HTML、CSS 及 JavaScript，通过 HTML 5 Canvas API 实现一个简易的网页白板，以此说明 Canvas 开发的基本流程，该实例可以实现的功能是通过鼠标单击可以在网页上绘图，类似手写功能。

Canvas 开发已经成为当前 Web 前端页面开发中很流行的内容，也是 HTML 5 开发的核心。通过 HTML 5 Canvas API 可以在网页内实现原生的绘图功能，对 2D 图形进行各种操作。例如开发者可以通过该 API 在画布上绘制线条、显示各种形状、填充颜色、渲染文字和显示图片等，同时也可以轻松地实现旋转、透明度调整等调整功能，相比规范的 HTML 元素布局而言，可以说功能十分强大。

一个 Web 界面由 HTML（超文本标记语言）、CSS（层叠样式表）和 JavaScript 共 3 部分组成。其中 HTML 定义 Web 界面的结构，说明其中含有哪些元素；CSS 设定 Web 界面的样式，即设置 Web 界面各个元素的呈现方式；JavaScript 功能比较强大，可以为 Web 界面添加动态功能，也是 Canvas 开发所用的语言。由于这 3 种语言都是解释型语言，不需要额外的编译器，开发环境搭建非常简单，一方面需要文本编辑器来编辑*.html、*.css、*.js 文件（3 种语言对应的文件扩展名），一方面需要浏览器运行并进行调试。

文本编辑器使用记事本即可，也有 Editplus、Sublime 和 Notepad++等功能更加强大的文本编辑器可供选择，浏览器选择任意支持 Canvas 的浏览器即可（目前主流的浏览器均支持 Canvas，除了 IE 8 及之前的版本），开发中推荐使用调试功能很完善的 Chrome 或 Firefox 浏览器。开发流程如下。

1）创建一个 HTML 文件，在页面的 body 区域创建 Canvas 标签，并设置长宽（Height、Width）等样式信息。

2）创建一个 JS 文件，并在 HTML 文件的 head 首部引用需要的 JQuery 库文件（自带 HTML 元素选择器等功能便于开发），以及该自定义的 JS 文件，并置于同一目录下。后续步骤均在 JS 文件中完成。

3）定义用到的全局变量，如画布尺寸、绘画开关等，同时定义画笔状态数组（包括 X、Y 坐标、画笔大小、颜色、是否是起始点），用于作为路径队列记录每一步的线条路径。

4）设置鼠标事件的响应，包括鼠标按下、鼠标移动、鼠标松开和鼠标离开画布 4 项。鼠标按下需要打开绘图开关，记录绘图路径并绘图。鼠标移动则先判断是否打开绘图开关，如果打开则记录绘图路径并绘图。鼠标松开和鼠标离开画布都是关闭绘图开关。

5）编写绘图路径记录函数，将每一次绘图的路径及画笔状态记录入绘图路径队列。

6）编写清屏函数，用于清空画布。

7）编写绘图函数，画出画布基本布局，并按照绘图路径队列记录的信息在画布上画出对应的线条，主要用到 Canvas 中的 moveTo（设置起点）、lineTo（设置终点），以及 stroke（画线条）的 API。

8）添加画笔色彩、大小等调整控件，实现自定义画笔绘制。

9）添加橡皮擦、不同画笔等工具，完善网页白板功能。

习题

1．数据中心包括哪几个逻辑部分？各包含哪些具体设备？

2．美国标准 TIA-942 把数据中心分为几级？每级的特点是什么？

3．数据中心在物联网应用中的作用是什么？

4．按照数据模型的特点，传统数据库系统可分成哪几种？

5．关系数据库中的关系模型由哪几部分组成？

6．数据挖掘过程中的数据处理阶段主要完成哪些工作？数据挖掘主要的挖掘算法有哪些？物联网中的数据挖掘应具备哪些特点？

7．大数据有哪些特点？所谓的“4V”代表了哪些特性？举出 3 个大数据在日常生活中应用的实例，说明大数据从哪些方面对人们的生活有影响，创造了哪些价值。

8．物联网与大数据有何关系？二者相互间有何影响？处理物联网下的大数据有哪些难点？

9．在抓取网页时，网络蜘蛛采用怎样的抓取策略？

10．现有的多媒体搜索引擎存在的问题有哪些？

11．简述面向物联网的搜索的基本要素和实现过程。

12．网络存储技术的类型包括哪些？

13．云存储的相关技术有哪些？

14．云计算按服务类型可以分为几大类？Spark 会取代 Hadoop 吗？

15．云计算的技术体系结构可以分为哪几层？

16．微软云计算的 Windows Azure OS 由哪几个重要模块组成？各部分的作用是什么？

17．简述计算模式的发展历程。

18．普适计算的关键技术有哪些？

19．普适计算、云计算、泛在网和物联网之间的关系是什么？

20．拉取技术和推送技术的区别是什么？目前使用最广泛的 Web 实时推送技术是什么？有什么优势和缺陷？

21．可视化技术有哪些分类？为什么要进行数据可视化？

22．为什么要推出 HTML 5 标准？HTML 5 相比之前版本有哪些改进？尝试用旧版本的 IE 浏览器（如 IE 6）访问使用了 HTML 5 新特性的网页，观察页面的响应情况，分析如何解决旧版浏览器不兼容 HTML 5 的问题。

23．HTML 5 Canvas API 与 Flash 相比，有何优势与缺陷？你认为将来什么技术会成为 Web 动画的主流技术？

第 11 章　物联网的安全与管理

物联网的安全与管理涉及物联网的各个层次，鉴于物联网目前的专业性和行业性特点，与互联网相比，物联网的安全与管理显得更为重要。

11.1　物联网的安全架构

物联网融合了传感器网络、移动通信网络和互联网，这些网络所面临的安全问题，物联网也不例外。与此同时，由于物联网是一个由多种网络融合而成的异构网络，因此，物联网不仅存在异构网络的认证、访问控制、信息储存和信息管理等安全问题，而且物联网的设备还具有数量庞大、复杂多元、缺少有效监控、结点资源有限和结构动态离散等特点，这就使得其安全问题较其他网络更加复杂。

物联网的体系结构分为 4 层，物联网的安全架构也相应地分为 4 层，如图 11-1 所示。物联网的安全机制应当建立在各层技术特点和所面临的安全威胁的基础之上。

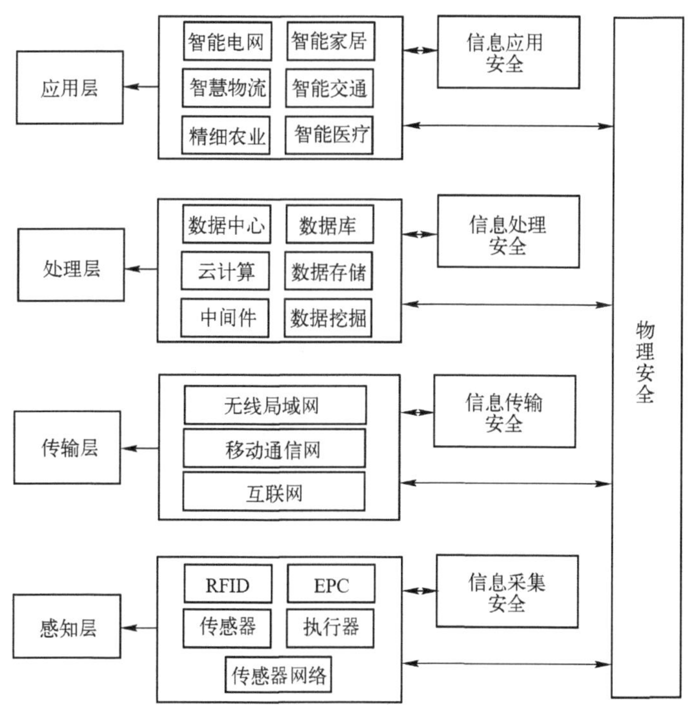

图 11-1　物联网的安全架构

物联网的安全包括信息的采集安全、传输安全、处理安全、应用安全和整个网络的物理安全。

信息采集安全需要防止信息被窃听、篡改、伪造和重放攻击等。主要涉及 RFID、EPC 和传感器等技术的安全。采用的安全技术有高速密码芯片、密码技术和公钥基础设施（Public Key Infrastructure，PKI）等。

信息传输安全需要保证信息在传递过程中数据的机密性、完整性、真实性和可靠性，主要是各种通信网络和互联网的安全。采用的安全技术主要有虚拟专用网、信号加密、安全路由、防火墙和安全域策略等。

信息处理安全需要保证信息的处理和储存安全等，主要是云计算、数据中心等的安全。采用的安全技术主要有内容分析、病毒防治、攻击监测、应急反应和战略预警等。

信息应用安全需要保证信息的私密性和使用安全等，主要是个体隐私保护和应用系统安全等。采用的安全技术主要有身份认证、可信终端、访问控制和安全审计等。

物理安全需要保证物联网各层的设备（如信息采集结点、大型计算机等）不被欺骗、控制和破坏。主要涉及设备的安全放置、使用与维护，以及机房的建筑布局等。

11.2 物联网的安全威胁与需求

物联网结构复杂、技术繁多，相应地，它面对的安全威胁的种类也比较多，参见视频。结合物联网的安全架构来分析感知层、传输层、处理层及应用层的安全威胁与需求，不仅有助选取、研发适合物联网的安全技术，更有助系统地建设完整的物联网安全体系。

第 11 章安全攻击类型 11.2 节

11.2.1 感知层的安全

感知层的任务是全面感知外界信息，与传统的无线网络相比，由于感知层具有资源受限、拓扑动态变化、网络环境复杂、以数据为中心，以及与应用联系密切等特点，因而更容易受到威胁和攻击。

1. 感知层的安全威胁

感知层可能遇到的安全问题包括：末端结点安全威胁、传输威胁、拒绝服务和路由攻击等。

1）末端结点安全威胁。物联网感知层的末端结点包括传感器结点、RFID 标签、移动通信终端和摄像头等。末端结点一般较为脆弱，其原因有以下几点：一是末端结点自身防护能力有限，容易遭受拒绝服务（Denial of Service，DoS）攻击；二是结点可能处于环境恶劣、无人值守的地方；三是结点随机动态布放，上层网络难以获得结点的位置信息和拓扑信息。根据末端结点的特点，它的安全威胁主要包括：物理破坏导致结点损坏；非授权读取结点信息；假冒感知结点；结点的自私性威胁；木马、病毒、垃圾信息的攻击，以及与用户身份有关的信息泄漏。

2）传输威胁。物联网需要防止通信中的机密信息被窃听，禁止未经授权就访问存储在结点上的关键数据，也应该防止攻击者长时间恶意占用信道而造成信道阻塞。

3）拒绝服务。拒绝服务主要是指故意攻击网络协议实现的缺陷，或直接通过野蛮手段（如向服务器发送大量垃圾信息或干扰信息）耗尽被攻击对象的资源，目的是让目标网络无法提供正常的服务或资源访问，使目标系统服务停止响应或崩溃。例如，试图中断、颠覆或毁坏网络，还包括硬件失败、软件漏洞和资源耗尽等，也包括恶意干扰网络中数据的传送或物理损坏传感器结点，消耗传感器结点能量。

4）路由攻击。路由攻击是指通过发送伪造路由信息，干扰正常的路由过程。路由攻击有两种攻击手段，一种是通过伪造合法的但具有错误路由信息的路由控制包，在合法结点上产生错误的路由表项，从而增大网络传输开销、破坏合法路由数据或将大量的流量导向其他结点以快速消耗结点能量。还有一种攻击手段是伪造具有非法包头字段的包，这种攻击通常和其他攻击合并使用。

2．感知层的安全需求

感知层的安全需求应该建立在感知网络自身特点、服务结点特征及用户要求的基础上。一般的感知网络具有低功耗、分布松散、信令简练、协议简单、广播特性、少量交互甚至无交互的特点，因此安全应建立在利用尽可能少的能量及带宽资源，设计出既精简又安全的算法、密钥体系和安全协议，解决相应的安全问题。针对感知层特有的安全需求，具体的解决方案如下。

1）感知层结点常常应用在无人看管的场合，因此，并不能保证结点设备的绝对安全，但可以通过增加设备的冗余来提高整个系统的抗毁性。

2）根据用户的实际需求，通过对称密码或非对称密码的方案实现结点之间在通信前的身份认证。

3）通过限制网络的发包速度和同一数据包的重传次数，来阻止利用协议漏洞导致以持续通信的方式使结点能量资源耗尽的攻击。

11.2.2　传输层的安全

物联网的传输层主要用于把感知层收集到的信息安全、可靠地传输到信息处理层。在信息传输中，可能经过一个或多个不同架构的网络进行信息交换。大量的物联网设备接入到传输层，也使其更容易产生信息安全问题。

1．传输层的安全威胁

传输层可能遇到的安全问题有传输的安全问题、隐私的泄漏问题、网络拥塞和 DoS 攻击、密钥问题等。

1）传输的安全问题。传输的安全问题是通信网络存在的一般性安全问题，会对用户数据和网络信令的机密性和完整性产生威胁。信息在传输过程中面临的威胁主要有中断、拦截、篡改和伪造 4 种情况。

2）隐私的泄漏问题。由于一些物联网设备很可能处在物理不安全的位置，这就给了攻击者窃取用户身份等隐私信息的机会。攻击者可以根据窃取的隐私信息，借助这些设备对通信网络进行一些攻击。

3）网络拥塞和 DoS 攻击。由于物联网设备数量巨大，如果通过现有的认证方法对设备进行认证，那么信令流量对网络来说是不可忽略的，很可能会带来网络拥塞。网络拥塞会给攻击者带来可乘之机，从而对服务器产生拒绝服务攻击。

4）密钥问题。传统的通信网络认证是对终端逐个进行认证，并生成相应的加密和完整性保护密钥。当网络中存在大量的物联网设备时，如果也按照逐一认证产生密钥的方式，则会给网络带来大量的资源消耗。同时，未来的物联网存在多种业务，对于同一用户的同一业务设备来说，逐一对设备进行认证并产生不同的密钥也是对网络资源的一种浪费。

2．传输层的安全需求

传输层的网络安全需求并不是物联网研究范畴下的新课题，早在各种通信网络标准制定和通信网络建设初期，安全问题就已被相关组织所关注，并制定了一系列的标准算法、安全协议和解决方案。针对不同的网络特征及用户需求，采取一般的安全防护或增强的安全防护措施基本能解决物联网通信网络的大部分安全问题。

通信网络的安全需求主要包括以下几个方面：接入鉴权；话音、数据及多媒体业务信息的传输保护；端到端和结点到结点的机密认证、密钥协商与管理机密性算法选取的有效机制；在公共网络设施上构建虚拟专网（VPN）的应用需求；用户个人信息或集团信息的屏蔽；各类网络病毒、网络攻击和DoS攻击的防护等。

11.2.3　处理层的安全

处理层对接收到的信息加以处理，要求能辨别出哪些是有用信息，哪些是无用信息甚至是恶意信息。处理层的安全性能同样取决于物联网的智能程度。

1．处理层的安全威胁

处理层可能遇到的安全威胁包括：信息识别问题、日志安全问题、配置管理问题和软件远程更新问题。

1）信息识别问题。物联网由于某种原因可能无法识别有用的信息，无法甄别并有效防范恶意的信息和指令。导致出现信息识别问题的情况有：超大量终端提供了海量的数据，使得系统来不及识别和处理信息；智能设备的智能失效，导致效率严重下降；自动处理失控；非法人为干预造成故障；设备从网络中逻辑丢失等。

2）日志安全问题。在传统网络中，各类业务的日志审计等安全信息由各业务平台负责。而在物联网环境中，终端无人值守，并且规模庞大，对这些终端的日志等安全信息进行管理成为新的安全问题。

3）配置管理问题。攻击者可以通过伪装成合法用户向网络控制管理设备发出虚假的配置或控制命令，使得网络为结点配置错误的参数和应用，向结点执行器发送错误的命令，从而导致终端不可用，破坏物联网的正常使用。

4）软件远程更新问题。由于物联网的终端结点数量巨大，部署位置广泛，人工更新终端结点上的软件十分困难，因此需要远程配置和更新。提高这一过程的安全保护能力十分重要，否则攻击者可以利用这一过程将病毒等恶意攻击软件注入终端，从而对整个网络进行破坏。

2．处理层的安全需求

处理层的安全需求主要体现在对信息系统和控制系统的保护上，包括以下几个方面：对信息系统数据库信息的保护，防泄漏、篡改或非法授权使用；有效的数据库访问控制和内容筛选机制；通过安全可靠的通信确保对结点的有效跟踪和控制；确保信息系统或控制系统采集的结点信息及下达的决策控制信息的真实性，防篡改、假冒或重放；安全的计算机信息销毁技术；叛逆追踪和其他有效的信息泄露追踪机制；对信息系统及控制系统的安全审计等。

11.2.4　应用层的安全

应用层利用处理层处理好的信息完成服务对象的业务需求。应用层的安全问题就是物联网业务的安全问题，关注更多的是物联网中用户的安全影响。

1. 应用层的安全威胁

应用层面临的安全威胁主要有隐私威胁、业务滥用、身份冒充、重放威胁和用户劣性。

1）隐私威胁。大量使用无线通信、电子标签和无人值守设备，使得物联网应用层隐私信息威胁问题非常突出。隐私信息可能被攻击者获取，给用户带来安全隐患。物联网的隐私威胁主要包括隐私泄漏和恶意跟踪。

2）业务滥用。物联网中可能会产生业务滥用攻击，如非法用户使用未授权的业务或者合法用户使用未制定的业务等。

3）身份冒充。物联网中存在无人值守设备，这些设备可能被劫持，然后用于伪装成客户端或者应用服务器发送数据信息、执行操作。例如针对智能家居的自动门禁系统，通过伪装成基于网络的后端服务器，可以解除告警、打开门禁。

4）重放威胁。攻击者可以通过发送一个目的结点已经接收过的信息，来达到欺骗系统的目的。

5）用户劣性。应用的参与者可能否认或抵赖曾经完成的操作和承诺，例如，用户否认自己曾发送过某封电子邮件。

2. 应用层的安全需求

智能电网、智能交通、智能医疗和精细农业等物联网应用的安全需求既存在共性，也存在差异。

共性的安全需求包括以下几个方面：对操作用户的身份认证、访问控制；对行业敏感信息的信源加密及完整性保护；利用数字证书实现身份鉴别；利用数字签名技术防止抵赖；安全审计。

差异性体现在物联网不同应用系统的特性安全需求上，这需要针对各类智能应用的特点、使用场景、服务对象和用户的特殊要求，进行有针对性的分析研究。

11.3　物联网安全的关键技术

作为一种多网、多技术融合的网络，物联网安全涉及各个网络的不同层次和各种技术的不同标准。针对互联网、移动通信网、RFID 和数据中心等的安全研究已经经历了很长时间，物联网将这些成熟的安全技术应用到自身的安全体系中是十分必要的。另外，对于一些安全研究难度比较大的网络和技术，如传感网等，则需要重点考虑相应的安全技术。

11.3.1　密钥管理技术

密钥系统是安全的基础，是实现物联网安全通信的重要手段之一。密钥是一种参数，它是在将明文转换为密文或将密文转换为明文的算法中输入的数据。密钥管理是处理密钥自产生到最终销毁的整个过程的所有问题，包括密钥的产生、存储、备份/装入、分配、保护、更新、控制、丢失、吊销和销毁等。其中分配和存储是比较棘手的问题。密钥管理不仅影响系统的安全性，而且涉及系统的可靠性、有效性和经济性。

密钥管理需要进行的工作包括：产生与所要求安全级别相称的合适密钥；根据访问控制的要求，决定应该接受密钥的实体；用可靠的办法将密钥分配给开放系统中的用户；利用其他渠道发放密钥，如网上购物支付等采用的手机短信密码，有时甚至需要进行人工的物理密钥的发放，如网上银行采用的 U 盾。

密钥管理系统有两种实现方法：对称密钥系统和非对称密钥系统。

对称密钥系统如图 11-2 所示。在对称密钥系统中，加密密钥和解密密钥是相同的。目前经常使用的一些对称加密算法有数据加密标准（Data Encryption Standard，DES）、三重 DES（3DES 或 TDEA）和国际数据加密算法（International Data Encryption Algorithm，IDEA）等。

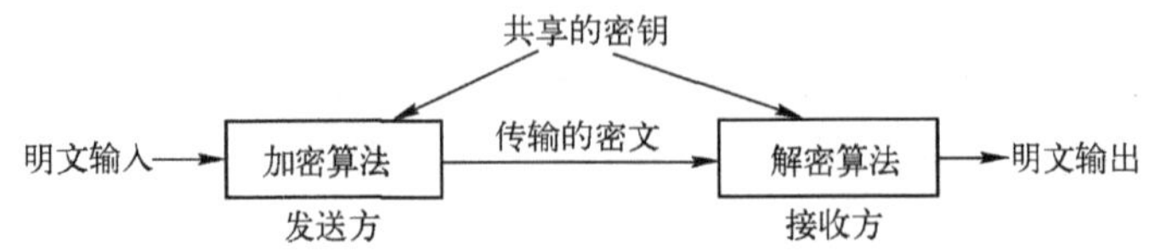

图 11-2　对称密钥系统

非对称密钥系统也称为公钥密钥系统，有两种模型：加密模型和认证模型，如图 11-3 所示。非对称密钥系统有两个不同的密钥，它可将加密功能和解密功能分开。一个密钥称为私钥，它被秘密保存。另一个密钥称为公钥，不需要保密，供所有人读取。非对称密钥系统的加密算法也是公开的，常用的算法有 RSA（以 Rivest、Shamir 和 Adleman 这 3 个人命名）算法、消息摘要算法第 5 版（Message Digest，MD5）和数据签名算法（Digital Signature Algorithm，DSA）等。

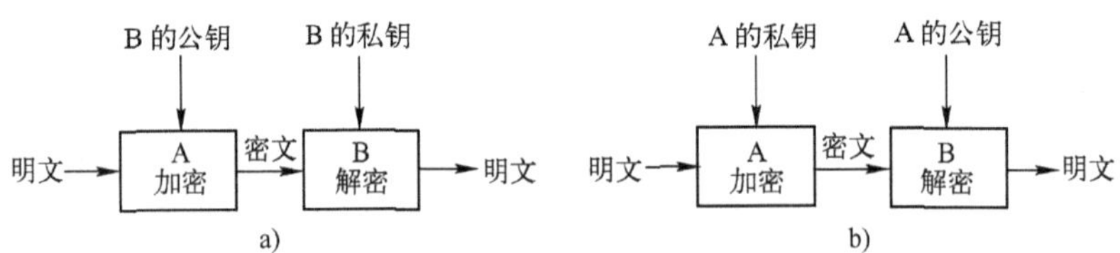

图 11-3　非对称密钥系统

a) 加密模型　b) 认证模型

加密模型用于信息的保密传输，发送者使用接收者的公钥加密，接收者收到密文后，使用自己的私钥解密。

认证模型用于验证数据的完整性和数字签名等，例如，目前互联网上大型的文件一般会附上 MD5 值，供下载完成后验证文件的完整性，同时也防止对文件的篡改。在认证模型中，发送者使用自己的私钥加密，接收者使用发送者的公钥解密。由于只有发送者知道自己的私钥，其他人很难生成同样的密文，因此，可用于数字签名。

对称密钥系统和非对称密钥系统各有优缺点。对称密钥系统的算法简单，但在管理和安全性上存在不足。非对称密钥系统的算法比较复杂，加解密时间长，但密钥发放容易，安全性高。互联网不存在计算资源的限制，非对称和对称密钥系统都可以使用。而在物联网中，无线传感器网络和感知结点存在计算资源的限制，对密钥系统提出了更多的要求，应该综合考虑对称与非对称密钥系统。

针对物联网尤其是无线传感器网络的特性，物联网密钥管理系统面临两个主要的问题：一是如何构建一个贯穿多个网络的统一密钥管理系统，并与物联网的体系结构相适应；二是如何解决无线传感器网络的密钥管理问题，如密钥的分配、更新和组播等问题。

在无线传感器网络中，密钥的建立和管理过程是其保证安全的首要问题。无线传感器网络中的密钥管理方法根据密钥的结点个数可以分为对密钥管理方案和组密钥管理方案。根据密钥产生的方式又可分为预共享密钥模型和随机密钥预配置模型。另外还有基于位置的密钥预分配模型、基于密钥分发中心的密钥分配模型等。

实现统一的密钥管理系统可以采用两种方式：一是以互联网为中心的集中式管理方式。由互联网的密钥分配中心负责整个物联网的密钥管理，一旦传感器网络等其他网络接入互联网，通过密钥中心与传感器网络汇聚结点进行交互，实现对网络中结点的密钥管理；二是以各自网络为中心的分布式管理方式。在此模式下，互联网和移动通信网比较容易解决，但无线传感网络由于自身特点的限制，密钥管理系统的设计在需求上有所不同，特别要充分考虑到无线传感器网络传感结点的限制和网络组网与路由的特征。因此，解决无线传感器网络的密钥管理就成了解决物联网密钥管理的关键。无线传感器网络的需求主要体现在：密钥生成或更新算法的安全性；前向私密性；后向私密性和可扩展性；抗同谋攻击；源端认证性和新鲜性。

11.3.2 虚拟专用网技术

在建设企业专网时，企业的异地局域网之间的互连有 3 种方法：自己铺设线路；租用电信网专线；采用虚拟专用网技术。前两种方法都比较昂贵。

虚拟专用网（Virtual Private Network，VPN）是指依靠互联网服务提供商（Internet Service Provider，ISP）和其他网络服务提供商（Network Services Provider，NSP）在公用网络上建立专用数据通信网络的技术。在虚拟专用网中，任意两个结点之间的连接并没有传统专网所需的端到端的物理链路，而是架构在公用网络服务商所提供的网络平台之上的逻辑网络，用户数据在逻辑链路中传输。

根据用途的不同，VPN 通常有 3 种解决方案：远程访问虚拟网（Access VPN）、内联网虚拟网（Intranet VPN）和外联网虚拟网（Extranet VPN）。用户可以根据自身需求和 VPN 的以下特点进行选择。

1）安全保障。虽然实现 VPN 的技术和方式很多，但所有的 VPN 均可保证通过公用网络平台传输数据的专用性和安全性。VPN 在非面向连接的公用 IP 网络上建立一个逻辑的、点对点的连接，称为隧道，利用加密技术对经由隧道传输的数据进行加密，以保证数据仅被指定的发送者和接收者了解，从而保证了数据的私有性和安全性。

2）服务质量保证。VPN 可以根据不同要求提供不同等级的服务质量保证，并且可以通过流量预测与流量控制策略，按照优先级分配带宽资源，实现带宽管理，使得各类数据能够被合理地先后发送，并预防阻塞的发生。

3）可扩充性和灵活性。VPN 能够支持通过 Intranet（内联网，企业内部网络）和 Extranet（外联网，企业间的公共合作网络）的任何类型的数据流，方便增加新的结点，支持多种类型的传输媒介，可以满足同时传输语音、图像和数据等新应用对高质量传输及带宽增加的需求。

4）可管理性。VPN 管理主要包括安全管理、设备管理、配置管理、访问控制列表管理和服务质量管理等内容。无论从用户角度还是从运营商角度，都可以方便地进行管理和维护。

VPN 的上述特点使其十分适应物联网构建的要求。VPN 的核心优势是安全，在物联网的传输层中运用 VPN，可以有效地保证信息传递过程中数据的安全性。VPN 运用了 4 项安全技术：隧道技术、加解密技术、密钥管理技术，以及使用者和设备身份认证技术。

在物联网中，VPN 需要扩展到远程访问，这就对 VPN 的安全提出了更高的要求。例如，远程工作人员可能会通过个人计算机进入网络，接触和操作网络核心内容，从而给攻击者提供了机会。虽然远程访问过程中加密隧道是安全的，连接也是正确的，但是攻击者可以通过入侵远程工作的计算机来达到破坏网络的目的。一旦入侵成功，攻击者便能够远程运行 VPN 客户端软件，进入到整个网络中。因此，必须有相应的解决方案堵住远程访问 VPN 的安全漏洞，使远程访问端与网络的连接既能充分体现 VPN 的优点，又不会成为安全的威胁。具体的解决办法有：在所有进行远程访问的计算机上安装防火墙并配备入侵检测系统；监控安装在远端系统中的软件，并将其限制只能在工作中使用；安装要求输入密码的访问控制程序；对敏感文件进行加密等。

11.3.3　认证技术

认证是指使用者采用某种方式来“证明”自己确实是自己宣称的某人，网络中的认证主要包括身份认证和消息认证。

身份认证用于鉴别用户身份，使通信双方确信对方身份并交换会话密钥。身份认证包括识别和验证。识别是指明确并区分访问者的身份。验证是指对访问者声称的身份进行确认。在身份认证中，保密性和及时性是密钥交换的两个重要问题。为防止假冒和会话密钥的泄密，用户标识和会话密钥等重要信息必须以密文的形式传送，这就需要事前已有能用于这一目的的主密钥或公钥。在最坏的情况下，攻击者可以利用重放攻击威胁会话密钥，或者成功假冒另一方，因此，及时性可以保证用户身份的可信度。

消息认证用于保证信息的完整性和抗否认性，使接收方可以确信其接受的消息确实来自真正的发送方。在很多情况下，用户双方并不同时在线，而且需要确认信息是否被第三方修改或伪造，这就需要消息认证。广播认证是一种特殊的消息认证形式，在广播认证中一方广播的消息被多方认证。

常用的认证方法有用户名/密码方式、IC 卡认证方式、动态口令方式、生物特征认证方式及 USB 密钥认证方式。常用的认证机制包括简单认证机制、基于 Kerberos 网络认证协议的认证机制、基于公共密钥的认证机制，以及基于挑战/应答的认证机制。这些方法和机制各有优势，被应用在不同的认证场景中。

在物联网的认证过程中，传感器网络的认证机制比较重要。传感器网络中的认证技术主要包括基于轻量级公钥的认证技术、预共享密钥的认证技术、随机密钥预分布的认证技术、利用辅助信息的认证和基于单向散列函数的认证等。

互联网的认证是区分不同层次的，网络层的认证就负责网络层的身份鉴别，业务层的认证就负责业务层的身份鉴别，两者独立存在。但在物联网中，业务应用与网络通信紧紧地绑在一起，认证有其特殊性。例如，当物联网的业务由运营商提供时，那么就可以充分利用网络层认证的结果而不需要进行业务层的认证。当业务是敏感业务如金融类业务时，一般业务提供者会不信任网络层的安全级别，而使用更高级别的安全保护，此时就需要进行业务层的认证。

11.3.4　访问控制技术

访问控制是对用户合法使用资源的认证和控制，按用户身份及其所归属的某项定义组来限制用户对某些信息项的访问，或限制对某些控制功能的使用。访问控制是信息安全保障机制的核心内容，是实现数据保密性和完整性的主要手段。访问控制的功能主要有防止非法的主题进入受保护的网络资源，允许合法用户访问受保护的网络资源，以及防止合法用户对受保护的网络资源进行非授权的访问等。

访问控制可以分为自主访问控制和强制访问控制两类，前者是指用户有权对自身所创建的访问对象（文件、数据表等）进行访问，并可将对这些对象的访问权授予其他用户和从授予权限的用户收回其访问权限；后者是指系统（通过专门设置的系统安全员）对用户所创建的对象进行统一的强制性控制，按照预定规则决定哪些用户可以对哪些对象进行何种类型的访问，即使用户是创建者，在创建一个对象后，也可能无权访问该对象。

访问控制技术可分为入网访问控制、网络权限控制、目录级控制、属性控制和网络服务器的安全控制。对于系统的访问控制，有几种实用的访问控制模型：基于对象的访问控制模型；基于任务的访问控制模型；基于角色的访问控制模型。目前信息系统的访问控制主要是基于角色的访问控制机制及其扩展模型。

在基于角色的访问控制机制中，一个用户先由系统分配一个角色，如管理员、普通用户等，登录系统后，根据用户的角色所设置的访问策略实现对资源的访问。显然，这种机制是基于用户的，同样的角色可以访问同样的资源。对物联网而言，末端是感知网络，可能是一个感知结点或一个物体，仅采用用户角色的形式进行资源的控制显得不够灵活，因此，需要寻求新的访问控制机制。

基于属性的访问控制是近几年研究的热点。如果将角色映射成用户的属性，就可以构成属性和角色的对等关系。基于属性的访问控制是针对用户和资源的特性进行授权，不再仅仅根据用户 ID 来授权。由于属性的增加相对简单，随着属性数量的增加，加密的密文长度随之增加，这对加密算法提出了新的要求。为了改善基于属性的加密算法，目前的研究重点有基于密钥策略和基于密文策略两个发展方向。

11.3.5　入侵检测技术

入侵检测就是鉴别正在发生的入侵企图或已经发生的入侵活动。入侵检测是对入侵行为的检测，它通过收集和分析网络行为、安全日志、审计数据、关键点信息，以及其他网络上可以获得的信息，检查网络或系统中是否存在违反安全策略的行为和被攻击的迹象。入侵检测作为一种积极主动的安全防护技术，提供了对内部攻击、外部攻击和误操作的实时保护，在网络系统受到伤害之前拦截入侵行为。参见视频。

第 11 章入侵检测系统 11.3.5 节

从检测事件的性质来说，入侵检测主要分为异常入侵检测和误用入侵检测。

异常入侵检测是基于行为的检测方法，是根据入侵行为的异常特性识别入侵。它检测与可接受行为之间的偏差。如果可以定义每项可接受的行为，那么每项不可接受的行为就应该是入侵。首先总结正常操作应该具有的特征（用户轮廓），当用户活动与正常行为有重大偏离时即被认为是入侵。这种检测模型漏报率低，误报率高。因为不需要对每种入侵行为进行定义，所以能有效地检测未知的入侵。

误用入侵检测是基于知识的检测技术，它根据攻击模式等入侵形式特征识别入侵。检测与已知的不可接受行为之间的匹配程度。如果可以定义所有的不可接受行为，那么每种能够与之匹配的行为都会引起告警。收集非正常操作的行为特征，建立相关的特征库，当监测的用户或系统行为与库中的记录相匹配时，系统就认为这种行为是入侵。这种检测模型误报率低，漏报率高。对于已知的攻击，它可以详细、准确地报告出攻击类型，但是对未知攻击却效果有限，而且特征库必须不断更新。

目前主要的入侵检测技术有以下几种：基于人工免疫系统的入侵检测方法；基于神经网络的入侵检测方法；基于遗传的入侵检测方法；基于聚类的入侵检测方法；基于专家系统的入侵检测方法；基于分布式协作与移动代理技术的入侵检测方法。

在物联网中，接收到的数据按指数增长，并且广泛使用加密技术，传统的入侵检测系统不能识别加密后的数据，无法形成有效的检测机制。除此之外，还存在不能很好地与其他网络安全产品相结合等问题。因此，入侵检测技术需要不断改进分析技术，增进对大流量网络的处理能力并向高度可集成性发展。

11.3.6　容侵容错技术

容侵是指在网络中存在恶意入侵的情况下，网络仍然能够正常运行。容错就是当由于种种原因在系统中出现了数据、文件损坏或丢失时，系统能够自动将这些损坏或丢失的文件和数据恢复到发生事故以前的状态，使系统能够连续正常运行的一种技术。容侵容错技术在网络、数据库及应用系统中都有十分重要的应用。而对于物联网，无线传感器网络的容侵容错性是十分重要的安全保障。

无线传感器网络的安全隐患在于网络部署区域的开放性和无线电网络的广播特性，攻击者往往利用这两个特性，通过阻碍网络中结点的正常工作，进而破坏整个网络的运行，降低网络的可靠性。无人值守的恶劣环境导致无线传感器网络缺少传统网络中的物理上的安全，传感器结点很容易被攻击者俘获、毁坏或妥协。现阶段无线传感器网络的容侵技术主要集中于网络的拓扑容侵、安全路由容侵，以及数据传输过程中的容侵机制。

由于传感器结点在能量、存储空间、计算能力和通信带宽等诸多方面都受限，而且通常工作在恶劣的环境中，因而传感器结点经常会出现失效的状况。无线传感网的容错性体现在当部分结点或链路失效后，网络能够对传输的数据进行恢复或者使网络结构自愈，从而尽可能地减小结点或链路失效对无线传感器网络功能的影响。目前无线传感器网络容错技术的研究主要集中在网络拓扑中的容错、网络覆盖中的容错及数据检测中的容错机制等。

11.3.7　隐私保护技术

隐私就是反映使用者日常行为的信息。网络隐私权是指公民在网络上的个人数据信息、隐私空间和网络生活安宁受法律保护，禁止他人非法知悉、侵扰、传播或利用的权利。在现代社会中，隐私的保护不仅是安全问题，也是法律问题，欧洲通过了《隐私与电子通信法》，对隐私保护问题给出了明确的法律规定。

在物联网的发展过程中，大量的数据涉及个体的隐私问题，如个人出行路线、消费习惯、个体位置信息、健康状况和企业产品信息等，如果无法保护隐私，物联网可能面临由于侵害公民隐私权而无法大规模广泛应用的问题。因此，物联网中的隐私保护是其面临的一项重要挑战。

物联网中的很多技术都与隐私保护有关，如 RFID、传感器网络、互联网、数据管理和云计算等。物联网中隐私侵犯的主要特点有：侵犯形式多样性；侵权主体多元化；侵权手段多样化与智能化，以及侵权后果严重化与复杂化。

网络隐私保护技术主要从两个方面来考虑：基于用户的匿名技术；基于服务商的隐私政策。此外，隐私保护还包括对等计算、基于安全多方计算的隐私保护、私有信息检索、位置隐私保护、时空匿名和空间加密等方式。将这些技术合理地应用在物联网中，对物联网的隐私保护有着重要意义。

匿名技术的实质是隐藏用户的身份或信息，主要包括洋葱路由（类似洋葱，沿途路由器层层加密）、代理服务器和信息隐蔽（把信息嵌入到其他宿主中，使监管者不易察觉）等匿名方法，主要应用于以下场合中。

1）移动通信。移动通信在为用户提供随身携带、使用方便的同时，也为攻击者跟踪使用者留下了隐患，因此采用匿名技术实现隐蔽的网络连接是十分必要的。隐蔽连接包括两个方面：位置隐蔽性，用以保证用户的位置与行踪秘密；数据来源/目的的隐蔽性，用以实现用户身份的匿名性。

2）互联网。互联网匿名技术的应用包括匿名电子邮件、隐蔽浏览和消息发布，以及匿名网络通信系统等。匿名电子邮件利用简单邮件传输协议（SMTP）和相应的匿名连接协议组合而成。隐蔽浏览和发布系统是采用超文本传输协议（HTTP）的转递代理，通过代理过滤掉 HTTP 头中有关用户的信息，实现隐蔽的网页浏览和消息发布。匿名网络通信是一种综合性的隐蔽网络连接系统，采用的是匿名链迭代协议（把多个代理串接起来），可实现隐蔽的远程登录、网页浏览、邮件发送、电子支付和匿名拍卖等功能。

3）匿名移动代理。匿名移动代理是指代表某一匿名用户沿一个指定的路径做某个特定信息处理的软件模块，主要由软件代码和信息库组成，所做处理包括信息采集或商务协商。为保证代理的匿名性和可识别性，由代理服务中心和分级证书机构生成代理的软件代码并签发数字证书。移动代理所具有的信息加密和签名具有安全保障，其隐蔽路径一般通过洋葱路由方法实现。

服务商的隐私政策就是内容服务提供商或网络服务提供商制定的隐私条款，接受其服务就必须接受其隐私条款，提供相应的用户信息。服务商有义务保护用户的信息，但众多的服务商提供的隐私政策各有不同，用户难以理解，通常也不会细读。因此，需要一种自动化的技术使用户能够更好地保护隐私。例如，由万维网联盟（World Wide Web Consortium，W3C）制订的隐私偏好平台（Platform for Privacy Preferences，P3P）就是一种用于浏览网站的隐私保护技术，具备 P3P 能力的浏览器会判断用户设置的隐私权偏好是否与网站的数据收集做法相匹配。

11.4　物联网的管理

国际电联（ITU）和国际标准化组织（ISO）提出了网络管理的 5 大功能，即故障管理、配置管理、计费管理、性能管理和安全管理。其中故障管理使管理中心能够监视网络中的故障，并能对故障原因进行诊断和定位；配置管理用来定义网络、初始化网络、配置网络、控制和监测网络中被管对象的功能集合；计费管理，即记录用户使用网络的情况，统计不同线路、不同资源的利用情况，建立度量标准，收取合理费用；性能管理的目标是衡量和调整网络特性的各个方面，使网络的性能维持在一个可以接受的水平上；安全管理即对网络资源及重要信息的访问进行约束和控制。

目前的计算机网络和通信网络都是按照这 5 个功能进行管理的，物联网也不例外。然而，物联网有许多新的特点，如物联网的接入结点数量极大、网络结构形式多异、结点的生效和失效频繁，以及核心结点的产生和调整往往会改变物联网的拓扑结构等，因此，物联网的管理还应该包括以下几个方面的内容：传感网中结点的生存和工作管理；传感网的自组织特性和传感网的信息传输；传感网拓扑变化及其管理；自组织网络的多跳和分级管理；自组织网络的业务管理等。

物联网的网络管理主要从其自组织、分布式特性入手，建立网络管理模型，提出相应的网络管理解决方案。

11.4.1 物联网的自组织网络管理

无线传感器网络是物联网感知层的核心技术之一，它是一种自组织网络（Ad Hoc 网络，简称自组网），其主要特点是无线、多跳和移动。现有的网络管理体系及系统结构都是面向固定网络的，在动态网络环境下都难以保证完成正常的网络管理任务，即它们的移动性和抗毁能力差。因此，物联网的自组织网络管理是物联网能否成功运行的关键。

物联网的自组织网络管理可分为拓扑管理、移动性管理、功率管理、QoS 管理和网络互联管理等几个方面。

1. 拓扑管理

由于自组网的拓扑是动态变化的，因此，要求拓扑控制算法不仅能在初始时建立具有某种性质（或者优化目标）的网络拓扑结构，而且在拓扑变化时，算法能够重构网络，保障网络的连通性，并且以较小的开销维护网络已有的属性。

通过拓扑管理，物联网可以达到以下目的：提高网络的业务性能，即提高吞吐量；保证网络的连通性，提高网络的可靠性能；实现功率的优化，从而降低总功率和平均功率；保障网络的服务质量。

2. 移动性管理

由于自组网结点的移动性会造成网络拓扑的动态变化，因此，对网络结点的移动性管理是十分必要的。为了更好地组织和管理移动结点，可以采用分群的策略。群的划分应遵循以下原则：采用不固定的群结构和群首；群首的功能完全由管理者控制；群的规模要适中，群中群首与一般成员间的距离以一跳为好；需要周期性地分群或修改群结构，并对群的划分进行刷新，但重新分群不应过于频繁；在网络发生突变的情况下，及时改变网络的结构。

在自组网中，采取分群策略有助于简化管理者的管理任务。为了不过多增加网络负荷，仅当网络拓扑结构发生显著变化时，才对其做出响应。

3. 功率管理

在物联网中，功率控制管理不仅针对终端设备，而且更多地针对由电池供电的网络结点。在无线传感器网络中，很多路由协议和分簇算法考虑了功率管理，并且在 MAC 层加入了休眠机制。由于结点在休眠模式下消耗的能量远小于结点发射、接收和空闲时消耗的能量，因此，应该使结点尽量处于休眠状态，但为了保证数据的正常传输，必须提供合理的唤醒机制。

在无线传感器网络中，通过降低传感器结点无线通信发射功率，功率管理提供了降低功耗的方法。在保证网络的双向连通性的条件下，尽量降低结点发射功率是功率管理的基本目标。对结点自身的计算和传感资源的动态管理也是功率管理的一个重要方面。

4．QoS 管理

为了使自组网适用于各种实时业务应用，如话音信息和多媒体信息，网络必须具有 QoS 管理机制。在互联网中，最常用的 QoS 机制有集成服务和区分服务两种。集成服务的思想是预留一定的资源。区分服务的思想是区别对待不同类型的数据。自组网可以对这两种机制加以修改，资源预留时根据用户所要求的带宽范围决定数据流的接入与否。当网络趋于拥塞时，每个接入流只保证最小要求带宽；当网络空闲时，逐步扩大使用带宽。QoS 资源管理协议可以和 QoS 路由算法联合起来提供服务质量保证。

5．网络互联管理

自组网的互联管理包括自组网之间的互联、自组网与 IP 网或蜂窝移动网的互联等。与其他网络互联，自组网只能作为末端网络，即只允许出自本网结点或终结于本网结点的数据流通过。两个自组网通过 IP 网互联时，IP 网作为通信隧道传输自组网的数据。

11.4.2　物联网的分布式网络管理模型

网络管理一般采用管理者-代理模型。管理者是运行在计算机上的一组应用程序，它从各代理处收集设备信息，供网络管理员和网管软件进行处理。代理是运行在被管理的设备内部的一个应用程序，用于监控设备。

互联网使用的网络管理协议是简单网络管理协议（Simple Network Management Protocol，SNMP）。SNMP 是一个面向对象的协议，可以管理网络中的所有子网和设备，以统一的方式配置网络设备、控制网络和排除网络故障。SNMP 网络管理系统由管理者、代理、管理信息库 MIB 和 SNMP 协议 4 部分组成。

物联网是一种异构集成网络，不能直接全面使用 SNMP，但可以采用同样的管理者-代理模型。在分布式网络管理模型中，有些代理也担当管理者的部分功能。物联网分布式网络管理模型由网管服务器、分布式网络代理和网关设备组成，其中，分布式网络代理是基于自组网的监测、管理和控制单元，具有网络性能检测与控制、安全接入与认证管理、业务分类与计费管理等功能，监测并管理各分布式网络代理中的被管理设备。分布式网络代理的功能模型如图 11-4 所示。

分布式网络代理作为物联网分布式网络管理模型中物联网网络监测、管理和控制系统的核心，是其所在管理群内唯一授权的管理者。各分布式网络代理应能动态地发现其他的分布式网络代理，在数据库级别上共享网管信息，并且能实现相互间的信息发送和传递，完成彼此之间的定位和通信；同时还要负责维护物联网管理网络的正常运行，实时维护分布式网络代理结点及其备用结点的创建、移动、退出及网络重构；最后还要能够实现与用户和网管服务器的交互与管理策略的制定。

分布式网络代理之间是以自组织的方式形成管理网络，按预先制定的通信机制共享网管信息。各分布式网络代理定时或在网络管理服务器发送请求时，传递相关的统计信息给网管服务器，大大减轻了网管服务器的处理负荷，也大大减少了管理信息的通信量。此外，即使管理站临时失效，也不影响分布式网络代理的管理，只是延缓了相互之间的通信。用户还可通过图形化用户接口进行配置管理功能模块，提高用户可感知的 QoS。

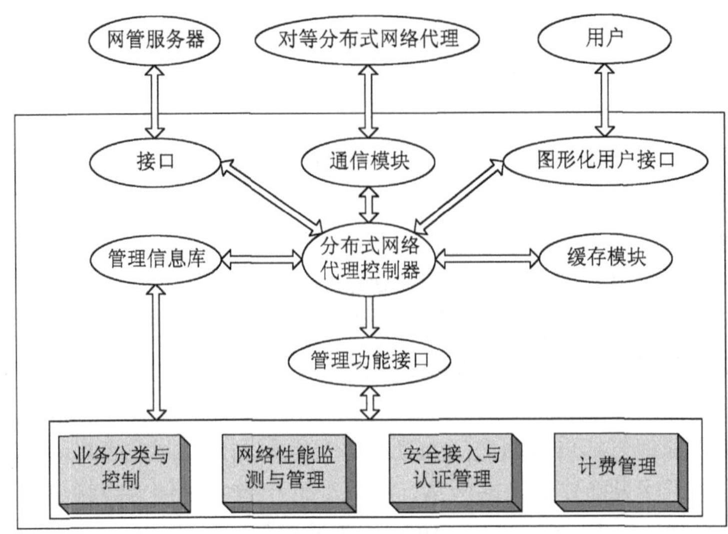

图 11-4　分布式网络代理的功能模型

在物联网管理模型中，网络监测与控制系统的作用是评估网络的服务质量及动态效率，从而为网络结构调整优化提供参考依据。其基本功能是连续地收集网络中的资源利用、业务传输和网络效率相关参数，如收集网络路由、网络流量、网络拓扑和业务传输的状况，进行分析汇聚和统计，形成汇聚报告，同时根据用户和网管服务器的性能监测管理要求，执行监测配置，并按此配置进行监测控制，实现统计运算、门限告警和监测报告，并根据监测管理策略设置监测参数。对于不同的网络拓扑结构，其搜索算法、网络形成机制、结点加入/离开机制、网络波动程度和网络结构等都不尽相同，所以必须按照实际网络特性制订不同的拓扑发现策略和测量方法，实现拓扑测量。

为了实现物联网网络监测、管理与控制的模型，需要研究适合分布式网络代理之间交换信息的通信机制，研究适合于分布式网络代理网络的拓扑结构、路由机制、结点定位和搜索机制，研究结点加入、离开及邻居结点的发现机制，并引入相应的安全和信任机制，提高网络的相对稳定性、恢复弹性和容错能力，以实现分布式管理系统对于分布式网络代理网络动态变化的适应能力和健壮性。自组织的分布式网络代理通信网络平台要监控网络间的通信控制和信息传输，协调网络通信，保证网络间数据传输的可靠与安全。

11.4.3　物联网的网络管理方案

基于物联网的自组织特性，以及结点地位的对等性和有限的结点能力，集中式网络管理方案不能适应其实际管理的需要，因此，目前物联网的网络管理方案以自组网的分布式网络管理为主，其网络管理方案大致可分为以下 3 类：基于位置管理的方案、基于移动性感知的管理方案，以及基于代理和策略驱动的管理方案。

1．基于位置管理的方案

基于位置管理的方案主要有采用分簇算法的网络管理（Clustering Algorithm Applied to the Network Management，CAANM）方案、分布式位置管理（Distributed Location Management，DLM）方案和基于 Quorum 机制的管理（Management with Uniform Quorum System，MUQS）方案。

CAANM 基于 SNMP，采用与 Ad Hoc 网络管理协议（Ad-hoc Network Management Protocol，ANMP）类似的结构，不同之处主要体现在，管理者除了可以直接与代理通信外，还可以与簇首结点进行信息交互。

DLM 方案是一种分布式位置管理方案，使用的是一种格状的分级寻址模型，不同级别的位置服务器携带不同级别的位置信息，当结点移动时，只有很少一部分的位置服务器进行更新。在 DLM 中，每个结点具有唯一的 ID，并能通过全球定位系统 GPS 获知自身的位置。在每个结点传输范围相同的情况下，DLM 要求网络最小分区的对角线长度要小于结点的传输范围。

MUQS 方案在逻辑上使用了两级结构，将网络中的结点分为骨干结点和非骨干结点。这种两级结构只用于移动性管理，路由协议仍在整个平面上进行，即多跳路由可以跨越骨干结点和非骨干结点。

2．基于移动性感知的管理方案

基于移动性感知的管理方案有局部转发位置管理（Locally Forwarding Location Management，LFLM）方案和组移动性管理（Group Mobility Management，GMM）方案。

LFLM 方案是一种能感知结点运动的管理方案。在 LFLM 中，使用了一种混合的网络结构，总体上分为两级，第一级是由网络中的结点构成组，每个组具有组头；然后由这些组头组成第二级，采用第一级中组的构成方法，在第二级中又形成队。LFLM 是对传统分级网络中基于指针位置管理方案的一种改进。

GMM 方案是一种基于结点组移动性的管理方案，通过观察结点群组的运动参数，如距离、速度及网络分裂的加速度等，来预测网络的分裂。GMM 的运动模型比较准确，主要是因为采用了组运动加速度这个参数，从而提高了对结点运动速度的估计准确度，同时也提高了对网络分裂和融合预测的准确性。

3．基于代理和策略驱动的管理方案

基于代理和策略驱动的管理方案有游击管理体系结构（Guerrilla Management Architecture，GMA）方案等。这是一种基于策略的管理方案，网络中能力较高的结点称为管理结点，承担智能化的管理任务，采用两级结构，管理者进行策略的控制和分配，游击式的管理结点通过相互协同完成整个网络的管理。

4．各种网络管理方案的比较

在上述 3 类管理方案中，基于位置的管理方案更为简单，适用于结点移动性较低的网络。随着网络结点移动性的增加，管理开销上升较快，同时管理效率迅速下降。

基于移动性感知的管理方案由于要完成移动性感知，因此对结点处理能力要求相对更高，同时由于移动性的计算将会增加能量的消耗。由于在实际的网络中，结点的运动行为往往不是孤立出现的并具有一定的群组运动特性，因此，这种方案具有较好的适用性。

基于代理和策略驱动的管理方案是目前适用范围最广的方案，它注重管理策略如何交互，由于其策略代理具有复制和迁移等特性，使其能适应网络的动态变化，具有较高的管理效率。

11.5　物联网安全管理系统的设计

物联网项目在实际落地时，通常采用平台+应用的设计策略，但管理平台的开发往往与特定的物联网应用相对应，扩展性差。因此，需要一种通用的物联网管理平台，兼容不同的异构网络，实现对物联网资源的灵活管理。面向服务的体系结构（Service-Oriented Architecture，SOA）具有松耦合、粗粒度的理念，刚好可以解决管理平台与具体物联网应用系统解耦的问题。基于 SOA 架构实现的物联网通用管理平台可以用于各种异构网络的接入和管理。

11.5.1 SOA 架构

SOA 架构是一种软件设计思想，运行在应用服务器上的服务组件通过发布可发现的接口为其他应用程序提供服务。这些接口可以通过网络调用，并且只和业务相关，与具体技术无关。所谓“服务”，就是指这些独立于技术的业务接口，其具有以下 4 个基本属性：逻辑上表示具有特定结果的可重复业务活动，如查看客户信用、提供天气数据等；自包含，即能够自己实现所提供的接口功能，而不依赖其他服务；屏蔽与实现相关的所有技术细节，为其消费者提供“黑盒子”式服务；可能还包括一些细粒度的基础服务。另外，服务可以灵活地组装和编排，满足流程整合和业务变化的需要。

传统的应用系统通常只关注各自领域内的数据与业务处理，采用的标准也各不相同，整体集成和协作程度不高。另外，不同的应用系统常常采用不同的语言或者基于不同的软硬件平台开发，数据结构和格式不同，接口不一致，无法相互调用以实现信息共享，致使这些位置上分散的独立系统成为“信息孤岛”。而 SOA 带来了一种新的集成思想，其将业务应用功能按不同的粒度和策略分解成可被发布、发现和消费的服务，构造出以服务为中心的架构。开发人员可以通过网络访问这些服务，以便在应用程序中组合和重用它们。SOA 所实现的复用是服务级别的复用，不同于通过复制代码和模块文件进行复用，也不是传统的对象或组件内部行为的复用。通过采用 SOA 框架，可以有效降低系统间的耦合，提高可重用性，便捷地实现系统间的信息共享。

1. 基本要素

SOA 是一种松耦合、粗粒度、位置和传输协议透明的服务架构，其服务之间通过精确定义的接口进行通信，不涉及底层编程接口和通信模型。

1）松耦合。松耦合的概念相对于目前紧耦合的应用系统提出，主要包括以下 3 方面。

一是指服务之间的松散耦合，是指不同的服务之间应该相互独立，不存在依赖关系。这样当某个服务出现故障时，就不会影响到其他服务的访问。这一点通过好的架构设计便可以实现。

二是指接口与实现之间的松散耦合，SOA 的接口以中立方式定义，与具体实现服务的硬件平台、操作系统和编程语言无关，使得构建的服务可以通过使用统一的标准方式进行访问。这种屏蔽具体实现技术的方式构成了接口与实现之间的松耦合。这种特征也使得 SOA 具有更低的开发成本、更强的可扩展性和更低的维护费用。这一点 Web Service 已经可以实现，基于 WSDL 定义的 Web Service 的服务接口，既可以用 J2EE 来实现，也可以用.NET 实现。

三是指业务组件和传输协议之间的松散耦合，业务组件通常只支持特定的传输协议，如 EJB 需要 RMI 传输协议，JMS 需要 JMS 传输协议，即使是 Web Service 也需要与特定的 SOAP 传输协议绑定。在 SOA 的思想中，需要解除这种绑定关系，客户端可以使用任意传输协议访问服务。

2）粗粒度。“粗粒度”的含义是指 SOA 中提供的服务接口不能太细、太复杂，应该将一些小的功能整合起来，更接近用户的实际操作。

以银行转账功能为例，转账功能的实现实际包括 3 个步骤：用户身份校验；可用余额查询；转账。作为符合 SOA 架构的系统只能给出符合用户操作习惯的一个服务接口“取款”，该接口应包含前面两个步骤的功能。否则，用户需要依次访问 3 个接口，不符合用户的操作习惯。

粗粒度有助于将服务提供者的外部接口与内部数据结构进行分离，用户访问服务也不需要知道服务提供者的内部逻辑。

3）位置和传输协议透明。传统的服务组件的发布都是与特定的应用服务器绑定在一起的，如 Apache 的 Tomcat、IBM 的 WebsPhere 和 BEA 的 WebLogic 等。客户端必须知道应用服务器具体的 URL 才能够调用相应的组件。在集成环境下，如果某个应用服务器的 URL 位置改变，客户端程序也必须做出相应的改变，否则整个集成便无法工作。这就是服务组件位置的不透明。因此，所谓位置透明，就是当服务组件位置已经变化时，客户端调用程序的 URL 仍然保持不变。

同理，传统的服务组件与传输协议之间是紧耦合的关系，客户端在调用这些服务组件时，必须采用相应的传输协议才能调用。当服务提供者采用了其他服务组件后，客户端也需要改用相应的传输协议，这就是传输协议的不透明。所谓传输协议的透明即为传输协议在服务组件中发生改变的情况下，客户端调用程序的传输协议依然与以前一样，不需要做出改变。

在 SOA 的思想中，通过服务总线对组件的接口进行进一步的封装，以实现服务的位置和传输协议的透明，如图 11-5 所示。通过服务总线的调用方式，客户端只需要知道服务总线的位置，即可通过任意服务总线支持的传输协议访问到各服务组件所提供的服务。

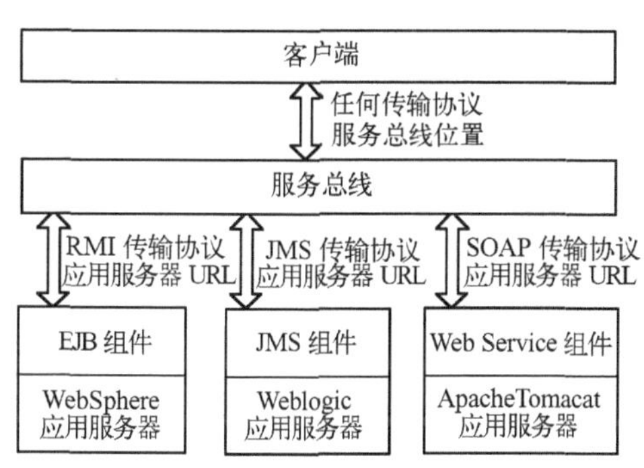

图 11-5　SOA 位置和传输协议透明的调用方式

2. 实现方法

SOA 架构本身是一个虚拟的架构，可以使用任何基于服务的技术来实现，如 Web Services、Jini、CORBA 或者 REST 等，比较常见的是 Web Services。

Web Services 采用了独立于平台和编程语言的标准网络协议，使客户端可以通过 Internet 来访问服务，而不需要知道服务端的具体实现。这些服务可以是新的应用系统，也可以是对现有遗留旧系统的封装。Web Services 的逐渐成熟为 SOA 的实施打下了良好的基础，实现了 SOA 的“技术无关性”目标。

自从 W3C 在 2003 年推出 Web Services 系列标准的 1.2 版本以来，得到了行业的广泛接受，目前许多 SOA 架构的系统都是基于 Web Services 实现的。所谓 Web Service，就是定义了一套标准的调用过程。Web Service 标准由一系列的基本规范和扩展规范组成，其中基本规范包括网络服务描述语言（Web Services Description Language，WSDL）、简单对象访问协议（Simple Object Access Protocol，SOAP），以及统一描述、发现和集成规范（Universal Description Discovery and Integration，UDDI）。

WSDL 基于 XML 格式描述所提供服务的相关内容，包括服务的传输方式、服务方法接口、接口参数和服务路径等。

SOAP 作为一种标准的传输协议，完成服务请求者与提供者的信息交互，SOAP 消息是一种标准化的 XML 消息格式，便于交互双方相互理解，SOAP 消息可以和各种网络协议进行绑定，如 HTTP、FTP、CORBA 的 IIP 和 Java 的 JMS 等协议。由于所有的操作系统都支持 HTTP，所以所有的 SOAP 实现方案都支持 HTTP 的绑定。

UDDI 是一种目录服务，服务提供者可以通过 UDDI 对自己的 Web Service 进行注册发布，供使用者查找。

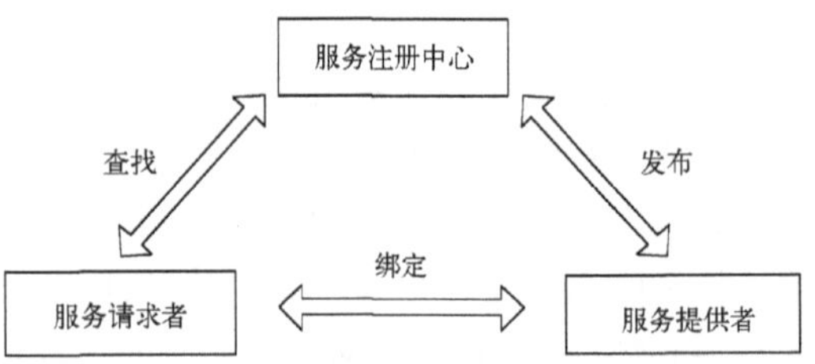

图 11-6　Web Services 的主要构成角色及其关系

Web Services 的体系架构中有 3 个角色：服务提供者、服务请求者和服务注册中心。三者之间的关系如图 11-6 所示，角色之间的主要操作有发布、查找和绑定。发布是指服务提供者把服务按照规范的格式发布到服务注册中心；查找是指服务请求者根据服务注册中心提供的规范接口发出查找请求，获取绑定服务所需的相关信息；绑定是指服务请求者根据服务绑定信息对自己的系统进行配置，从而可以调用服务提供者提供的服务。

11.5.2　安全管理平台的组成

管理平台的网络结构如图 11-7 所示，管理平台与物联子网的网关在应用层连接，可以访问物联子网的中间件服务。管理平台的运行需要有 ONS 服务和数据库的支持，用于解析物联网结点的位置信息和维护相关数据。另外，管理平台可以接入互联网，为用户提供远程访问服务。

管理平台的结构设计采用分层结构，包括网络接口层、基础服务层、集成服务层和用户接口层，如图 11-8 所示。

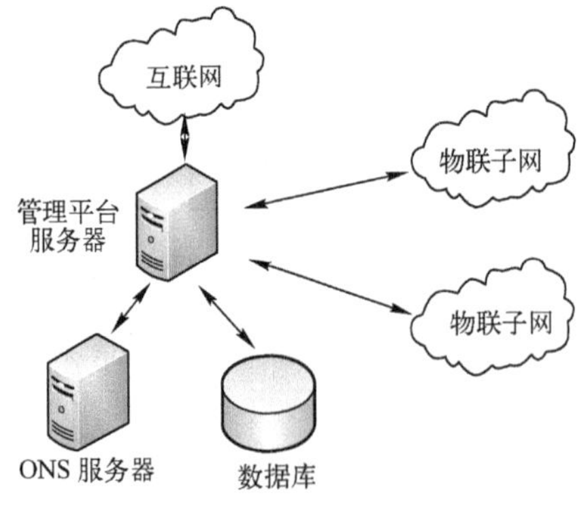

图 11-7　管理平台的网络结构

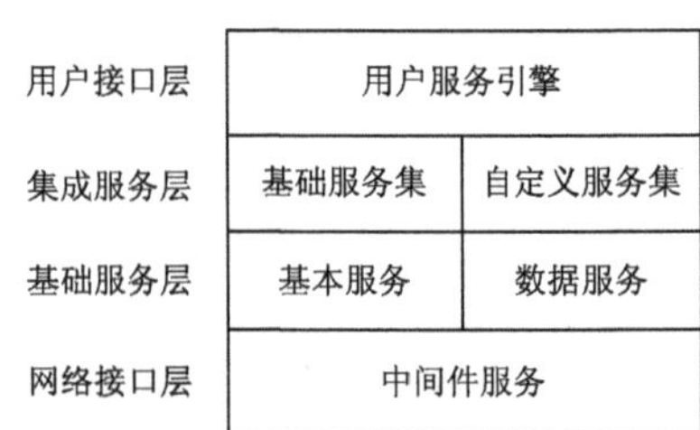

图 11-8　管理平台的分层结构

网络接口层主要提供中间件服务，用于实现物联子网的接入和访问。不同功能的物联子网，其中间件提供的功能和访问方式不同，通过中间件服务可以实现对中间件的统一管理调度。中间件服务主要提供中间件的注册、访问管理和注销功能，物联子网接入管理平台时，要向平台注册该网络的中间件服务及调度方式供平台使用，同时要向上层提供中间件访问服务，根据上层需要提供相应的服务。

基础服务层维护平台运行的基本环境，主要提供两类服务：基本服务和数据服务。基本服务包括未知网络或结点的接入初始化、ONS 信息维护、网络拓扑维护和结点状态监视。数据服务用来维护物联网所能访问的数据，如结点数据、网络拓扑信息和用户配置信息等。

集成服务层对基础服务层所提供的服务进行集成，形成更粗粒度的基本服务集，包括数据处理服务集、内容显示服务集和系统操作服务集等。

用户接口层面向用户，负责根据用户的需要，将集成服务层的各种服务进行组合和配置，使管理平台实现所需要的管理功能。该层可以提供一些通用的管理模板，实现物联网的基本管理功能，也可以允许用户自定义模板，实现用户的特殊要求。

管理平台基于 SOA 架构设计，集成服务层和基础服务层的所有服务都被设计为松耦合的粗粒度的应用组件，所有服务都遵循 Web Services 标准，使服务之间能够更好地交互。同时，服务通过 UDDI 向服务注册中心发布，以供其他系统或用户发现并使用它们所提供的服务。

由于物联网环境的异步性，服务请求可能不能够立即获得响应，因此，要实现物联网的实时响应，管理平台还需要引入事件驱动技术。系统的事件可以在服务组件之间传输，服务组件通过响应特定的事件来完成相应的功能。一个典型的事件驱动模型包括事件管理器、事件消费者和事件生产者。事件生产者向事件管理器发布事件，事件消费者从事件管理器处订阅事件。当事件管理器接收到来自事件生产者的事件时，将事件转交给事件消费者。当事件消费者不可用时，事件管理器会保留该事件并在一段时间后重发。

管理平台通过如图 11-9 所示的结构实现对所有服务的统一调度和管理。用户服务引擎通过服务注册中心发现服务的位置和内容，并根据用户的配置文件，有规则地绑定集成服务层的服务及制定事件处理规则，以实现用户的管理需求。

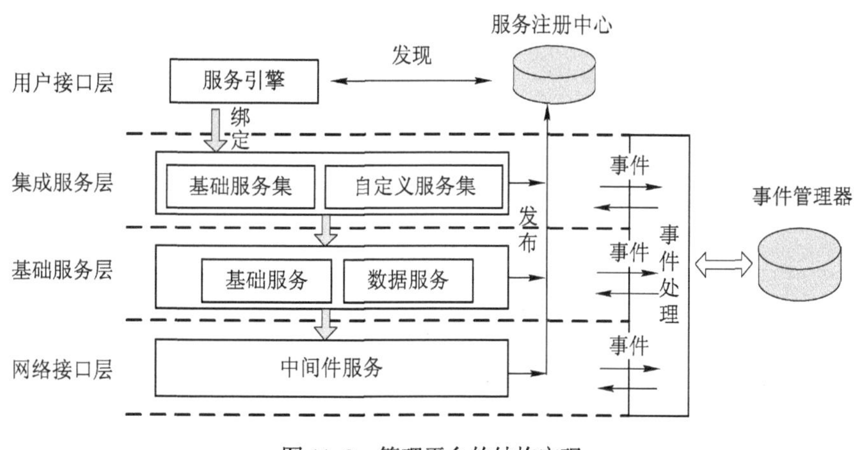

图 11-9 管理平台的结构实现

习题

1. 为什么说物联网的安全具有其特殊性？
2. 物联网安全的核心是什么？
3. 物联网感知层可能遇到的安全问题有哪些？

4．物联网应用层的共性安全需求有哪些？

5．请简要回答密钥管理的含义。

6．VPN 应用的安全技术有哪些？

7．误用入侵检测有哪些特点？

8．为什么说物联网中的隐私保护是一项重要挑战？

9．请简要介绍物联网的管理内容。

10．分布式物联网网络管理模型主要由哪几部分组成？请尝试画出分布式物联网网络模型的简要示意图。

11．请列举分布式网络代理的功能。

12．网络管理通常采用什么模型？由哪几部分组成？各部分的功能是什么？

13．面向服务架构的基本要素有哪些？

14．为什么采用 SOA 架构来设计物联网管理平台？

第12章 定位技术

物联网中存在着各种各样的物品信息，位置信息是所有物品共有的信息，因此，如何获取位置信息就成为物联网感知层的重要研究内容。

定位技术的不断发展使得物联网的应用更加生活化和大众化。在日常生活中，移动定位服务不仅可以让人们随时了解自己所处的位置，还可以提供实时移动地图、紧急呼叫救援或物品追踪等扩展功能服务，而这些服务的实现都需要定位技术的支撑。定位技术种类繁多，既有室外定位也有室内定位，由于侧重点不同，其要求的定位性能也有所不同。

12.1 定位技术概述

定位是指在一个时空参照系中确定物理实体位置的过程。定位技术以探测移动物体的位置为主要目标，在军事或日常生活中利用这些位置信息为人们提供各式各样的服务，因此定位服务的关键前提就是地理位置信息的获取。

定位服务是通过无线通信网络提供的，是构成众多服务应用的基石。用户可以利用定位服务随时随地获取所需信息，如人们在开车时使用北斗导航系统等进行定位和自动导航，让导航仪自动计算出到达目的地的最优路线。

12.1.1 定位的性能指标

移动定位技术涉及移动无线通信、数学、地理信息和计算机科学等多个学科。定位系统中的位置信息有物理和抽象两种。物理位置信息是指被定位物体具体在物理或数学层面上的位置数据，如南开大学电光学院大楼位于北纬 38° 59′35″、东经 117° 20′53″、海拔 2 m 等。抽象位置信息则描述为这栋建筑物位于校园的主教学楼附近等。在实际生活中，人们常使用的是抽象位置信息，有时定位系统需要把物理位置信息转换并映射为抽象位置信息。不同的应用程序需要的位置信息抽象层次也不尽相同，抽象层次越高，具体信息越少，概括能力越强，反之，具体信息越丰富，结果越确定。

定位的性能指标主要有两个：定位精度和定位准确度。定位精度是指物体位置信息与其真实位置之间的接近程度，即测量值与真实值的误差。定位准确度是指定位的可信度。孤立地评价二者中的任意一方面都没有太大的意义。因此，在评价某个定位系统的性能时，通常描述其可以在 95%（定位准确度）的概率下定位到 10 m（定位精度）的范围。定位精度越高，相应的定位准确度就越低，反之亦然，因此通常需要在二者之间进行权衡。通常室内应用所需的定位精度要比室外高得多，人们一般通过增加定位设备的密度或综合使用多种不同的定位技术来同时提高定位系统的精度和准确度。

12.1.2　定位技术的分类

在无线定位技术中，需要先测量无线电波的传输时间、幅度和相位等参数，然后利用特定算法对参数进行计算，从而判断被测物体的位置。这些计算工作可以由终端来完成，也可以由网络来完成。定位技术有以下几种分类方法。参见视频。

第 12 章定位技术的分类 12.1.2 节

1）根据测量和计算实体的不同，定位技术分为基于移动终端的定位技术、基于网络的定位技术和混合定位 3 大类。

基于移动终端的定位就是由终端自主完成定位计算，大致可分为测量和计算两个步骤，测量时需要专门的定位系统提供支持，最常见的定位系统是卫星导航系统，如 GPS。

基于网络的定位技术就是在已知位置的基站或接入点上附加某些装置，测量从移动终端发出的无线电信号参数，如传播时间、时间差、信号强度、信号相位和入射角等，从而利用特定的定位算法计算出移动终端的位置。

混合定位就是把不同定位系统融合起来，扬长避短，以提高定位精度。最常见的是移动通信网络与 GPS 的混合定位——辅助 GPS（A-GPS）。另外还有 GPS 与数字电视地面广播系统（Digital Television Terrestrial Multimedia Broadcasting，DTMB）的混合定位技术等。

2）根据定位场景的不同，定位技术可分为室外定位技术和室内定位技术两种。

室外定位技术主要有基于卫星和移动通信网的定位等。另外，军事雷达也属于室外定位技术，只是常用于搜索探测目标。很多定位技术是采用雷达原理实现的，如超声波定位等。

在建筑内部、地下和恶劣环境中，经常接收不到 GPS 或移动通信网信号，或者接收到的信号不可靠，而且用 GPS 定位时需要首先寻找卫星，初始定位慢，设备耗能高，这时就需要采用室内定位技术，如基于红外线、短距离无线通信网络的定位技术等。

3）按照定位系统或网络的不同，定位技术可分为基于卫星导航系统、蜂窝基站、无线局域网、RFID、超声波、激光或磁感应设备的定位等。

4）按照计算方法的不同，定位技术可分为基于三角和运算的定位、基于场景分析的定位和基于邻近关系的定位 3 种。

基于三角和运算的定位利用几何三角的关系计算被测物体的位置，是最主要、应用最为广泛的一种定位技术，也可细分为基于距离或角度的测量。

基于场景分析的定位可以对特定环境进行抽象和形式化，用一些具体量化的参数描述定位环境中的各个位置，并用一个特征数据库把采集到的信息集成在一起，该技术常常用于无线局域网定位系统中。

基于邻近关系的定位是根据待定物体与一个或多个已知位置参考点的邻近关系进行定位，这种定位技术需要使用唯一的标识确定已知的各个位置，如移动蜂窝网络中的基于小区的定位、全自动集装箱码头中的基于磁钉（即磁导航传感器，如霍尔传感器等）的自动导向车（AGV）定位等。

12.1.3　定位技术在物联网中的发展

物联网的初衷是将生活中的全部实物都虚拟为计算机世界的一个标签，然后通过传感器网络或小型局域网等不同的接入方式接入到全球网络当中。无论使用哪种接入方式，都离不开位置信息，但物联网环境多变与网络异构的特点使得不同设备在不同环境下的准确定位成为定位技术在物联网中的新挑战。在实际应用中，经常需要根据物联网变化多端的应用环境选择适当的定位技术，或者将其中几种技术兼容使用。定位技术要想在物联网中变得更加成熟还有很长一段路要走。

物联网中定位技术与移动终端的结合衍生出了一些新的应用领域，其中最有体现价值的就是基于位置的服务（LBS），它使定位技术的应用更加贴近生活，展现出了广阔的市场前景。由于位置信息十分丰富，其所能体现出的价值变得更加具有实际意义，这样，物联网环境中的信息安全和隐私保护又成为一个重要话题，因此，如何对隐私信息进行有效保护也成为物联网应用是否可以普及的重要因素之一。

12.2 基于卫星的定位技术

基于卫星的定位技术是利用全球导航卫星系统（GNSS）为用户终端提供定位服务。目前能够或计划在全球范围内提供定位服务的卫星导航系统有 4 个：GPS、GLONASS、伽利略和北斗。

12.2.1 全球定位系统（GPS）

全球定位系统（Global Positioning System，GPS）是一个高精度、全天候、全球性的无线导航定位、定时多功能系统，是随着现代航天及无线通信科学技术而发展起来的，应用在生活、工业和军事等方面的各个领域。

1973 年美国国防部开始建立全球定位系统，并于 1978 年发射第一颗 GPS 实验卫星，到 1995 年 GPS 已经能够提供快速可靠的三维空间定位。GPS 的发展经历了从军事应用到民用的过程，首屈一指的是在汽车导航和交通管理上的应用。GPS 的民用定位精度最高可达 10 m，在有精度需求的应用中，如研究地壳运动、大地测量和道路工程方面，利用多点长期的接收，并通过误差修正及数据处理，也可以得到毫米级的精度。

GPS 系统是一个中距离圆形轨道卫星导航系统，由空间卫星系统、地面监控系统和用户接收机 3 部分组成，可以为地球表面 98%的地区提供准确的定位、测速和高精度的时间服务。

1. 空间卫星系统

空间卫星系统由 24 颗 GPS 卫星（21 颗工作，3 颗备用）组成，这些卫星位于距地表 20200 km 的上空，均匀分布在 6 个轨道面上，每个轨道面 4 颗。这些卫星每 12 h 环绕地球一圈，轨道面倾角为 55°，从而保证用户端在全球任何地方、任何时间都可以观测到 4 颗以上的卫星。

每颗卫星内部均安装两台高精度的铷原子钟和两台铯原子钟，并计划采用更稳定的氢原子钟（其频率稳定度高于 10^{-14}）进行更为精准的同步。GPS 卫星发送的信号均源于频率为 10.23 GHz 的基准信号，利用基准信号可以在载波 L1（15712.42 MHz）及 L2（1227.60 MHz）上调制出不同的伪随机码。GPS 卫星利用伪码发射导航电文，导航电文的作用是为用户提供卫星轨道参数、卫星时钟参数和卫星状态信息等。整个导航电文的内容每 12.5 min 重复一次。GPS 接收机通过解析伪随机码得到卫星到接收机的距离，由于含有接收机卫星钟的误差及大气传播误差，故称为伪距。

2．地面监控系统

地面监控系统由主控站、上行数据传送站和监测站组成。主控站位于美国科罗拉多州的空军基地，主要负责管理和协调整个地面控制系统的工作，如管理所有定位卫星、监测站、传送站和地面天线。

上行数据传送站也称为上行注入站，主要负责将主控站计算出的卫星星历和卫星钟的修改数据及指令等注入到卫星的存储器中。卫星星历就是通过卫星轨道等参数由地面控制站计算出的每颗卫星的位置。上行注入站每天需注入 3 次，每次注入 14 天的星历。

监测站有 4 个，设有 GPS 用户接收机、原子钟、收集当地气象数据的传感器和进行数据初步处理的计算机等，主要负责对卫星的运行状况进行监测，包括伪距测试、积分多普勒观测和气象要素信息采集等。

3．GPS 接收机

GPS 接收机主要负责捕获按一定卫星高度截止角所选择的待测卫星信号，并跟踪这些卫星的运行，对所接收到的 GPS 信号进行变换、放大和处理，以便测量出 GPS 信号从卫星到接收机天线的传播时间，解译出 GPS 卫星所发送的导航电文，实时地计算出待测终端的三维位置。

GPS 定位常用的坐标系是经纬度坐标（LAT/LON）和海拔高度。由于地球并不是标准的球体，测出的高度会有一定误差，因此有些 GPS 接收机内置了气压表，希望通过多个渠道获得高度数据，以综合得出最终的海拔高度，从而提高 GPS 的定位准确度和精度。

4．GPS 定位原理

GPS 在定位时首先确定时间基准，获取电磁波从卫星到被测点的传播时间，从而得到卫星到被测点的距离。GPS 接收机至少需要知道 3 颗卫星的位置，再利用三点定位原理计算出被测点的空间位置，最后进行数据修正。

卫星的位置可以根据星载时钟所记录的时间在卫星星历中查出。空间中所有 GPS 卫星所播发的星历，均由地面监控系统提供。GPS 卫星不断地发射导航电文，导航电文里包含有卫星星历。当用户接收到导航电文时，提取出卫星时间，并将其与自己的时钟做对比，再利用导航电文中的卫星星历数据，推算出卫星发射电文时所处的位置，以此得知卫星到用户的距离，从而在大地坐标系中确定位置、速度等信息。

由于用户接收机使用的时钟与卫星星载时钟不可能总是同步，而时钟的精确度对定位的精度有着极大的影响，所以除了用户的三维坐标 x、y、z 外，还要引进一个Δt，即卫星与接收机之间的时间差作为未知数，然后用 4 个方程将 4 个未知数解出来。因此，接收机至少需要接收到 4 颗卫星的信号。目前 GPS 接收机一般可以同时接收 12 颗卫星的信号。

GPS 定位包括静态和动态两种类型。在静态定位中，GPS 接收机的位置固定不变，这样可以通过重复测量提高定位精度。在动态定位中，GPS 接收机位于一个运动载体（如行进中的船舰、飞机或车辆等）上，在跟踪 GPS 卫星的过程中也相对地球而运动，因此需要实时地计算运动载体的状态参数，包括瞬间三维位置和三维速度等。

12.2.2　其他定位导航系统

目前全球卫星定位系统除了美国的 GPS 外，还有俄罗斯的格洛纳斯（GLONASS）、欧盟的伽利略（GALILEO）和中国的北斗。

GLONASS系统于 2007 年开始运营，标准配置为 24 颗卫星，其中 18 颗卫星就能保证为俄罗斯境内用户提供全部服务。

伽利略定位系统于 2014 年投入运营。伽利略系统一共有 30 颗卫星，其中 27 颗卫星为工作卫星，3 颗候补。卫星高度为 24126 km，分别位于 3 个倾角为 56° 的轨道平面内。

北斗卫星导航系统由空间端、地面端和用户端 3 部分组成。空间端包括 5 颗静止轨道卫星和 30 颗非静止轨道卫星。地面端包括主控站、注入站和监测站等若干地面站。用户端则由北斗用户终端，以及 GPS、GLONASS和伽利略系统兼容的终端组成。北斗是目前唯一一种用户可以收发短报文的导航系统。

12.3　基于网络的定位技术

移动网络通常会具备基站、接入点或协调器等设备，这些设备可以自然而然地作为定位系统的锚点，为移动终端的定位提供参考点。基于网络的定位技术通常可分为两种：基于移动通信网络的定位和基于短距离无线通信网络的定位。

12.3.1　基于移动通信网络的定位

目前大部分的 GSM、CDMA 及 3G 等移动通信网络均采用蜂窝网络架构，即将网络中的通信区域划分为一个个蜂窝小区。通常每个小区有一个对应的基站，移动设备要通过基站才能接入网络进行通信，因此在移动设备进行移动通信时，利用其连接的基站即可定位该移动设备的位置，这就是基于移动通信网络的定位。这种定位技术中只要已知至少 3 个基站的空间坐标，以及各个基站与移动终端间的距离，就可根据信号到达的时间、角度或强度等计算出终端的位置。

手机等移动设备最适合使用基于移动通信网络的定位技术，但要考虑如何有效地保护用户的位置隐私，以及如何提高移动终端定位的准确度等。

基于移动通信网络的定位技术通常包括蜂窝小区定位（COO）、到达时间（TOA）、到达时间差分（TDOA）、到达角度（AOA）和增强观测时间差分（E-OTD）等几种方式。

1．小区定位

小区定位（Cell of Origin，COO）是一种单基站定位方法，它以移动设备所处基站的蜂窝小区作为移动设备的坐标，利用小区标识进行定位，因此也称为 Cell-ID 定位。小区定位的精度取决于蜂窝小区覆盖的范围，如覆盖半径为 50 m，则误差最大为 50 m，而通过增加终端到基站的来回传播时长、把终端定位在以基站天线为中心的环内等措施，可以提高小区定位的精度。小区定位的最大优点是其确定位置信息的响应时间很短（只需 2～3 s），而且不用升级终端和网络，可直接向用户提供位置服务，应用比较广泛。不过由于小区定位的精度不高，在需要提供紧急位置服务时，可能会有所影响。

2．基于到达时间和时间差的定位

基于到达时间（Time of Arrival，TOA）和到达时间差（Time Difference of Arrival，TDOA）的定位是在小区定位的基础上利用多个基站同时测量的定位方法。

TOA 与 GPS 定位的方法相似，首先通过测量电波传输时间，获得终端和至少 3 个基站之间的距离，然后得出终端的二维坐标，也就是 3 个基站以自身位置为圆心，以各自测得的距离为半径做出的 3 个圆的交点。TOA 方法对时钟同步精度要求很高，但是由于基站时钟的精度不如 GPS 卫星，而且多径效应等也会使测量结果产生误差，因此 TOA 的定位精度也会受到影响。

TDOA 定位技术主要通过信号到达两个基站的时间差来抵消时钟不同步带来的误差，是一种基于距离差的测量方法。该技术中通常采用 3 个不同的基站，此时可以测量到两个 TDOA，再以任意两个基站为焦点和终端到这两个焦点的距离差，做出一个双曲线方程，则移动终端在两个 TDOA 决定的双曲线的交点上。该定位方法在实际使用中一般取得多组测量结果，通过最小二乘法来减小误差。TDOA 的定位精度比 COO 稍好，但响应时间较长。

以 GSM 网络为例，其网络中与定位相关的设备有位置测量单元（LMU）、移动定位中心（SMLC）和移动定位中心网关（GMLC）等。其中 LMU 通常安装在蜂窝基站中，配合基站收发器（BTS）一起使用，负责对信号从终端传送到周围的基站所需的时间进行测量和综合，以计算终端的准确位置。LMU 可支持多种定位方式，其测量可分为针对一个移动终端的定位测量和针对特定地理区域中所有移动终端的辅助测量两类。LMU 的初始值、时间指令等其他信息可预先设置或通过 SMLC 提供，最后 LMU 会将得到的所有定位和辅助信息提供给相关的 SMLC。SMLC 用于管理所有用于手机定位的资源，计算最终定位结果和精度。SMLC 通常分为基于网络子系统（NSS）和基于基站子系统（BSS）两种类型。GMLC 则是外部位置服务（LCS）用户进入移动通信网络的第一个结点。图 12-1 给出了 GSM 的定位网络结构及接口。

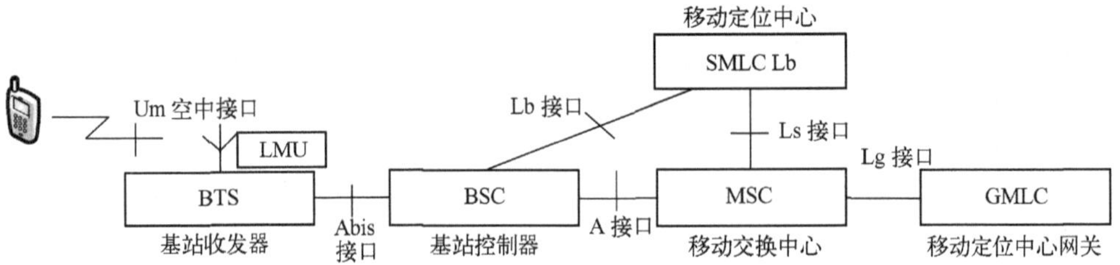

图 12-1　GSM 的定位网络结构及接口

在 GSM 网络中要想采用 TDOA 方案，首先需在每个基站增加一个 LMU，以测量终端发出的接入突发脉冲或常规突发脉冲的到达时刻，这样当请求定位的手机发出接入突发信号时，3 个或多于 3 个 LMU 会接收该信号并利用信号到达时的绝对 GPS 时间计算相对时间差（RTD），然后交由 SMLC 进行两两比较，计算突发信号到达时间差，再得到精确位置后，将结果返回给移动终端。TDOA 中测量的是移动终端发射的信号到达不同 LMU 的时间差，因此必须提前知道各 LMU 的地理位置及它们之间的时间偏移量。TDOA 只需要参与定位的各 LMU 之间同步即可，而 TOA 由于测量的是绝对传输时间，因此要求移动终端与 LMU 之间必须精确同步。

3．基于到达角度的定位

到达角度（Angle Of Arriving，AOA）方法不需要对移动终端进行修改，其最普通的版本为“小缝隙方向寻找”，即在每个蜂窝小区站点上放置 4～12 组天线阵列，利用这些天线阵列确定终端发送信号相对于蜂窝基站的角度。当有若干个蜂窝基站发现该信号的角度时，终端的位置即为从各基站沿着得到的角度引出的射线的交汇处。AOA 方法在障碍物较少的地区定位精度较高，但在障碍物较多时，因多径效应而增大了误差，定位精度较低。

4. 增强观测时间差的定位技术

增强观测时间差（Enhanced Observed Time Difference，E-OTD）定位技术主要通过放置位置接收器或参考点实现定位。E-OTD 中的参考点通常分布在较广区域内的多个站点上，并作为位置测量单元来使用。当终端接收到来自至少 3 个位置测量单元信号时，利用这些信号到达终端的时间差可以生成几组交叉双曲线，由此估计出终端的位置。E-OTD 的定位精度较高，但其响应时间很长。与 TDOA 方案相比，E-OTD 是由终端测量并计算出其相对于参考点的位置，而 TDOA 则是由终端进行测量，却由基站计算出终端的位置，因此 TDOA 支持现存的终端设备，缺点是需在基站中安装昂贵的监测设备，而 E-OTD 方案则必须改造终端和网络。

5. 基于信号强度分析的定位

信号强度分析法是通过将基站和移动台之间的信号强度转化成距离来确定移动台的位置。由于移动通信的多径干扰、阴影效应等的影响，移动台的信号强度经常变化，因此在室外环境中很少使用这种方法。

12.3.2 基于无线局域网的定位

基于无线局域网（WLAN 或 Wi-Fi）的定位属于室内定位技术。在无线通信领域中，在室内和室外的环境下进行定位时的区别十分明显。露天环境中使用 GPS 即可满足人们大部分的需求，即使有所欠缺，也可以利用基站定位进行弥补，但室内环境中 GPS 信号会受到遮蔽，基站定位的信号受到多径效应的影响也会导致定位效果不佳，因此室内定位多采取基于信号强度（Received Signal Strength/Radio Signal Strength，RSS）的方法。基于 RSS 的定位系统不需要专门的设备，利用已架设好的无线局域网即可进行定位。

室内定位的定位精度与定位目标、环境，尤其是定位参考点铺设的密度等有关，参考点部署密度越高，定位精度也越高。常用的 WLAN 定位方法有几何定位法、近似定位法和场景分析法。

1. 几何定位法

几何定位法就是根据被测物体与若干参考点之间的距离，计算出被测物体在参考坐标系中的位置。这种方法可以利用信号到达时的传输时延或信号与参考点间的角度等结合数学原理进行测距。前面介绍过的 GPS 定位技术（基于 TOA）和基于 TOA/TDOA/AOA 的蜂窝移动网络定位技术采用的就是几何定位法。

在 WLAN 定位中，接入点（AP，通常为无线路由器）是典型的参考点（在定位系统中称为锚点）。可以在 AP 中附加测量装置，实现基于网络的定位系统。也可以通过测量移动终端与 AP 之间 MAC 帧的往返时间，实现基于终端的定位系统。

2. 近似定位法

近似定位法就是用已知物体的位置估计被测物体的位置。在近似定位法中，先设定已知位置，然后利用物理接触或其他方式感知用户，当用户靠近已知位置或进入已知位置附近一定范围内时，即可估计用户的位置。

在无线局域网中，所有进入接入点 AP 的信号覆盖范围的无线用户都可以通过 AP 连入网络，因此可以将 AP 的位置作为已知位置，实现近似法定位。这种方法最大的优点是简单、易于实现，在客户端也不需要安装硬件或软件，缺点是定位准确度依赖于 AP 的性能和定位环境，不够稳定。AP 理论上的规定覆盖范围是室内 100 m，室外 300 m，但实际中由于障碍物的影响，其使用范围一般为室内 30 m，室外 100 m。

IEEE 802.11 协议中规定，AP 的信息中要保存着当前与其相连接的移动终端的信息，因此也可以通过访问 AP 上保存的信息来确定移动用户的位置。目前有两种途径可以获取 AP 上记录的用户信息，一种是基于 RADIUS，一种是基于 SNMP。不过直接访问 AP 进行定位的方法有时误差较大，如采用 SNMP 访问时，周期性的轮询将延长对用户的响应时间。此外，IEEE 802.11 为减少由于用户频繁地与 AP 连接、断开时所带来的资源消耗，规定即使用户已断开与 AP 的连接，其信息也将会保留 15～20 min。这些都会使访问 AP 时获得的信息不准确，导致定位有误差。

3. 场景分析法

场景分析法是利用在某一有利地点观察到的场景中的特征来推断观察者或场景中的位置，该方法的优点在于物体的位置能够通过非几何的角度或距离这样的特征推断出来，不用依赖几何量，从而可以减少其他干扰因素带来的误差，也无需添加专用的精密仪器测量。不过使用该方法时，需要先获取整个环境的特征集，然后才能和被测用户观察到的场景特征进行比较和定位。此外，环境中的变化可能会在某种程度上影响观察的特征，从而需要重建预定的数据集或使用一个全新的数据集。

WLAN 中的信号强度和信噪比都是比较容易测得的电磁特性，一般采用信号强度的样本数据集。信号强度数据集也称为位置指纹或无线电地图，它包含了在多个采样点和方向上采集到的有关 WLAN 内通信设备感测的无线信号强度。WLAN 中的场景分析法使用的信号强度特征值虽然与具体环境有关，但并没有直接被转换成几何长度或角度来得到物体的位置，因而可靠性比较高，不过在使用这种方法定位时，如何计算生成信号强度数据集是影响定位精准度的一个关键因素。

WLAN 场景分析法的定位过程分为离线训练和在线定位两个阶段。离线训练是空间信号覆盖模型的建立阶段，通过若干已知位置的采样点，构建一个信号强度与采样点位置之间的映射关系表，也就是位置指纹数据库。在线定位阶段的目的是进行位置计算，用户根据实时接收到的信号强度信息，将其与位置指纹数据库中的信息进行比较和修正，最终计算出该用户的位置。

基于位置指纹的定位系统根据位置指纹表示的不同，可以分为基于确定性和基于概率两种表达计算方法。

基于确定性的方法在表示位置指纹时，用的是每个 AP 的信号强度平均值，在估计用户的位置时，采用确定性的推理算法，例如，在位置指纹数据库里找出与实时信号强度样本最接近的一个或多个样本，将它们对应的采样点或多个采样点的平均值作为估计的用户位置。

基于概率的方法则通过条件概率为位置指纹建立模型，并采用贝叶斯推理机制估计用户的位置，也就是说该方法将检测到的信号强度划分为不同的等级，然后计算无线用户在不同位置上出现的概率。

12.3.3 其他基于短距离无线通信网络的定位

目前除了基于 WLAN 的室内定位技术外，其他室内和短途定位方法还有超声波定位、射频识别（RFID）定位、超宽带（UWB）定位、ZigBee定位、蓝牙定位等。

1. 蓝牙定位

蓝牙作为短距离无线通信技术，可以满足一般室内应用场景，而生活中出现的带有蓝牙模块的设备（如手机、PDA）功耗很低，有利于构建低成本的定位传感网络。另外，蓝牙技术提供的功率控制方法及参数（如接收信号强度、链路质量和传输功率级等）使其具备了实现室内定位的基本条件，且蓝牙技术的信号范围有限，从而形成了利用小区定位方法的天然条件。

蓝牙定位技术的应用主要有基于范围检测的定位和基于信号强度的定位两种实现方法。

基于范围检测的定位用于早期蓝牙定位的研究中，当用户携带设备进入到蓝牙的信号覆盖范围内时，通过在建筑物内布置的蓝牙接入点发现并登记用户，并将其位置信息注册在定位服务器上，从而追踪移动用户的位置，这种定位方法通常可以实现“房间级”的定位精度。

基于信号强度的定位方法则是已知发射结点的发射信号强度，接收结点根据收到信号的强度计算出信号的传播损耗，利用理论或经典模型将传输损耗转化为距离，再利用已有的定位算法计算出结点的位置。

2. ZigBee定位

ZigBee 网络是一种带宽介于射频识别和蓝牙技术之间的短距离无线通信网络。基于ZigBee网络定位时，可以利用ZigBee网络结点组成链状或网状拓扑结构的ZigBee无线定位骨干网络，网络中包括网关、参考和移动3种结点。

网关结点主要负责接收各参考结点和移动结点的配置数据，并发送给相应的结点。

参考结点被放置在定位区域中的某一具体位置，负责提供一个包含自身位置的坐标值及信号强度值作为参照系，并在接收到移动结点的信息（如信号强度指示）后，以无线传输方式传送到网关结点进行处理。

移动结点则能够与离自己最近的参考结点通信，收集参考结点的相关信息，并据此计算自身的位置。

ZigBee定位中常用的测距技术有基于信号强度和基于无线信号质量两种，通过测量接收到的信号强度或无线链路的质量值，推算移动结点到参考结点的距离。位置判别的精度取决于参考结点的密度规划。在定位过程中，需要利用 ZigBee 结点的标识，作为对每个结点身份的辨认。

ZigBee 定位技术中，若采用参考结点定位方法，则主要有 3 种计算方法：一是将ZigBee参考结点以等间距布置成网格状，移动结点通过无线链路的信号值，计算移动结点到相邻结点间的距离，从而进行定位，此法适用于较开阔地带；二是移动结点接收相邻两个参考结点的信号值，通过计算其差值进行定位；三是将收到最大信号值的结点位置作为移动结点位置，即采用固定点定位，此法定位精度不高。

3. RFID定位

RFID 定位系统能够实现一定区域范围内的实时定位，无论在室内或室外都能随时跟踪各种移动物体或人员，准确查找到目标对象，并将得到的动态信息上传给监控端计算机。

在粗定位时，RFID 系统利用标签的唯一标识特性，可以把物体定位在与标签正在通信的阅读器覆盖范围内，其精度取决于阅读器的类型，一般为几百到几千米，普遍用于物流监控、车辆管理和公共安全等领域。

在细定位时，依据阅读器与安装在物体上的标签之间的射频通信的信号强度、信号到达时间差或者信号到达延迟来估计标签与阅读器之间的距离。这种方法能够比较精确地确定物体的位置和方向。在实际应用中，可以将粗定位的结果作为细定位的输入，二者结合可以达到更精准的效果。

基于信号强度的距离估计方法需要大量的参考标签和阅读器，以及较长时间的累积数据，才能作为信号强度和几何路径之间的映射关系，系统成本较高。考虑到 RFID 空间数据关联的特点，可以通过修改常见的定位算法来提高 RFID 定位的精度。

12.4 基于位置的服务

基于位置的服务（Location Based Services，LBS）通常是指通过定位系统、无线网络等技术确定移动用户所处的位置，并使用智能手机、导航仪等移动终端接收位置相关信息，以满足用户对于位置导航、智能交通及周边兴趣点搜索等需求的一种移动计算服务。

LBS 可看作是移动互联网提供的一种基于用户地理位置的增值业务，例如，腾讯公司推出的微信业务，除了可以进行实时文字、语音聊天等即时通信外，还可以利用 GPS 定位周围 1000 m 内同样使用微信的陌生人。

目前，LBS 主要聚焦于面向用户的位置服务。随着增强现实（Augmented Reality，AR）等技术的发展，LBS 可以在一定程度上把人、物、环境与网络中的虚拟信息世界结合起来，统一呈现给用户，而这正是物联网追求的最终目标——虚拟世界与现实环境的完美融合。

12.4.1 LBS 系统的组成

LBS 系统由移动终端和服务器数据处理平台构成，二者通过移动通信网络连接在一起，其逻辑结构如图 12-2 所示。LBS 系统的工作流程是，用户通过移动终端发出位置服务申请，该申请经移动运营商的各种通信网关确认后，被服务器数据处理平台接受，数据处理平台根据用户的位置对服务内容进行响应。

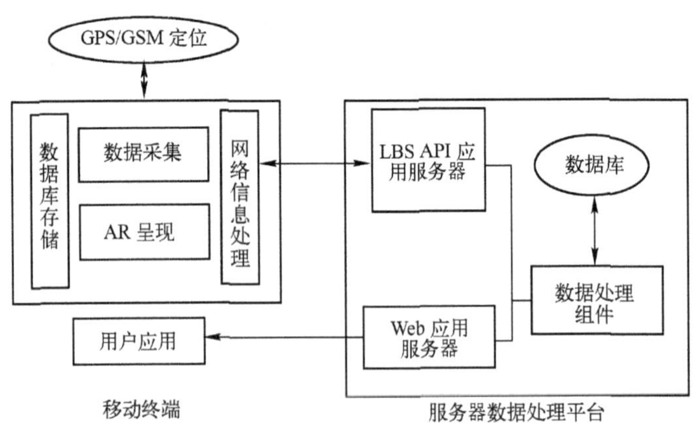

图 12-2 LBS 系统的逻辑结构

移动终端可以是手机、手持式计算机等，负责地理信息的采集。移动终端的软件由空间信息采集模块、网络信息处理模块、AR 呈现模块和数据库存储模块组成，各模块间协同处理数据。空间信息采集模块负责获取 GPS 或 GSM 坐标等空间位置参数，并传送给网络信息处理模块。网络信息处理模块将参数封装成请求消息，交由LBS API应用服务器处理，并在接收到响应报文后，提取关键结点的相关内容，交由AR呈现模块进行虚拟图形生成，并和真实图像比较叠加以呈现特殊的效果。数据库存储模块则用于本地用户文件的保存。

服务器数据处理平台集成了LBS应用系统，并提供可扩展的应用程序接口（API）。LBS API应用服务器是LBS服务器的统一入口，负责将用户的请求消息用规范的格式转发给数据处理组件。数据处理组件主要负责位置服务的综合处理，一方面调用从数据库中取得的位置数据，另一方面对位置数据进行转换处理，向Web应用服务器提供用户应用程序所需的响应数据。

12.4.2 LBS的体系结构

LBS构建于分布、异构、多元和开放的移动环境中，要求能在不同系统、不同数据之间进行跨平台的透明操作，涵盖范围较广，因此LBS采用分层的体系结构，各层相对独立，每层由熟悉该层的专业开发商负责实现。

LBS的层次体系结构分为5个逻辑层次，从高到低依次为表示层、定位层、传输层、功能层和数据层。有时也将中间3层统称为逻辑层，简化为3层的LBS体系结构。

1）表示层。描述移动终端上用户可以执行的操作、输出结果的表现方式等。涉及终端物理设备（如手机等）的定义、外观与运行方式（如屏幕尺寸等）、图文数据显示格式、存放规范（如位图、矢量图的编码与解码等）、多媒体接口（如触摸屏等）等。用户操作包括地图漫游、放大、缩小和简单查询等。

2）定位层。研究移动定位的技术、位置数据的表示方法、定位精度对LBS应用的影响，以及用户定位隐私权的保护等。

3）传输层。为通信双方提供端到端、透明、可靠的数据传输服务。传输层定义了移动终端和LBS网站之间建立数据通信的逻辑路径、数据传输的标准、格式、加密解密方案和通信带宽等，并负责建立、管理、删除通信连接，以及检测和恢复通信中产生的错误。

4）功能层。该层为LBS的核心层次，主要具有以下功能：接收传输层上传的客户端请求，根据数据通信协议打包并通过传输层发送客户所要求的空间位置数据；与数据层进行交互，通过数据管理系统获得、修改和增加空间数据；进行复杂的空间分析运算和事务处理，利用应用服务器提供空间定位、查询、空间近邻分析、最远路径分析和物流配送等有关空间信息的专用服务；进行用户的身份验证和权限控制，以保护用户的隐私；负责建立LBS网站，全面管理和维护站点资源。

5）数据层。为功能层的分析运算提供数据支持。LBS的数据可归纳为两种类型：一种是与空间位置相关的数据，如住址、距离等；另一种是与空间位置无关的数据，如用户的姓名、年龄等。数据层的内容涉及数据共享、数据管理和数据安全等方面。

12.4.3 LBS的核心技术

影响LBS服务的主要因素有定位精度、无线通信网络传送数据量的大小，以及地理信息的表达对用户终端和网络带宽的要求等，因此，LBS的核心技术也就相应地为空间定位技术、地理信息系统技术和无线通信网络技术。

1. 空间定位技术

LBS 的首要任务是确定用户的当前实际地理位置，然后据此向用户提供相关的信息服务。LBS 可以使用终端定位、网络定位和混合定位中的任意一种。目前 LBS 常用的是辅助 GPS 定位技术。

2. 地理信息系统 GIS

地理信息系统（Geographical Information System，GIS）是将地理信息的采集、存储、管理分析和显示集合为一体的信息系统。该系统利用计算机软硬件技术，以空间数据库为基础，运用地理学、测绘学、数学、空间学、管理学和系统工程的理论，对空间数据进行处理和综合分析，为规划、决策等提供辅助支持，其主要功能有空间查询、叠加分析、缓冲区分析、网络分析、数字地形模拟和空间模型分析等。

GIS 系统使用矢量数据结构和栅格数据结构两种方法来描述地理空间中的客观对象。矢量数据结构通过点、线、面来描述地理特征，其优点是数据结构紧凑、冗余小、图形显示质量好，有利于网络拓扑和检索，缺点是结构复杂，不易兼容。栅格数据结构是把连续空间离散化，最小单元是网格，代表地面的方形区域或实物，网格的尺寸决定了数据的精度。目前无线网络主要使用栅格数据传输地图，其优点是数据结构简单，便于分析，容易被计算机处理，对移动终端性能要求低，缺点是地图操作时需要传送大量数据，服务器和网络负担重，对无线网络的带宽要求很高。

在 LBS 中，用户端的地理信息显示技术是开发移动应用程序时重点考虑的问题。LBS 提供给用户的多是地理信息（如街道名称、餐馆位置等），除了利用 GIS 进行空间分析外，客户端还需要支持 GIS 的部分功能，包括地图的显示、放大、缩小、漫游和属性信息显示等。

3. 无线通信网络技术

在 LBS 业务中，通信网络的选择不仅影响相关的定位技术，也影响对用户的服务质量。目前 LBS 主要依靠移动互联网为用户提供服务。移动互联网的扩展性、开放性、海量信息和查询方便等特点给 LBS 的发展带来了机遇，使 LBS 为终端用户提供全新的移动数据交互成为可能。移动互联网技术的核心是移动接入技术，涵盖了蜂窝移动通信网络（GPRS、CDMA-1x 和 3G 等）、无线局域网（WLAN 等）和近距离通信系统（蓝牙、近场通信等）。

12.4.4 LBS 的漫游和异地定位

位置服务要求在任何地方都能为用户提供服务，即漫游服务。漫游是指移动用户离开本地网络后，在异地网络中仍可以进行通信并访问其他服务，分为国内和国际漫游两种类型。

在实现位置服务的漫游时，需要解决服务管理、异地定位和跨区收费等问题。

漫游时，LBS 会遇到异地定位问题。例如终端采用网络定位时，跨区漫游所在的异地网络采用的系统标准可能与本地网络不同，定位方式也可能不同；终端采用 GPS 终端定位时，异地的网络定位服务器可能不支持 GPS 数据，从而无法获得位置服务。

异地定位问题的解决方法一般是，在网络定位系统中增加定位数据融合和位置应用程序接口两层功能，以此屏蔽各种终端定位技术的差异，如图 12-3 所示。

定位数据融合层用来屏蔽底层终端的定位技术（如 GPS 定位、ToA 定位、E-OTD 定位、混合定位，以及任何可能的定位方式）差异，由网络定位系统识别终端类型，据此判断终端可能的定位方式，如果当前网络定位系统支持该定位方式，则继续使用；否则，利用当前网络的定位方式对终端定位。定位结果将存储在该层的临时数据区，由数据标准化程序将其转换成标准的位置数据（如经纬度坐标），然后打包传送到位置应用程序接口层。

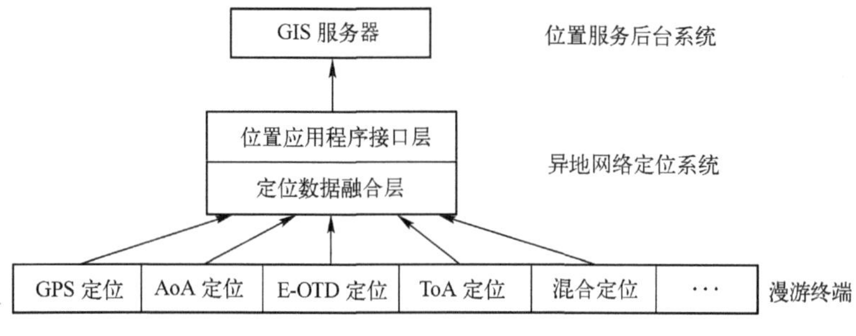

图 12-3 异地定位解决方案

位置应用程序接口层为 GIS 服务器提供标准的位置数据。GIS 服务器在调用过程中，不必考虑具体的终端定位方式，只要响应位置应用程序接口发出的调用位置数据的命令即可。

12.4.5 LBS 的计算模式

LBS 以移动用户为服务平台，是一种基于移动计算环境的应用。移动计算环境是指以移动互联网为核心平台、采用移动计算技术实现信息处理的一种计算环境，体现了随欲性、流动性及佩戴性的特点。随欲性表现的是移动过程中用户可随时委托其使用的计算系统进行信息处理；流动性是由于用户总处于移动状态，网络环境的改变也导致计算环境的变化；佩戴性体现的是以人为本的人机交互方式，使人机紧密结合，作为移动计算的最高表现。

LBS 的计算模式有两种：基于瘦客户端/服务器的计算和基于服务器端的网格计算。

1．瘦客户端/服务器计算

移动终端体积小、存储容量有限、不易于安装具有强大计算功能的应用软件，因此通常采用基于瘦客户端/服务器（Thin Client/Server，Thin C/S）的计算模式。

在瘦客户端计算模式中，客户端通过高效的网络协议与服务器连接起来，当从服务器下载代码和获取数据信息时，数据的计算与处理全部在服务器上运行，客户端只作为输入/输出设备。

瘦客户端计算模式的技术优势包括经济性、安全性、可伸缩性和集中计算等。经济性体现在客户端的硬件配置要求比较低。安全性体现在客户端无法直接访问服务器数据库，只能发出请求，无法对服务器数据进行修改、存储等操作。可伸缩性体现在可将若干业务功能分配到多个服务器中，实现负荷平衡。集中计算体现在主机计算与分布式计算的结合，服务器平台支持多线程机制，同时服务多个用户，而且应用程序的升级和替换在服务器端完成，用户察觉不到。

2．网格计算

LBS 为用户提供服务时，如果只依靠单个站点，其计算能力和信息量都很有限，若系统过于庞大则会影响管理维护和处理效率。为此人们想到在互联网上根据需要建立不同主题的 LBS 站点，然后把这些地理位置分散的站点资源集成起来，使其具备超级计算的能力，以支持移动信息服务，完成更多资源与功能的交互。这种计算模式称为网格计算。

网格计算的目的是试图实现互联网上的计算、存储、通信、软件、信息和知识资源等所有资源的全面连通，使移动用户在获取 LBS 内容时，感觉如同个人使用一台超级计算机一样，不必去关心信息服务的实际来源。

网格计算的体系结构分为网格资源层、中间件层和应用层 3 个层次。资源层作为硬件基础，包含了各种计算资源（如超级计算机、可视化设备等）。中间件层主要为网格操作系统，完成资源共享的功能，屏蔽计算资源的分布与异构特性，向应用层提供透明、一致的使用接口。应用层负责具体体现用户的需求，在中间件层的支持下，用户可以开发各种应用系统。

基于网格计算的 LBS 服务端属于网格应用层，其具有站点自治、虚拟主机服务、资源统一管理和安全控制机制等特点。网格计算可以保证分属于不同组织机构的 LBS 的站点之间拥有独立的自主权，可以管理自己的站点，但同时也可以对各站点的资源进行统一管理和调度，把分散的主机站点映射到一个统一的虚拟机器上提供虚拟主机服务。另外，在实现资源共享上，由网格计算为站点的管理者提供安全管理和控制机制。

12.4.6　位置服务与移动互联网

位置服务在移动互联网时代的特征可以概括为一个词：SoLoMo，它是社会网络（Social）、位置服务（Local）和移动互联网（Mobile）的整合。

SoLoMo 概念中的 Social 体现的是位置服务的社会性，包括 3 层含义，一是结合位置的社交网络服务；二是位置服务计算中的社会计算；三是位置服务所具有的社会感知的发展方向。社交网络结合位置服务的初级应用便是位置签到服务，其通过 GPS 定位配合地图来确定并显示用户的位置，使用户随时随地分享信息。社会计算是指用复杂的网络系统、多维度特征融合计算等理论，研究网络拓扑与内容关联的计算模型，它在位置服务中的体现包括热点事件追踪、位置分享等一系列需要不同用户参与的应用。基于位置的社会感知是指通过部署大规模多种类传感设备，实时感知和识别社会个体的行为，分析挖掘群体社会的交互特征和规律，实现群体互动、沟通和协作。

SoLoMo 中的 Local 代表位置服务本身，除了确定用户的地理位置外，还要提供相关的信息服务。位置信息已经从服务内容转化为服务构成的输入性关键要素，通过对用户相关地理位置的定位和社会感知，位置要素能够参与到信息搜索、信息通信、电子商务和信息分享传播等多个传统互联网信息服务中，满足用户的个性化服务需求。

SoLoMo 中的 Mobile 表明当前位置服务的载体是移动互联网。除了前面所讲的各种定位技术外，采用近场通信技术建立的非接触式定位和利用手机的拍摄功能辅助定位也日渐流行。

12.4.7　位置服务与增强现实技术（AR）

增强现实技术（AR）是指通过借助计算机图形和可视化技术生成虚拟对象，并通过传感技术将虚拟对象准确地“放置”在真实环境中，达到虚拟图形和现实环境融为一体的效果。

1. AR 的特点和工作流程

AR 技术试图创造一个虚实结合的世界，为用户实时提供一个由虚拟信息和真实景物组成的混合场景。AR 技术处理的对象通常是虚实结合的混合环境，需要具备 3 个特点：能够合并真实和虚拟场景；支持实时交互；支持三维环境中的配置标准。

AR 系统的一般工作流程如图 12-4 所示。首先通过摄像头或传感器获取真实场景信息，然后对真实场景和场景位置信息进行分析，生成虚拟物体，再与真实场景信息进行合并处理，在输出设备上显示出来。在这个过程中，跟踪与定位技术（获得真实场景信息）、交互技术、真实与虚拟环境间的合并技术是支撑AR系统的关键。

2. AR系统的关键技术

AR系统的关键技术包括显示技术、定位技术和三维跟踪注册技术等。

AR的显示设备可分为头戴式、手持式和普通显示器3种。使用最广泛的手持式AR显示设备是智能手机和平板电脑。

头戴式AR显示设备具有很强的沉浸感，是目前最专业的显示方式，但受限于技术因素，目前还存在重量、舒适性和续航等多方面缺陷，开发难度也较高。根据成像技术的不同，头戴式AR又可以分为4类：视频透视式、光学透视式、投影式和视网膜扫描式。

视频透视式AR设备由摄像头采集外部图像，与虚拟场景合成后输出到用户眼前的小屏幕上，用户不能直接看到真实世界。

光学透视式AR的用户可通过透明的镜片看到真实世界，利用了反射或投影的方式加入虚拟环境。

投影式AR使用了轻薄透明的光波导元件，显示时，投影光束经过光束分离器后，照射到光波导元件上，再反射进入人眼，具有更佳的显示效果。图12-5所示为微软公司生产的投影式AR设备HoloLens，该设备提供了一个完整的AR系统，搭载了数量众多的摄像头和传感器，不需要外接其他硬件，直接通过手势、语音等方式即可实现人机交互。

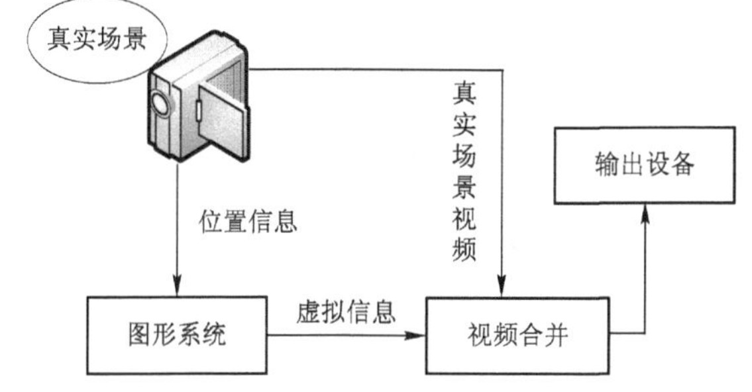

图12-4　AR系统的工作流程

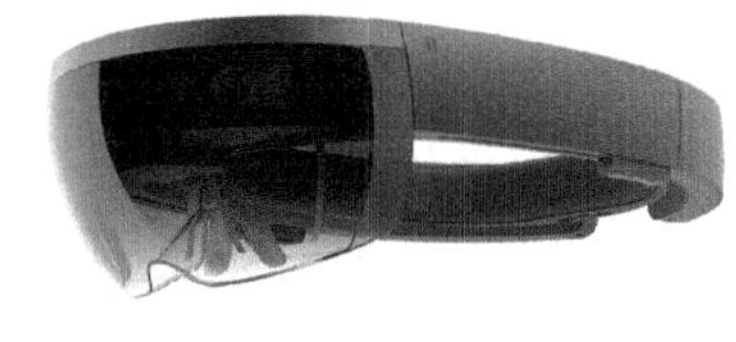
图12-5　投影式AR设备HoloLens

视网膜扫描式AR设备通过低功率激光将图像直接透射到视网膜，可以实现超高分辨率，但目前技术并不成熟。

三维跟踪注册是指虚拟物体与真实物体的对准，发生在配准的过程中。注册的任务是根据测量出的物体位置和方向角，确定所需要添加的虚拟三维模型在真实世界中的正确位置。跟踪则是识别物体的运动和视角的变化，使虚拟物体与真实物体的叠加随时保持一致。

AR系统往往不需要显示完整的虚拟场景，只需要具备分析大量的定位数据和场景信息的能力，以此保证由计算机生成的虚拟物体精确地定位在真实场景中，这个定位过程称为配准。配准时，AR系统要实时检测观察者在场景中的位置，甚至是运动方向，还需要从场景标志物或交互工具（如摄像头等设备）中获取空间位置信息。AR所投射的图像必须在空间定位上与用户相关，当用户转动或移动头部、视野变动时，计算机产生的增强信息也要随之变化。AR系统中经常使用的检测技术有视频检测、光学系统、GPS、超声波测距、惯性导航装置和磁场感应信息等。

3. AR 的应用

AR 系统根据应用范围可分为户内型与户外型两种。户内型 AR 系统包含了覆盖于建筑物内部物理空间的各种数据信息，用于重塑历史古迹或描绘建筑物。户外型 AR 系统运用 GPS 与定位传感器，在移动计算与无线网络技术的支持下进行户外实现。

AR 技术在手持设备上的应用有 Layer Reality Brower、Yelp 和 Wikitude Drive 等。其中 Layer Reality Brower 是全球第一款支持增强现实技术的手机浏览器，使用者只需将手机的摄像头对准建筑物，就能在手机的屏幕下方看到这栋建筑物的经纬度及周边房屋出租等实用性信息。作为对现实世界的一种补充和增强，AR 技术与 GIS 的结合将更准确地为用户提供户外移动式信息交互服务。AR 技术不仅用于 LBS，也广泛应用于其他领域，例如，在工业方面，AR 技术可以用于复杂机械的装配、维护和维修上。

在旅游领域中，AR 技术和位置服务结合，非常适合提供旅游类服务。例如，AR 导航可以结合实际道路给出路标信息，并根据所在的公交站、地铁站等位置给出交通工具换乘信息。通过 AR 技术进行导游将带来全新的旅游方式，每到一处旅游景点，可以在实景上展现出景点的各项背景信息乃至不同时间的景点图像。2016 年 11 月，百度地图上线了 AR 实景导航，包含罗盘、路线、转向标及途经点等元素，辅助用户找到目的地，如图 12-6 所示。

图 12-6　百度地图 AR 实景导航

在娱乐领域中，结合 AR 技术可以开发如 AR 互动游戏等娱乐应用。2016 年，日本任天堂公司推出了基于 AR 与谷歌地图的 Pokemon Go 游戏，用户可以在实际的地图中捕获虚拟宠物，是结合了 AR 与 LBS 的娱乐应用实例。

在教育领域中，通过 AR 技术辅助教学可以极大提升传统课堂的实践性和丰富性，产生新的教学方法。相比现有的基于幻灯片、视频的多媒体教学方式，AR 教育可以更形象、直观地展现教学内容，便于实现情景式学习，具有更佳的沉浸感，提升学习者的专注度。AR 技术在教育领域已经有了很多实际应用，例如，用于儿童教育的 AR 学习卡片，可以呈现出卡片对应实物的三维模型，帮助儿童认识世界。

在医疗领域中，医生在进行手术的过程中，可以佩戴 AR 眼镜等 AR 设备，结合医疗传感器，获取人体器官的各项实时信息，如骨骼图像、血管分布甚至胎儿图像等，从而辅助医疗工作的精确进行。

除此之外，AR 技术也可以提供即时翻译、即时搜索等生活服务，提供虚拟试衣、虚拟家具布置等购物服务，以及提供书籍整理查找等图书馆服务等。

4. AR 应用开发

由于目前头戴式等专业的 AR 设备仍然价格昂贵并不普及，流行的 AR 应用开发工具集中在智能手机端，出现了很多用于开发 AR 应用的软件开发包（SDK）。这些 SDK 集成了图像采集、图像处理和图形渲染等函数库，使得开发者不必了解整个 AR 应用的底层原理，可以专注于应用功能的实现。

流行的 AR 开发 SDK 有 ARToolKit、Vuforia、Metaio、EasyAR、HiAR 和 VoidAR 等。其中 ARToolKit 是一套历史悠久、功能完善的开源 AR 系统开发工具包，该 SDK 极大地推动了 AR 应用的发展。Vuforia 是属于 PTC 公司的一款收费 AR SDK，具有非常好的性能，是最流行的 SDK 之一。Metaio 也是一款优秀的 AR 开发 SDK，2015 年苹果公司收购了 Metaio 公司，目前已不再开放使用。EasyAR、HiAR 和 VoidAR 都是中国国内自主开发的 AR 开发工具包。

AR 应用开发常常结合 Unity3D 游戏引擎进行开发，Unity3D 是由 Unity Technologies 公司开发的多平台综合性游戏开发工具，得到了 Windows、Mac、iOS 和 Android 等多平台的支持，可以轻松创建三维的增强现实互动内容。目前众多 AR SDK 都能与 Unity3D 结合进行开发。

12.5　室内定位应用开发

目前卫星导航定位技术已经得到了广泛应用，但在遮蔽物密集的城市室内环境下，难以实现精确的定位。特别是在商场、大型超市、储藏室、医院、会议室和宾馆等室内应用场景下，迫切需要精确更高、实时性更强的室内定位技术以满足人们的应用需求。

WLAN 定位、超声波定位、射频识别定位、超宽带定位、ZigBee 定位和蓝牙定位等多种定位技术均可用于室内应用场景。随着 WLAN 的普及，其中基于 WLAN 的场景分析法成为高效、低成本的主流解决方案。这种方式不需要额外部署硬件，通过智能手机等终端设备接收采集附近的 Wi-Fi 信号强度信息，再进行软件处理即可实现。本节以基于 Wi-Fi 位置指纹的室内定位 APP 为例，介绍在 Android 系统下开发室内定位应用的方法。

12.5.1　基于 Wi-Fi 位置指纹的室内定位系统设计

该定位系统使用的操作系统是 Windows 7，开发工具为 Eclipse，调试设备为 Android 手机。总体规划如图 12-7 所示，包括一部智能手机和多个无线访问点。其中智能手机内置轻量级数据库 SQLite，可以用于位置指纹库的建立。无线访问点可以选用已部署好的无线路由器。参见视频。

图 12-7　室内定位系统总体规划

该 APP 软件系统主要包括位置指纹的采集、存储和在线比对定位 3 部分，其工作流程是首先采集位置指纹数据，建立位置指纹数据库，然后采用特定算法在线比对位置指纹进行定位，如图 12-8 所示。

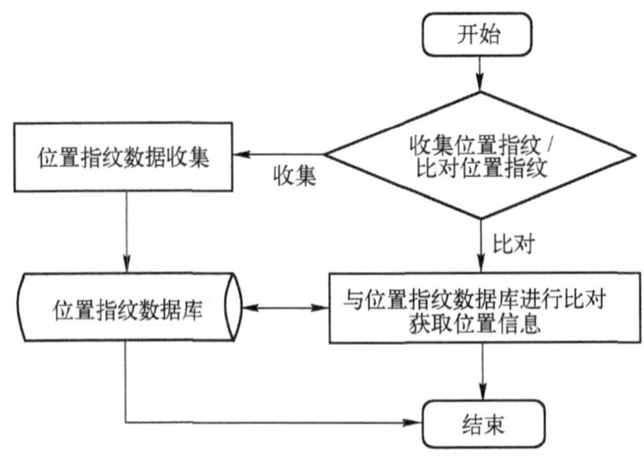

图 12-8　室内定位系统开发流程图

12.5.2　位置指纹数据的采集和存储

Wi-Fi 位置指纹利用了 802.11 数据帧首部的接收信号强度指示（Received Signal Strength Indication，RSSI）字段，该信号强度与到对应的 AP 的距离相关，距离越近，接收信号的强度也越高。

1．位置指纹数据的采集

首先选取一块室内定位区域，建立坐标系，要求此区域内有布置好的若干个 AP 接入点。接着在这个区域内设置足够数量的参考点进行覆盖，记录每个参考点的位置坐标。在每个事先选取好的参考点处用移动终端收集周围 AP 接入点的 RSSI 信息，使用多个 AP 信号的 RSSI 值即可组成 Wi-Fi 指纹，连同当前参考点的坐标一起存储到数据库中，这样就建立了位置指纹库。

信息采集模块主要使用 Android 下的 ScanResult 类，可以获取附近 AP 的相关信息，所有可以采集的信息字段如表 12-1 所示。

表 12-1　原始 AP 信息表

信 息 字 段	字 段 含 义
BSSID	接入点 MAC 地址
SSID	网络名称
capabilities	可用状态（加密方式等）
frequency	无线信号频率
level	信号强度值，即 RSSI 信息
timestamp	时间戳，最近一次的更新时间

其中 MAC 地址可用来唯一地标识 AP，level 字段是建立 Wi-Fi 指纹库的关键。

2．位置指纹数据库的创建

Android 系统内置 SQLite 数据库。SQLite 是一款关系型数据库，具有运算速度快、占用资源少的特点，特别适合在移动设备上使用。SQLite 不仅支持标准的 SQL 语法，同时遵循数据库的 ACID 原则（即原子性、一致性、独立性和持久性）。

Android 系统下提供了 SQLiteOpenHelper 类，用于 SQLite 数据库的创建和升级。本例中主要用到 3 个数据表，如图 12-9 所示。

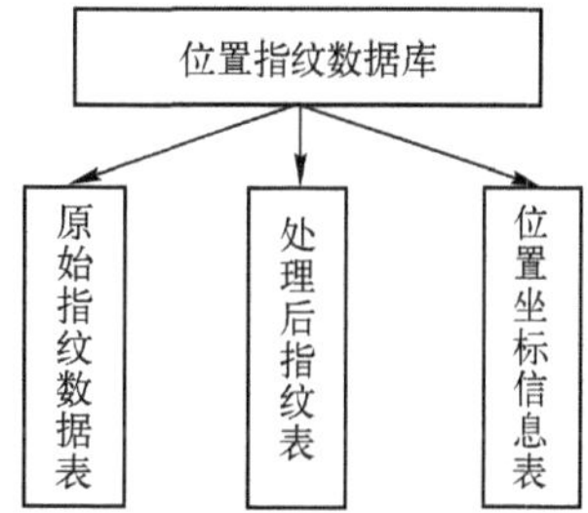

图 12-9 位置指纹数据库表规划

其中原始指纹数据表记录每个参考点扫描到的所有 AP 的相关数据，包括各 AP 的 RSSI 值。经过处理后选出稳定可靠的多个 AP 组成该区域的 Wi-Fi 指纹基准，组合参考点到每个基准 AP 的 RSSI 值即 Wi-Fi 指纹，存储于处理后指纹表中。位置坐标信息表记录每一个参考点的坐标信息，一般需要根据参考点的选取手动录入，在数据库中，每一个指纹都和唯一的一个位置信息相对应。

对于 SQLite 数据库的操作，Android 下同样有现成的 SQLiteDatabase 类和 Cursor 类可以使用。SQLiteDatabase 可用于数据库的访问，实现对数据库的增、删、查、改操作，Cursor 类相当于一个光标，用于实现对查询结果的选取。

SQLiteDatabase 中有着方便的 API 函数可以直接完成各项数据库操作，同时也支持直接输入的标准 SQL 语句。

3. 指纹库的优化

为了减小在线定位时的计算量，可以对离线位置指纹库进行聚类处理，方便后续进行两阶段匹配以提高效率：先匹配各类中心点，然后在对应类中再具体进行匹配。

本例采用 k 均值聚类（K-means）算法来完成聚类处理。K-means 算法接受参数 k，然后把所有样本分为 k 个聚类，使得同一个聚类里面的样本相似度较高，不同聚类中的样本相似度较低。K-means 算法是基于距离的聚类算法，将距离差较小的样本组成一个独立且收缩的簇，即一个聚类。K-means 流程如图 12-10 所示，其基本思想是：首先指定需要划分的簇的个数 k 值；然后再随机选取 k 个数据当作最初的聚类的中心；之后求剩下的这些数据对象到这 k 个最初聚类中心的距离大小值，并依据这些数值，把所有剩下的数据都分到距离它最近的那一个簇中去；最后，调整新的类并计算本类中的所有数据的平均值来作为新的中心，如果新的中心与前一个计算出来的聚类中心相比变化很小，就说明算法已经收敛。

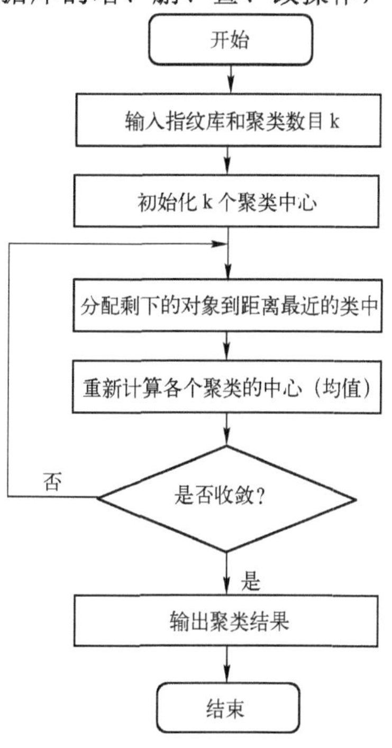

图 12-10 K-means 聚类流程

12.5.3 在线实时定位

位置指纹数据的采集、存储和处理可以归纳为离线阶段，主要目标是建立室内定位所需的位置指纹库。在实时定位阶段，手机根据实际采集到的 Wi-Fi 强度信息，将待测点的 Wi-Fi 指纹与位置指纹库的 Wi-Fi 指纹进行匹配，从而确定用户的实际位置。这一过程是一个数据分类问题，可以采用机器学习中的一些分类算法来解决。常用的分类算法有最近邻算法

（Nearest Neighbor，NN）、K 近邻算法（K Nearest Neighbor，KNN）、贝叶斯算法、决策树算法和神经网络算法等，分别适用于不同的应用场景。在基于位置指纹的室内定位应用中，NN 算法是最基础的算法，KNN 算法是最为常用且高效的方法。

NN 算法就是遍历所有位置指纹库中的指纹，计算二者之间的距离（如各信号强度的平均差值），由此来判断二者之间的相似度，选出距离最近采样点（最近邻点）作为匹配，即待测点的位置与该采样点相同。NN 算法实现简单，但是仅仅进行一对一的匹配，定位精度不高。

K 近邻法在最近邻算法的基础上进行了改进，它将待测点的指纹与位置指纹库进行遍历，计算距离，然后根据距离大小进行排序，选出其中距离最近的 K（K >2）个指纹数据，然后对 K 条指纹对应的位置坐标求均值，作为最终的定位位置输出。实际应用中，可以根据实际 AP 部署情况选取合适的 K 值，并且选择合适的距离计算方式进行优化。这种方式具有较高的精度，适用于计算能力有限的移动终端，也能够满足室内定位的实时性需求。

习题

1．目前世界上都有哪些全球卫星定位系统？

2．请尝试推导 GPS 在计算移动终端位置时的数学理论公式。

3．定位技术按照基于终端的定位和基于网络的定位技术具体可以分为哪几种？

4．室内定位技术主要有哪些？室内定位技术与室外定位技术有什么不同？

5．Wi-Fi 位置指纹定位的优缺点有哪些？如何提高定位精度？

6．AR 技术与虚拟现实（VR）技术有何区别？AR 系统的技术关键是什么？按应用范围可分为哪几种类型？

7．LBS 的计算模式有哪些？LBS 中的 SoLoMo 概念的含义是什么？

8．简要介绍 LBS 的体系结构。

9．LBS 的核心技术都有哪些？LBS 漫游中的异地定位是如何解决的？

10．LBS 的应用有哪些？

第 13 章　物联网应用

物联网的应用领域非常广泛，遍及各行各业，智能电网、智能交通、智慧环保、智能家居、智能消防、智能医疗、智慧校园、智慧社区、工业 4.0 和智慧地球等都是物联网应用的具体体现。由此可见，物联网的应用与机器的“智能”密切相关。机器智能有 3 个层次：第一层是计算智能，也就是系统能够利用计算机进行计算和存储，如早期 PSTN 电话网中的智能网；第二层是感知智能，也就是机器具有超过人类的视觉、嗅觉和听觉等，目前的物联网基本上处于这个阶段；第三层是认知智能，也就是机器通过了图灵测试，机器智能超越人类智能，这是物联网未来发展的趋势，也是目前语义网和泛在网的追求目标。

物联网的应用技术与实际环境联系比较密切，在建设各种用途的物联网时，选用的感知设备、接入技术和承载网络等可能迥然不同。

13.1　智能电网

智能电网也称为智能供电网络，是下一代电力生产、传输和分布的解决方案，用于解决传统电网技术所面临的资源短缺、信息交互不足、供给不平衡，以及缺乏与用户的互动性等问题。

13.1.1　智能电网的特点

智能电网建立在集成的、高速双向通信网络的基础上，通过先进的感测技术、设备技术、控制方法和决策支持技术的应用，实现电网的可靠、安全、经济、高效和环保的目标。可见，智能电网意味着一种基于计算机驱动的、自动的、双向供电的系统，可以提供实时的数据信息，通过这些实时信息，智能电网可以调控电力供给，满足各种电力需求。

智能电网源于智能能源技术的应用，智能能源技术用于优化发电资源和电力传输技术。与传统电网相比，智能电网的特点有以下几项。

1）自愈。智能电网是一个“自愈”性的网络，也就是说智能电网通过传感器设备和监控设备系统，持续地采集电网运行数据，通过智能电网中的宽带通信功能，将本地与远程设备之间的供电故障、电压过低、电能质量差和电路过载等供电问题发送到结点处理中心，根据决策支持算法，动态控制供电功率流，避免限制和中断电力供应，防止供电事故的发生，并当出现事故后尽快恢复供电服务。

2）激励与用户参与。供电企业可以采取分时电价等激励措施，电价会随用电高峰和波谷浮动变化，消费者可以通过电力部门提供的一套在线电力查看接口，查看智能电网提供的各种电力信息和相应时段的电价，鼓励家庭消费者错峰使用电量，甚至付费给用户，让用户把自产的多余电力，如用户自己的太阳能电池的储能，反馈回电网。

3）抵御攻击。智能电网的很多设备安装在室外，不法分子可能通过篡改或伪造这些重要设备的监测数据和状态参数，导致电网的调度控制系统出错，甚至发出错误的操作指令，严重影响电网的稳定性和安全性。例如，智能电表遭受黑客攻击可引起计费欺骗，甚至能关闭主电源，导致大面积停电。智能电网是一种更加富有弹性的供电网络，可以抵御多种攻击，例如，针对电网多个部分的并发攻击和多重的长时间的协同攻击。

4）提供满足用户需求的电能质量。智能电网将以不同的价格提供不同等级的电能质量，此外，电力系统中输电和配电时产生的电能质量问题将会被降至最低，由终端用户过载导致的冲击将会得到缓冲，从而阻止用户对电力系统中的其他终端用户造成影响。

5）允许各种不同发电形式的接入。智能电网能够使用清洁能源，吸收各种可再生能源和分布式发电设备的电力输入，通过一种非常简单的互联方式，把多种形式的发电站和蓄电系统无缝地集成起来。各种环保形式的能源，如风能、水电和太阳能等在智能电网中将发挥出重要作用。增强的输电系统可以满足将遥远的不同位置的用电设备和各种发电站以尽可能小的电能损耗连接起来。

13.1.2 智能电网的功能框架

智能电网的功能框架可分为高级计量体系（Advanced Metering Infrastructure，AMI）、高级配电运行（Advanced Distribution Operation，ADO）、高级输电运行（Advanced Transmission Operation，ATO）和高级资产管理（Advanced Asset Management，AAM）4 个部分，如图 13-1 所示。这 4 部分实现了整个智能电网的运行、维护、管理和信息交互功能。图中缩写 SCADA 表示监控和数据记录系统，EMS 表示能量管理系统，GIS 表示地理信息系统，ISO 表示独立系统运行组织（协调和监控区域内各电网的运行）。

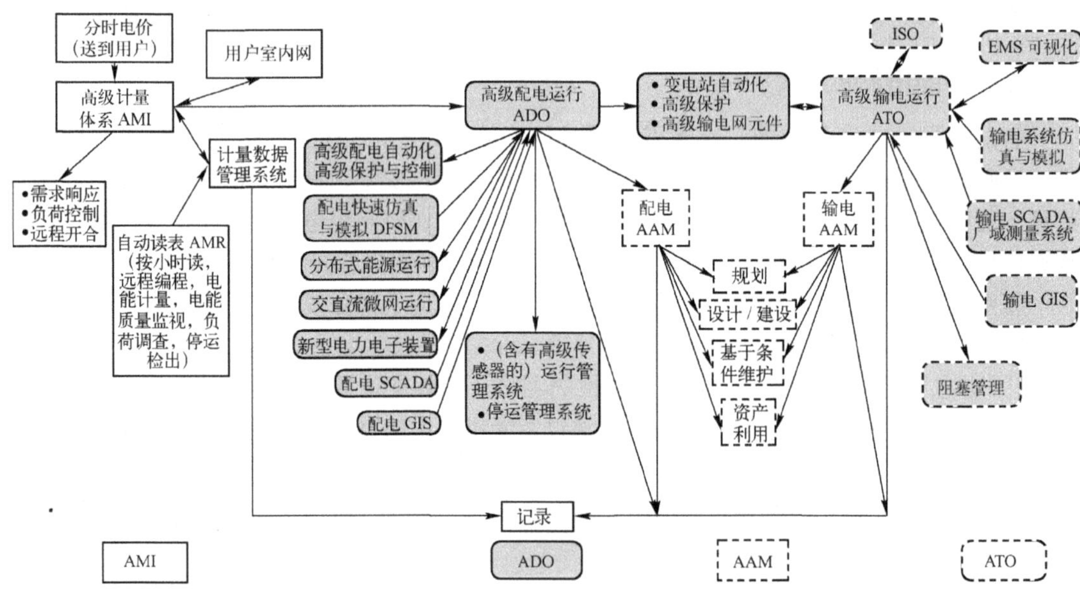

图 13-1 智能电网的功能框架

AMI 包含各种智能仪表。通过智能仪表，电网公司可以与用户建立双向的即时通信，同时为用户提供各种实时供电信息。AMI 可以管理用户家中的各种智能家电，使家庭生活变得更加环保省电。智能电表也可以作为互联网路由器，推动电力部门采用电力线接入方式，提供互联网业务和传播电视信号，从而实现电信、电网、电视网和互联网的四网融合。

ADO 的主要功能是实现系统自愈。ADO 能够自动控制整个配电网，实现分布式能源并网运行、交直流微网运行等。分布式能源的并网运行会在配电网支路上造成双向潮流（潮流是指电网各处电压、有功功率和无功功率等的分布）。微网是一种利用储能装置将不同类型的新能源渗透到传统能源输送系统中的分布式发电技术。

ATO 实现输电系统的运行和资产管理优化，强调阻塞管理和降低大规模停运的风险。ATO 的技术组成和功能主要包括变电站自动化、输电的地理信息系统、广域测量系统、高速信息处理、高级保护与控制、模拟仿真和可视化工具，以及高级的输电网络元件和先进的区域电网运行。

AAM 改进电网的运行和效率。要实现 AAM，需要在系统中部署大量可以提供系统参数和设备"健康"状况的传感器，传感器之间自组成网，并把所收集到的实时信息集成到以下 7 个过程中：优化资产使用的运行；输/配电网规划；基于条件（如可靠性水平）的维修；工程设计与建造；顾客服务；工作与资源管理；模拟与仿真。

智能电网的 4 个运行部分之间密切关联。AMI 同用户建立通信联系，提供带时标的系统信息。ADO 使用 AMI 的通信功能收集配电信息，改善配电运行。ATO 使用 ADO 信息改善输电系统运行和管理输电阻塞，使用 AMI 让用户了解电力供需现状。AAM 使用 AMI、ADO 和 ATO 的信息与控制功能，改善运行效率和资产使用。只有这 4 个部分衔接紧密，无缝融合才能使得整个电网系统的资源实现最大的使用效率。

13.1.3　智能电网的组成

作为物联网技术的典型应用，智能电网体系中各模块之间通过物联网技术互通互联，将传统的电网系统变革成为一个完整的智能能源管理体系。整个智能电网体系分为智能输电配电系统、设备资产管理系统、信息技术支持系统和市场运维服务系统等几大组成模块，通过物联网技术，几大模块系统间紧密相连，如图 13-2 所示。

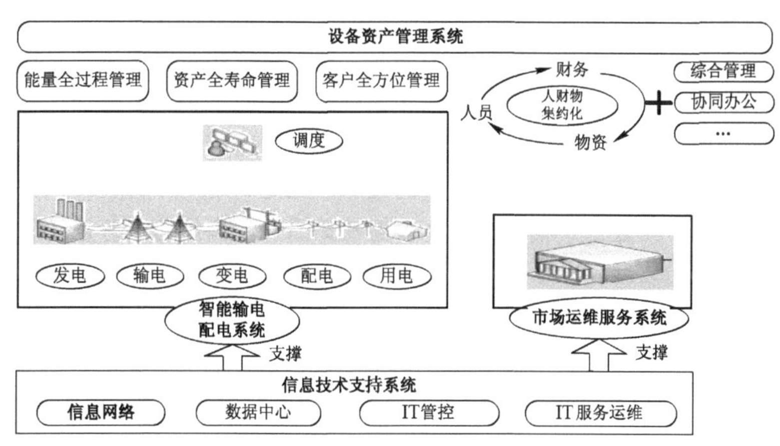

图 13-2　智能电网的组成

智能输电配电系统是整个智能电网的核心主体，包含发电、输电、变电和配电等几部分，各部分通过大量的传感器设备自组织成各种传感器网络。传感器不断收集供电设备的运行状态，通过传感器网络将收集的数据传递到信息化技术支持系统中的信息集成处理系统，供中央调度系统分析决策。

信息技术支持系统是整个智能电网体系的数据处理和决策支撑中心，该系统包含信息网络、数据中心、IT 管控和 IT 服务运维 4 部分，可实现信息标准化、信息集成、信息展现和信息安全等功能。信息化技术支持系统维护整个智能电网的运转状态和数据处理，它通过中央调度系统统筹支配智能输电配电系统正常运转，智能监控电力负载，统筹输电配电，同时兼顾吸收和调度各种分布的电源部分，如各种分立的小型风电系统、太阳能发电系统，以及消费者富余的电能资源的加入。

设备资产管理系统包括全面风险管理、能量全过程管理和资产设备全寿命管理等部分，通过信息化技术支持系统收集设备的运行健康状况，管理整个电网各部分设备，保障资产安全健康。

市场运维服务系统面向用户，根据信息化技术支持系统监控的电网负荷状态浮动调整电价，同时使用信息化技术支持系统提供的各种电力接口向用户提供管理电量资源的查询系统。电网用户通过查询系统提供的各种电力信息调配自身电力资源的使用，并可将自身富余的电力资源输送给电网。此外，市场运维服务系统将在每个电网用户家中配置智能电表，供用户管理家庭电力资源的使用和家庭智能家电的运转，同时智能电表也可将用户接入到智能电网提供的四网融合方案中，使电网用户可以通过智能电表接入由智能电网承载的互联网、电信网和广播电视网系统中，从而降低未来社会的基础资源冗余度，避免重复性的设备资源消耗。

13.1.4　智能电网的关键技术

智能电网的关键是智能，至少需要以下 6 项智能化技术的支持，这些技术已被广泛应用在智能电网领域，其中许多技术也在其他行业中使用。

1）智能化信息技术。智能化信息技术贯穿发电、输电、变电、配电、用电与调度各环节，是智能电网建设的重要内容和基础。基于智能电网的信息技术具有三大特征：一是数字化程度更高，内含各种智能的传感器、电力设备、控制系统和应用系统等，可以连接更多的设备，深化发电、输电、变电、配电、用电和调度环节的数据采集、传输、存储和利用；二是利用面向服务的体系结构（SOA）整合相关业务数据和应用，建立统一的信息平台，自动完成数据和应用的整合，实现全部业务系统的集成；三是利用生产管理、人力资源、电力营销和调度管理等数据，构建一个辅助分析和智能决策系统，满足跨业务系统的综合查询，为管理决策层提供有效的数据分析服务。

2）智能化通信技术。建立以电网和通信紧密联系的网络是智能电网的目标和主要特征。以通信技术为基础的智能电网通过连续不断地自我监测和校正，并利用先进的信息技术，实现电网各系统的自愈功能。通信系统还可以监测各种扰动并进行补偿，重新分配潮流，避免事故的扩大。

3）智能化测量技术。智能化测量技术是实现智能电网的手段，可以评估电网设备的健康状况和电网的完整性，防止窃电、缓减电网阻塞等。智能电表除了可以计量不同时段的电费外，还可储存电力公司下达的高峰电力价格、电费费率和相应的费率政策，用户可以根据费率政策，自行编制时间表，自动控制电力的使用。

4）智能化设备技术。智能电网中的设备充分应用材料、超导、储能、电力电子和微电子等技术的最新研究成果，以提高功率密度、供电可靠性、电能质量和电力生产的效率。智能电网通过采用新技术，以及在电网和负荷特性之间寻求最佳的平衡点，来提高电能质量，通过应用和改造各种各样的先进设备，如基于电力电子技术和新型导体技术的设备，来提高电网输送容量和可靠性。配电系统中需要引进新的储能设备和电源，同时考虑采用新的网络结构，如微电网。

5）智能化控制技术。智能化控制技术是指在智能电网中，通过分析、诊断和预测电网状态，确定和采取适当的措施，以消除、减轻和防止供电中断和电能质量扰动的控制方法。智能化控制技术将优化输电、配电和用户侧的控制方法，实现电网的有功功率和无功功率的合理分配。

6）智能化决策支持技术。智能化决策支持技术将复杂的电力系统数据转化为系统运行人员可理解的信息，利用动画技术、动态着色技术、虚拟现实技术，以及其他数据展示技术，帮助系统运行人员认识、分析和处理紧急问题，使系统运行人员做出决策的时间从小时级缩短到分钟级，甚至秒级。

13.2　智能交通

智能交通系统（Intelligent Transportation Systems，ITS）是利用物联网技术将车辆、驾驶员、道路设施和管理部门联系在一起，通过把握交通流背后的信息流，完成对交通信息的采集、传输、处理和发布，从而建立起实时、准确、高效的交通运输控制和管理系统。在交通系统中，凡是与交通运输行业的信息化和智能化有关的内容都可以归为 ITS。

13.2.1　智能交通的体系结构

智能交通系统由交通信息采集、互联通信、交通状况监视、交通控制和信息发布五个子系统组成，具有典型的物联网 4 层架构，由感知层、传输层、处理层和应用层组成，如图 13-3 所示。

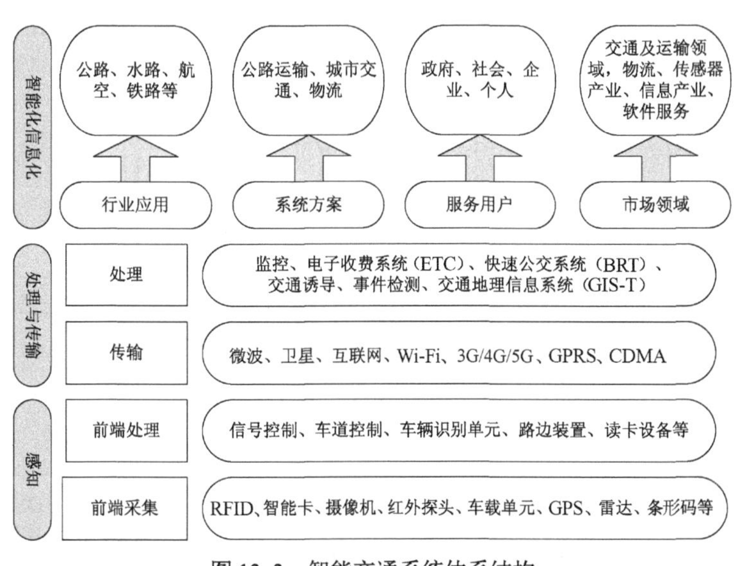

图 13-3　智能交通系统体系结构

感知层主要通过传感器、RFID、二维码、定位和地理信息系统等技术实现车辆、道路和出行者等多方面交通信息的感知，如交通流量、车辆标识和车辆位置等。常用的交通信息感知技术主要有标识技术、地理感知技术和交通流量采集技术等。交通流量采集技术主要有基于卫星定位、基于蜂窝网络和基于固定传感器（磁频线圈检测器、波频检测器和视频摄像头）等几种类型。

传输层主要实现交通信息的高可靠性、高安全性传输，可以使用互联网和移动通信网等公共通信网络，也可以使用专门的车联网技术。

处理层主要实现传输层与各类交通应用服务间的接口和能力调用，包括对交通流数据进行清洗、融合，以及与地理信息系统的协同等。

应用层包含种类繁多的应用，既包括局部区域的独立应用，如交通信号的控制服务和车辆智能控制服务等，也包括大范围的应用，如交通诱导服务、出行信息服务和不停车收费等。电子收费系统（Electronic Toll Collection，ETC）是智能交通的典型应用，利用 RFID 技术实现不停车收费。ETC 系统由车载单元（OBU）、路边装置（RSU）、ETC 管理中心及后端的银行结算系统 4 个部分组成。车载单元就是电子标签，一般使用 IC 卡+CPU 单元组成的“双片式”结构，其中 IC 卡存储账号、余额等信息，CPU 单元存储车主、车型等物理参数，并为车载单元与路边设备之间的高速数据交换提供保障。路边装置就是 RFID 阅读器，负责完成与车载单元的高速通信，它实时读取通过车辆中车载单元的数据，进行合法性判断后，发送控制信号，并将车辆通信信息发送到管理中心。ETC 管理中心对整个系统进行监控和管理，与银行收费系统进行通信和业务处理数据交换。后端的银行收费系统对收到的扣费请求进行结账和对账处理。

13.2.2　车联网

车联网就是通过车辆网络动态地收集、分发和处理数据，利用无线通信技术实现车与车之间、车与人之间，以及车与其他基础设施之间的信息交换，实现对车、人、路和物等状况的实时监控、科学调度和有效管理，进而改善道路运输状况、提高交通管理效率的综合性智能决策信息系统。车联网可以看作是一种特殊的无线传感器网络，主要标准有专用短距离通信（DSRC）、IEEE 802.11p 和 IEEE 1609。这三者的体系结构关系如图 13-4 所示。

DSRC 是一种专门为车联网设计的无线通信机制，用于实现汽车与汽车（V2V）通信和汽车与基础设施（V2I）通信，通信距离为 10～30 m，工作频段为 5.8 GHz、915 MHz 或 2.45 GHz，数据速率为 250 kbit/s 或 500 kbit/s。ETC 系统中车载单元与路边装置采用的就是 DSRC。

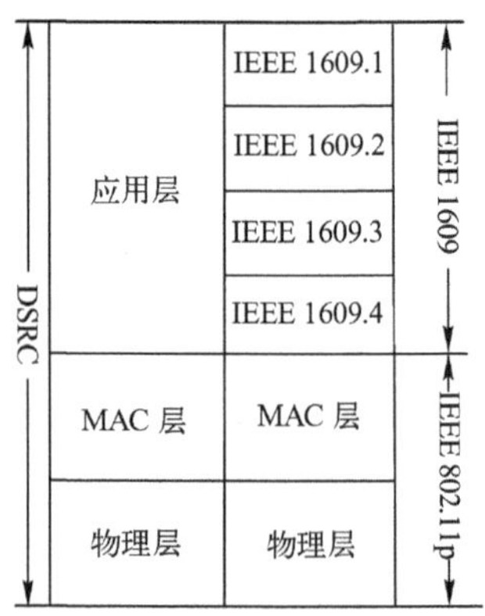

图 13-4　DSRC 标准与 IEEE 802.11p 和 IEEE 1609 三者的体系结构关系

IEEE 802.11p 标准是对 IEEE 802.11 标准的扩展和补充，克服了 IEEE 802.11 标准中信号覆盖范围小、服务质量支持能力弱、难以适应车辆高速移动中信道切换等缺点，对 DSRC 标准中的物理层和媒介访问控制层进行了规范，引入了先进的数据传输、移动互联、通信安全和身份认证等机制。

IEEE 1609 系列标准是为了完善 DSRC 标准应用层提出的。目前，有 IEEE 1609.1～IEEE 1609.4 这 4 个标准。IEEE

1609.1 提供资源管理，规范了远程应用和资源管理间的控制流程，使得具有控制能力的结点能够对一个区域内的所有结点进行远程控制。IEEE 1609.2 提供安全服务，为车联网应用和信息管理提供安全保障机制，如防范信道窃听、电子欺诈等。IEEE 1609.3 提供网络层协议及管理机制，降低信息在网络设备中的传输时延。IEEE 1609.4 主要用于多信道的协调通信，通过控制信道协调其他服务信道的网络设备之间交换信息。

车联网与传统的互联网相比，有其自身独特的优势与特点。第一，车联网的网络结构呈现动态拓扑。高速移动的车辆结点使得车联网的拓扑结构快速变化，接入方式也会随之改变。第二，能量和存储空间充足。车联网中的通信结点是车辆，具有足够的存储空间和数据处理能力，以及不间断的续航能力。第三，车辆移动轨迹可预测。车辆行驶是遵循已有的道路，只要获取到道路信息及车辆的速度，车辆的运行状态在一定时间内就可以被预测。第四，应用场景多样化。车联网的应用广泛，可提供车辆安全、道路维护、交通监控、生活娱乐和移动互联网接入等服务。第五，通信的可靠性和实时性要求高。车联网中车辆的运行速度快，要求结点之间通信的可靠性和实时性高。

车联网是未来智能交通的发展方向，通信技术是车联网技术的关键支撑，决定了车联网信息传输的实时性和可靠性。车联网目前还处在不断演进的阶段，各种应用完全独立，不能体现出车联网的特性，通信技术也面临着较多的问题。移动互联网和物联网的广泛应用，特别是大数据、云计算和无线通信技术的快速发展，将给车联网通信技术的发展带来新的动力。

13.2.3　自动驾驶

自动驾驶是指通过计算机系统实现无人驾驶，依靠人工智能、视觉计算、雷达、监控设备和定位系统协同合作，让计算机在没有任何人的主动操作下，自动、安全地驾驶机动车辆。

自动驾驶技术由感知系统、控制系统和执行系统 3 部分组成，如图 13-5 所示。自动驾驶系统通过感知系统，获取车辆自身信息及外界环境信息，经过控制系统分析信息、做出决策，执行系统实现车辆的加速、减速或者转向等，从而在无人操作时，完成自动行驶。

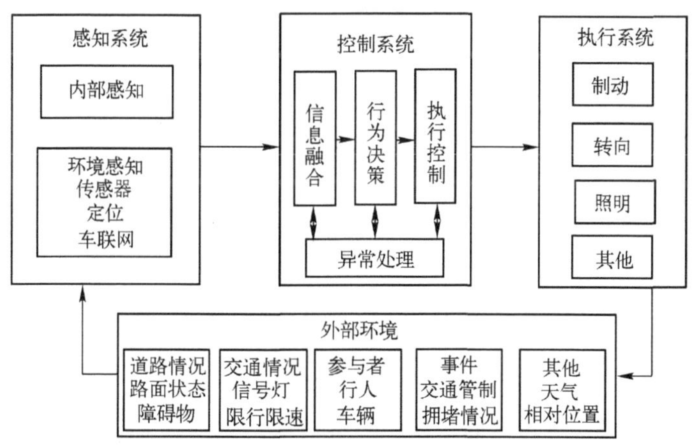

图 13-5　自动驾驶技术系统组成

感知系统包括内部感知和环境感知。内部感知主要是通过如控制器局域网（CAN）等现场总线采集车内各电子控制单元信息，以及车载传感器产生的数据信息，来获取车辆的状态。环境感知是指通过传感器、定位和车联网等技术获取周边物体、实时路况、导航定位和停车场等信息。

传感器感知的对象包括行驶路径、周围障碍物和行驶环境等。感知行驶路径是对可通行道路的识别，包括红绿灯、标识牌和路障等；感知障碍物是识别影响车辆正常行驶的静止或者移动的障碍物，包括路障、行人和其他车辆等；感知行驶环境是判别对自动驾驶车辆影响较大的环境，如路面、交通和天气等。

传感器感知系统虽然给自动驾驶汽车提供了周边环境信息，但是难以实现全局的高精度定位，在大范围感知环境、规划路径等方面有所不足。定位导航系统应用车辆定位技术、地理信息系统、数据库技术、信息技术、多媒体及远程通信技术为车辆提供全局定位、路线规划和综合信息等功能。

车联网技术是自动驾驶的关键，它可以将具体的实时路况信息和车辆的实时位置信息记录在网络中，协调统筹每辆车的行驶，为每辆车安排合理路线，避免拥堵和交通事故的发生，能够在很大程度上提高自动驾驶的可靠性。

自动驾驶汽车在复杂的环境中或者不断变化的街道上行驶，需要有很好的感知和决策能力，目前主要采用人工智能中的深度学习方法，让控制系统通过实例学习，学会如何对一个输入做出正确的响应，其具体步骤如下。

1）准备数据，对数据进行预处理，再选用合适的数据结构存储训练数据。

2）输入大量数据对第一层进行无监督学习。深度学习分为监督学习和无监督学习两种，学习模型通常采用分层结构，每一层提取数据的一个或多个不同方面的特征，并把提取的特征作为下一层的输入。

3）通过第一层对数据进行分类，将相近的数据划分成同一类。

4）运用监督学习的方法调整第二层中各个结点的阈值，提高第二层数据输入的正确性。

5）用大量数据对每一层网络进行无监督学习，并且每次用无监督学习只训练一层，将其训练结果作为其高一层的输入。

6）输入之后用监督学习去调整所有层。

例如，自动驾驶过程中，将前方有行人和与行人之间的距离作为是否制动和鸣笛的输入数据。通过大量数据的输入，第一层网络会将与行人间距离相近的划为一类，第二层网络对不同的距离类进行监督学习，调整当与行人间的距离在多少范围内时，执行制动和鸣笛，提高第二层分类和训练结果的正确性。

通过对自动驾驶汽车的车联网、人工智能、定位导航、高清地图、传感器及智能交通设施的进一步研究，未来自动驾驶汽车的交通事故发生率几乎可以忽略不计。

13.3 智能物流

物流（Logistics）是一种古老而传统的经济活动，它是指物品从供应地到接收地的实体流动过程。现代物流包括运输、储存、装卸、搬运、包装、流通加工、配送和信息处理等环节。智能物流是在物流系统自动化的过程中逐渐形成的，它通过使用 RFID 等技术，减少了人工干预。物联网概念的起源之一就是智能物流系统。

智能物流作为物联网的重要应用，其体系结构也同样分为感知层、传输层、处理层和应用层。感知层大量使用物品编码、自动识别和定位系统，对具体商品进行标识和识别。传输层使用电信移动网络传输信息比较适合。处理层在高性能计算技术的支撑下，通过对网络内的海量物流信息进行实时、高速处理，对物流数据进行智能化挖掘、管理、控制与存储。应用层为供货方和最终用户提供物流各环节的状态信息，为物流管理者提供决策支持。

13.3.1 智能物流的相关技术

智能物流是一个庞大的系统，随着物联网技术的发展，一些新的技术被引入到物流系统，如无线射频识别技术、EPC 系统、定位技术和数据挖掘技术等。

1. 物品编码

在物流系统中，条形码仍是应用最为普遍的物品编码系统，目前，二维码和 EPC 也逐步普及起来。条码、二维码和 EPC 等编码可以标识物体、货物、集装箱、各种单据，甚至车辆、人员等信息，是整个物流环节的链条。EPC 的独特魅力和众多知名企业的加盟，使得物流企业不断向 EPC 网络靠拢，从而实现全球化电子物流的“大同世界”。

2. 无线射频识别

与条形码相比，无线射频识别 RFID 系统反应速度快，数据容量大，可以进一步提高物流系统的自动化水平。例如，将 RFID 技术应用于库存管理中，企业能够实时掌握商品的库存信息，从中了解每种商品的需求模式，及时进行补货，结合自动补货系统及供应商库存管理（VMI）解决方案，提高库存管理能力，降低库存存量。在企业资产管理中使用 RFID 技术，对叉车、运输车辆等设备的运作过程采用标签化的方式进行实时追踪，可实现企业资产的可视化管理，有助于企业对其整体资产进行合理的规划使用。

3. 定位技术

小到某件物品在仓库中的存放位置，大到运输车辆的实时位置和行进路线，智能物流大量采用各种定位技术对物品进行跟踪管理。目前常用的定位技术有 GPS 定位、基站定位、Wi-Fi 定位和声波定位等。其中，GPS 定位技术被广泛运用到下列物流领域。

1）车辆跟踪调度。系统建立了车辆与系统用户之间迅速、准确、有效的信息传递通道，用户可以随时掌握车辆状态，迅速下达调度命令。同时，可以根据需要对车辆进行远程控制，还可以为车辆提供服务信息。

2）实时调度。调度中心接到货主的叫车电话后，立即以电话、短信和即时通信等方式，通知离其位置最近的空载物流车，并将货主的位置信息显示在车载液晶显示屏上。物流车接到调度指令后前往载货。

3）车辆定位查询。调度中心随时了解物流车辆的实时位置，并能在中心的电子地图准确地显示车辆当时的状态（如速度、运行方向等信息）。

4）运力资源的合理调配。系统根据货物派送单的产生地点，自动查询可供调用车辆，向用户推荐与目的地较近的车辆，同时将货物派送单派送到距离客户位置最近的物流基地。保证了客户订单快速、准确地得到处理。同时地理信息系统 GIS 的地理分析功能可以快速地为用户选择合理的物流路线，从而达到合理配置运力资源的目的。

5）敏感区域监控。物流涵盖的地理范围非常广，GPS 能使管理者实时获知各个区域内车辆的运行状况、任务的执行情况和安排情况，让所辖区域的运输状况一览无余。例如，在运输过程中，某些区域可能易发生运输事故等，当运输车辆进入该区域后，就可以自动及时地给予车辆提示信息。

4. EDI

电子数据交换（Electronic Data Interchange，EDI）可以提供一套统一的数据格式标准，广泛应用于在线订货、库存管理、发货管理、报关和支付等物流环节中。EDI 系统模型如图 13-6 所示。

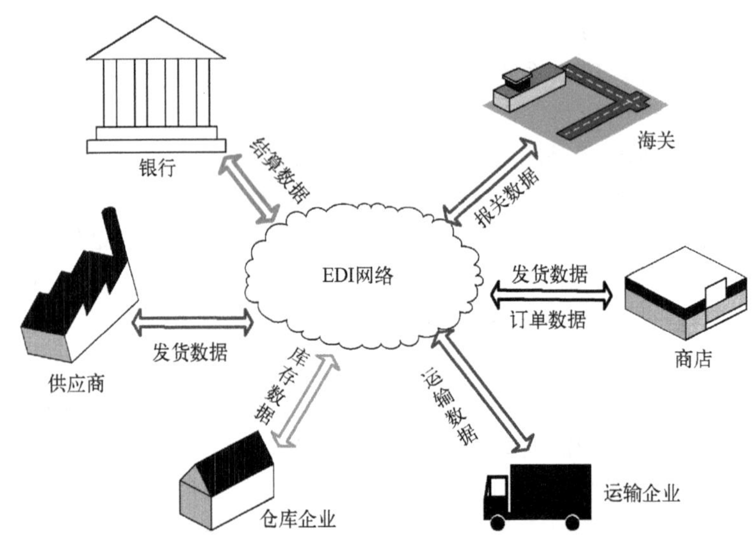

图 13-6　EDI 系统模型

供应者在接到订货单后，制订货物运送计划，并把货物清单及发货安排等信息转化为 EDI 数据，发送给物流企业和接收者。物流企业从供应者处收到货物，在产品整理、集装、存储和分发等过程中，通过 EDI 系统产生数据，进行跟踪管理和运费结算。接收者收到产品后，利用 EDI 系统向供应者和物流企业发送收货确认信息，同时利用 EDI 系统进行结算。

5. 人工智能技术

与传统的物流相比，智能物流不仅需要实现流程的自动化，还需要利用人工智能技术从现场获取信息、整合信息并代替人自动地进行流程规划和资源调配，以实现物流系统的整体优化。例如，在库存控制方面，通过分析历史消费数据，动态调整库存水平；在仓储环节，根据现实环境的约束条件，给出接近最优解决方案的选址模式；在配送环节，引入智能机器人进行投递分拣，实现从用户下单到出库的全程机械化、自动化，推荐最合理的快递员数量和线路划分，优化安排包裹和快递员的配对。

6. 数据挖掘技术

数据挖掘技术可以帮助企业及时、准确地对运输、仓储、配送和搬运等环节的数据进行处理，提取有价值的信息，用以辅助决策，提高企业的运作效率，降低物流成本，增加收益。例如，利用数据挖掘中的关联模式分析，可以分析出不同仓储货物之间同时出现的概率，从而合理地安排货位，提高拣货效率；利用数据挖掘中的分类算法，可以对库存管理中货物的存储序号、货物的存储量、货物单价及占全部库存货物数量的百分比，以及占货物总价值的百分比等数据进行分析，确定不同库存货物的管理措施，制定合理的库存策略。

通过从客户与企业交互过程中收集到的各种数据，数据挖掘技术能够帮助企业完成对客户行为及市场趋势的有效分析。例如，通过分析客户对物流服务的应用频率、持续性等数据来判别客户的忠诚度；通过对交易数据的详细分析来挖掘哪些是企业希望保存的有价值的客户，哪些是有待开发的潜在客户；可以通过挖掘找到流失客户的共同特征，就可以在那些具有相似特征的客户未流失前进行针对性的弥补来挽留他们。

7. GIS 技术

智能物流使用的地理信息系统（Geographic Information System，GIS）可以将订单信息、网点信息、送货信息、车辆信息和客户信息等数据整合到一张图中进行管理，实现快速智能分单、网点合理布局、送货路线合理规划、包裹监控与管理等功能。GIS 可以帮助物流企业实现以下基于地图的服务。

1）网点标注。在地图上标注出物流企业的网点及网点信息（如地址、电话和提送货等信息），便于用户和企业管理者快速查询。

2）片区划分。从“地理空间”的角度管理大数据，为物流业务系统提供业务区划管理基础服务，如划分物流分单责任区等，并与网点进行关联。

3）快速分单。使用 GIS 地址匹配技术，搜索定位区划单元，将地址快速分派到区域及网点。并根据该物流区划单元的属性找到责任人以实现“最后一公里”配送。

4）物流配送路线规划辅助系统用于辅助物流配送规划。合理规划路线，保证货物快速到达，节省企业资源，提高用户满意度。

5）数据统计与服务。将物流企业的数据信息在地图上可视化地直观显示，通过科学的业务模型、GIS 专业算法和空间挖掘分析，洞察通过其他方式无法了解的趋势和内在关系，从而为企业的各种商业行为，如制定市场营销策略、规划物流路线、合理选址分析和分析预测发展趋势等构建良好的基础，使商业决策系统更加智能和精准，从而帮助物流企业获取更大的市场契机。

13.3.2　智能物流中的配送系统

物流配送是物流的重要环节，也是体现智能物流高效、快捷的标尺。基于电子标签技术的智能物流配送系统如图 13-7 所示，整个系统可分为电子标签应用、仓储物流中心管理和多级计算机控制 3 个方面。

1. 电子标签应用

物流配送实际上是物流、信息流和资金流的相互流通过程，如何高效、快捷、方便、安全地传递物流信息，是现代物流需要解决的关键问题。利用电子标签技术，在物流配送的每个结点，从营销总部、配送中心、分销中心直到零售商、客户，均可实现对物流信息的识别、控制与管理，以期望根据客户订单，快速准确地集结其所需求的货物。在物流配送系统中，电子标签常用于以下几个子系统。

1）基于远距离电子标签的固定识别系统。该系统由电子标签、电子标签读写器和数据交换、信息管理系统等组成，置于配送中心货物进出口处。系统总体上可以分为硬件和软件两部分。硬件部分包括电子标签和 RFID 读写器。每张电子标签的序列号唯一，通信过程中的所有数据均加密以防止信号被拦截。读写器部分包括控制部分、存储器、I/O 端口、与电子标签通信有关的编解码器，以及射频天线。软件部分实现计算机与读写器的数据交换，进而实现电子标签信息的写入与读取。

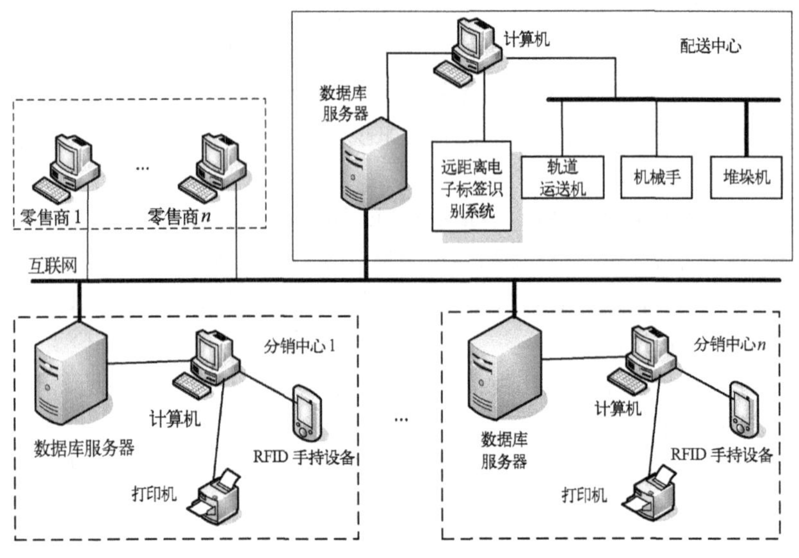

图 13-7　智能物流配送系统示意图

2）进货识别系统。当货物进入轨道输送机时，进货识别系统根据 RFID 读写器读取的电子标签信息，正确判断出货物的相关信息，如商品名称、种类、等级、时间、存放地点和来源等，并与仓储物流中心管理系统交互这些信息。

3）仓库货物的自动摆放与提取系统。该系统通过 RFID 读写器读取进库物品表面上的电子标签中的相关信息，根据货物库存和货架信息，按照货物存放位置的优化算法，控制轨道输送机、四自由度机械手和自动堆垛机将物品自动存入货架。反之，自动堆垛机根据要求接收计算机的命令将货物从指定位置提出，并由可编程控制器（PLC）机械手和轨道输送机将货物送出。

2．仓储物流中心管理

仓储物流中心管理系统实现进库、出库、库存管理与控制，以及进销存报表管理等。具体功能如下。

1）订单管理。包括网上订单受理系统、电话或传真订单受理系统、常规订单受理系统。

2）进库管理。系统登记物品名称、种类、等级、时间、存放地点和来源等信息，并分配电子标签，通过电子标签读写器在电子标签内写入相关信息，然后入库。

3）出库管理。物品从库房内调出时需经管理人员进行电子签名、审批和核验，其结果将存储到相应数据库中。物品出库时，若发现出库物品与审核数据不符，系统将会给出报警提示。符合出库条件的物品，系统会记录该物品代号、名称、去向、出库时间、审批人和经手人等信息。

4）库存管理。对制造业或服务业生产、经营全过程的各种物品及其他资源进行管理和控制，使其储备保持在经济合理的水平上。

5）进销存报表管理。通过进销存管理软件对物流全程进行跟踪管理，从订单接获、物料采购、入库、领用到产品完工入库、交货、回收货款和支付原材料款等，每一步都能提供详尽准确的数据。

6）查询与统计功能。包括物品入库、出库、临时管理、审核查询与统计等。

7）与各分销中心的网上数据交换的功能。

3．多级计算机控制

多级计算机控制系统是计算机控制技术与物流管理技术的融合，实现物流与信息流的协调统一，并使得物流配送成本最低。系统中的工作站可用于整个物流的管理与决策，以协调电子标签信息与轨道输送机、四自由度机械手及自动堆垛机之间的配合与控制。

13.4　精细农业

精细农业（Precision Agriculture）是当今世界农业发展的新潮流，是由信息技术支持、根据空间变异定位、定时、定量地实施一整套现代化农事操作技术与管理的系统。其基本含义是根据作物生长的土壤性状，调节对作物的投入，即一方面要查清田地内部的土壤性状与生产力空间变异，另一方面要确定农作物的生产目标，通过系统诊断、优化配方、技术组装和科学管理，调动土壤生产力，以最少或最节省的投入达到最好的效益，并能够改善环境，高效地利用各类农业资源。

13.4.1　精细农业的组成

精细农业主要由 10 个系统组成，包括全球定位系统、遥感系统、农田地理信息系统、农田信息采集系统、农业专家系统、智能化农机具系统、环境监测系统、系统集成、网络化管理系统和培训系统。目前，食品安全溯源系统也逐渐成为精细农业研究应用的一个新方向。

精细农业的核心是全球定位系统（GPS）、遥感系统（RS）和农田地理信息系统（GIS），即通常所指的“3S”（GPS、RS、GIS）。其贯通点在于：由全球卫星定位系统为农机具提供实时的位置信息，指导精细作业；利用遥感系统采集农业生产全程各时段的资料，包括土壤和作物水分监测、作物营养状况监测及农作物病虫害监测等；最后由应用地理信息系统整理分析土壤和作物的信息资料，将之作为属性数据，并与矢量化地图数据一起，制成具有实效性和可操作性的田间管理信息系统。

13.4.2　精细农业的相关技术

精细农业的实现需要各个系统的相互配合，除了 3S 技术外，还需要决策支持系统、专家系统、计算机自动控制技术及其他农业专用技术等，以达到降低成本、减少资源消耗和保护生态环境的目标。

1. 全球定位系统（GPS）技术

GPS 配合 GIS，可以引导飞机播种、施肥和除草等。GPS 设备装在农具机械上，可以监测作物产量、计算虫害区域面积等。GPS 在精细农业的具体应用如下。

1）土壤养分分布调查。在采样车上配置装有 GPS 接收机和 GIS 软件的计算机，采集土壤样品时，利用 GPS 准确定位采样点的地理位置，计算机利用 GIS 绘制土壤样品点位分布图。

2）监视作物产量。在收割机上配置 GPS 接收机、产量监视器（不同的作物有不同的产量监视器）和计算机，当收割作物时，产量监视器记录作物的产量，GPS 记录每株作物的地点，计算机据此绘制出每块土地的产量分布图。结合土壤养分分布图，就可以找到影响作物产量的相关因素，从而实施具体的施肥、改造等措施。

3）土地面积的测绘。利用 GPS 可以准确划定病虫害区域，跟踪害虫的扩散，定位害虫的迁飞路径。

2. 遥感系统（RS）技术

遥感技术属于非接触性传感技术，是指从不同高度的平台上使用不同的传感器，收集地球表层各类地物的电磁波信息，并对这些信息进行分析处理，提取各类地物特征，以探求和识别各类地物的综合技术。

遥感系统主要由信息源、信息获取、信息处理和信息应用 4 部分组成。信息源是指需要利用遥感技术进行探测的目标物。信息获取是指运用遥感设备接收并记录目标物电磁波特性的探测过程。信息获取部分主要包括遥感平台和遥感器，其中遥感平台是用来搭载传感器的运载工具，常用的有车载、手提、气球、飞机和人造卫星等；遥感器是用来探测目标物电磁波特性的仪器设备，常用的有照相机、扫描仪和成像雷达等。信息处理是指运用光学仪器和计算机设备对所获取的遥感信息进行校正、分析和解译处理，从遥感信息中识别并提取所需的有用信息。信息处理设备包括彩色合成仪、图像判读仪和数字图像处理机等。信息应用是指专业人员按照不同的目的将遥感信息应用于各业务领域的使用过程。

通过不同波段的反射光谱分析，遥感系统可提供农田内作物的生长环境和生长状况，并能实时地反馈到计算机中，帮助了解土壤和作物的空间变异情况，以便进行科学管理和决策。

3. 地理信息系统（GIS）技术

地理信息系统是集计算机科学、地理学、环境科学、信息科学和管理科学为一体的新兴学科。GIS 利用计算机技术管理空间分布数据和地理分布数据，进行一系列操作和动态分析，以提供所需要的信息和规划设计方案。

GIS 是精准农业的技术核心，它可以将土地边界、土壤类型、灌水系统、历年的土壤测试结果、化肥和农药等使用情况，以及历年产量结果做成各自的地理信息图，统一进行管理，并能通过对历年产量图的分析，得到田间产量变异情况，找出低产区域然后通过产量图与其他因素图层的比较分析，找出影响产量的主要限制因素。在此基础上制定出该地块的优化管理信息系统，指导当年的播种、施肥、除草、病虫害防治和灌水等管理措施。

4. 决策支持系统（DSS）技术

决策支持系统（Decisions Support System，DSS）以管理科学、运筹学、控制论和行为科学为基础，运用计算机技术、模拟技术和信息技术为决策者提供所需要的数据、信息和背景材料，通过分析、比较和判断，帮助明确决策目标和识别存在的问题，建立或修改决策模型，提供各种备选方案，并对各种方案进行评价和优选。

在精细农业领域内，决策支持系统综合了专家系统和模拟系统，可根据农业生产者和专家在长期生产中获得的知识，建立作物栽培与经济分析模型、空间分析与时间序列模型、统计趋势分析与预测模型，以及技术经济分析模型。

5. 变量施肥技术（VRF）

变量施肥技术（Variable-Rate Fertilization）是精细农业的重要组成部分，它是以不同空间单元的产量数据与土壤理化性质、病虫草害、气候等多层数据的综合分析为依据，以作物生长模型、作物营养专家系统为支持，以高产、优质、环保为目的的施肥技术，从而可以实现在每一操作单元上按需施肥，有效控制物质循环中养分的输入和输出，防止农作物品质变坏及化肥对环境的破坏，大大提高了肥料的利用率，减少了多余肥料对环境的不良影响，降低生产成本，增加农民收入。

6. 计算机分类处理技术

计算机分类处理是从遥感影像上提取地物信息的一种重要手段，传统的分类方法只考虑地物的光谱特性，采用影像元进行逐点分类的方法。由于该方法没有利用光谱以外的其他辅助信息，因而分类精度不高，比如植被类型，其分布就经常受到地形、地貌等因素的影响。因此，合理利用地形等辅助信息参与影像的分类，或利用这些信息对影像的分类结果进行后续处理，能达到提高分类精度的目的。

7. 获取机械产量计量与产量分布图生成技术

获取农作物小区产量信息，建立小区产量空间分布图，是实施“精细农业”的起点，是实现作物生产过程中科学调控投入和制订管理决策措施的基础。

8. 农田信息采集与处理技术

农田信息采集与处理是实施“精细农业”实践的基础工作，是地理信息系统和作物生产管理辅助决策系统的主要数据参数源，它还是智能化农机具行为的基本依据。射频识别技术和无线传感网络技术都可以被应用到农田信息采集、信息传输的过程中。例如，使用 RFID 技术的田间管理监测设备能够自动记录田间影像与土壤酸碱度、温湿度、日照量，甚至风速、雨量等微气象，详细记录农产品的生长信息。

9. 系统集成技术

系统集成技术的目的是解决各子系统间的接口设计、数据格式和通信协议标准化等问题，以便将上述技术协作起来，构成一个完整的精细农业技术体系。

13.4.3　精细农业的应用实例

20 世纪末，精细农业技术已在我国北京、新疆、黑龙江和广东等地进行了中等规模的试验，同时一些高校和科研院所也开展了精细农业技术的研究，并取得了初步成果，如采摘机器人技术、变量施肥播种技术和变量灌溉决策支持技术等。部分成果如遥感农情诊断技术和 GIS 支持下的精耕细作技术，已经用于大面积生产。下面以精细灌溉系统为例介绍精细农业的具体应用状况。

该精细灌溉系统由无线传感结点、无线路由结点、无线网关和监控中心 4 部分组成，如图 13-8 所示。

各传感器结点通过 ZigBee 构成自组网络，监控中心和无线网关之间通过 GPRS 进行土壤及控制信息的传递。每个传感结点通过温度和湿度传感器自动采集土壤信息，并结合预设的湿度上下限进行分析，判断是否需要灌溉及何时停止灌溉。每个结点通过太阳能电池供电，电池电压被随时监控，一旦电压过低，结点就会发出报警信号。报警信号发送成功后，结点进入睡眠状态直到电量充满。无线网关用于连接 ZigBee 无线网络和 GPRS 网络，它是基于无线传感器网络的节水灌溉控制系统的核心部分，负责无线传感器结点的管理。温湿度传感器分布于监测区域内，将采集到的数据发送给就近的无线路由结点，路由结点根据路由算法选择最佳路由，建立相应的路由列表，表中包括自身的信息和邻居网关的信息。路由结点通过网关连接到广域网，最后把数据传给远程监控中心，便于用户远程监控管理。

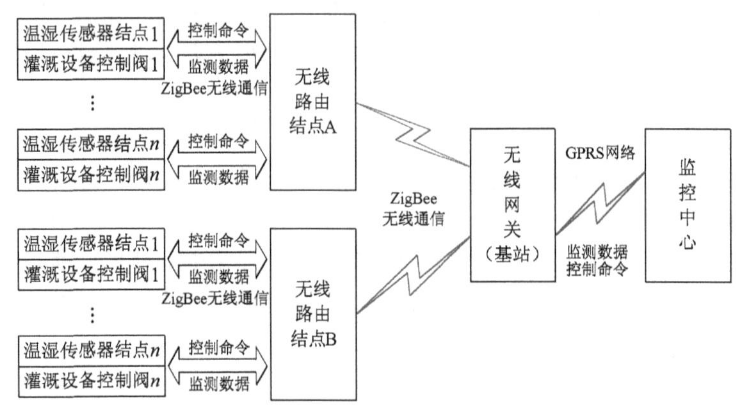

图 13-8　基于无线传感器网络的节水灌溉控制系统组成框图

精细灌溉系统采用混合网，底层为多个 ZigBee 监测网络，负责监测数据的采集。每个 ZigBee 监测网络有一个网关结点和若干个土壤温湿度数据采集结点，采用星形结构，中心的网关结点作为每个监测网络的基站。网关结点具有双重功能：一是充当网络协调器的角色，负责网络的自动建立、维护和数据汇集；二是连接监测网络与监控中心，与监控中心交换信息。此系统具有自动组网功能，无线网关一直处于监听状态，新添加的无线传感器结点会被网络自动发现，这时无线路由会把结点的信息传送给无线网关，由无线网关进行编址并计算其路由信息，更新数据转发表和设备关联表等。

该系统的土壤含水率传感器采用 ECH20 水分传感器。传感器结点采用 4 节 1.5V 的 AA 电池供电，通过稳压芯片控制工作电压，电压值为 3.0V。网关结点采用太阳能供电，工作电压为 12V。传感器网络在能量管理上采用休眠/同步机制，使全部结点同时工作，然后同时进入休眠状态以节省能量，通信时利用网络层的洪泛机制进行全网同步。

13.5　智能环保

智能环保是指通过布设在水体、陆地和空气中的传感设施及太空中的卫星，对水体、大气、噪声、污染源、放射源、废弃物等重点环保监测对象进行状态、参数、位置等多元化监测感知，并结合网络技术和软件技术，对海量数据进行传输、存储和数据挖掘，实现远程控制和智能管理。

13.5.1　智能环保系统的组成

一个城市的智能环保系统通常采用“前端采集＋中心管理”的二级架构，也可以采取基于授权的多级管理的阶梯架构方式，整个系统包括前端采集设备、环境监测网络、接入和传输网络，以及指挥中心几部分。

1．前端采集设备

前端采集设备以环保监测主机为核心。数据监控子系统将各监测点的环保监测主机采集的数据和具体污染对应，存储在数据库中，进行实时展现和数据分析。检测范围包括水站、气站和噪声等多种检测对象，每种对象又有多种指标（如二氧化硫浓度、烟尘浓度和水质等）。这些指标由中心平台统一表述，以保证数据含义的一致性。

在大气污染监测中，气体传感器可分为以下几类：半导体气体传感器、电化学气体传感器、固体电解质气体传感器、接触燃烧式气体传感器和光化学性气体传感器等，如图 13-9 所示。

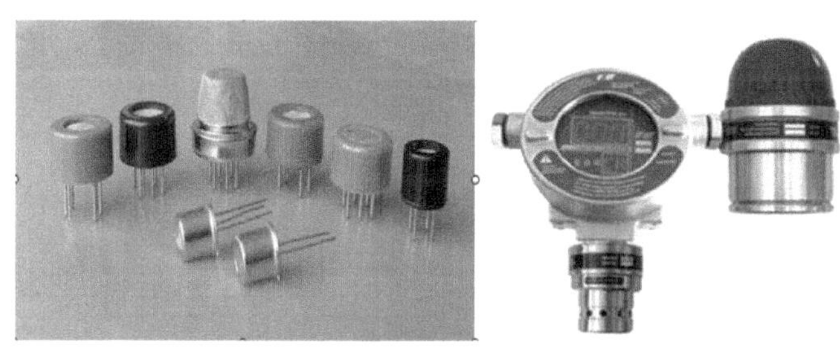

图 13-9　半导体传感器和电化学传感器

在水体污染和土壤污染的监测中，利用传感器监测重金属的技术主要有：光纤化学传感器技术、微电极阵列技术、纳米阵列电极技术、激光诱导击穿光谱技术和生物传感器技术等。另外，监测有机物污染的技术主要包括：基于荧光机制的光线感知技术、基于生化需氧量的生物感知技术、渐逝波感知技术、表面声波化学感知技术和化学阻抗感知技术等。另外，视频监控子系统配备专用摄像机和前端视频服务器，主要针对重点污染源进行远程视频监控，向客户提供视频浏览、图像抓拍、语音监听、存储和云台控制等视频监控功能。

2．环境监测网络及其接入

由于环境监测网络可能部署在恶劣环境条件下，因此无线传感器网络成为物联网智能环保必不可少的基础设施。在城市环境中，由于有大量的手机用户和机动车辆，可以将各种环境探测传感器内置到这些移动设备中，用以监测城市环境信息，形成城市中的协作感知环境监测网络。在野外环境监测中，传感器结点往往部署在人们不易接近的区域，而利用监测环境中的移动物体（如野生环境中的动物等）的移动性收集传感信息，形成环境监测中的稀疏网络，则可解决监测区域基本通信设施和供电设施缺乏的问题。另外，常用的环境感知网络还包括无线水下传感网络、无线地下传感网络等。

由前端采集设备构成的环境监测网络可以采用多种方式接入互联网。多方式接入是指支持前端通过有线或无线方式上传数据，前端采集的数据通过移动通信网、Wi-Fi 或者有线的方式接入互联网。

3．指挥中心

指挥中心由服务器、管理终端和浏览终端组成，工作人员可通过计算机或手机对环境监测网络中的设备进行监测。采集的信息先送往连接系统各结点的信息中转站，中转站利用数据融合技术、不确定性数据处理技术和环境预测技术等对信息进行处理，同时负责警情上传分发、报警联动和音视频流的转发工作，并在系统前端主机与客户端之间提供流媒体通路，以减轻网络和设备的负载压力。指挥中心统筹管理整个系统的配置和运作，随时掌握远程监控数据，通过实时视频监视环境状况。

13.5.2 智能环保系统实例

早在物联网概念提出之前，环境保护已经是传感网探索和实践并大力推进的热点领域之一。环保物联网的建设强化了环境执法，提升了污染监控效率，促进了节能减排。环保与城市管理是物联网初期的重点部署领域。下面以无锡市太湖治藻护水系统为例，了解水环境保护系统的感知层和传输层的解决方案。

太湖水污染监测系统的感知层负责水质、蓝藻等信息的实时采集，对污染进行全程定位、跟踪和监控。该系统利用光纤化学传感器监测水质中的重金属离子。光纤化学传感器工作原理如图 13-10 所示。

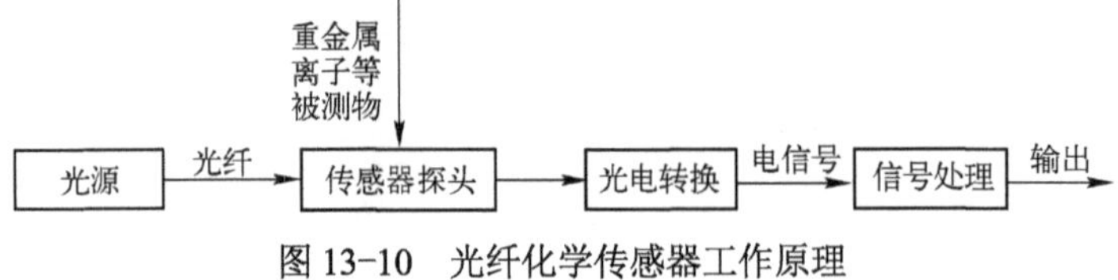

图 13-10 光纤化学传感器工作原理

光源发出的光经由光纤进入调制区（固定有敏感试剂），被测物质（如含有重金属离子污染物的水体）与试剂作用会引起光的强度、波长、频率、相位和偏振态等光学特性发生变化，被调制的信号光经过光纤送入光探测器和一些信号处理装置，最终获得被测物的信息。以水体环境中的镍离子污染检测为例，由于镍的水合离子在可见光区有 3 个吸收峰，因此采用白炽灯、光纤、单色仪和硅电池构成传感器，测量镍的水合离子在 740 nm 处（其中的一个吸收峰值）的吸光度值，就可以计算出镍离子的浓度。

传输层负责水下传感网络的信息收集，并将收集到的信息通过 GPRS 等手段传输至水利局现有的中心设备，由处理层进行数据处理分析。由于部分传感器位于水下，而无线电波在水下衰减严重，且频率越高衰减越大，不能满足远距离组网的要求。考虑到声波是唯一能在水介质中进行长距离传输的能量形式，因此水下传感网络采用了水声进行通信和组网。水下声学调制解调器的工作原理为：发送数据时，数据信息经过调制编码，然后通过水声换能器的电致伸缩效应将电信号转换成声信号发送出去；接收信号时，利用水声换能器的压电效应进行声电转换，将接收的信息解码还原成有效数据。

13.6 智能家居

智能家居最能体现物联网对生活方式的改变。想象一下，当人们回到家中，随着门锁被开启，家中的安防系统自动解除室内警戒，廊灯缓缓点亮，空调自动启动，最喜欢的背景交响乐轻轻奏起，而且不论在办公室还是出差外地，都能通过计算机或者智能手机轻松控制家电。这一切只是智能家居系统为人们提供的一部分服务。本节主要从智能家居系统的起源、发展、子系统和技术需求等方面介绍物联网技术在智能家居系统中的应用和市场前景。

13.6.1 智能家居的功能

智能家居通过构建高效的住宅设施和家庭日常事务管理系统，提升家居的安全性、便利性、舒适性和艺术性，并实现环保节能的居住环境。智能家居提供的功能如图 13-11 所示。

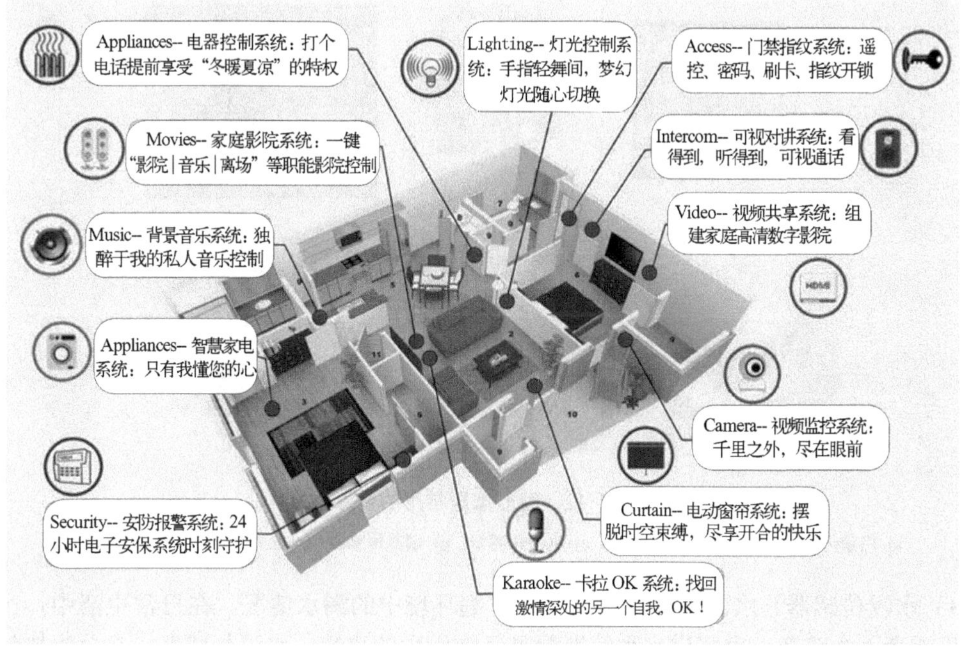

图 13-11　智能家居功能示意图

智能家居系统包含的主要子系统有：家居布线系统、家庭网络系统、智能家居（中央）控制管理系统、家居照明控制系统、家庭安防系统、背景音乐系统、家庭影院与多媒体系统、家庭环境控制系统 8 大系统。

通俗地说，智能家居是融合了自动化控制系统、计算机网络系统和通信技术于一体的网络化智能化的家居控制系统。智能家居为用户提供了更方便的家庭设备管理手段，比如，通过无线遥控器、计算机或者语音识别等技术控制家用设备，使多个设备形成联动。同时，智能家居内的各种设备相互间也可以通信，不需要用户指挥也能根据不同的状态互动运行，从而给用户带来最大程度的高效、便利、舒适与安全。

13.6.2　智能家居的技术需求

智能家居系统的运转需要各个子系统相互配合，需要传感器技术、网络通信技术、自动控制技术和安全防范技术等智能家居相关技术的支持才能实现。

1. 传感器技术

传感器技术是目前研究的热点问题，尤其是无线传感器，其应用非常广泛。目前，随着物联网技术的发展，传感器技术越来越多地被应用到智能家居当中。智能家居使用的传感器如图 13-12 所示。

1）门磁传感器。门磁传感器用于保安监控和安全防范系统。由于该传感器体积小，安装方便，无线信号在开阔地能传输 200 m，在一般住宅能传输 20 m，能够很好地对门窗或其他重要部位的状态起到监控和预警作用。

2）可燃气体探测器。可燃气体探测器主要用于探测可燃气体，在智能家居中用于检测煤气或天然气泄漏问题。目前使用最多的是催化剂和半导体型两种类型。

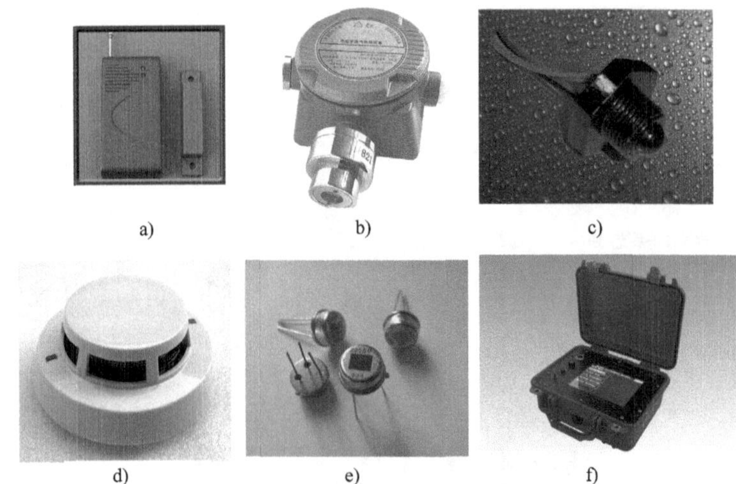

图 13-12　智能家居常用的传感器

a) 门磁传感器　b) 可燃气体探测器　c) 水浸传感器　d) 烟雾传感器　e) 红外传感器　f) 读数传感器

3）水浸传感器。水浸传感器用于检测家庭环境中的漏水情况。在日常生活中，由于器材老化或者人为疏忽，家庭供水系统泄漏是经常发生的事情。水浸传感器一般分为接触式和非接触式两种。接触式水浸传感器一般都配有两个探针，当两个探针同时被液体浸泡时，两个探针之间就有电流通过，从而检测到有漏水的情况。非接触式水浸传感器根据光在两种不同媒质界面发生全反射和折射的原理，检测漏水的存在。

4）烟雾传感器。烟雾传感器主要用于检测家居环境中烟雾的浓度，以防范火灾。通常使用离子式烟雾传感器，它的主要部分是一个电离腔。电离腔由两个电板和一个电离辐射的放射源组成，放射源发出的射线可以电离腔内的氧和氮原子，产生带正电和负电的粒子，并在电离腔内移动形成微小电流。当烟雾进入电离腔时，会导致这一电流下降，从而测量出烟雾信息。

5）红外传感器。红外传感器主要用于探测是否有非法人员入室。红外传感器探头在探测人体发射的红外线辐射后会释放电荷，以此判断人的存在。该传感器的优点是功耗低、隐蔽性好，而且价格低廉；缺点是容易受各种热源和光源干扰。

6）读数传感器。读数传感器在智能抄表和家庭节能中有着广泛应用。读数传感器由现场采集仪表和信号采集器构成。每当水、电或煤气仪表读数出现变化时，现场采集仪表实时产生一个脉冲读数，信号采集器作为一个计数装置，当收到现场采集仪表发送过来的脉冲信号后，对脉冲信号进行取样，获取各类仪表的读数变化。

2. 网络通信技术

家庭里的电器、家具装置等通过有线或无线传输技术连接起来，组成家庭网络，然后通过家庭网关连接到互联网。家庭网络的组建有两种方式：有线网络和无线网络。有线网络由于需要单独布线、安装位置不灵活等原因，在智能家居领域中正在被逐渐淘汰，而无线网络由于其组网方便、配置灵活的优势，将占据智能家居行业的更多份额。参见视频。

第 13 章家庭网络 13.6.2 节

1）智能家居中的有线传输技术。有线传输方式主要分为电力线通信（PLC）技术和总线类技术两种。

PLC 利用现有电力线作为信息传输的媒介，无需额外布线，传输信号的载波频带范围为 1.6～30 MHz，传输速率为 4.5～200 Mbit/s。典型的电力线载波技术有 X-10、PLC-BUS 和 CEBus（Consumer Electronics Bus）等。

总线技术是将所有设备的通信与控制都集中在一条总线上，实现全分布式的智能控制，其产品模块具有双向通信能力和互操作性。总线技术比较适合于楼宇和小区智能化等大区域范围的控制，目前也部分应用于别墅的智能化，但由于其设置安装比较复杂，造价较高，工期较长，只适用于新装修的用户。在智能家居中通常采用双绞线作为控制总线，典型的总线技术有 KNX 总线、LonWorks 总线、RS-485 总线和 CAN 总线等。采用总线技术的智能家居网络如图 13-13 所示。

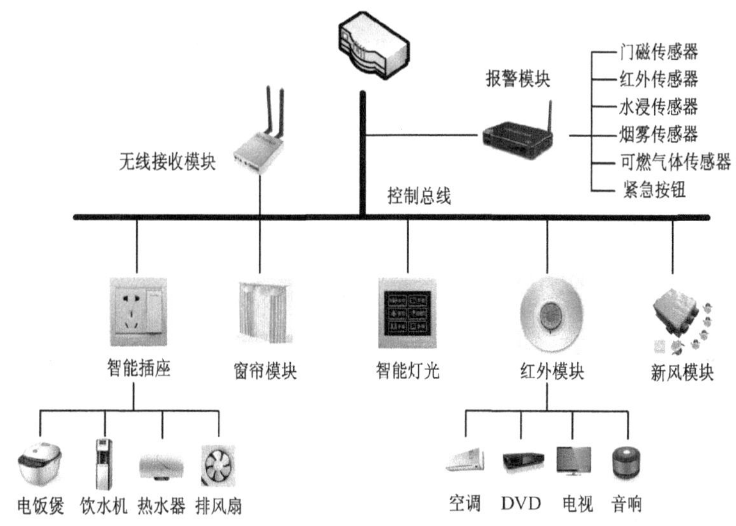

图 13-13　采用总线技术的智能家居网络示意图

2）智能家居中的无线传输技术。无线传输机制相对于有线传输机制，更易于部署和扩展，将广泛应用于未来的智能家居。蓝牙、Wi-Fi 和 ZigBee 等无线传输技术都可用于智能家居，尤其是 ZigBee 技术。ZigBee 之前被称为家庭射频精简版（Home RF Lite），顾名思义，ZigBee 其实是为家庭网络量身定做的技术。

3. 自动控制技术

当前的智能家居控制系统正朝着拥有无线远程控制能力、高速多媒体数据传输能力的方向发展，控制功能更广泛，控制界面更友好。控制功能包括事件提醒、灯光控制、电动窗帘控制、空调和地暖温度控制，多种场景设置及电子日历，用户可以按照自己的意愿选择配置智能家居功能，可以通过互联网、手机和其他无线终端随时随地进行设置和控制，以实现节能、便利、舒适的智能家居生活。

自动控制技术是指在没有人直接参与的情况下，通过具有一定控制功能的自动控制系统来完成某种控制任务，保证某个过程按照预想进行，或者实现某个预设的目标。从控制方式进行划分，自动控制系统分为闭环和开环两种。

1）闭环控制。闭环控制也就是反馈控制，系统组成包括传感器、控制装置和执行装置。例如，在智能家居的灯光场景中，通过光线传感器实时监测室内光线的强弱程度，然后由智能控制系统根据传感器反馈的数据向照明装置发出指令，动态地调整光照强度。这就是一个典型的闭环控制的过程。

2）开环控制。也称为程序控制，按照事先确定好的程序依次发出信号去控制对象。例如，人们可以通过手机上的智能家居应用程序，按照自己的意愿预设相关电器的运行时间，然后由智能控制系统自动管理家中电器的开启和关闭。

4．安全防范技术

目前家庭住户安防技术水平普遍较低，传统的安防系统只能提供一部分火灾、漏水和煤气泄漏等意外事故发生时的报警功能，但采集数据有限，误报率较高，并且不能实现远程报警。对于非法闯入，传统的安防设施不仅影响火灾等灾难来临时的逃生通道，而且这些简单的防入侵系统也不能记录犯罪证据。

智能家居安全防范主要包括火灾报警、可燃气体泄漏报警、防盗报警、紧急求救、多防区的设置和访客对讲等。家庭控制器内按等级预先设置若干个报警电话号码，在有报警发生时，按等级的次序依次不停地拨通上述电话进行报警。同时，各种报警信号通过控制网络传送至小区物业管理中心，并可与其他功能模块实现可编程的联动，例如可燃气体泄漏报警后，可自动关闭燃气管道上的开关装置。

13.6.3　智能家居物联网应用实例

智能家居物联网的应用实例很多，目的是为用户提供舒适、安全、节能环保的服务，下面从智能家电、智能照明和家庭安防3方面分别介绍物联网技术在智能家居领域的应用。

1．智能家电

智能家电是微处理器和计算机技术引入家用电器设备后形成的产品，具有自动检测故障、自动控制、自动调节，以及与控制中心通信等功能。未来智能家电主要朝着多种智能化、自适应化和网络化3个方向发展。多种智能化是指家电尽可能在其特有的工作功能中模拟多种智能思维或智能活动。自适应化是指家电根据自身状态和外界环境的变化，自动优化工作方式和过程的能力，这种能力使得家电在其整个生命周期中都能处于最有效、最节省能源的状态。网络化是指家电之间通过网络实现互操作，用户可以远程控制家电，通过互联网双向传递信息。

智能冰箱、云电视等是智能家电的代表性产品。智能冰箱的系统组成包括RFID监控模块、食品管理系统模块和无线通信模块3部分，如图13-14所示。

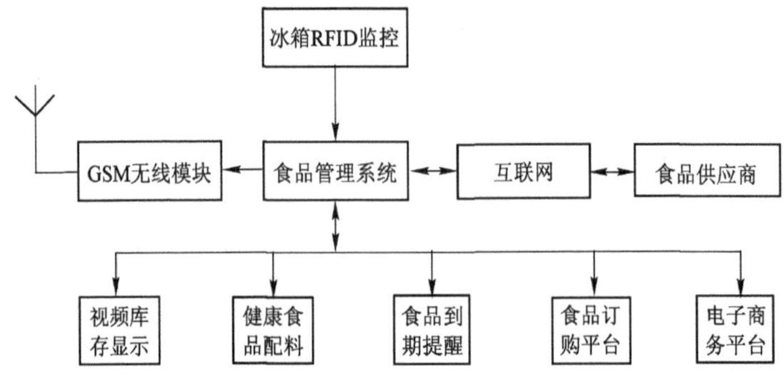

图13-14　智能冰箱的系统组成

智能冰箱中的 RFID 监控模块通过食品上的 RFID 标签读取食品的属性，如生产日期、保质期等。食品管理系统模块是冰箱的核心，实现家庭食品库存显示等主要功能，通过与互联网连接，获取营养学等一些信息，为健康食谱搭配等功能提供依据，还可以与食品供应商的智能物流系统连接，按照用户的指令订购所需的各种食品。无线通信模块负责将冰箱内的食品状况及冰箱的运行情况通知给手机用户。

2. 智能照明

目前我国照明消耗的电力占电力总消耗的比重很大。在传统的家庭照明系统中，不仅用电效率低下，造成很大的能源浪费，而且为了达到理想的照明效果，操作比较烦琐。设计智能照明系统，既能够提高能源利用率，也能够很好地改善家居环境。

智能照明控制系统是指用智能开关面板直接取代传统的电源开关，用遥控等多种智能控制方式实现对住宅内所有灯光设备的开启或关闭、亮度调节、定时控制，以及组合控制的形式，实现不同灯光情景效果，如会客模式、就餐模式和影院模式等，从而达到智能照明的节能、环保、舒适、方便的功能。智能照明系统的控制方式有多种，既可以通过智能开关的触摸面板进行手动控制，也可以通过遥控器或者智能终端进行远程集中控制，并通过软件编程，实现灯光的自动控制。

智能照明控制系统主要由智能移动终端（智能手机或平板电脑等）、控制模块、环境光传感器和智能开关组成。其中控制模块是整个智能家居系统的控制主机，安装好相关软件后，可以实现灯光、窗帘和电器等设备的集中控制，在智能照明系统中扮演着智能照明控制中心的角色。智能开关包括调光面板和情景控制面板等，可以通过手动或接受控制模块命令来控制室内的灯光和切换照明模式。控制模块可以接收来自智能移动终端或遥控器的指令，并按照指令对灯光设备进行相应的控制，也可以根据环境传感器（光强传感器、颜色传感器等）反馈回来的室内光线情况，按照预先设置自动调节室内亮度，降低照明电能消耗。

3. 家庭安防

在城市生活中，火灾、煤气泄漏、入室抢劫与盗窃是三类最为常见的安全事故。为保障人身和财产安全，许多家庭安装了防盗网或者烟雾报警器等安全防护设备，但是这些传统的安防设备往往孤立运行，缺乏系统联动性，作用效果有限。

家庭安防系统是指通过各种安防探头、报警主机、摄像机、读卡器、门禁控制器、接警中心及其他安防设备为住宅提供防盗报警服务的综合系统。它包含了三大子系统：闭路电视监控子系统、门禁子系统和防盗报警子系统，如图 13-15 所示。

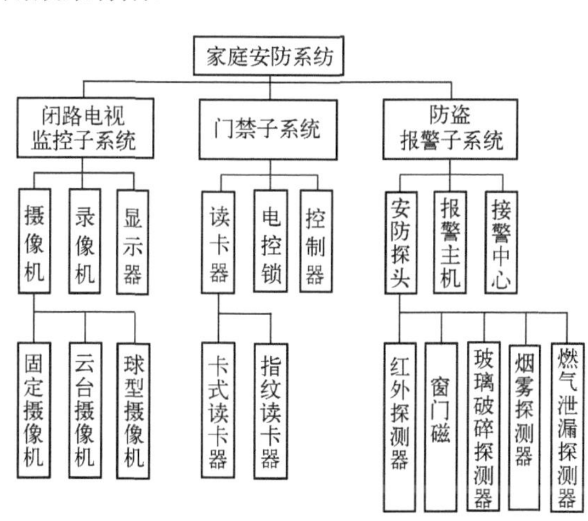

图 13-15　家庭安防系统组成

闭路电视监控子系统利用模拟摄像机或网络摄像机，提供家庭安防的第一道防线。一般来说，闭路监控系统是由开发商为整个小区建设的，业主也可以通过标准的 Web 浏览器访问家中的网络摄像机。

门禁子系统由身份认证模块、家庭网络、家庭控制中心和自动门锁 4 个部门组成。身份认证模块负责识别访客的身份，常见的技术手段有生物特征识别（如人脸特征识别）、RFID 射频技术和可视对讲技术等。家庭网络主要负责将认证模块的认证信息发送给家庭控制中心，为了保证认证信息的安全，传输过程中还会采用动态密钥和 AES 加密等信息安全技术。家庭控制中心负责识别用户身份认证信息，并控制自动门锁的开关。

防盗报警子系统由安防探头、报警主机和接警中心构成。安防探头可以是红外微波双鉴探测器、窗磁、门磁、玻璃破碎探测器、烟雾探测器、紧急按钮和燃气泄漏探测器等。接警中心在智能家居与家庭安防系统中具有重要的地位，是系统的关键。广义的接警中心是指智能化系统的中心控制室，狭义的接警中心仅指防盗报警系统的报警中心。根据我国的实际情况，可以将狭义的接警中心分为3类：小区管理中心、110 接警中心和专业保安服务公司接警中心。

13.6.4　智能家居平台

由于标准不统一，目前各个厂家生产的智能家居设备自成体系，不能实现统一的管理控制。用户为了控制所购买的智能家居设备，经常需要在手机上下载和安装不同的 APP 控制软件。这样一来，很多本来是举手之劳的简单操作反而复杂化了。另外，家居设备彼此之间无法互通，也就不能实现联动，大大限制了智能家居的功能。因此，集成性的智能家居平台成为解决智能家居痛点的关键。

国外比较知名的智能家居平台有苹果的 HomeKit 平台和三星的 SmartThings 平台，另外，谷歌和亚马逊也在积极拓展智能家居市场，目前二者将注意力聚焦在智能音箱，希望将智能音箱发展为智能家居的中枢控制端，利用自然语言交互人工智能技术，占领智能家居市场。

国内除了传统家电厂商外，互联网厂商及通信设备厂商也推出了智能家居战略，目前比较成熟的智能家居解决方案有华为的 HiLink、海尔的 U-home，以及小米的米家智能平台。海尔和小米的智能家居平台主要依托自家的智能硬件设备建立完整的智能家居生态圈，然后通过协议的开放让其他厂家的产品加入其生态系统。

在万物互联时代，得连接者得天下。强调以连接为核心的华为推出了智能家居“三件套”——HiLink 协议、Huawei-LiteOS 操作系统和 IoT 芯片。华为 HiLink 智能家居解决方案框架如图 13-16 所示。

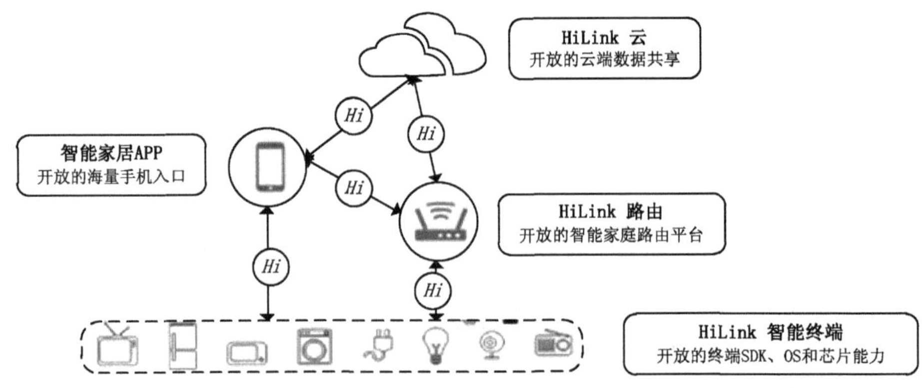

图 13-16　华为 HiLink 智能家居解决方案框架

华为 HiLink 智能家居解决方案的核心是 HiLink 开放互联协议。通过 HiLink 协议可以将人、智能硬件设备和服务应用云三方连接在一起，实现家居设备的智能连接和智能联动。智能连接和智能联动是 HiLink 协议的两个主要功能定义。其中，智能连接包括自动发现、一键连接、自动同步配置，以及设备可以在分布式部署的多个智能网关间自动切换等功能。智能联动是指支持 HiLink 协议的终端，可以通过接入智能网关和智能家居云，实现局域网内设备联动或云端设备联动，还可以通过 APP 设置场景，对设备及设备之间的联动进行远程控制。

HiLink 解决方案的主要部件分为 4 部分，分别为 HiLink 智能终端、HiLink 智能路由、智能家居 APP 和 HiLink 云。

HiLink 智能终端是指支持 HiLink 协议的智能家居硬件产品，在设备侧，华为 HiLink 提供开放的终端 SDK、LiteOS 和物联网芯片等技术，帮助智能硬件厂商快速集成 HiLink 协议，实现终端快速入网、能力开放和设备间互操作。

HiLink 智能路由器是家庭网络的中心，在家庭网络中扮演着重要的角色，负责实现智能家居设备的网络组建、自动发现和一键连接等功能，以及局域网内多设备的协同和场景联动。另外，由于 HiLink 协议兼容 ZigBee、Wi-Fi 和蓝牙等多个通信协议，智能路由器还需要支持多协议、多标准的转换。

智能家居 APP 为用户管理和控制智能家居设备提供了统一的入口和体验，通过智能家居 APP，用户可以实现同时管理所有智能家居设备、为设备联动设置不同场景，以及监控设备运行状态等功能。在 APP 侧，HiLink 通过开放 HTML 5 插件，支持厂家定制设备控制页面。

HiLink 云既能为用户远程管理和控制智能家居设备提供支持，也可以在云端实现对智能家居设备的自动检测和智能管理，同时还能够提供音视频媒体能力。另外，云端通过开放 API，实现了与第三方云的协议对接和数据共享。

13.7　智慧医疗

智慧医疗通过物联网实现患者与医务人员、医疗机构、医疗设备之间的互动，及时采集医疗信息，准确、快速地进行处理，使整个医疗过程更加高效、便捷和人性化。

智慧医疗涵盖了健康监控、疾病治疗和药品追踪等方面，涉及很多技术，其中独具特色的是无线传感器体域网技术。

13.7.1　医用传感器

医用传感器是指用于生物医学领域的传感器，是能感知人体生理信息并将其转换成与之有确定函数关系的电信号的一种电子器件。下面介绍几种常见的医用传感器。

1）体温传感器。体温传感器的种类很多，常用的包括接触式的电子体温计和非接触式的红外热辐射式温度传感器等。电子体温计利用某些物质的电阻、电压或电流等物理参数与环境温度之间存在的确定关系，将体温以数字的形式显示出来。与传统的水银温度计相比，电子体温计具有测量时间短、测量精度高和读数方便等特点。红外热辐射式的温度传感器根据普朗克辐射定律进行工作，即当物体的温度高于绝对零度时，都要以电磁波形式向周围辐射能量，其辐射频率和能量随物体的温度而定。人体也会向外辐射红外线能量，当体温改变时，所辐射的红外线能量就会改变。红外辐射式的温度传感器就是根据检测人体表面的辐射能量而确定体温的。

2）电子血压计。电子血压计是一种测量动脉血液收缩压和舒张压的仪器。电子血压计一般采用科氏音法原理，利用袖带在体外对动脉血管加以变化的压力，通过体表检测出脉管内的血压值。通常使用袖带充气，阻断动脉血流，然后缓慢放气，在阻断动脉点的下游监听是否出现血流。当开始监听到科氏音，即开始有血流通过时，袖带内的压力为动脉内的收缩压；当血流完全恢复正常时，袖带内的压力为动脉舒张压。

3）脉搏血氧仪。脉搏血氧仪利用血液中的氧合血红蛋白和还原血红蛋白的光谱吸收特性，用不同波长的红光和红外光交替照射被测试区（一般为指尖或耳垂），通过检测红光和红外光的吸光度变化率之比推算出动脉血氧饱和度。脉搏血氧仪提供了一种无创伤测量血氧饱和度的方法，可以长时间监测，为临床提供了快速、便捷、安全、可靠的测定方式。脉搏血氧仪还可以检测动脉脉动，因此也可以计量患者的心率。

13.7.2　体域网和身体传感网

体域网（Body Area Network，BAN）的范围只有几米，连接范围仅限体内、体表及其身体周围的传感器和仪器设备。无线体域网（Wireless BAN，WBAN）是人体上的生理参数收集传感器或移植到人体内的生物传感器共同形成的一个无线网络，其目的是提供一个集成硬件、软件和无线通信技术的泛在计算平台，为健康医疗监控系统的未来发展提供必备的条件。WBAN 的标准是 IEEE 802.15.6TG，该标准制定了 WBAN 的模型，分为物理层、数据链路层、网络层和应用层。

体域网技术目前一般用于组建身体传感网（Body Sensor Network，BSN）。BSN 特别强调可穿戴或可植入生物传感器的尺寸大小，以及它们之间的低功耗无线通信。这些传感器结点能够采集身体重要的生理信号（如温度、血糖、血压和心电信号等）、人体活动或动作信号，以及人体所在的环境信息，处理这些信号并将它们传输到身体外部附近的本地基站。

根据所在的人体位置，可将 BSN 中的传感器结点分为 3 类：①可植入体内的传感器结点，包括可植入的生物传感器和可吸入的传感器；②可穿戴在身体上的传感器结点，如葡萄糖传感器、非入侵血压传感器等；③在身体周围并且距离身体很近的用于识别人体活动或行为的周围环境结点。基于以上分类，根据传感器结点的监控/监测目标，BSN 网络可分为 3 种：仅包含第 1 类传感器结点的植入式 BSN 网络；仅包含第 2 类传感器结点的可穿戴式 BSN；由以上 3 类传感器结点任意组合的混合式 BSN。

BSN 的系统架构分为 3 个层次。第 1 层包含一组具有检测功能的传感器结点或设备，能够测量和处理人体的生理信号或所在环境信息，然后将这些信息传送给外部控制结点或头结点，还可以接受外部命令以触发动作。第 2 层是具有完全功能设计的移动个人服务器或主结点，进一步还包括汇聚结点或基站，用于负责与外部网络的通信，并临时存储从第 1 层收集上来的数据，以低功耗的方式管理各个传感器结点或设备，接收和分析感知数据，执行规定的用户程序。第 3 层包括提供各种应用服务的远程服务器，例如，医疗服务器保留注册用户的电子医疗记录，并向这些用户、医务人员和护理人员提供相应的服务。

13.7.3　智慧医疗应用实例

智慧医疗可以分为很多细分领域：医疗数据上，可以构建医学影像、档案和报告等资料库，方便医疗数据共享；就医过程上，可以提供在线预约、缴费、诊疗和查询等服务，更好地服务患者；医疗健康硬件上，可以开发具有健康监测和管理功能的智能硬件，促进个人维持良好的健康状态等。

医疗健康硬件一般分为两类：医疗类硬件，提供体温、血糖、血压和心电等医疗参数的监测功能，专业性强；健康类硬件，提供运动步数、心率、睡眠和体重等健康参数的监测功能，适用性更广。有代表性的健康类硬件包括手环、腕表、智能手机和电子秤等设备，典型的智能手环系统由 5 个模块组成，如图 13-17 所示，可以实现步数、睡眠质量等健康数据监测，利用手机配套的应用可以实时查询健康数据等。

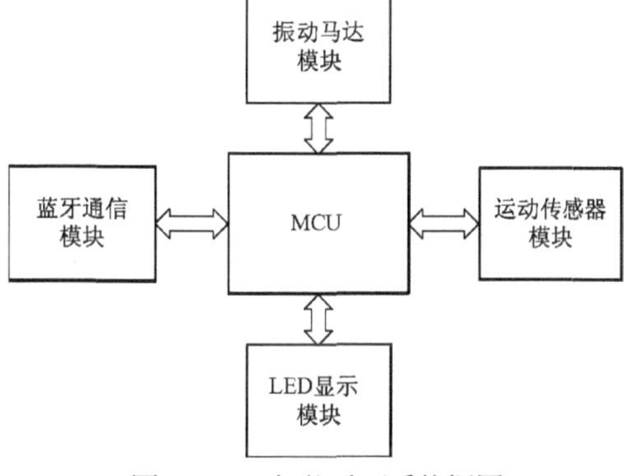

图 13-17　智能手环系统框图

MCU 微控制器是核心，智能手环系统对 MCU 的处理性能和拓展性能要求低，但是对于低功耗、小体积的要求非常高，所以一般选用超低功耗的单片机。

运动传感器是最为重要的传感器模块，基于运动传感器可以感知人体运动情况，从而利用软件编程实现运动计步、睡眠质量检测等功能。

智能手环由于体积限制，一般不具有触摸屏、按键等输入模块，通过蓝牙与智能手机通信，连接手机上的专门应用进行控制。

振动马达和 LED 显示模块用于人机交互，通过振动及灯光的方式完成消息提醒、状态显示等功能。

13.8　智慧工厂

工业化是一个动态的、不断发展的过程，随着科学和技术的发展，工业化的内涵也不断地发生变化。随着物联网技术的快速发展和广泛应用，制造方式也随之发生了变化。把物联网、云计算和大数据等技术应用于工厂中形成“智慧工厂”已成为工业化发展的必然趋势，各国政府相继提出工业 4.0、中国智造等战略。

第 13 章智慧工厂 13.8 节

智慧工厂是数字化工厂向智能化工厂的转变。数字化工厂实现了产品的数字化设计和制造，智慧工厂就是在数字化的基础上，使用信息物理系统（Cyber Physical System，CPS），形成智能制造系统（Intelligent Manufacturing System，IMS）。IMS 是一种由智能装备、智能控制和智能信息共同组成的人机一体化制造系统，它集合了人工智能、柔性制造、虚拟制造、系统控制、网络集成和信息处理等技术，以实现产品设计和制造的智能化。参见视频。

13.8.1　信息物理系统（CPS）

CPS 的核心是 3C（Computer，Communication，Control）的融合，通过现实世界与信息世界的相互作用，提供实时感知、动态控制和信息反馈等服务，如图 13-18 所示。CPS 从

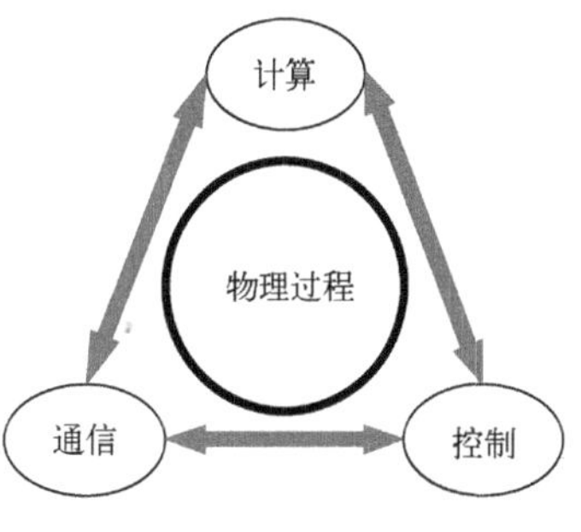

图 13-18　CPS 的概念

物理过程采集实时数据，通过信息空间的智能数据管理、分析和计算，再将控制信息反馈给物理过程。

CPS 把通信、计算、远程协作和控制等功能赋予物理系统，同时 CPS 还强调生物、网络的虚拟作用和传感器网络的感知作用。在微观上，CPS 通过反馈回路使计算和物理过程相互影响，实现系统的可靠和高效控制。在宏观上，CPS 是分布式和异构系统的混合系统，包括感知、决策和控制等模块，能够实现系统的实时感知和动态控制。图 13-19 所示是一个简单的 CPS 结构实例图。

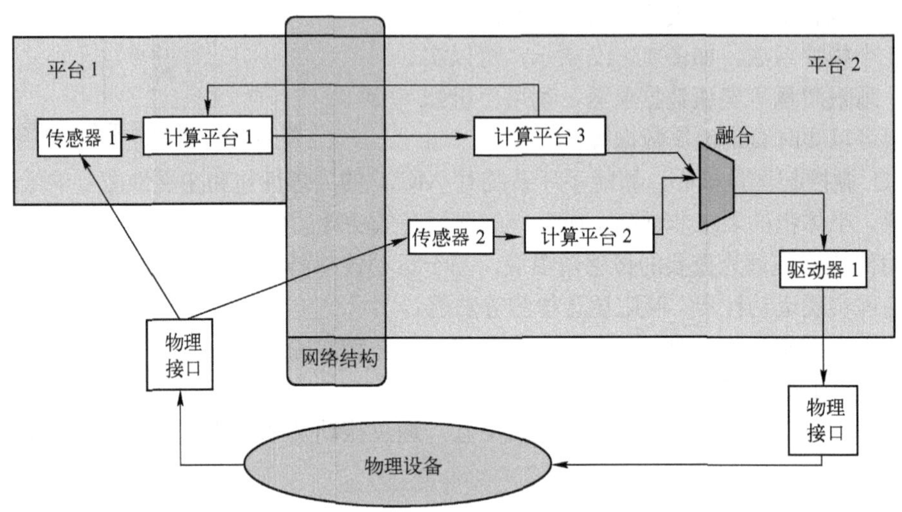

图 13-19　CPS 结构实例

图中的物理设备是 CPS 的“物理”部分，包括机械零件、生物或化学过程，以及人工操作等。计算平台通常由传感器、驱动器和计算机组成，网络结构提供计算机通信机制，计算平台和网络结构共同构成了信息物理系统的“信息”部分。在该实例中有两个网络平台，它们具有各自的传感器和驱动器。平台 2 通过驱动器 1 控制物理设备，然后又通过传感器 2 测量物理设备的工作进程，计算平台 2 实现一个控制规则，它根据传感器 2 提供的数据决定发送到驱动器 1 的命令，这种回路称为反馈控制回路。平台 1 通过传感器 1 进行其他测量，并通过网络结构将消息发送给平台 2，平台 2 的计算平台 3 实现另一个控制规则，与计算平台 2 融合并且可能抢占计算平台 2。

13.8.2　工业物联网

工业物联网（IIoT）是物联网技术在智慧工厂中的应用，是智慧工厂的一种解决方案。工业物联网的功能包括自主控制、同层内点对点控制、工业强度可靠性、实时性和工业级信息安全等。基于无线通信技术的工业物联网是目前的研究热点，主要有 3 大国际标准：中国的 WIA-PA 标准、国际自动化协会的 ISA100.11a 标准和 HART 基金会的 WirelessHART 标准。

工业物联网的架构分为设备层、接入层和云分析层。设备层是由大量可自主控制的设备构成的大规模网络。接入层从许多设备层采集小数据，并执行分散决策规划。云分析层处理和分析由接入层采集的小数据汇聚成的大数据，据此引导整体智能。表 13-1 列出了工业物联网的各个组成要素及其功能。

表 13-1　工业物联网的组成要素及其功能

工业物联网要素	说　明	功　能	举　例
智能传感器、机械装备、设备、资产	嵌入式智能、存储和处理能力	数据产生和运用，局部的就地智能和数据存储	控制器、机械装置等
通信	所有的网络类型	连通性、数据传输、信息安全	有线网络、无线网络、移动网络、卫星网络
大数据	数据	数据	大数据分析软件
分析学	数据处理引擎	数据分析、洞察能力	可靠性分析引擎等
可视化	文本/图形输入输出，移动显示，直观触摸	数据表达和呈现，搜索查询	显示牌等

IIoT 的网络规模是可伸缩的，能让原来的设备和网络与新增的设备和网络同时纳入物联网的有线连接和无线连接中。IIoT 一般要连接很多设备，出于响应时间的考虑，在同一层的机器都应当能够自主工作。IIoT 涉及现场总线和 IP 网络，二者之间通过网关互连。

13.8.3　工业 4.0

生产方式随着科学技术的进步而进步，18 世纪末的工业 1.0 是机械制造时代，通过水力和蒸汽机等实现工厂的机械化，以机械代替手工。20 世纪初的工业 2.0 是电气化和自动化时代，内燃机和发电机的发明使电器在生产中得到了广泛应用。20 世纪 70 年代开始的工业 3.0 是电子信息时代，进一步完善了自动化。现在开始的工业 4.0 则是物联网时代的智慧工厂。

工业 4.0 是德国 2012 年启动的“高技术 2020 战略行动计划”中列出的十大“未来计划”之一。中国科技自动化联盟 2012 年提出了“中国智慧工厂 1.0”，其理念与德国的工业 4.0 一脉相承，但更具有中国特色。

工业 4.0 是一个为价值链组织使用的技术和概念的集合名词，其组成部分主要包括信息物理生产系统（CPPS）、物联网、服务互联网和智慧工厂。

工业 4.0 下的智慧工厂的工作方式是：CPS 监控物理过程，建立物理世界的一种虚拟复制，并实施分布式决策，然后通过物联网，在 CPS 之间、CPS 与人之间进行实时通信和协调。

通过 CPS 将虚拟世界和现实世界融合，通过“智能工厂”得到了很好的诠释，在生产系统中部署 CPS 是智能工厂的本源，基于 CPS 的生产系统柔性网络使高级自动化在智能工厂中成为了可能。

工业 4.0 计划的核心就是通过信息物理系统网络实现人、设备与产品的实时连通、相互识别和有效交流，从而构建出高度灵活的个性化、数字化的智能制造模式。物联网和服务互联网的结合使“工业 4.0”成为可能。“嵌入式系统国家路线图”指出，CPS 最终将走向物联网、数据和服务互联网。

在工业 4.0 的实际部署中，值得一提的是欧盟发起的“智能工厂”计划，它使工业 4.0 的关键技术得到了直观的演示。

智能工厂其实就是基于物联网的物联工厂，是日常环境中的物联网向工厂环境的转变。物联工厂的内核包括物联网基础技术、结构柔性、内容集成、语义描述和全局标准化参考架构等。物联工厂主要涉及以下 3 个方面。

1）架构。采用面向服务的体系结构（SOA）将自动化技术与 IT 技术集成起来，包括机电一体化功能集成和智能现场设备。物联工厂的研究主题包括从商务软件到自动化领域的架构转换、方法、协议和工具。

2）信息管理。使生产环境中的互联设备能够顺利自主地执行各种功能，首先需要实现对数据和信息环境的清晰表达。自动化的每一层级都会产生大量的数据和信息，它们与各自的设施相连接且对外部不可见，对这些数据进行可视化呈现，实现对环境敏感的自动化管理，可以增加工厂的柔性和效率。

3）用户支持。物联工厂中的重点依然是“人”。从信息科学到工厂自动化领域的方法和工具都要用到基于模型的用户界面，未来的技术系统必须采用 Useware 工程来实现，即根据人的能力和需求进行技术设计。

习题

1．什么是三网融合？现在提到的四网融合是指哪四个网？

2．根据智能电网和传统电网的主要特征，简要对比两者之间的不同。传统的电力线互联网接入技术与智能电网中的互联网接入技术有什么区别？

3．智能交通系统中主要应用到哪些物联网技术？

4．常用的交通信息感知技术有哪些？

5．现阶段车联网技术存在的问题有哪些？所采取的相应措施是什么？

6．简述车联网通信的组成架构。

7．简述当前自动驾驶技术有哪些不足及改进方案。

8．什么是智能物流？与传统物流相比，智能物流有哪些特点？

9．智能物流体系结构各层用到的主要技术有哪些？

10．请列举智能物流的其他应用。

11．智能物流与智能交通的关系是什么？

12．精细农业的关键技术有哪些？

13．精细灌溉系统由哪几部分组成？

14．除精细灌溉以外，试举例说明精细农业在其他方面的应用。

15．水污染监测系统中的组网技术有什么特点？

16．如何理解智能家居与物联网的关系？智能家居与传统家居的区别是什么？

17．智能家居的关键技术有哪些？

18．举出一些其他智能家电的例子。

19．家庭安防包含哪些子系统？它们的主要作用是什么？

20．苹果的 HomeKit 平台和三星的 SmartThings 平台的主要用途有哪些？

21．常用的医用传感器有哪些？

22．无线传感网 WSN 和体域网 BAN 的区别和联系是什么？

23．畅想智慧医疗将会怎样改变医疗卫生质量？

24．简述工业 1.0～工业 4.0 的发展历程。

25．CPS 的核心是什么？CPS 的物理系统和信息系统分别指什么？

26．在谈到物联网的起源时，智慧地球是常用的一个例子，举例说明智慧地球的概念。

第 14 章　物联网标准及发展

没有规矩，不成方圆。对于一项技术来说，能否得到广泛应用，能否形成产业化、规模化，创造大量的经济价值，标准的制定显得格外重要。物联网覆盖的技术领域非常广泛，涉及总体架构、感知技术、通信网络技术和应用技术等各个方面，并且新的技术层出不穷，因此制定统一的技术标准和管理机制，是物联网必须面对的问题，以便降低研发成本，整合商业模式，形成规模经济。

通过了解物联网的各种技术标准，可以弄清物联网的历史演变、目前的研究重点和未来的发展趋势，并对物联网的各种技术之间的关系了然于心。

14.1　物联网标准的体系框架

物联网标准体系是由具有一定内在联系的物联网标准组成的有机整体，它影响着整个物联网发展的形式、内容与规模。标准的全面性与先进性直接影响着物联网产业的发展方向和发展速度。

物联网标准体系由感知层技术标准体系、传输层技术标准体系、处理层技术标准体系、应用层技术标准体系和公共类技术标准体系组成，如图 14-1 所示。这些标准对物联网的技术和应用做了规范说明，涵盖了物联网的体系架构、组网通信协议、协同处理组件、接口、网络安全、编码标识、骨干网接入、服务和应用等多个方面的内容。

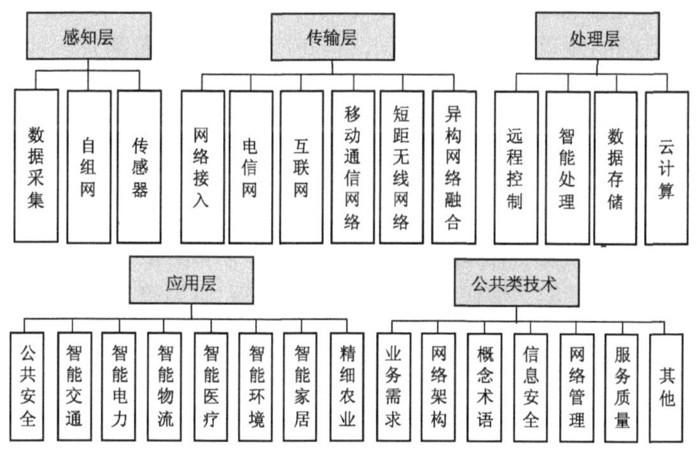

图 14-1　物联网标准的体系框架

在物联网标准的体系框架中，感知层技术标准体系包括编码、自动识别、传感器等数据采集技术标准和自组织网络关键技术标准；传输层技术标准体系包括各种网络标准和接入网络技术标准，以及异构网络融合等承载网支撑技术标准；处理层技术标准体系包括信息管理、业务分析管理和数据存储等物联网业务标准；应用层技术标准体系包括智能医疗、智能交通、智能电网和精细农业等物联网应用子集标准。公共类技术标准包括物联网的体系结构、概念术语、网络管理、信息安全和服务质量（QoS）等标准。

14.2　物联网标准制定现状

目前，物联网各个标准化组织都在投入力量，积极加速物联网的标准化进程，以便为物联网产品的研发和应用提供重要的支持。由于标准化组织众多，对同一事物的理解和侧重点就有所不同，采用的术语也不尽相同，因此了解各个标准化组织的研究领域及其制定的技术标准，对于理解物联网的各种术语、概念及其之间的关系都大有裨益。

14.2.1　国际物联网标准制定现状

从物联网的架构、机器对机器通信（M2M）、泛在网络、互联网、传感网到移动网络技术，国际上都有物联网标准组织在进行研究，如国际电信联盟（ITU）、欧洲电信标准化协会（ETSI）、国际标准化组织/国际电工委员会（ISO/IEC）、美国电气及电子工程师学会（IEEE）、互联网工程任务组（IETF）、ZigBee 联盟、第三代合作伙伴计划（3GPP）和 EPC global 等。

ITU-T 及 ETSI 在物联网总体框架方面的系统研究比较具有代表性。ITU-T 从传感网角度研究总体架构，ETSI 从 M2M 的角度研究总体架构。ISO/IEC 和 IEEE 则在感知技术（主要是对无线传感网的研究）方面的研究比较有代表性。IETF 在互联网方面的研究具有代表性。ZigBee 联盟主要针对 ZigBee 技术的一些标准。3GPP 则在通信网络技术方面进行研究，主要从 M2M 业务对移动网络的需求方面进行研究，并只限定在移动网络层面。

除了上面这些组织外，还有很多国际组织参与了物联网标准的制定，例如参与制定 ZigBee 标准的 ZigBee 联盟，参与制定智能电网标准的美国国家标准与技术研究院（NIST），以及参与制定智能家居标准的数字生活网络联盟（DLNA）等。

虽然各个国际组织的侧重方面各有不同，但在应用技术方面都有一些研究，主要是针对特定的物联网应用制定标准。在智能测量、城市自动化、消费电子应用和汽车应用等领域均有相当数量的标准正在制定中，这与传统的计算机和通信领域的标准体系有很大不同（传统的计算机和通信领域标准体系一般不涉及具体的应用），这也说明了“物联网是由应用主导的”观点在国际上已成为共识。

总的来说，国际上物联网标准制定工作还处于起步阶段，目前各个标准组织自成体系，各不相同，标准内容涉及框架、编码、传感、数据处理和应用等。

14.2.2　我国物联网标准制定现状

我国早在 20 世纪 90 年代就开始了物联网产业的相关研究和应用试点的探索。2010 年 3 月，“加快物联网的研发应用”第一次写入中国政府工作报告。如今，我国已有涉及物联网总体架构、无线传感网和物联网应用层面的众多标准正在制定中，并且有相当一部分的标准项目已经被相关国际标准组织采纳发布。我国研究物联网标准的组织主要有国家传感器网络标准工作组、中国通信标准化协会、闪联标准工作组、电子标签标准工作组和中国物联网标准联合工作组等。

国家传感器网络标准工作组（China Standardization Working Group on Sensor Networks，WGSN）成立于 2009 年 9 月。它是由国家标准化管理委员会批准筹建、全国信息技术标准化技术委员会批准成立并领导、从事传感器网络标准化的全国性技术组织，并代表中国积极参加 ISO、IEEE 等国际标准组织的标准制定工作。

中国通信标准化协会（China Communications Standards Association，CCSA）成立于 2002 年，主要任务是通信标准的研究工作。CCSA 共有 10 个技术工作委员会（TC）、3 个特别任务组（ST）。10 个 TC（TC1～TC11，没有 TC2）的研究领域分别是 IP 与多媒体通信、网络与交换、通信电源与通信局站工作环境、无线通信、传送网与接入网、网络管理与运营支撑、网络与信息安全、电磁环境与安全防护、泛在网，以及移动互联网应用与终端。3 个 ST（ST2、ST3、ST4）的研究领域分别是通信设备节能与综合利用、应急通信，以及电信基础设施共建共享。

闪联标准工作组（Intelligent Grouping and Resource Sharing，IGRS）成立于 2003 年，成员包括学术机构、网络运营商和设备制造商等，基本涵盖了产业链的各个环节。工作组设有应用场景、核心协议、开发平台和工具、测试验证，以及服务质量等共 20 个技术组。闪联标准是新一代网络信息设备的交换技术和接口规范，在通信及内容安全机制的保证下，支持各种 3C（计算机、消费电子和通信）设备的智能互联、资源共享和协同服务，实现“3C 设备＋网络运营＋内容/服务”的全新网络架构。

电子标签标准工作组是 2005 年由原信息产业部科技司正式发文批准成立的。电子标签标准工作组致力于我国拥有自主产权的 RFID 标准的制定，设立了 7 个专题组：总体组、标签与读写器组、频率与通信组、数据格式组、信息安全组、应用组和知识产权组。

中国物联网标准联合工作组是 2010 年在工信部和国标委的指导下成立的，由电子标签标准工作组、传感器网络标准工作组等 19 个相关标准组织共同组成，以便充分整合物联网的相关标准化资源，协调标准化的整体工作。

除一些标准化组织之外，一些运营商也进行了积极的研究。例如，中国电信开发了 M2M 平台，该平台基于开放式架构设计，可以在一定程度上解决标准化问题。中国移动制定了无线机器通信协议（WMMP）企业标准，并在网上公开进行 M2M 的终端认证测试工作。华为公司推出了用于智能家居的 HiLink 标准。

14.3 物联网的重要标准

物联网的重要标准蕴含在物联网体系结构的各个层次中，感知层、传输层、处理层和应用层都有自己相应的技术标准。

14.3.1 感知层标准

感知层作为物理世界和信息世界的衔接层，是物联网的基础。感知层通过各种感知设备收集用户所需要的信息，然后对采集到的基础数据进行信息处理，从而完成对物理世界的认知过程。感知层主要涉及物品编码、EPC 系统、RFID、传感器和传感网等方面的技术标准。

1. 物品编码的重要标准

物品编码涉及两个方面：编码及其载体。编码体系有 GTIN、EPC 等，载体有条码（包括一维条码、二维码和多维条码）、电子标签等。在制定物品编码标准时，除了要确保物品编码的长度、结构等符合编码要求外，还需要对载体进行规定。一般情况下，不同的代码结构拥有不同的载体，如 GTIN-13 采用 EAN-13 条码，而 GTIN-14 则使用 ITF-14 条码。

目前国际上广泛使用的一维条码标准有 EAN/UPC 码（商品条码，用于在世界范围内唯一标识一种商品）、Code39 码（可表示数字和字母，在管理领域应用最广）、ITF25 码（在物流管理中应用较多）、Codebar 码（多用于医疗、图书领域）、Code93 码和 Code128 码等。

二维条码主要标准有 PDF417 码、汉信码、QR 码、Code49 码、Code 16K 码、Data Matrix 码和 MaxiCode 码等。

多维条码主要标准有交叉 25 码、39 码、Coda Bar 码、军用标准 1189 和 ANSI 标准 MH10.8 等。

有关条码及二维码的相关标准如表 14-1 所示，表中的 NF、EN、JIS 和 GB 等分别代表法国、欧洲、日本和中国等标准。

表 14-1　条码和二维码标准举例

条　码	二　维　码
ISO/IEC 15420：EAN/UPC 条码规范	EN ISO/IEC 15438：PDF417 条码规范
GB/T 18127—2009：商品条码　物流单元编码与条码表示	NF Z63-323：PDF417 条码规范
JIS X0507：EAN/UPC 基本规范	ISO/IEC 24728：MicroPDF417 条码规范
BS EN 797：EAN/UPC 符号规范	JIS X0508：PDF417 条码规范
GB/T 15425：UCC/EAN-128 条码规范	GB/T 21049—2022：汉信码规范
EN 800：“Code 39”条码规范	prEN ISO/IEC 18004：QR 码规范
GB/T 16828—2021：商品条码　参与方位置编码与条码表示	ANSI MH10.8.6：产品包装的条形码和二维符号

在 EPC 编码体系中，将条码使用的全球贸易项目代码（GTIN）编码结构有选择性地整合进来，将二者在编码结构设计、实现方式、应用目的和应用效应等方面紧密联系起来。在产品分类体系方面，EAN.UCC（EAN：欧洲物品编码协会，UCC：美国统一代码委员会。现在已改称 GS1）全球电子商务基础信息平台则采用全球产品分类（GPC）和联合国标准产品与服务分类（UNSPSC）作为主数据的分类标准。GPC 编码选用 4 层 8 位的 UNSPSC 作为 GPC 产品的主体分类，用于产品的检索和查询。UNSPSC 是 GPC 的主体目录。

2. RFID 技术的重要标准

RFID 技术的发展速度较快，国际标准化组织 ISO、以美国为首的 EPCglobal 和日本 UID（Ubiquitous ID）等标准化组织纷纷制定 RFID 相关标准，并在全球积极推广这些标准。

ISO/IEC 的 JTC1 SC31（第 1 联合技术委员会的第 31 分委员会）是 ISO 和 IEC 国际两大标准化组织从事制定 RFID 国际标准的机构，SC31 负责的 RFID 标准主要涉及数据标准（如编码标准 ISO/IEC 15691、数据协议 ISO/IEC 15692、ISO/IEC 15693）、空中接口标准（ISO/IEC 18000 系列）、测试标准（性能测试 ISO/IEC 18047 和一致性测试标准 ISO/IEC 18046）和实时定位（RTLS）（ISO/IEC 24730 系列应用接口与空中接口通信标准）等几个方面的标准，如图 14-2 所示。

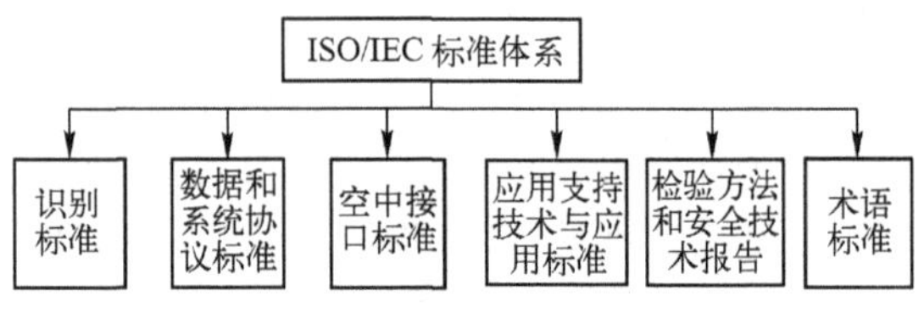

图 14-2　ISO/IEC RFID 标准体系

与 ISO 通用性 RFID 标准相比，EPCglobal 标准体系是面向物流供应链领域的，可以看成是一个应用标准，其目标是解决供应链的透明性和追踪性。为此，EPCglobal 制定了从信息采集到信息共享的一整套标准，包括 EPC 编码标准、空中接口协议和读写器协议、EPC 中间件规范、对象名解析服务（ONS），以及 EPC 信息服务（EPCIS）等。EPCglobal 的策略是尽量与 ISO 兼容，但涉及的范围更加广泛。

有关 RFID 技术的一些具体标准如表 14-2 所示，其中数据协议很多是有关物品编码的，如 EPC 标签数据标准版（TDS V. 1.6）用于定义电子产品编码，也规定了 Gen 2 RFID 的内存内容。

表 14-2　RFID 相关部分标准举例

标准类型	标准举例
识别技术	ISO/IEC 15418：EAN/UCC 应用识别器和事实数据识别器及维护
	ISO/IEC 15963：项目管理的射频识别、射频标签的唯一识别
	ISO/IEC 10536：非接触集成电路卡
	EPCglobal：阅读器管理 1.0.1 版
数据和系统协议	ISO/IEC 15424：数据载体/特征标识符
	ISO/IEC 15418：EAN.UCC 应用表示符及 ASC 数据标识符
	EPCglobal：GS1 EPC 标签数据标准 1.6 版
	EPCglobal：GS1 EPC 标签数据转换（TDT）1.6 版
	ISO/IEC 15962：项目管理的射频识别（RFID）数据协议：数据编码规则和逻辑存储功能
空中接口	ISO/IEC 18000-1：项目管理的射频识别——第 1 部分：参考结构和标准化参数的定义
	GB/T 29768—2013：信息技术 射频识别 800/900MHz 空中接口协议
	EPCglobal：用于 860～960 MHz 通信的第 1 类第 2 代 UHF RFID 协议 1.2.0 版
应用支持技术与应用	ISO/IEC 11784：基于动物的无线射频识别的代码结构
	ISO/IEC 17363：货运集装箱
	ISO/IEC 17364：可回收运输单品
检验方法和安全技术报告	ISO/IEC TR 18046：自动识别和数据捕获技术——射频识别装置性能检验方法
	GJB 7389—2011：军用射频识别信息服务符合性测试方法

3. 传感器和传感器网络标准

传感器的标准繁多复杂，包括各类传感器标准、传感器测试与测量方法标准、特性与术语标准，以及传感器的应用标准，这也使得不同传感器之间的兼容性很差。为解决这一问题，传感器接口标准 IEEE 1451 系列标准应运而生。另外，以 IEEE 802.15.4 标准为代表的传感器网络标准也在不断发展，支持 IPv6 的传感器网络标准更加适用于物联网的应用。传感器网络相关部分标准如表 14-3 所示。

表 14-3　传感器和传感器网络相关部分标准举例

标准类型	标准举例
传感器	IEEE 1309：频率为 9 kHz～40 GHz 的电磁传感器和探针
	EN 61757-1：光纤传感器
	NF L72-415：机载温度传感器
	JB/T 9246：涡轮流量传感器
	IEC 61757-1：纤维光学传感器

（续）

标准类型	标准举例
传感器测试与测量方法	IEEE 475：300 MHz～40 GHz 场干扰传感器的测量程序
	GB/T 15478：压力传感器测试试验方法
	ISO 5347：振动与冲击传感器的校准方法
	ASME MC 88.1：压力传感器的动态校准导则
传感器特性与术语	IEEE 528：惯性传感器术语
	GB/T 7665：传感器通用术语
	ISO 8042：惯性传感器的特性规定
传感器应用	ISO 15839：水质——水质在线传感器/水质分析设备的规范及性能试验
	ISO/TS 19130：用于地理定位的成像传感器模型
	ISO/IEC 19784-4：生物计量传感器功能提供程序接口
	QC/T 29032：汽车用空气滤清器堵塞报警传感器
	JIS F9704：船舶用电子压力传感器
	NF E86-601-6：监控井用传感器
传感器接口	IEEE 1451.1：网络能力应用程序（NCAP）的信息模型
	ANSI/IEEE 1451.4：混合式通信协议和传感器电子数据表格（TEDS）格式
	OGC SWE：传感器 Web 网络框架协议
传感器网络	IEEE 802.15.4：低速无线个人区域网
	IETF RFC 4944：在 IEEE 802.15.4 上传输 IPv6 报文
	IETF RFC 5826：低功耗网络中 IPv6 路由协议规范——家庭自动化应用

14.3.2 传输层标准

传输层负责感知层和处理层之间的数据传递，是物联网的信息传输通道。传输层标准主要包括局域网、短距离无线通信网（包括无线体域网、无线个域网和无线局域网）、移动通信网（包括无线城域网）、接入网（包括互联网的 IP 接入和核心网的非 IP 接入）和互联网等方面的技术标准。

互联网发展到现在，标准化已经十分成熟，TCP/IP、路由协议等都已十分完善。各种有线接入网（以太网、ADSL 等）和无线接入网（移动通信网 GPRS、3G、4G 和 5G 等）标准已经制定或酝酿了很长时间。

因为物联网终端结点数量比较大，形式比较复杂，另外在一些场景对终端的移动性也有所要求，所以无线通信网络建设的程度对于物联网网络层的建设有很大的影响。目前，无线通信网络的技术，从低功耗的短距离无线传输（如 Wi-Fi）到城域范围内的无线传输（如 WiMAX），都发展十分迅速，相关标准可分为无线个域网标准、无线局域网标准和无线城域网标准。互联网和无线网络的相关部分标准如表 14-4 所示。

表 14-4　物联网中的承载网络标准举例

标准类型	标 准 举 例
局域网	ANSI/IEEE 802.3：带碰撞探测的载波侦听多路访问（CSMA/CD）的访问方法和物理层规范
	IEEE 802.3az-2010：高效节能以太网（EEE）规范
	IEEE 802.3ba-2010：40 Gbit/s 和 100 Gbit/s 以太网标准
短距离无线通信网络	IEEE 802.11：无线 LAN 媒介访问控制（MAC）和物理层（PHY）规范
	ISO/IEC 29341-8 系列标准：无线局域网配置服务和访问点装置等内容规范
	GB/T 15629.15：低速无线个域网（WPAN）媒介访问控制和物理层（PHY）规范
	ANSI/IEEE 802.15.1：无线个人区域网（WPAN）的无线媒体访问控制（MAC）和物理层规范
	ANSI/IEEE 802.20：支持车辆移动性的移动宽带无线接入系统的物理层和媒介访问控制层规范
移动通信网	ITU-T K.114（11/2015）：数字蜂窝移动通信基站设备的电磁兼容性要求和测量方法
	ITU-T G.1028（04/2016）：4G 移动网络端到端语音服务质量
	3GPP TR 22.934（2015）：3GPP 系统对无线局域网（WLAN）互通的可行性研究
	IEEE 802.16 系列标准：固定宽带无线接入系统的空中接口相关内容规范
核心网	ITU-T L.1330（03/2015）：电信网络的能效测量和度量
	YD/T 2273-2011：同步数字体系（SDH）STM-256 总体技术要求
	ITU-T G.959.1（04/2016）：光传输网络物理层接口
接入网	ITU-T L.310（04/2016）：基于接入网的拓扑结构的光纤维护
	ISO/IEC/IEEE8802-22（2015）：认知无线 RAN 介质访问控制（MAC）和物理层（PHY）规范
	YD/T 1953-2009：接入网技术要求——EPON/GPON 系统承载多业务
互联网	IETF RFC 2460：IPv6 规范
	IETF RFC 3261：SIP 会话初始化协议

14.3.3　处理层标准

处理层负责为物联网处理和储存信息，完成对应用系统的支持与管理，主要涉及云计算平台、数据中心、海量存储和远程控制等方面的技术标准。

处理层比较复杂，包含了大量的新兴技术（如云计算）和先进理念（如智能管理和大数据）。这些技术的标准化进程应该说还处于起步阶段。例如，目前云计算的标准化工作正在火热进行中，各大标准组织都成立了云计算标准的工作组。例如，ISO/IEC 成立了“云计算 IT 治理研究组”（JTC1/SC7）和“云计算研究组”（JTC1/SC38）；分布式管理任务组（DMTF）成立了“DMTF 开放式云标准孵化器”等。另一方面，在处理层中的一些技术（如远程控制技术、数据中心和网络存储技术等）历经了一段时间的发展，部分标准的制定工作已经完成。处理层部分相关标准如表 14-5 所示。

表 14-5　处理层部分相关标准举例

标准类型	标 准 举 例
远程控制技术	IEC 60870 系列标准：远程控制设备和系统相关内容规范
	ISO/IEC 24752 系列标准：通用远程控制台相关内容规范
	EN 60870：遥测设备和系统相关内容规范

（续）

标准类型	标准举例
数据中心	ISO/IEC 24764 -2010：一般数据中心用有线系统
	DIN EN 50173：通用布线系统——数据中心
	ANSI/TIA-942-2014：数据中心通信基础设施标准
	ANSI/BICSI 002-2014：数据中心设计与实施最佳实践
	BS EN 50173：通用布线系统——数据中心
	GB 50462 -2015：电子信息系统机房施工及验收规范
网络存储技术	ANSI X3 系列标准：硬盘接口技术相关内容规范
	ISO/IEC 14776：小型计算机系统接口（SCSI）系列协议
	IETF RFC 3720-2004：互联网小型计算机系统接口（iSCSI）协议
	InfiniBand：InfiniBand 体系结构规范 1.2 版
	ATA-Over-Ethernet（AOE）：标准以太网传输 ATA 磁盘命令协议
	ISO/IEC 27040-2015：数据存储安全标准
云计算	ISO/IEC 17788-2014：云计算词汇与概述
	ISO/IEC 17789-2014：云计算参考架构

14.3.4　应用层标准

应用层通过各行业实际应用的管理平台和运行平台为用户提供特定的服务，是物联网价值的直观体现。应用层利用经过分析处理的数据，完成与行业需求的结合，从而实现物联网的智能应用。智能电网、智能家居、智能交通、智能物流、智能医疗和精细农业等物联网应用都有自己的行业标准，如表 14-6 所示。

表 14-6　应用层相关标准举例

标准类型	标准举例
智能电网	IEC 61850-2004：变电站的通信网络和系统系列标准
	IEC/TS 62351：动力系统管理及其关联的信息交换数据和通信安全系列标准
	NIST V1.0：NSIT 智能电网标准体系 V1.0
	IEEE 2030.2-2015：与电力基础设施集成的储能系统的互操作性指南
智能家居	HomePlug AV：利用电力线传送高速数据的电力线网络系统的规范
	GB/Z 20177：控制网络 LONWORKS 技术规范系列协议
	DLNA：家用数字设备的无线网络和有线网络的互联规范
	ITU-T G.9954：以太网数据通过同轴电缆传输（EOC）规范 HOMEPNA3.0
	ITU-T Y.2064-2014：使用智能对象在家庭网络中的节能
	ISO/IEC 14543-2016：家用电子系统（HES）系统架构系列标准
	IEEE 1905.1-2013：融合数字家庭网络异构技术标准
智能交通系统	IEEE 1609-2016：车载环境中的无线接入系列标准
	ISO 14817：交通信息和控制信息——智能交通系统（ITS）/运输信息和控制系统（TICS）数据词典和中央数据记录要求
	ITU-T Y.2281-2011：利用下一代网络（NGN）提供网络化车辆服务与应用的框架
	IEEE 1488（ISO/IEC 8824-1）：智能交通系统的信息装置模板的试验用标准
智能农业	ITU-T Y.2238-2015：基于网络的智能农业概述
智能医疗	GB/T 25514-2010：健康受控词表结构和高层指标
	ISO/IEEE 11073-2016：个人健康设备通信系列标准

智能电网的相关标准涉及智能电网的综合与规划、变电、配电、调度、通信信息等方面，每个标准都从描述、需求、现状、差距和建议 5 个方面进行了论证。IEC 的智能电网战略工作组（IEC/SMB/SG3）提出的“IEC 智能电网标准化路线图”给出了智能电网的标准框架，其中包含了智能电网的装置和系统达到互用性的协议和模型标准。我国 2009 年发布了《国家电网公司智能电网技术标准体系规划》。IEEE 2011 年批准了有关智能电网互操作的 IEEE 2030 标准。

智能家居的国际标准还缺乏完整的体系，而且在智能家居的不同环节，如家庭网络、综合布线和通信技术等方面都有多种标准共存。国际上从事家庭网络标准化的组织机构主要分为电信行业机构和 IT/家电行业机构两类。前者主要涉及与公网连接的内容，研究领域集中在以家庭网关为核心的网络架构、家庭网络的 QoS、安全机制，以及与家庭网络相关的电信业务。后者关注家庭内部的设备如何互联，主要采用即插即用（UPnP）技术实现内容共享、影音娱乐等。国内智能家居标准化组织主要有以联想公司为首的闪联信息设备资源共享协同服务标准工作组（Intelligent Grouping and Resource Sharing，IGRS）、以海尔公司为首的 e 家佳（ITopHome）和以电信公司为首的中国通信标准化协会（CCSA）等。

智能交通系统的核心技术主要包括通信技术、交通电子地图（DB）技术与应用技术，主要的标准即围绕着这些技术进行制定。国际上研究 ITS 标准化的组织主要有 ITU-T、ISO 和 ETSI。ITU-T 中研究 ITS 标准化的工作组主要有 SG12、SG13 和 SG16，其中 SG12 成立的汽车通信焦点工作组（FGCarCOM）主要研究车内通信的质量参数和测试方法、汽车免提系统和无线信道的交互作用、车内语音识别系统的要求及测试流程、超宽带系统与其他音频组件或车内系统交互的要求及测试流程等。ISO 中研究 ITS 标准化的工作组主要有 TC22 和 TC204。其中，TC22 / SC3（电子电气设备分技术委员会）负责制定汽车电子电气和车载电子局域网络通信标准，目前已发布了包括电子连接器、电缆、通信网络、智能开关和诊断系统等在内的 166 项相关标准。TC204（智能交通系统技术委员会）负责研究 ITS 总体系统和架构，包括智能交通系统领域的联运和多式联运、交通管理、商业运输、紧急服务和商业服务等。

在智能农业标准的制定方面，我国成立了林业物联网应用标准工作组，开展了林业物联网术语等林业物联网相关标准化工作。

在智能医疗标准制定方面，2014 年原卫计委申请筹建医疗健康物联网应用标准工作组，并正在推进医疗健康物联网应用系统体系结构与通用技术要求等 11 项医疗健康物联网国标制定工作。

14.3.5　公共类技术标准

公共类技术应用在物联网的每一层，它对感知层、传输层、处理层和应用层提供同一种技术支持。公共类技术包括体系结构、网络管理、信息安全和服务质量等，公共类技术标准有些已经包括在前文介绍的一系列标准中，有些则是仅针对这项技术制定的。公共类技术相关的部分标准如表 14-7 所示。

表 14-7　公共类技术的相关部分标准举例

标准类型	标 准 举 例
体系结构	ITU-T Y.2060：物联网概述
	ISO/IEC CD 30141：物联网参考架构
	ETSI TS 102 690：M2M 通信：功能架构
网络管理	IETF RFC2572：简单网络管理协议（SNMP）框架体系结构
	ITU-T Y.4701/H.641：基于 SNMP 的传感器网络管理框架
	ISO/IEC/IEEE 18881：泛在绿色社区控制网络——控制和管理
	IEEE 802.1F：IEEE 802 管理信息的通用定义和规程
	ANSI X9.112：无线网络管理和安全
信息安全	3GPP TR 33.868: 机器类型通信安全问题研究
	ETSI TR 103 167：M2M 业务层安全威胁分析及对策
	ITU-T X.1311：泛在传感器网络的安全框架
	IETF RFC7416：低功耗易损网络路由协议的安全威胁分析
	GB/T 30269.601—2016：传感器网络 信息安全——通用技术规范
QoS	ISO/IEC 14476：增强通信传输协议
	IETF RFC 2205：资源预留协议（RSVP）
	ITU-T Y.1221：IP 网络中的流量控制和拥塞控制

物联网体系结构方面的标准是物联网标准体系的顶层设计和指导性文件，便于理清物联网各种技术之间的关系脉络。不同的标准组织对于物联网的框架和术语从不同的角度进行了规范。ISO/IEC 主要研究了物联网、传感网相关的架构和术语。ETSI 的研究主要集中在 M2M 体系架构。ITU-T 提出了泛在网的概念，并成立 SG20 工作组专门从事物联网标准工作。2012 年，ITU-T 通过了 Y 2060“物联网概述”标准草案，该标准由中国工信部电信研究院提交，涵盖了物联网的概念、术语、技术视图、特征、需求、参考模型和商业模式等基本内容。

网络管理是所有通信网络必不可少的研究内容。不论是感知层的传感器网络，还是传输层的无线通信网络，或者是处理层的智能管理，都离不开网络管理。网络技术不断发展，网络结构越来越复杂，网络管理在整个网络中的重要性越来越大，只有高效、快速的网络管理才能让各种网络运转流畅。

信息安全是指信息网络的硬件、软件及其系统中的数据受到保护，不因偶然的或者恶意的原因而遭到破坏、更改、泄露，系统连续、可靠、正常地运行，信息服务不中断。物联网中的信息安全既包括传统的安全问题，也具有一定的特殊性。针对其特殊的安全需求，各标准组织主要从各自领域进行安全标准的研究。例如 IEEE 的各种接入技术，基本都在 MAC 层上定义了数据安全传输机制。ZigBee 联盟也在其标准体系中定义了安全层。国家传感器网络标准工作组开展了传感器网络信息安全相关技术标准的研究，并于 2016 年发布标准 GB/T 30269.601—2016，描述传感器网络信息安全通用技术规范。

在网络业务中，服务质量包括传输的带宽、时延和丢包率等。QoS 是用来解决网络延迟和阻塞等问题的一种技术，当网络过载或拥塞时，QoS 能确保重要的业务量不受延迟或者丢弃，同时保证网络的高效运行。

14.4 物联网部分标准简介

目前已经制定并投入使用的物联网标准十分繁多，而且还有大量的标准处于不断的制定更新中。本节针对物联网各层次的关键技术，选取了部分具有代表性的标准进行简单介绍。

14.4.1 物品编码标准 EPCglobal Gen2

第二代的 EPCglobal 标准（EPCglobal Class1 Gen2，以下简称 Gen2）是 RFID 技术、互联网和 EPC 组成的 EPCglobal 网络的基础。Gen2 标准最初由 60 多家世界顶级技术公司制定，规定 EPC 系统的核心性能。表 14-8 给出了 Gen2 标准的特点与性能。

表 14-8　Gen2 标准的特点及性能

需　求	Gen2 的特点
无线电管理条例	符合欧洲、北美和亚洲等地区规定
存储器存取控制	32 位存取口令，存储器锁定
快速识读速度	>1000 个标签/s
密集型识读器操作	密集型识读器操作模式
“灭活”安全	32 位“灭活”口令
存储器写入能力	>7 个标签/秒的写入速度
位掩码过滤	灵活选择命令
可选用户存储器	厂家可选
低成本	可从多个供应商采购
行业认证计划	EPCglobal 认证
认证产品	2005 年第二季度开始认证

Gen2 标准与第一代标准相比，具有全面的框架结构和较强的功能，能够在高密度识读器的环境中工作，符合全球一致性规定，标签读取正确率较高，读取速度较快，安全性和隐私功能都有所加强。UHF Gen2 协议标准的具体优点如下。

1）开放的标准。EPCglobal 批准的 UHF Gen2 标准对 EPCglobal 成员和签订了 EPCglobal IP 协议的单位免收使用许可费，允许这些厂商着手生产基于该标准的产品，如标签和识读器。

2）尺寸小、存储容量大、有口令保护。芯片尺寸只有原来产品的 1/3～1/2，进一步扩大了芯片的使用范围，满足更多应用场合的需要，如芯片可以更容易地缝在衣服的接缝里，夹在纸板中间，成形在塑料或橡胶内，或者整合在顾客的包装设计中。

3）保证了各厂商产品的兼容性。EPCglobal 规定 EPC 标准采用 UHF 频段，即 860～960 MHz，保证了不同生产商的设备之间的兼容性，也保证了 EPCglobal 网络系统中的不同组件（包括硬件部分）之间的协调工作。

4）设置了“灭活”指令（Kill）。新标准赋予人们控制标签的权力，若人们不想使用某种产品或是发现安全隐私问题，则可以使用 Kill 指令使标签自行永久性失效。

5）良好的识读性。基于 Gen2 标准的识读器具有较高的读取率和识读速度，其每秒可读

1500 个标签，比第一代识读器快 5～10 倍。识读器还具有很好的标签识读性能，在批量标签扫描时避免重复识读，且当标签延后进入识读区域时仍然能被识读，这是第一代标准所不能做到的。

EPCglobal Gen2 协议标准的优点及其免费的特性，促使 RFID 技术在全球迅速推广，同时吸引了更多的生产商研究利用这项技术，以提高其商业运作效率。Gen2 标准于 2006 年得到 ISO 的批准，纳入 ISO 标准体系，成为国际通用的 EPC 标准。

14.4.2　射频识别标准 ISO/IEC 14443 和 ISO/IEC 15693

ISO/IEC 14443 和 ISO/IEC 15693 是目前我国常用的两个 RFID 标准，二者都是非接触智能卡的标准，皆以 14.56 MHz 交变信号为载波频率。

ISO/IEC 14443 规定了 4 部分内容，分别是：物理特性，频谱功率和信号接口，初始化和防碰撞算法，通信协议。它定义了 TYPE A/TYPE B 两种类型协议，它们的通信速率都为 106 kbit/s，不同之处主要在于载波的调制深度、二进制的编码方式及防碰撞机制。

TYPE A 在读写器向卡传递信号时采用的是同步、改进的米勒编码方式，通过 100% ASK（幅移键控）传送；当卡向读写器传送信号时，通过调制载波传送信号，使用 847 kHz 的副载波传送曼彻斯特编码。这种方式的优点是信息区别明显，受干扰的机会少，反应速度快，不容易误操作；缺点是在需要持续不断的提高能量到非接触卡时，能量有可能会出现波动。

TYPE B 在读写器向卡传送信号时则采用了异步、NRZ-L 的编码方式，通过 10% ASK 传送；当卡向读写器传送信号时，则采用的是二值相移键控（BPSK）编码进行调制。这种方式的优点是信号可以持续不断地传递，不会出现能量波动的情况。

防碰撞技术是 RFID 的核心技术，也是与接触式 IC 卡的主要区别。ISO/IEC 14443-3 还规定了 TYPE A 和 TYPE B 的防冲撞机制，它们的原理不同。前者是基于位碰撞检测协议，后者则是通过系列命令序列完成防碰撞。

TYPE B 与 TYPE A 相比，具有传输能量不中断、速率更高、抗干扰能力更强和外围电路设计简单的优点。

ISO/IEC 15693 规定了 3 部分内容，分别是：物理特性，空中接口和初始化，防碰撞和传输协议。比较这两个协议，ISO/IEC 15693 读写距离较远，而 ISO/IEC 14443 读写距离较近，但应用比较广泛。在防碰撞方面，与 ISO/IEC 14443 不同，ISO/IEC 15693 采用了轮寻机制和分时查询的方式完成防碰撞机制。目前的第二代电子身份证采用的标准是 ISO/IEC 14443 TYPE B 协议。

14.4.3　智能传感器标准 IEEE 1451

IEEE 仪器与测量协会传感器技术委员会与美国国家标准技术研究所联合制定的 IEEE 1451 系列标准是当前智能传感器领域研究的热点之一，它对指导网络化的智能传感器的开发有着十分重要的作用。

制定 IEEE 1451 标准体系的目的是开发一种软硬件的连接方案，将智能变送器（传感器和执行器的统称）连接到网络，使它们能够支持现有的各种网络技术，包括各种现场总线和互联网等。标准体系通过定义一整套通用的通信接口，使变送器在现场级采用有线或无线的方式实现网络连接，大大简化了由变送器构成的各种网络控制系统，解决了不同网络之间的兼容性问题，并为最终实现各个变送器厂家产品的互换性与互操作性提供了参考方案。

IEEE 1451 标准体系由 8 个子标准组成，内容包括：建立网络化智能传感器的信息与通信的软件模型；定义网络化智能传感器的硬件模型，其中包括网络适配器 NCAP、智能变送器接口模块 STIM 及两者间的有线、无线接口；定义 NCAP 中封装不同网络通信协议接口，支持多种网络模式及总线标准；对智能传感器的数据传输、寻址、中断和触发等做了详细规定；定义电子数据表格 TEDS 及数据格式；定义了全功能式感测器模型。

其中 IEEE 1451.1 与 IEEE 1451.2 是最早提出的两个标准，也是 IEEE 1451 标准系列中最重要的两个标准。它们共同构成了 IEEE 1451 标准的框架结构，为后续标准的提出奠定了理论基础。

IEEE 1451.1 标准规定了通过对象模型、数据模型和网络模型 3 种模型实现的软件接口，定义对象类是通过定义每个对象类的接口和行为进行的。数据模型规范了符合 IEEE 1451 标准网络化智能传感器所涉及的数据类型。网络适配器 NCAP 中的网络服务接口可封装不同的网络协议，网络化智能变送器模型如图 14-3 所示。

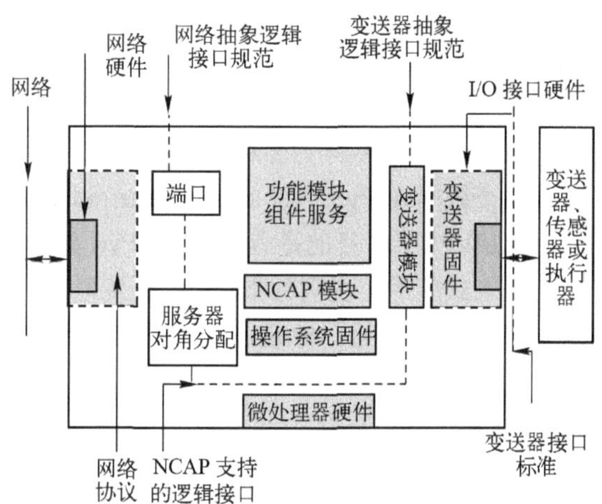

图 14-3　网络化智能变送器模型

IEEE 1451.2 标准通过提供标准的智能传感器接口模块（STIM）（包括传感器电子数据表格 TEDS）、STIM 与 NCAP 间的接口（TII）统一网络化智能传感器基本结构，解决标准不统一的问题，使得智能传感器具有了即插即用的能力，它定义了一个智能变送器接口模型（Smart Transducer Interface Model，STIM），允许任何一个变送器或一组变送器通过一个通用统一的接口来发送和接收数据。变送器电子数据表格（TEDS）是 STIM 内部的一个写有特定电子格式的内存区，详细描述了它支持的传感器和执行器的类型、操作和属性，如厂商信息、产品序列号等数据。有了这些信息，每当有新的变送器接入时，STIM 就会利用 TEDS 中存储的这些信息对它们进行自动识别，不用再为它们开发新的驱动程序，实现了真正意义上的即插即用。

14.4.4　无线传感器网络标准 IEEE 802.15.4

对于传感器网络来说，IEEE 802.15.4 是一个极其重要的标准。IEEE 802.15.4 是一个低速率的无线个域网（LR-WPAN）标准，具有简单、成本低、功耗小的特点，能在低成本设备（固定、便携或可移动的）之间进行低数据率的传输。IEEE 802.15.4 标准具有以下几个特点。

1）在不同的载波频率下实现了 20 kbit/s、40 kbit/s 和 250 kbit/s 共 3 种不同的传输速率。

2）支持星形和点对点两种网络拓扑结构。

3）有 16 位和 64 位两种地址格式，其中 64 位地址是全球唯一的扩展地址。

4）支持冲突避免的载波多路侦听技术（CSMA/CA）。

5）支持确认（ACK）机制，保证传输可靠性。

IEEE 802.15.4 符合 ISO 的网络 7 层参考模型，但只定义了物理层和数据链路层。

IEEE 802.15.4 提供两种物理层的选择（868/915 MHz 和 2.4 GHz），两种物理层都采用直接序列扩频（DSSS）技术，降低数字集成电路的成本，并且都使用相同的包结构，以便低作业周期、低功耗地运作。2.4 GHz 物理层的数据传输率为 250 kbit/s，868/915 MHz 物理层的数据传输率分别是 20 kbit/s 和 40 kbit/s。

IEEE 802.15.4 非常适宜支持简单器件，一方面是由于其低速率、低功耗和短距离传输的特点，另一方面在 IEEE 802.15.4 中定义了 14 个物理层基本参数和 35 个媒体接入控制层基本参数，这让它能更好地适用于储存能力和计算能力有限的简单计算器。

IEEE 802.15.4 网具有信标和非信标两种工作方式。在信标工作方式中，协调器定期广播信标，以达到相关器件同步和其他目的；在非信标工作方式中，协调器不会定期地广播信标，而是在器件请求信标时向它单播信标。

IEEE 802.15.4 低功耗、低成本的优点使得它在很多领域得到了广泛应用，它也是 ZigBee、WirelessHART、MiWi、6LoWPAN 和 Thread 等规范的基础，这使它在物联网的发展过程中起到了相当重要的作用。

14.4.5 无线嵌入式互联网标准 IETF RFC 4944

IETF RFC 4944 的名称是“在 IEEE 802.15.4 上传输 IPv6 报文”，是实现基于 IPv6 的低速无线个域网（IPv6 over Low power/rate Wireless Personal Area Network，6LoWPAN）的标准。6LoWPAN 的目的是有效地将 IPv6 延伸到无线嵌入式领域，从而为大量的嵌入式应用实现端到端的 IP 互连功能。IETF 对 6LoWPAN 的定义是：6LoWPAN 是一种通过适配层技术使得基于 IEEE 802.15.4 标准的低功耗有损网络结点能够采用 IPv6 技术进行通信和交互的技术。参见视频。

第 14 章无线嵌入式互联网 14.4.5 节

6LoWPAN 适配层的工作主要包括分片重组、报头压缩和无状态自动配置等功能。

1）分片重组。由于基于 IEEE 802.15.4 标准的无线传感器网络数据链路层的有效载荷远小于 IPv6 协议所规定的数据链路层的最大传输单元（1280 字节），所以适配层要对 IPv6 数据报进行分片和重组。

2）报头压缩。IPv6 报文头部一般为 40 字节，而 IEEE 802.15.4 的 MAC 层的最大有效载荷仅仅为 102 字节。如果再考虑适配层和传输层的头部开销，剩下的可用有效载荷空间仅仅只有 50 字节。所以要实现在 IEEE 802.15.4 的 MAC 上传输 IPv6 的最大传输单元，除了要利用适配层的分片和重组功能来传输大于 102 字节的 IPv6 报文外，还需要采用相应的报文头部压缩技术对 IPv6 数据报进行头部压缩，这样可以大大提高传输效率。

3）无状态自动配置。无线传感器网络是一种自组织网络，传感器结点能自动完成配置和组网功能，而且无线传感器网络动态性强，结点可能会随时加入或者离开网络。因此，在传统 IP 基础上，需要引入新的机制，以适应自动化获取网络地址、动态发现和配置新邻居的要求。IPv6 协议使用邻居发现技术来发现其他设备的存在，并进行无状态自动配置。但邻居发现技术只能用在处于同一网段中的结点上。如果无线传感器网络使用的是链路层路由技术，那么整个网络都属于同一个网段，那就可以使用邻居发现技术进行配置。如果使用网络层路由技术，网络被划分为许多不同的网段，则需要对邻居发现技术进行改进以适应无线传感器网络的网络层路由需要。

6LoWPAN 通过简化 IPv6 的功能、定义非常紧凑的头格式并考虑无线网络的性质，使无线嵌入式互联网成为可能。所谓的无线嵌入式互联网，就是通过低功耗、低带宽的无线网络把嵌入式设备无缝连接到互联网中，如图 14-4 所示。传统的无线嵌入式网络应用通常采用各种各样的专有技术，而这些专有技术很难融入到较大的网络中，并且也很难与基于互联网的服务相结合。如果在这些应用中使用互联网协议，那么带来的最显著的好处就是可以利用现有的网络基础设施，并且基于 IP 的设备可以很容易地连接到其他的 IP 网络。

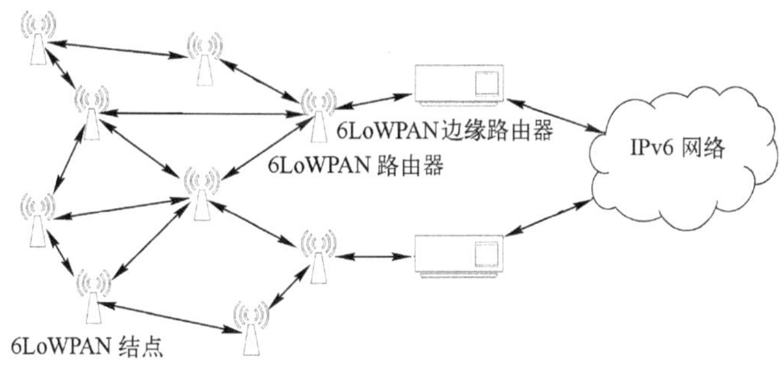

图 14-4 基于 6LoWPAN 的无线嵌入式互联网

1. 6LoWPAN 网络结构

6LoWPAN 的架构是由低功耗无线个域网（LoWPAN）组成的，这些 LoWPAN 是 IPv6 的末梢网络。末梢网络是一个发送 IP 数据报或 IP 数据报所发往的网络，但不作为到其他网络的中转，由无线嵌入式设备组成。无线嵌入式互联网就是把众多的末梢网络连接起来而建立的。

LoWPAN 有 3 种组网方式：简单 LoWPAN、扩展 LoWPAN 和自组织 LoWPAN，如图 14-5 所示。一个 LoWPAN 是 6LoWPAN 结点的集合，这些结点都有一个共同的 IPv6 地址前缀（IPv6 地址的前 64 位），这意味着无论结点位于 LoWPAN 中的什么位置，它的 IPv6 地址都将保持不变。

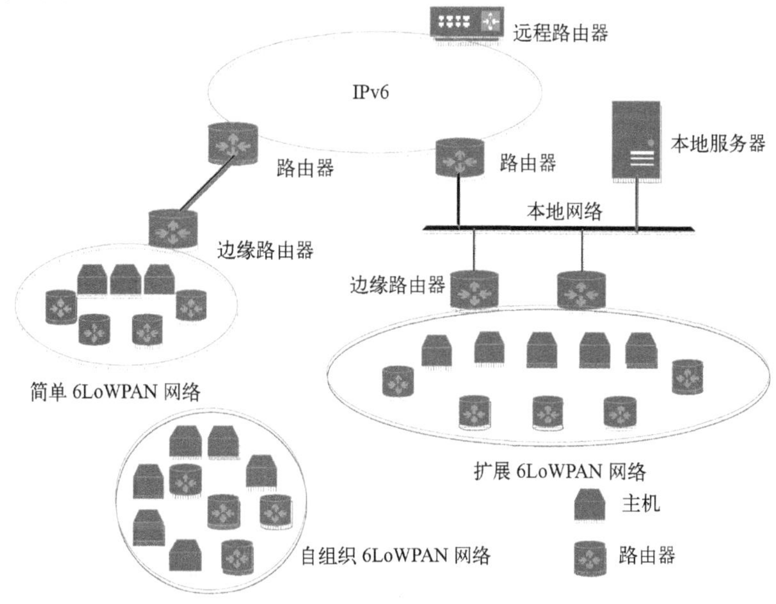

图 14-5 LoWPAN 的几种组网方式

一个自组织 LoWPAN 没有连接到互联网，不需要基础设施便可自行运行。一个简单 LoWPAN 通过一个 LoWPAN 边缘路由器连接到另一个 IP 网络。扩展 LoWPAN 是一个包含多个边缘路由器的 LoWPAN，同时与一个骨干链路（如以太网）相连接。

2. 6LoWPAN 协议栈

IEEE 802.15.4 帧（数据字段最大为 102 字节）不能封装完整的 IPv6 数据包，要协调二者之间的关系，就要在网络层与 MAC 层之间引入适配层，用来完成分片和重组等功能。6LoWPAN 协议栈如图 14-6 所示。

应用层	应用层协议
传输层	UDP
网络层	IPv6
	6LoWPAN 适配层
数据链路层	IEEE 802.15.4 MAC层
物理层	IEEE 802.15.5 物理层

图 14-6　6LoWPAN 协议栈

6LoWPAN 协议栈在 IPv6 协议与 IEEE 802.15.4 网络之间定义了一个适配层，称为 6LoWPAN 适配层，以在 IEEE 802.15.4 和类似的链路层上优化 IPv6。在实际中，嵌入式设备中的 6LoWPAN 协议栈往往同时实现了 6LoWPAN 适配层和 IPv6。

6LoWPAN 最常用的传输层协议是 UDP，可以通过使用 6LoWPAN 格式被压缩，而 TCP 由于性能、效率等原因通常不被 6LoWPAN 采用。

网络层只采用 IPv6，另外还采用 ICMP 协议来传输控制消息，如 ICMP 回应、ICMP 目的地不可达和邻居发现消息。

在 6LoWPAN 的应用中，基于点对点拓扑结构的网状拓扑结构较为常见。网状拓扑结构扩大了网络的覆盖范围，并且降低了所需要的基础设施开销。为了实现一个网状拓扑，需要从一个结点到另一结点的多跳转发。考虑到低功耗无线网状网络的具体特点，6LoWPAN 专门设计了一个新版本的邻居发现（ND）机制。

3. 6LoWPAN 网络的路由

在 6LoWPAN 无线传感器网络中，数据报的传输需要经过多个 6LoWPAN 中间结点的中转，最终传送到目的结点。数据报由源结点发往目的结点需要两个重要的过程，一个是转发，另一个是路由。6LoWPAN 路由协议根据所在协议栈中位置的不同可分为两类：一类路由协议在适配层中，利用 Mesh 报头进行简单的二层转发，称为 Mesh Under 路由转发；另一类路由协议在网络层中，数据包利用 IP 报头在三层进行转发，称为 Route Over 路由转发。

Mesh Under 路由是指路由转发过程发生在适配层中的路由方式，数据报的路由和转发过程都是基于链路层地址。现有的 Mesh Under 路由协议主要包括按需距离矢量路由协议（LOAD）、按需动态 MANET 路由协议（DYMO）和层次路由协议（HiLow）等。

Route Over 路由是指路由的选路及决策在网络层中完成，对适配层的数据格式没有特殊要求，中间结点对接收到的数据报会进行 IPv6 报头处理，可以充分发挥 IPv6 的优势，可扩展性很好。

Mesh Under 路由协议的优点是简单、快速、低开销，但是由于 Mesh Under 路由是在适配层上进行的，所以传感器网络不具有 IP 化的特征，并且 Mesh Under 路由不支持超大规模组网，可扩展性较差。Route Over 路由协议在三层进行，因此可以真正意义上实现无线传感器网络的 IP 化，但是传统的 Route Over 路由协议处理复杂，需要较大的存储空间和计算能力，不能直接应用在无线传感器网络中，所以无线传感器网络需要设计专门的 Route Over 路由协议。

4. 6LoWPAN 协议栈开发

目前很多组织和公司都已经在各种嵌入式操作系统中实现了 6LoWPAN 协议栈。表 14-9 比较了这些协议栈的实现方案，其中 TinyOS 和 Contiki 操作系统是开源的。

表 14-9 6LoWPAN 协议栈实现方案比较

协议栈名称	6lowpancli	B6LowPAN	Blip	uIP	SICSLowpan	Nanostack	Jennic
操作系统	TinyOS	TinyOS	TinyOS	Contiki	Contiki	FreeRTOS	专有
TCP	否	否	Prototype	是	是	是	否
ICMPv6	否	否	是	是	是	是	是
多播支持	否	否	否	否	否	否	否
邻居发现	否	否	是	是	是	是	是
Mesh under	否	否	否	否	否	是	是
Route over	否	否	是	是	否	是	未知

Contiki 完全采用 C 语言开发，可移植性好。Contiki 内部集成了 uIP 和 Rime 两大协议栈，其中 uIP 作为网络层协议实现与 IP 网络的通信，Rime 作为 MAC 层协议实现与无线传感器网络的通信功能。uIP 包含了 IPv4 和 IPv6 两种协议栈版本，支持 TCP、UDP 和 ICMP 等协议，但是编译时只能二选一，不可以同时使用。uIPv6+Rime 构成了一个完整的 6LowPAN 协议栈。

14.4.6 移动网络标准 ITU-T G.1028

ITU-T G.1028 是 2016 年发布的关于 4G 移动网络端到端语音服务质量的标准。在移动通信各种各样的服务中，数据业务得到了很大的提升，但是，4G 的语音业务并不完善，用户在进行语音通话时，有时还会跳转到 3G/2G 以保证语音通话质量。ITU-T G.1028 就是为了提高 4G 移动网络端到端语音服务质量所设置的标准，用于 VoLTE（Voice over LTE）业务。

VoLTE 是架构在 LTE 网络上全 IP 条件下的端到端语音方案。VoLTE 的语音作为 IP 数据传输，无需 2G/3G 网，全部业务承载于 LTE 网络上，可实现数据与语音业务在同一网络下的统一。

语音呼叫由终端发起或接收，终端安装有 VoLTE 客户端，客户端可嵌入到芯片中或作为专用应用。终端通过接入网络（E-UTRAN）连接到核心网络（EPC），EPC 实现 4G 终端与 IP 多媒体子系统（IMS）核心平台之间的通信，以便使用会话发起协议（SIP）建立语音呼叫。在 VoLTE 中，SIP 报文中分配的 QoS 质量分类标识符（QoS Class Identifier，QCI）为 5。通话期间的实时语音信号用实时传输协议/用户数据报协议（RTP / UDP）来打包传输，并且分配的 QCI 为 1。用于 SIP 呼叫信令承载的 QCI 5 和用于实时语音承载的 QCI 1 相对于通常的数据承载都有较高的优先级，这样，当与同一设备上的数据会话并行使用时，VoLTE 不会降低语音服务。

14.4.7 网络存储标准 IETF RFC 3720

IETF RFC 3720 互联网小型计算机系统接口（iSCSI）协议标准是一种在以太网特别是互联网上进行块级数据传输的协议，它由 Cisco 公司和 IBM 公司共同提出，于 2004 年由 IETF

组织发布。iSCSI 技术为 IP-SAN 网络存储技术奠定了基础，很好地促进了高性能网络存储的发展。

网络存储常见的 3 种方式为 DAS、NAS 和存储局域网（SAN）。其中 SAN 是性能最强的，在实现共享存储的同时还具备了高速传输的能力，适用于对性能要求比较高的应用场合。

传统的基于光纤通道的 FC-SAN 技术需要部署专门的光纤交换网络，费用非常高。iSCSI 技术对传统的 SCSI 指令集进行了改进，基于 TCP/IP 协议栈来实现 SAN 网络存储。这种方式可以充分利用现有的 IP 网络而不需要部署专门的光纤网络，称为 IP-SAN 技术。

基于 iSCSI 的 IP-SAN 相比基于光纤的 FC-SAN 具备以下优势：硬件、管理成本较低，是一种很有效的低成本替代方案；基于 TCP/IP 协议栈，借助现有的网络架构可以实现跨越距离限制的存储局域网；随着万兆以太网和 100GE 的部署，IP-SAN 的传输速度得以大大提高，超过了 FC-SAN。

RFC 3720 规定 iSCSI 协议的帧格式如图 14-7 所示，可以看出 iSCSI 协议也遵循类似 TCP/IP 的分层模型，在 TCP 之上和 SCSI 协议之下增加了 iSCSI 层，相当于完成了协议的适配。

IP 首部	TCP 首部	iSCSI 首部	SCSI 控制命令及数据

图 14-7 iSCSI 协议帧格式

iSCSI 协议体系由启动设备和目标设备组成，两者通过 IP 网络进行连接。启动设备是客户端的设备驱动器，它们将 SCSI 命令和数据按照 iSCSI 协议帧格式进行封装，加上 iSCSI 首部及 TCP 和 IP 首部，再通过 IP 网络传输给目标设备。目标设备是存储设备，它接收经过封装的 SCSI 命令和数据，并根据命令完成数据的读写操作。

整个通信的流程如下：客户端首先发出对数据读写的请求，系统将请求转化成 SCSI 命令，然后将 SCSI 命令发送到 iSCSI 层，SCSI 命令和需求的数据首先被封装成字节流数据，在前面加上 iSCSI 首部。完成封装的数据被发送到 TCP 层，直接通过 IP 网络进行传输。另一端存储设备接收到这些信息，再用同样的方法一层层进行解析，得到原始的 SCSI 命令和数据。iSCSI 层由 iSCSI 处理软件或者是 iSCSI 适配卡实现，适配卡基于硬件实现性能会较强。

iSCSI 协议使用的 TCP 端口号是 5003，IP 地址和该 TCP 端口号的结合唯一确定了 iSCSI 设备的网络地址。除此之外，每个 iSCSI 结点还由可扩展至 255 个字节的唯一的名称确定，该名称类似 DNS 域名，具有很好的易读性。当存储设备被移至另外的网络区域时，仅仅网络地址发生变化，设备的名称没有变化，这一设计可以很好地适应网络结构的变化。

IETF RFC 3720 是最早制定的 iSCSI 标准，也是最核心的技术标准，后续还针对其设计、命名和安全性等方面进行了完善。2010 年发布的 ISO/IEC 11989 标准在具体 iSCSI 管理 API 上进行了规范。

14.4.8 传感网安全标准 GB/T 30269.601—2016

GB/T 30269.601—2016 标准由中国国家传感器标准工作组起草，标准全称是《信息技术 传感器网络 第 601 部分：信息安全——通用技术规范》。该标准描述了传感器网络的安全威胁，提出了相应的安全功能要求，定义了传感器网络的安全模型和安全机制，规范了传感器网络安全等级。

该标准将传感器网络定义为 3 层安全模型，如图 14-8 所示。当传感器网络遭受到安全威胁时，应根据不同的安全策略选取恰当的安全机制来实现整个网络的安全目标。

在安全威胁方面，标准定义了与传感器网络有关的威胁主体、威胁描述及攻击描述。

在安全策略方面，标准基于数据、网络和结点进行了分类。基于数据安全的策略有安全数据融合和数据鉴别，基于网络安全的安全策略有路由安全、协调器安全变换和网络层安全协议，基于结点的安全策略有高冗余的密码算法、安全有效的密钥管理和轻量级的安全协议。

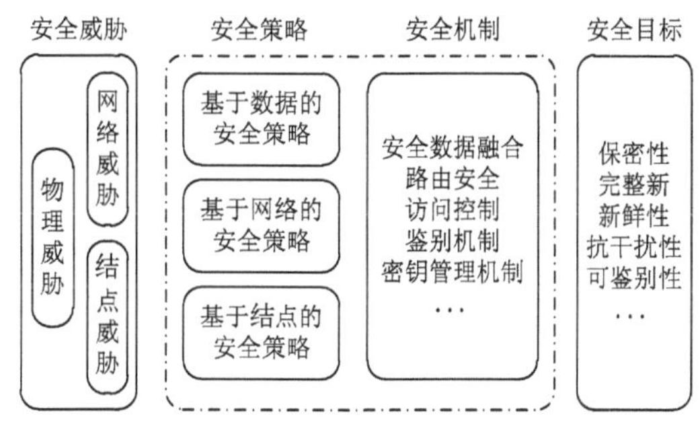

图 14-8　传感器网络安全参考模型

与安全策略相对应，标准对于以下 8 个安全机制进行了规范：密钥管理机制、访问控制机制、鉴别机制、路由安全机制、安全数据融合机制、网络层帧的安全保护机制、协调器变换的安全机制和加密机制。

在安全目标方面，标准共提出了 10 条要求，包括密钥管理要求、数据保密性要求、数据完整性要求、数据新鲜性要求、数据鉴别要求、身份鉴别要求、敏感标记要求、访问控制要求、残余信息保护功能要求和审计功能要求。

该标准将传感器网络的安全等级划分为 5 级，随着安全等级的提高，其安全保护能力也相应提高。这 5 级的安全程度如下。

1）第 1 级的传感器网络需要保护的数据或结点设备价值很低，面临的威胁很小。其安全目标为：能够确保网络中传输的数据不被无意识地截取和破坏；在网关处可以进行自主访问控制和用户身份鉴别。

2）第 2 级的传感器网络需要保护的数据或结点设备价值较低，面临的威胁较小。其安全目标除第 1 级安全目标外，还包括：能够进行有效的密钥管理；确保网络中关键数据的新鲜性；具有一定的抗无线干扰能力；可对传感器网络的安全事件进行审计。

3）第 3 级的传感器网络需要保护的数据或结点设备价值较高，面临的威胁较大。其安全目标除第 2 级安全目标外，还包括：实施安全的密钥/密钥材料备份机制及安全的密钥管理机制；通过维护主体和资源的敏感标记来实施强制访问控制；能够鉴别数据的真实性，并能够保护残留信息的安全性。

4）第 4 级的传感器网络需要保护的数据或结点设备价值很高，面临的威胁很大。其安全目标除第 3 级安全目标外，还包括：在密钥管理中提出了密钥的可信产生、共享密钥的前向安全性，以及密钥的安全更新；提出将完整性与保密性扩展到所有数据，并能够对完整性遭到破坏的数据进行更正；避免非法主体通过鉴别数据冒充合法主体。

5）第 5 级的传感器网络需要保护的数据或结点设备价值极高，面临的威胁极大。其安全目标除第 4 级安全目标外，还包括：密钥/密钥材料的备份进行硬件级的保护；被捕获的结点不会对网络造成安全威胁；对每个资源的访问进行控制；采用硬件保护机制保证鉴别数据的安全性。

14.4.9　应用管理标准 ISO/IEC 24791

2006 年，ISO/IEC 开始重视 RFID 应用系统的标准化工作，将 ISO/IEC 24752 调整为 6 个部分并重新命名为 ISO/IEC 24791，名称为“项目管理的射频识别——软件系统接口”，用于解决读写器之间及应用程序之间共享数据信息的问题。ISO/IEC 24791 标准各部分之间的关系如图 14-9 所示。

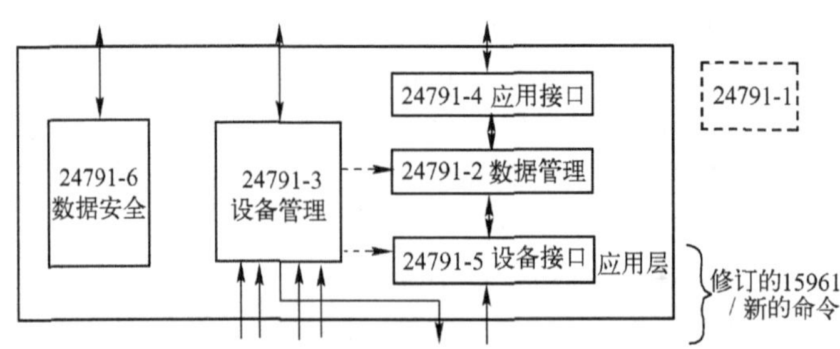

图 14-9　ISO/IEC 24791 基本结构框图

ISO/IEC 24791 系列标准的目的如下：对 RFID 应用系统提供一种框架，并规范了数据安全和多种接口，便于 RFID 系统之间的信息共享；使得应用程序不再关心多种设备和不同类型设备之间的差异，便于应用程序的设计和开发；能够支持设备的分布式协调控制和集中管理等功能，优化密集读写器组网的性能。

ISO/IEC 24791 系列标准的具体内容如下。

1）ISO/IEC 24791-1 体系架构：给出软件体系的总体框架和各部分标准的基本定位。它将体系架构分成 3 大类：数据平面、控制平面和管理平面。数据平面侧重于数据的传输与处理，控制平面侧重于运行过程中对读写器的空中接口协议参数的配置，管理平面侧重于运行状态的监视和设备管理。3 个平面的划分可以使得软件架构体系的描述得以简化，每一个平面包含的功能将减少，在复杂协议的描述中经常采用这种方法。每个平面包含数据管理、设备管理、应用接口、设备接口和数据安全 5 方面的部分内容。

2）ISO/IEC 24791-2 数据管理：主要功能包括读、写、采集、过滤、分组、事件通告和事件订阅等功能。另外支持 ISO/IEC 15962 提供的接口，也支持其他标准的标签数据格式。该标准位于数据平面。

3）ISO/IEC 24791-3 设备管理：类似于 EPCglobal 读写器管理协议，能够支持设备的运行参数设置、读写器运行性能监视和故障诊断。设置包括初始化运行参数、动态改变的运行参数及软件升级等。性能监视包括历史运行数据收集和统计等功能。故障诊断包括故障的检测和诊断等功能。该标准位于管理平面。

4）ISO/IEC 24791-4 应用接口：位于最高层，提供读、写功能的调用格式和交互流程。据估计类似于 ISO/IEC 15961 应用接口，但是肯定还需要扩展和调整。该标准位于数据平面。

5）ISO/IEC 24791-5 设备接口：类似于 EPCglobal LLRP 低层读写器协议，它为客户控制和协调读写器的空中接口协议参数提供通用接口规范，它与空中接口协议相关。该标准位于控制平面。

6）ISO/IEC 24791-6 数据安全：正在制定中，目前还没有草案。

14.4.10　智能电网标准 IEC 61850

IEC 61850 是由国际电工委员会于 2004 年颁布的、用于变电站的通信网络和系统的系列标准。该系列标准对自动化产品和变电站自动化系统的设计产生了很大影响。

IEC 61850 将变电站的通信体系分为 3 层：变电站层、间隔层和过程层，并定义了层与层之间的通信接口。在变电站层和间隔层之间的网络采用以太网或光纤网，网络上运行制造报文规范（Manufacturing Message Specification，MMS）和 TCP/IP 协议。在间隔层和过程层之间的网络采用单点向多点的单向传输以太网。

在智能电网系统中，对变电站自动化的要求越来越高，为方便变电站中各种智能电子设备的管理及设备间的互联，就需要一种通用的通信方式来实现。IEC 61850 提出了一种公共的通信标准，通过对设备的一系列规范化，使其形成一个规范的输出，实现系统的无缝连接。IEC 61850 作为电力系统中通信网络和系统的基础，能大幅度改善信息技术和自动化技术的设备数据集成，有效地减少工程量，节约所用时间，增加了自动化系统使用期间的灵活性。

14.5　物联网标准展望

物联网的标准化正在快速、平稳地进行着，各大标准化机构也都会继续在物联网整体框架、应用技术及业务服务等方面更新升级现有标准，并制定和发布新的标准。目前，有关物联网标准方面急需解决的问题如下。

首先，同一技术的标准繁多，缺乏权威标准。对于一项技术，有众多的标准化机构和工业联盟同时为其制定标准，如传感器的标准、家庭网络的标准等。缺乏权威标准会使得不同企业生产的产品兼容性很差，不利于该项技术产业化的建设，也不利于整个物联网的建设与发展。因此，标准化机构和工业联盟之间合理的分工合作显得尤为重要。同时，还应该鼓励各个机构制定兼容性更强的技术标准，方便物联网形成产业化的格局。

其次，应用层的标准较少，缺乏整体构建的规模化标准。应用层是将物联网技术运用到人们生活当中并使人们从中获益的平台，而物联网的价值正是由它提供的高质量服务体现出来的。目前，除了智能电网、智能交通等少数几个应用的标准化情况比较理想之外，其他应用的标准还处于起步阶段。

第三，目前技术更新换代较快，技术标准更新需紧跟脚步。众所周知，全球正处于一个技术爆炸的时代，无数的新思想和新概念影响着科学技术的发展，影响着社会前进的脚步。物联网作为一项新兴的技术和产业，无时无刻不经受着技术更新换代的影响。一些新技术需要纳入到物联网技术中，那么这些技术的标准就需要纳入物联网标准体系中。另外一些已有的标准需要跟随着技术水平的提高不断更新版本，以适应更高要求的应用。因此，只有不断地更新发展，才能使得物联网的标准体系变得更加完整，从而更好地促进物联网的发展。

总之，任何技术的标准化都受两个因素的制约：研发投资和产品投资。标准能否成功地引导产业发展，取决于标准制定的时刻是否恰当。标准的推出有一个关键时间点——研发投资曲线与产品投资曲线的交汇点，也就是在技术已经成熟、研发投资开始下降而产品又不普及的时刻，推出标准是最为有利的时机。物联网的标准化工作关系到物联网未来的发展，把握每种技术的标准制定关键时间点至关重要。

习题

1. 物联网标准化的意义是什么？
2. 物联网标准体系是如何分类的？它们都包含哪些技术？

3．国际上参与物联网标准化工作的组织有哪些？它们的工作主要在哪些方面？

4．欧洲电信标准化协会（ETSI）目前下设多少个技术委员会和技术小组？请简要介绍其中的两个委员会或技术小组。

5．我国参与物联网标准化工作的组织有哪些？

6．请列出部分条码技术、RFID 技术和传感器技术的相关标准。

7．支持 IPv6 的传感器网络标准有哪些？

8．云计算标准的制定工作有何进展？ISO/IEC 17788-2014 和 ISO/IEC 17789-2014 有何联系？

9．网络存储技术相关标准有哪些？简述其发展现状。

10．智能交通的相关标准可分为哪 3 部分？研究的相关组织及其研究内容有哪些？

11．IEEE 1451 系列标准的内容有哪些？

12．与 GEN 1 相比，EPC GEN 2 的优势有哪些？

13．ISO/IEC 14443 与 ISO/IEC 15693 的区别有哪些？

14．ISO/IEC 14443 的 TYPE A 和 TYPE B 的区别有哪些？

15．Wi-Fi 与 IEEE 802.11 的关系是什么？ZigBee 与 IEEE 802.15.4 的关系是什么？

参 考 文 献

[1] 韩毅刚．计算机网络技术[M]．北京：机械工业出版社，2010.

[2] 中国物品编码中心，中国自动识别技术协会．自动识别技术导论[M]．武汉：武汉大学出版社，2007.

[3] 刘国柱，任春年．EPC 物联网技术[M]．西安：西安电子科技大学出版社，2016.

[4] 梁洁．一种带权限管理的 EPCIS 设计方案[J]．计算机系统应用，2012，（09）：43-47.

[5] 马鸣，李海波．基于 Android 的二维码的生成与识别系统的设计与实现[J]．电脑知识与技术，2012，26：6353-6356.

[6] 杨阳，陈永明．声纹识别技术及其应用[J] ．电声技术，2007，31（2）：45-46.

[7] LAMB J．走向绿色 IT[M]．韩毅刚，王欢，李亚娜，等译．北京：人民邮电出版社，2010.

[8] 韩毅刚．计算机通信技术[M]．北京：北京航空航天大学出版社，2007.

[9] 朱勇．光通信原理与技术[M]．北京：科学出版社，2011.

[10] 李宏升，岳军，金久才，等．蓝绿激光水下通信技术综述[J]．遥测遥控．2015，05：16-22.

[11] 赵尚弘，吴继礼，李勇军，等．卫星激光通信现状与发展趋势[J]．激光与光电子学进展，2011，09：28-42.

[12] 陈特，刘璐，胡薇薇．可见光通信的研究[J]．中兴通讯技术，2013，01：49-52.

[13] 郭玲，陈金鹰，严丹丹，等．LiFi 技术在互联网+的应用[J]．通信与信息技术，2016，02：50-51.

[14] 张培仁．传感器原理、检测及应用[M]．北京：清华大学出版社，2012.

[15] 郭子政，时东陆．纳米材料和器件导论[M]．北京：清华大学出版社，2010.

[16] 毕绒超．浅谈传感器技术的研究现状与发展趋势[J] ．无线互联科技，2015，20：28-29.

[17] 周璇．简析传感器与检测技术的发展趋势[J]．电子世界，2016，11：15.

[18] 宁焕生，张彦．RFID 与物联网：射频、中间件、解析与服务[M]．北京：电子工业出版社，2008.

[19] 徐小涛，吴延林，高泳洪，等．基于 Z-Wave 的无线个域网运用[J]．电信快报，2008，11：13-16.

[20] 韩松，魏逸鸿，陈德基，等．6LoWPAN：无线嵌入式物联网[M]．北京：机械工业出版社，2014.

[21] 赵良福，付光涛，李小雨．多屏互动技术的发展和应用现状[J]. 广播电视信息，2014（8）：22-24.

[22] 刘振兴，刘扬，唐胜宏．小物联网多屏互动技术发展概述[J]．互联网天地，2013（12）：13-18.

[23] 李伟鹏，程亮．DLNA 浅谈与应用前景分析[J]．广播电视信息，2014（5）：74-76.

[24] 段寿建，邓有林．Web 技术发展综述与展望[J]．计算机时代，2013（3）：8-10.

[25] 肖红，童静．Web 3.0 相关研究评述与展望[J]．农业图书情报学刊，2011，23（7）：57-61.

[26] 王志华，赵伟．基于本体的语义网检索模型及关键技术研究[J]．计算机工程与设计，2011，32（1）：145-148.

[27] 黄楚新，王丹．“互联网+”意味着什么：对“互联网+”的深层认识[J]．新闻与写作，2015（5）：5-9.

[28] 蒋丽华，密君英，张亮．基于 Android 的网上订餐系统的设计与实现[J]．电脑知识与技术，2014（14）：3288-3290.

[29] 吴倩，王川，王鸿磊，等. 基于 Android 平台的校园无线订餐系统[J]. 科技视界，2015（33）：62.
[30] 胡德华. SOA 之道：思想、技术、过程与实现[M]. 上海：上海交通大学出版社，2011.
[31] 王若梦，刘云，张振江. 基于事件驱动 SOA 的物联网管理平台研究[J]. 电信科学，2010，11：80-84.
[32] 马吕栋，李德军，张文硕. 基于 SOA 的物联网平台开发[J]. 物联网技术，2014，10：17-19.
[33] SCHULZ G. 绿色虚拟数据中心[M]. 韩毅刚，李亚娜，王欢，译. 北京：人民邮电出版社，2010.
[34] 段为. 大数据技术在物联网服务平台中的应用[J].电信工程技术与标准化，2016（2）：8-13.
[35] 王佳宁，刘巍. 大数据时代下的物联网发展[J]. 通讯世界，2016（5）：52-53.
[36] 程学旗，靳小龙，王元卓，等. 大数据系统和分析技术综述[J]. 软件学报，2014（9）：1889-1908.
[37] 张引，陈敏，廖小飞. 大数据应用的现状与展望[J]. 计算机研究与发展，2013，50（s2）：216-233.
[38] 李学龙，龚海刚. 大数据系统综述[J]. 中国科学：信息科学，2015，45（1）：1-44.
[39] 胡健，袁军，王远. 面向电网大数据的分布式实时数据库管理系统[J]. 电力信息与通信技术，2015，13（2）：49-54.
[40] 陈天，樊勇兵，赖培源，等. 混合云技术架构及应用研究[J]. 电信科学，2014（S2）：89-97.
[41] 李知杰，赵健飞. OpenStack 开源云计算平台[J]. 软件导刊，2012，11（12）：10-12.
[42] 董春涛，李文婷，沈晴霓，等. Hadoop YARN 大数据计算框架及其资源调度机制研究[J]. 信息通信技术，2015（1）：77-84.
[43] KARAU H，KONWINSKI A，WENDELL P，et al. Spark 快速大数据分析[M]. 王道远，译. 北京：人民邮电出版社，2015.
[44] 张浩，郭灿. 数据可视化技术应用趋势与分类研究[J]. 软件导刊，2012，11（5）：169-172.
[45] 刘华星，杨庚. HTML5：下一代 Web 开发标准研究[J]. 计算机技术与发展，2011，21（8）：54-58.
[46] 李慧云，何震苇，李丽，等. HTML5 技术与应用模式研究[J]. 电信科学，2012，28（5）：24-29.
[47] 高科. 基于 HTML5 的数据可视化实现方法研究[J]. 科技传播，2013（1）：218-219.
[48] 韩毅刚，刘佳黛，翁明俊，等. 计算机网络与通信[M]. 北京：机械工业出版社，2013.